DAS ZEIT UND RAUM BUCH

10.000 WISSENSCHAFTLICHE PERSPEKTIVEN IN ZWEI BÄNDEN

Band 2: DER RAUM

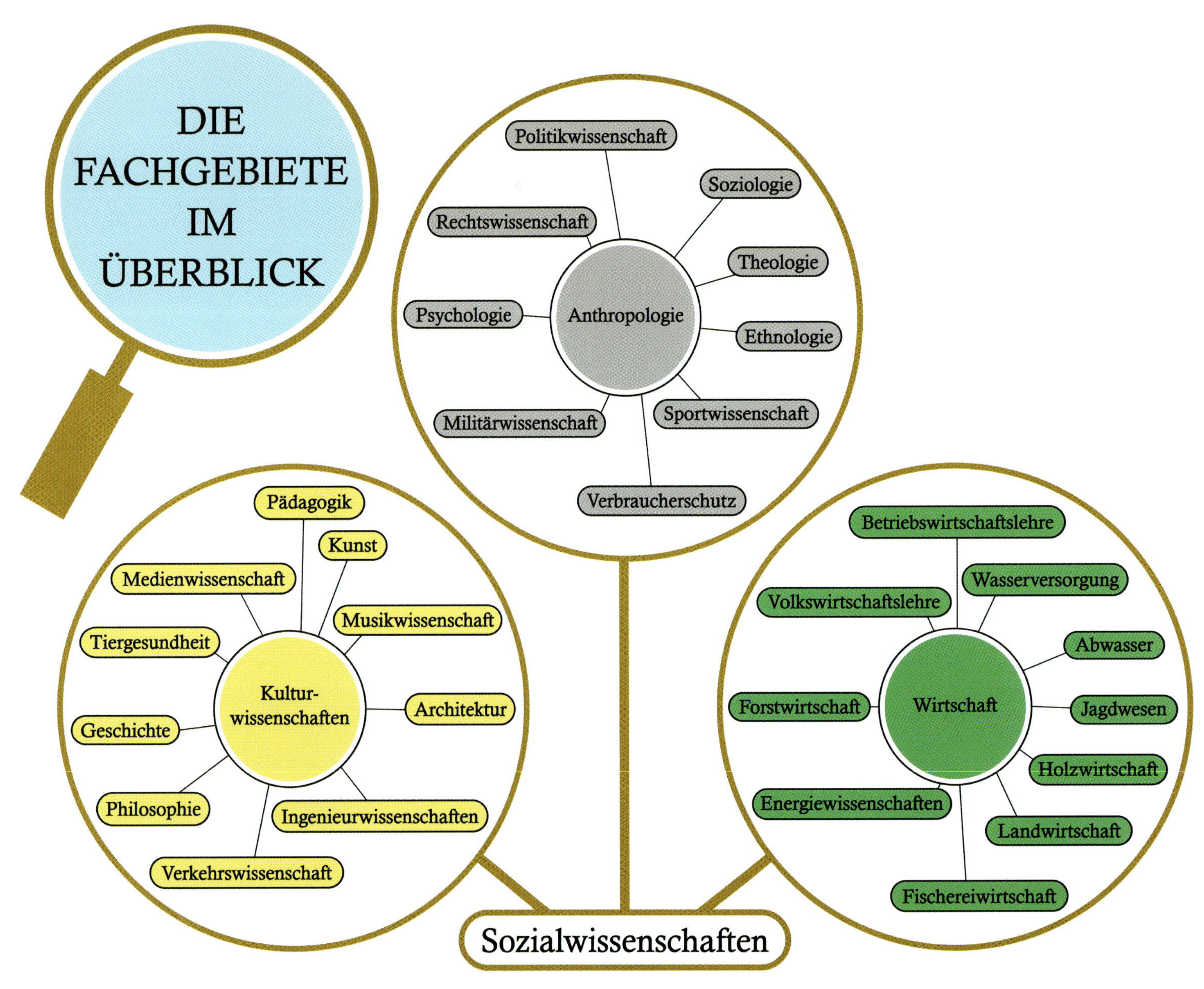
DIE
FACHGEBIETE
IM
ÜBERBLICK
Politikwissenschaft
Soziologie
Rechtswissenschaft
Theologie
Psychologie
Anthropologie
Ethnologie
Militärwissenschaft
Sportwissenschaft
Verbraucherschutz
Pädagogik
Kunst
Medienwissenschaft
Musikwissenschaft
Tiergesundheit
Kultur-
wissenschaften
Architektur
Geschichte
Philosophie
Ingenieurwissenschaften
Verkehrswissenschaft
Betriebswirtschaftslehre
Wasserversorgung
Volkswirtschaftslehre
Abwasser
Forstwirtschaft
Wirtschaft
Jagdwesen
Holzwirtschaft
Energiewissenschaften
Landwirtschaft
Fischereiwirtschaft
Sozialwissenschaften

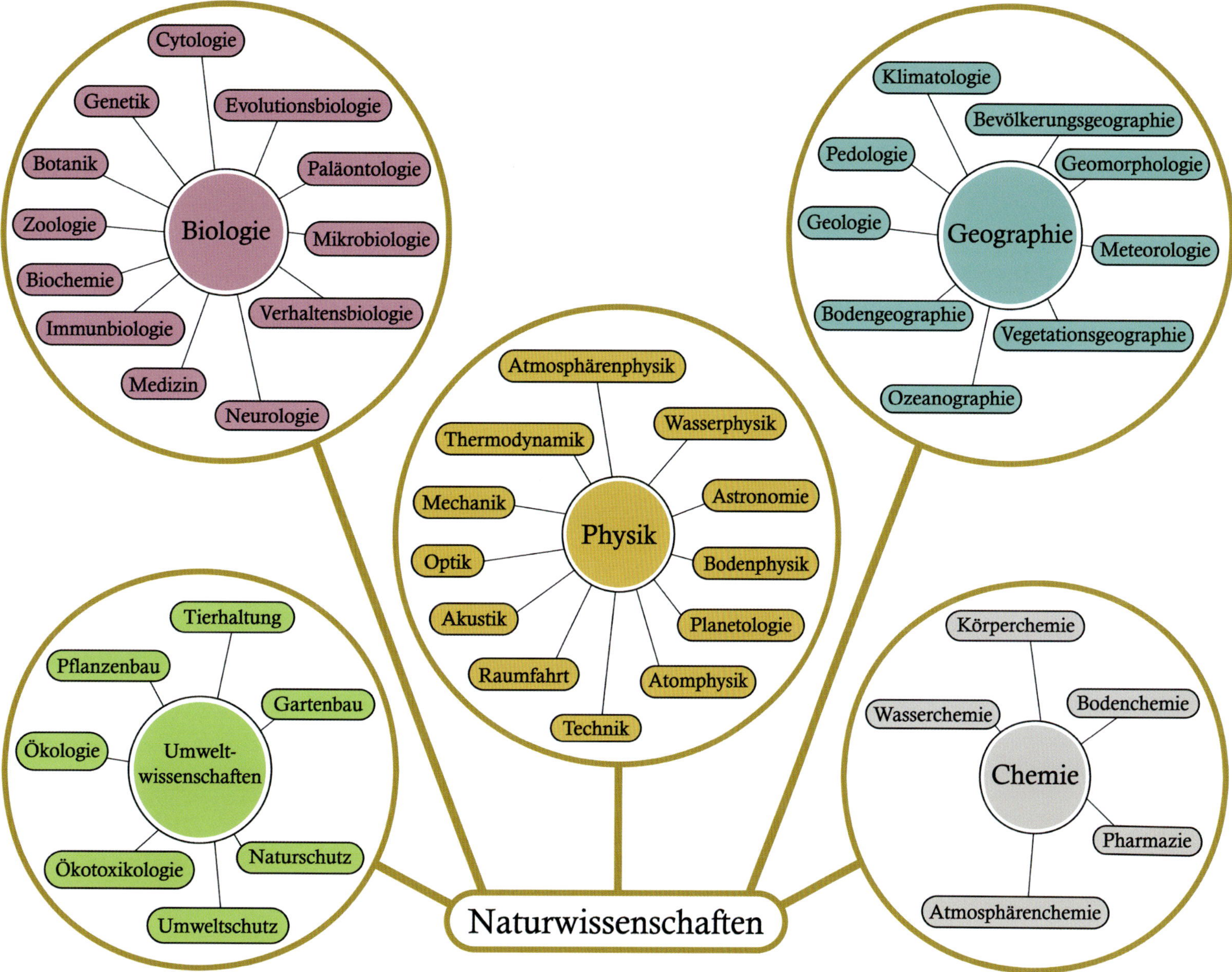
Naturwissenschaften
Biologie
Cytologie
Genetik
Evolutionsbiologie
Botanik
Paläontologie
Zoologie
Mikrobiologie
Biochemie
Verhaltensbiologie
Immunbiologie
Medizin
Neurologie
Geographie
Klimatologie
Bevölkerungsgeographie
Pedologie
Geomorphologie
Geologie
Meteorologie
Bodengeographie
Vegetationsgeographie
Ozeanographie
Physik
Atmosphärenphysik
Wasserphysik
Thermodynamik
Mechanik
Astronomie
Optik
Bodenphysik
Akustik
Planetologie
Raumfahrt
Atomphysik
Technik
Umwelt-
wissenschaften
Tierhaltung
Pflanzenbau
Gartenbau
Ökologie
Ökotoxikologie
Naturschutz
Umweltschutz
Chemie
Körperchemie
Wasserchemie
Bodenchemie
Pharmazie
Atmosphärenchemie

Buch

In zwei Bänden präsentiert der Autor insgesamt 10.000 Ergebnisse zur Vermessung der Welt. Ein Nachschlagewerk für Wissenschaftler und Interessierte.
Band 2 – DER RAUM eröffnet dem Leser über 5.000 ausgewählte Raumperspektiven, die so zuvor noch nie gelesen wurden. In einer Raumskala vereint, lassen sich jetzt Daten von den Naturwissenschaften bis zur Medizin, von der Psychologie bis zur Musik, von den Sozialwissenschaften bis zur Rechtskunde, den Verwaltungswissenschaften sowie den Kultur- und Humanwissenschaften vergleichen. Eine Deklaration des Interdisziplinären. Von der kürzesten bis zur längsten Raumeinheit unserer Welt.

Autor

Rainer Winters wurde 1968 in Aachen geboren. Schon in jungen Jahren wurde er zum wissbegierigen Reisenden, lebte in England, zog mit dem Rucksack durch Asien und lernte dort seine spätere Frau, ebenfalls eine Reisende, kennen. Zwischen 1990 und 2010 arbeitete er für Lufthansa Cargo in Frankfurt. Dazwischen reiste er mit seiner Frau in 2 x 2 Jahren um die ganze Welt. Zwischen 2011 und 2017 studierte er an der Universität Koblenz-Landau Umweltwissenschaften mit den Schwerpunkten Chemie, Physik und Ökologie, in einem zweiten Studienfach simultan Politikwissenschaften. Als Journalist schreibt er schwerpunktmäßig zu den Bereichen Umwelt, Politik, Transparenz und Whistleblowing. 2021 betreute Rainer Winters den isländischen WikiLeaks-Whistleblower Jóhannes Stefánsson auf seinem Weg zum Gewinn des WIN WIN Gothenburg Nachhaltigkeitspreises 2021.

DAS ZEIT UND RAUM BUCH

10.000 WISSENSCHAFTLICHE PERSPEKTIVEN IN ZWEI BÄNDEN

Band 2: DER RAUM

Bibliografische Information der Deutschen Nationalbibliothek: Die Deutsche Nationalbibliothek verzeichnet diese Publikation in der Deutschen Nationalbibliografie; detaillierte bibliografische Daten sind im Internet über http://dnb.dnb.de abrufbar.

DAS ZEIT UND RAUM BUCH

10.000 wissenschaftliche Perspektiven in zwei Bänden

Band 2: DER RAUM

Herausgeber und Verlag

Rainer Winters

Pommernweg 19

24229 Schwedeneck

Bei der Verwendung im Unterricht ist auf dieses Buch hinzuweisen.

1. Auflage – Dezember 2022

Einbandgestaltung: Oladimeji Alaka

Infografiken: David Amiel D. Santos

Dieses Buch wurde in Deutschland gedruckt bei Druckerei Spiegler GmbH, Bad Vilbel

ISBN 978-3-9822970-3-3 (Softcover)

www.daszeitundraumbuch.de

Wir sollen heiter Raum um Raum durchschreiten,
An keinem wie an einer Heimat hängen,
Der Weltgeist will nicht fesseln uns und engen,
Er will uns Stuf‘ um Stufe heben, weiten.

Hermann Hesse
(aus dem Gedicht „Stufen“)

Gewidmet Howard Fargher

dem ich eigentlich meine erste Sinfonie widmen wollte ...
An dessen Stelle tritt nun eine Sinfonie der Zahlen.

INHALT

INHALT

INHALT

VORWORT

Bei der Vermessung des Raumes orientieren sich Kulturnationen gerne an den Proportionen des eigenen Körpers und der Umwelt. So arbeiten Mediziner, Radiologen und selbst Whiskey ausschenkende Gastwirte mit dem Fingerbreit. Maschinenbauer, Tontechniker und Bekleidungsverkäufer tun es mit der Einheit Zoll, welche sich von einem kurzen Holzstück (mittelhochdeutsch. zol) ableitet.

Zu Zeiten der Römer maß der menschliche Fuß 29,6 Zentimeter. Ein Schritt (lat. gradus) entsprach zweieinhalb Fuß, eine Fingerbreite (lat. digitus) 1,85 cm und eine Uncia dem zwölften Teil (engl. inch) eines Fußes. Ihre Maßeinheiten hatten Römer und auch Griechen von den Ägyptern entlehnt, deren Einheiten wiederum auf die Mesopotamier zurückführbar sind.

Maßgleich mit den Begriffen Zoll und Daumenbreit, hat sich das 2,54 Zentimeter lange Inch bis heute gehalten. In Großbritannien und den USA ist das Inch ein wichtiges Standardmaß - gegen den erklärten Willen der in Paris ansässigen Organisation für das gesetzliche Messwesen (OIML). Zu verdanken ist dies zum Teil einem schottischen Professor des 19. Jahrhunderts. Charles Piazzi Smyth sein Name, nutzte die Mathematik rund um die Pyramiden von Gizeh, um gegen das metrische System zu argumentieren. Ihm zufolge hatte das Inch bei den alten Ägyptern eine gewichtige Rolle inne – nämlich die Verknüpfung von Erde und Mensch mit ihren Pyramidenbauten. Laut der ihm folgenden Berechnungen entspricht der Umfang der Cheops-Pyramide einem (Pyramiden-) Inch mal 364 Tage mal 100. Und tatsächlich ergibt der Betrag von 500 Millionen Pyramideninch recht genau den Durchmesser der Erde.

Smyth's Schlussfolgerung: Wenn das Inch schon eine Grundeinheit des Pyramidenbaus ist, und die Briten es auch verwenden, so muss die Maßeinheit geradezu göttlich sein.

Wäre Smyth dem Inch damals ordentlich auf den Grund gegangen, so wäre ihm vielleicht aufgefallen, dass die Maßeinheit ursprünglich ein Verhältnismaß zur Verbindung von menschlichem Fuß und Finger war.

In mehrfacher Hinsicht waren Smyths Schlussfolgerungen unsystematisch. Seine formulierte Gesetzmäßigkeit ruhte auf nicht wiederholbaren und reproduzierbaren Beobachtungen. Auf unscharfe Weise hatte Smyth aus einer Beobachtung ein Gesetz formuliert, welches er bei keiner anderen Pyramide anwenden konnte. Obgleich sein Fehlschluss wesentlich zum Verlust seines Postens als Astronom im Dienste Ihrer Majestät Königin Victoria beitrug, lebt das Inch bis heute auf beeindruckende Weise fort.

VORWORT

Der Meter war für Smyth übrigens ein mangelhaftes Geistesprodukt atheistischer französischer Radikaler. Dabei waren die Franzosen nach ihrer Revolution doch so froh gewesen, endlich ihre rund 250.000 Maßeinheiten los zu sein. Das Revolutionsmotto „Ein Gesetz, ein Gewicht und ein Maß“ hatte zum kulturbildenden Einheitsmaß „Meter“ geführt.

Unbeirrt der Einführung des Metermaßes behaupten sich Finger und Daumen als erstes Maß der Wahl. Im heutigen Sprachgebrauch wird der Daumen gerne mit Macht und Tatkraft verbunden. Im positiven Sinne hält man anderen den Daumen oder wird durch den eigenen geschickten Daumen aktiver Teil der neuzeitlichen „digitalen“ Revolution.

Der Daumen nach unten oder den Daumen draufzuhalten, bedeutet dagegen die Eindämmung jener Tatkraft. An die deutsche Faustregel erinnernd besagte die Daumenregel im alten englischen Gesetz, ein Mann dürfe seine Frau mit einem Stock schlagen, sofern dieser nicht dicker als sein Daumen sei.

Wie die Geschichte zeigt, kommt mit Daumenregeln oft nichts Gutes - weder aus mitmenschlicher noch aus wissenschaftstheoretischer Sicht. Sie folgen auch nicht dem wissenschaftlichen Grundsatz, wiederholbare Ergebnisse zu liefern, um aus ihnen eine Lehre ziehen zu können. Daumenregeln fußen nicht auf nachmessbaren Größen. So steht der Daumen auch für die sehr subjektive Vermessung der Welt nach der Formel „Pi mal Daumen“. Kein Wunder, dass ein Daumenbreit gerne für politische Aussagen verwendet wird.

Bestes Beispiel dafür war das scheibchenweise Hinarbeiten der NATO-Staaten auf ein Einlenken der Sowjetunion in der gesamtdeutschen Frage. Der US-amerikanische Außenminister Baker hatte gegenüber dem sowjetischen Staatspräsidenten Gorbatschow betont, die NATO würde keinen Inch ostwärts expandieren. Baker fühlte sich vom deutschen Außenminister Genscher inspiriert, der in einer Rede am Starnberger See und ein paar Tage später im prachtvollen Katharinen-Saal des Kremls gegenüber seinem sowjetischen Amtskollegen Schewardnadse in Aussicht stellte, die NATO würde auf die Ausdehnung ihres Territoriums nach Osten verzichten.

Geschichte wird von den Siegern geschrieben. Während Russland die damalige Rhetorik noch heute als wichtigen Grund ihrer Zustimmung zur deutschen Wiedervereinigung auffasst, hatten die Regierungen der USA und Deutschlands die Protokolle über Genschers Aussagen gegenüber Schewardnadse jahrelang als geheime Verschlussakte verschwinden lassen.

1990 hatte das übergeordnete Ziel des NATO-Militärbündnisses unter Führung der USA gelautet, die Sowjetunion müsse ihre Truppen aus der DDR abziehen und die Wiedervereinigung Deutschlands billigen. Mit dem Abschluss des Zwei-plus-Vier-Vertrages Ende 1990 hatten Deutschland und die NATO ihr Ziel erreicht.

Im Hinblick auf den Krieg in der Ukraine argumentiert Russland, dass die NATO nicht einen Inch, sondern inzwischen hunderte Kilometer ostwärts der westdeutschen Grenze expandierte. Mit dem Verlust der Bruderstaaten des Warschauer Paktes schrumpfte der russische Bannkreis im Westen geradezu auf die Breite eines Haares. Die Schriftstellerin Marie von Ebner Eschenbach hätte gemutmaßt, schrittweises Zurückweichen sei schlimmer als ein Sturz. Das Auftreten der NATO musste Russland so vorkommen wie ein Fußballspieler, der mangels Schiedsrichterpfiff dauerhaft im Abseits stehen darf.

In Umkehrung der Rhetorik kündigten die USA am 05. März 2022 an, die NATO sei bereit, jeden Inch ihres (neuen) Territoriums zu verteidigen. Die USA, die seit 1935 eine Pyramide (mit dem Auge der barmherzigen Wachsamkeit Gottes über die Menschheit) auf ihrer 1-US-Dollar Note abbildet, mögen erwogen haben, mit dem Inch voran in den heiligen Krieg zu ziehen. Im deutschen Sprachgebrauch hätte man vielleicht eher gesagt: „Keinen Schritt weiter".

So wie der Astronom Smyth ein starker Verfechter des britischen Israelismus war, demzufoge die Briten und folglich viele US-Amerikaner direkte Nachkommen der antiken zehn verlorenen Völker Israels sind, basieren heute wesentliche Entscheidungen höchster Entscheidungsträger der US-Politik auf esoterisch-religiösen Überzeugungen.

Pulitzer-Preisträger George Frost Kennan, ein glühender Vertreter der USA für die Eindämmung russischen Einflusses in der Welt, hatte es auf die pragmatische Formel gebracht: „Prestige nennt man die Daumenschrauben, die man auch einer Weltmacht anlegen kann." In jenem Moment seiner Aussage wird Kennan kaum an den äquivalenten Gegenwert eines Daumenbreits von 2,54 Zentimetern gedacht haben. Und sehr wahrscheinlich war ihm just ebenso wenig bewusst, dass auch der mittlere Durchmesser der Münzen 1 US Dollar und 1 Quarter Dollar bei 2,54 Zentimetern liegt.

Unabhängig von der zukünftigen Beziehungqualität der Rivalen USA und Russland werden die US-Dollarmünzen sehr wahrscheinlich noch lange im Verkehr bleiben - ebenso wie das Yard (2,54 cm x 12 x 3 = 91,44 cm) im anglo-amerikanischen Rugbysport und der Elfmeter im Fußballsport. Hosenmaße werden weiterhin in Zoll angegeben, und elektromagnetische Wellenlängen in Metern. Menschliche Finger werden weiter unterschiedlich breit wachsen, so wie vermessene Politiker ihre Kulturen weiter anhand unterschiedlichster Daumenmaße prägen werden.

EIN WICHTIGER HINWEIS FÜR DIE LESER

Obwohl alle Anstrengungen unternommen wurden, die Richtigkeit und Aktualität der in diesem Buch enthaltenen Informationen zu gewährleisten, können sich diese jederzeit ändern, durch stetige Wissenschaft bei der Arbeit, politische und ökonomische Umstände und natürlich die Messobjekte an sich. Der Autor kann für fehlerhafte Angaben und deren Folgen weder eine juristische Garantie noch irgendeine Haftung übernehmen. Keine Verantwortung übernimmt der Autor für Verluste, Verletzungen oder Unannehmlichkeiten, die jemandem bei der Nutzung dieses Buches entstehen.

EINFÜHRUNG

Worum es geht – Räume entdecken

Herzlichen Glückwunsch zum Kauf dieses Buches! Wenn Sie durch die Seiten blättern, ist es so, als ob Sie ganz neuartige Raumgeschichten erleben. Probieren Sie es aus. Schauen Sie zum Himmel und stellen sich vor, die 356.000 Kilometer von der Erde zum Mond zu reisen. Wenn Sie dann auf dem Mond die Rückfahrkarte gezogen haben und wieder zuhause sind, haben Sie erfahren, wie groß unsere Sonne ist: Ihr Radius entspricht ziemlich genau Ihrer Reisestrecke.

Gehen Sie mit diesem Buch ruhig spielerisch um. Manches werden Sie finden, obwohl Sie es gar nicht gesucht haben. Sind Sie wissenschaftlich interessiert, stöbern Sie in dem Bereich, der für die wissenschaftliche Domäne Raumzahlen erwarten lässt. Bei Biologen und Maschinenbauern mögen es Zentimeter sein, bei Architekten Meter und bei Astronomen Lichtjahre.

Lassen Sie sich überraschen, wie die Vermessung eines Meteorologen Ihnen dabei behilflich sein kann, sich Quantität besser vorzustellen. Nehmen Sie die Magie der Zahl von 6 Metern. Wenn 1 Millimeter große Regentropfen zum Erdboden sinken, legen sie dabei durchschnittlich 6 Meter pro Sekunde zurück. Immergrüne Gräser in Feuchtsavannen ranken ebenso 6 Meter nach oben wie Wurzeln von Waldkiefern tief in den Boden reichen. Eine geflüsterte Stimme kann man 6 Meter weit hören und in den Jahren 1828 bis 1859 schützten 6 Meter hohe Deiche Deutschlands Nordseeküste. Genau das macht 6 Meter aus.

Meistens bewegen sich Wissenschaftler im Kontext ihrer eigenen Disziplin. So ist beispielsweise für Geologen der Arbeitsbereich von Pedologen, der lockere Erdboden oberhalb des Ausgangsgesteins, nur Dreck. Aber auch von Nicht-Wissenschaftlern heißt es oft: „Das können Sie nicht vergleichen." In diesem Buch sehen Sie, dass es einen Bezug zwischen der Körpergröße Napoleons (5 Fuß + 2 Zoll + 3 Linien) und der Länge eurasischer Zauneidechsen gibt, und dass Sie diese Räume so Dingen gegenüberstellen können wie dem täglichen Längenverlust des neuseeländischen Tasmangletschers oder der Schallwellenlänge in Tonlagen weiblicher Sopranistinnen. Ein Raum für Überraschungen ist bereitet, unsere Vorstellungskraft wird angeregt.

Was wir nicht sehen und messen können, lässt sich zwar hochrechnen oder modellieren, wir erleben es aber nicht. Strukturen kleiner als 50 Mikrometer können wir mit blossem Auge nicht sehen. In der Natur sind das Strukturen wie Schluffkörner oder kleinste Algen, die antarktischen Krillkrebsen als Futter dienen. Unsichtbar bleiben Strukturen auch, wenn Dinge für das Auge unmerklich langsam wachsen. So wie der Pariser Eiffelturm im Sommer, dessen Eisen sich in der Sommerhitze derart weitet, dass der Turm 15 bis 30 Zentimeter höher als im Winter ist. Und manchmal sehen wir die Dinge nicht, weil sie einfach verborgen liegen, so wie die Gesteinsschichten unterhalb des lockeren Erdbodens.

Auf den ersten Blick mag es nur Mediziner und Zoologen interessieren, dass elektromagnetische Felder des Mobilfunks ebenso tief in menschliches Gewebe eindringen können wie Echsenfingergeckos lang und Tischtennisbälle breit sind, nämlich 4 Zentimeter. Ein zweites derartiges Beispiel mag aber schon Historiker hinter dem Ofen hervorholen, wenn jene nämlich erfahren, dass der Höhenunterschied zwischen Nord- und Südturm des Kölner Doms ebenso 4 Zentimeter misst wie die Haut von Walrossen dick ist. Könnte die Metapher von Walrossen als mobilfunkresistente Wesen gar ein Funke für eine neue Erfindung sein?

Vielleicht nehmen Sie dieses Buch aber auch mit zum nächsten Spielabend mit Ihren Freunden. Denn mit dem Inhalt kann sich ein Ratespiel entwickeln. Einer fragt, welche Struktur so lang, breit oder hoch ist wie die längsten in der Bibel erwähnten Tagesmärsche (40 km) und geben ein paar Antworten zur Auswahl. Wer die Struktur mit dem ähnlichsten Wert errät – hier mit 39 km die schmalste Breite der Straße von Hormus – gewinnt. Und wer auf die Entfernung vom Atomkraftwerk Indian Point zur Stadt New York City tippt, verliert, weil sie 38 km beträgt. Raten Sie, diskutieren Sie, lernen Sie auf unterhaltsame Weise.

Die Idee zu diesem Buch

Ich habe keine Sesshaftigkeit von meinem Eltern geerbt, sondern die Neugier auf andere Kulturen. Die erste Reise in noch unentdecktes Gebiet ging nach Ostanatolien während des türkischen Bürgerkrieges 1979. Eigentlich wollten wir von Deutschland in den Iran fahren, aber Khomeinis Machtübernahme kam uns in die Quere. Im Jahr darauf putschte das Militär in der Türkei und wir fuhren mit der Familie - wieder mit einem alten VW-Bus - bis tief in die algerische Sahara. Von da an war ich nicht mehr aufzuhalten.

Mit 13 schwang ich mich auf den Fahrradsattel und fuhr in einer Woche 700 Kilometer quer durch Südwestdeutschland. Und mit 16 wurden es 2.700 Radelkilometer durch sechs europäische Länder. Schon bald mit dem Rucksack nach Asien und ein Jahr später 10.000 Kilometer per Anhalter durch Australien - mit meiner späteren Ehefrau, in der das gleiche Reisefieber steckt. Seit dreißig Jahren erkun-

den wir nun gemeinsam die Welt, wobei zwei Millionen Reisekilometer zustande kamen. Das Gespür für Entfernungen liegt mir quasi im Blut.

Was ich unterwegs jedoch nie tat, war, die Welt zu vermessen. Während andere sich dieser interessanten Aufgabe widmeten, führte ich die Messereignisse zusammen. Ich begann damit während meines Studiums der Umweltwissenschaften, als hunderte Zahlen auf mich einpreschten. Es waren so viele, dass ich sie kaum begreifen konnte. Beim Ordnen der Zahlen entstand vor meinen Augen plötzlich eine neue und verständliche Welt.

Zuvor offenbar zusammenhanglose Einzelerscheinungen wurden vergleichbar. Raum und Zeit erhielten eine neue Bedeutung. Ein und dieselbe Sache konnte ich nun mit verständlicheren oder anderen Worten beschreiben. Dinge, die ich zuvor aus der Perspektive der studierenden Disziplin gesehen hatte, ließen sich nun mit ganz anderen wissenschaftlichen Kontexten vergleichen. Es war, als ob sich eine Information neu organisiert. Etwas Interdisziplinäres entstand und so die Idee zu diesem Werk.

Aber kann ein Buch mit einem Minimum an Bildern noch aufregend und lesbar genug sein? Auf Nachfrage bei Kindern, Jugendlichen, Studenten, Lehrern, Wissenschaftlern und anderen wissbegierigen Menschen hörte ich: Ja, das ist interessant, das Buch möchte ich besitzen.

Vielleicht auch, weil man die Zahlen in diesem Buch jede für sich zwar googeln kann, sie aber niemals so zusammenführen würde. Ich recherchierte jede einzelne Information manuell und anfänglich ohne Suchmaschinen, verglich jedes Ergebnis mindestens dreimal mit anderen Quellen und standardisierte die Informationen auf eine Weise, dass sie in Reihe einen lesbaren Sinn ergeben.

Wie im Satzbau die Zeit vor dem Ort steht, erschien zunächst im Dezember 2021 das Buch über die Zeit, die auch vierte Dimension genannt wird. Mit den drei Dimensionen Länge, Breite und Höhe in Band 2 – DER RAUM komplettiert sich die Buchreihe.

Wie das Buch organisiert ist

Versuchen Sie nicht, DAS ZEIT UND RAUM BUCH zu lesen. Vor Ihnen liegt ein Nachschlagewerk. Sie lernen ja auch nicht das Telefonbuch auswendig.

Kapitel 1 beginnt mit dem kürzesten vorstellbaren Raumwert, und 227 Seiten später ist die am längsten vorstellbare Raumzahl zu lesen. Zur Orientierung rund um dezimale Raumskalen finden Sie am Ende des Buches eine Übersicht,

die von 10 hoch minus 45 (Meter) bis 10 hoch 600 (Meter) reicht.

Innerhalb einer Größenordung steht zunächst die absolute Größe, zum Beispiel 7 Kilometer. Gibt es einen von-bis-Bereich, schließt sich dieser direkt an den Absolutbereich an. Der Bereich 7 bis 8 Kilometer (konkret: die Höhe der Alpen nach der ersten Gebirgsbildung) steht also direkt hinter 7 Kilometer. Und 7 bis 10 Kilometer (konkret: die durchschnittliche jährliche Ausdehnung der Wüste Sahara an ihrem Südrand) stehen wiederum direkt dahinter, da 10 Kilometer weiter ist als 7 Kilometer.

Wo es angebracht ist, werden Dezimalen aufgeführt. In der Wissenschaft sind sie häufig von erheblichem Belang. Dass die Istanbul teilende Meerenge Bosporus maximal 32 Meter tief ist, mag vornehmlich nur die Bewohner der Stadt Istanbul interessieren, wenn sie hier außerdem erfahren, dass der Kuppelinnendurchmesser der über dem Bosporus thronenden Kirchenmoschee Hagia Sophia mit 31,87 Metern fast genauso breit wie der Bosporus tief ist.

Signifikante (Komma-) Stellen werden manchmal genutzt, um die Großartigkeit des teuren Messgerätes zu untermauern oder um feinste Unterschiede herauszustellen. So liegen Messergebnisse manchmal so eng beieinander, dass man immer kleinere Dezimalen nimmt, um zwei Messungen voneinander abzuheben.

Im Gegensatz dazu wird hier weniger gerundet, je größer der Raumabschnitt ist. Dass einige LANDSAT Erderforschungssatelliten die Erde auf einer Höhe von 900 bis 920 Kilometern umkreisen, soll für dieses Buch ausreichen. Unerheblich, ob ihr Orbit zwei oder drei Kilometer höher liegt. Ebenso ist es unerheblich, ob der Fluss Rhein bei 1.233 Kilometern Länge 5 oder 7 Meter länger ist. In großen Skalen werden Feinheiten meist irrelevant.

Eher selten werden Meter als Kilometer standardisiert, so wie im Bereich von rund 5,5 Kilometern, wo der Kilometerwert einer Seeleuge (3 nautische Seemeilen) in Nachbarschaft steht zur Höhe von Gebirgspässen oder der Fortbewegungsstrecke pro Sekunde von Schall.

Zur besseren Vergleichbarkeit sind Lichtjahre als Meter bzw. Kilometer standardisiert. Oberhalb von 10 Billionen Kilometern wird der Raum generell als Vielfaches eines Lichtjahres (LJ) ausgedrückt.

Die von-bis-Logik wird auch verwendet, um unterschiedliche Quellen zu würdigen. So gibt es beispielsweise in der Literatur unterschiedliche Angaben, ob der Karakorum Bergpass an der indisch-chinesischen Grenze auf 5.540 oder

5.575 Metern über dem naheliegendsten Meeresspiegel liegt.

Um Raumdaten kleiner als 10 Pikometer (10 hoch minus 11 Meter) wissenschaftlich miteinander vergleichen zu können, werden sie auch zu errechneten bzw. hypothetischen Werten ins Verhältnis gesetzt, in der Hoffnung, auf diese Weise Pikometer, Femtometer und Attometer begreifbarer zu machen. Ein Vertreter dieser Kategorie sind punktförmige Elektron Elementarteilchen. Bislang vermögen ihnen Physiker eine Ladung und eine Masse zuzuschreiben, nur bei der Größe hapert es noch. Auszugsweise Schätzungen lauten kleiner als 1 Femtometer (Doppelnobelpreisträger Linus Pauling), 2,4 Pikometer (Physiker Malcolm H. MacGregor) oder im Bereich hunderter Attometer (World Book Encyclopedia/Chicago). Kontextualisierende Vergleiche dieser Art wollen zu neuen Denkideen einladen und einen Raum für neue Fragen bereiten.

Gedanken zur Vermessung von Raum & Zeit

In Band 1: DIE ZEIT schreibe ich umfangreich über Vermessungen im wissenschaftlichen Sinne. Bitte schauen Sie dort nach. Vieles von dem dort Gesagten kann auch auf den Raum angewendet werden.

Ein Wort zu Wellenlängen

Der lateinische Name für einen Strahl bzw. eine Speiche ist „Radius". Wir finden das Wort im Radius der Sonne und in ausgestrahlten Radiosendungen. Die Radiologin Marie Curie gewann nicht nur den Physik-Nobelpreis für ihre Untersuchungen zu radioaktiver Strahlung, sondern auch den Chemie-Nobelpreis für die Reindarstellung des radioaktiven Metalls Radium. Auf ihrem Weg zur Nobelpreisträgerin hatte sich Curie Erfolg bringend mit dem Magnetismus von gehärteten Stählen beschäftigt. Tatsächlich gründet unser Nutzen der Elektrizität vollumfänglich auf der Zweisamkeit von Magnetismus und Elektrizität.

Die Erforschung des elektromagnetischen Wellenspektrums hat die Physik das ganze 20. Jahrhundert lang beschäftigt. Kein Wunder, dass seit dem ersten Nobelpreis für Physik im Jahre 1901 fast alle Preisträger ihre Auszeichnung wegen Erkenntnissen zu diesem Themenkomplex erhielten. Falls Sie also auf den Nobelpreis für Physik aus sind, dann gebe ich Ihnen gerne folgenden Tipp: Beschäftigen Sie sich mit den Themen Strahlung, Wellen und Magnetismus.

Der vielleicht wichtigste Schlüssel zu den großen Physikrätseln des 20. Jahrhunderts war die Spektroskopie. Dabei trennt man elektromagnetische Strahlen und zerlegt sie

nach Wellenlänge, Energie oder Masse. Kurzum: In der Spektroskopie geht es immer um Wellenlängen.

In diesem Buch finden Sie eine Menge davon. Viele Wissenschaftler arbeiten im Alltag mit ihnen, denn unter Anwendung von ein paar einfachen physikalischen Formeln geben sie uns wertvolle Informationen über unsere Umwelt.

Eine konkrete Anwendung ist die Absorptionsspektroskopie. Sie macht sich zunutze, dass Materie nicht alle Strahlung bzw. alles Licht durchlässt, sondern Teile davon verschluckt bzw. absorbiert. Trifft Strahlung auf einen Stoff, und er verschluckt beispielweise ganz besonders die Wellenlängenbandbreite von 600 bis 640 Nanometer (also den orangenen Teil des Lichts), dann liegt dort sein Absorptionsmaximum. Wie bei Blaubeeren, die vor allem die Farbe Gelb verschlucken, und folglich komplementäre Blautöne freigeben.

In der analytischen Praxis nutzt man die Absorptionsspektroskopie für die Detektion umweltrelevanter Gasmoleküle wie dem Dieselfahrzeug-Abgas Stickstoffdioxid (NO2) oder von Schwermetallen wie Arsen oder Blei aus Bodenproben. Gewisse Moleküle haben eine charakteristische Bande, also einen breiten von-bis Bereich des Strahlungsspektrums, den sie absorbieren. Atome wie ein Eisenatom dagegen halten nur einen kleinen charakteristischen Strahlenbereich einer einzigen Wellenlänge fest, und geben auch genau diese Wellenlänge wieder frei. Bei Natrium ist es das Gelb der Strahlungswellenlänge von rund 589 Nanometern und bei Caesiumatomen das blauviolette Licht der Wellenlänge von 458 Nanometern.

Mit einer Welle ist eine sich fortbewegende Schwingung gemeint, die Energie von einem zum anderen Ort bringt. Schall braucht dazu Materie wie Luft, die sich bewegen lässt. Und auch Lichtenergie breitet sich in Wellenform aus, die elektromagnetischer Natur ist.

Letztere Einsicht verdanken wir dem englischen Augenarzt Thomas Young, der 1801 herausfand, dass Licht aus Wellen besteht. Seit 1820 wissen wir, dass elektrischer Strom ein Magnetfeld produziert. 1905 gab Albert Einstein zum Besten, dass Lichtstrahlen in Photonenform transportiert werden, wobei sich die Photonenlichtteilchen auf ihrem Weg auf das Beförderungsmittel einer Welle verlassen. Nach der Formel $\lambda = c / f$ sind Wellenlänge, Lichtgeschwindigkeit und Wellenfrequenz miteinander verbunden. Wenn man etwas über die Wellenlänge weiß, kann man über eine weitere Formel die Energiemenge ableiten.

Eine Wellenlänge definieren wir mit der Entfernung von einem Wellenkamm zum nächsten. Bei Mikrowellenherden

im Haushalt und bei bestimmten WLAN-Kanälen beträgt eine solche Länge 12,25 cm. Die Amplitude ist die Strecke vom Wellenkamm zum Wellental. Ist die Amplitude höher, ist das Licht heller oder bei Schallwellen der Ton lauter. Wenn bei Windstärke 5 die Meereswellen 1,83 Meter hoch sind, dann ist ihre Amplitude rund einen Meter höher als bei Tsunamis auf offener See.

Nicht ein lauterer Ton, sondern ein höherer Ton zeichnet sich durch eine höhere Frequenz aus. Die Anzahl der Wellen pro Sekunde nennt man Frequenz, welche in der Einheit Hertz [Hz] angegeben wird. Von der Welle kann man also leicht auf den Frequenzbereich bzw. das Frequenzband schließen. Wer beim Funken das Frequenzband kennt, weiß viel über den Nutzer. Polizeifunker unterhielten sich früher bei 80 Megahertz (MHz) mit der Wellenlänge von 3,75 Meter, in Digitalfunkzeiten heute zwischen 380 und 410 MHz. Daher legen Behörden Wert darauf, dass sich Nutzer wie Amateurfunker, Rundfunker, Mobilfunker, Seefunker oder militärische Kommunikationssatelliten nur in der ihnen zugewiesenen Frequenz aufhalten.

Schallwellen und elektromagnetische Strahlen in Form von Licht lassen uns hören und sehen. Für Lebewesen sind sie lebenswichtig. 90 bis 95 Prozent aller menschlichen Sinneswahrnehmungen sind optische Reize. Menschliche Augen sind trichromatisch, haben rote, grüne und blaue Farbrezeptoren. Kühe sind bichromatisch, sie sehen nur rot und blau. Eben weil sie die Farbe grün nicht sehen können, erkennen sie markante Blütenfarben auf der großen Wiese schneller, die sie dann tunlichst meiden. Rot hingegen kann von Bienen nicht gesehen werden.

Schall und Licht sind zwar sehr unterschiedlich, ihnen gemeinsam ist aber, dass sie in Wellenform unterwegs sind. Für Schall gilt dieselbe Formel wie oben erwähnt, aber er breitet sich deutlich langsamer aus als eine elektromagnetische Welle. Konzertante Kammertöne schwingen bzw. oszillieren pro Sekunde 440 mal. 440 Hertz entspricht einer Schallwellenlänge von 78 Zentimetern, was eine weitaus kürzere Wellenlänge darstellt als die 440 Schwingungen einer ultra-niederfrequenten elektromagnetischen Welle (681,35 Kilometer).

Licht, Radiowellen, Röntgenstrahlen, Gammastrahlung, sie alle sind verschiedene Formen elektromagnetischer Wellen. Der Bereich vom Anfang bis Ende aller Wellenlängen nennt man das elektromagnetische Spektrum oder Band (-breite). Das Wort Spektrum werden Sie in diesem Buch öfters finden. Stöbern Sie doch mal im Bereich von 315 Nanometern ...

EINFÜHRUNG

Das Problem mit dem Raum

Das Problem mit dem Raum ist seine unendliche Größe. In diesem Buch lasse ich nur punktuell ausgesuchte Größen anklingen. Dennoch sind viele wichtige Kennzahlen aus allen möglichen Wissenschaften aufgeführt. Natürlich tauchen gewisse Zahlen nicht auf. Wenn Sie sie finden, dürfen Sie sie behalten. Oder Sie schreiben mir eine kurze Nachricht an autor@daszeitundraumbuch.de.

DAS ZEIT UND RAUM BUCH stellt Raumfragen

Es gibt Geschichten, die nur DAS ZEIT UND RAUM BUCH schreibt. Zur Anregung weiterführenden Denkens rund um Räume soll die Einführung mit ein paar Fragen enden. Let's go: Ab wie viel Meter beginnt die Geographie? Welche Wissenschaften beschäftigen sich mit dem Bereich kleiner als 5 Meter? Machen sich Geographische Informationssysteme (GIS) die Erde untertan? Warum sind die Wurzeln von Urwaldriesen in tropischen Regenwäldern so kurz? Hört die Vegetation dort auf, wo der Boden anfängt? Bis in welche Tiefen zeigen Zeigerpflanzen Wasservorkommen an? Regnet es mehr in Rom/Italien oder in Rom/Deutschland? Warum unterscheiden sich Süd- und Nordturm des Kölner Doms um nur 4 Zentimeter und die Hamburger Kirchen St. Michaelis und St. Petri um 6 Zentimeter? Gibt es mehr als vier Dimensionen? Wenn Länge, Breite, Höhe & Zeit die vier Dimensionen darstellen, ist jedes weitere Attribut (wie die Farbe Rot) eine weitere Dimension? Lässt sich etwas wahrnehmen, wenn es keine Raumdimension gibt? Was ist uns vertrauter: 5 Zentimeter oder 5 Millimeter? Ab wann wird die Forschung Strukturen kleiner als 100 Attometer experimentell bestätigen können? Warum sind wir nicht auch im Kleinen weniger genau oder pedantisch? Was vergrößert die Aura eines Menschen? Was bringen Nanoregister? Sind wir risikokompetent genug, um den Einsatz von Nanomaterialien auf Körper und Umwelt freizugeben? Brauchen wir ein Ministerium für die chemischen Verwüstungen unserer Umwelt? Sind konstruierte Räume wie „Die Achse des Bösen“ real? Wer residiert unter den Koordinaten 39.10864694640898, -76.7713310409885? Wenn Geodäten die Welt vermessen, indem sie die kürzeste Verbindung zweier Punkte nehmen, was passiert zwischen den beiden Punkten? Wenn in Frankreich vor der Französischen Revolution 250.000 verschiedene Einheiten galten, wie viele Einheiten kamen in anderen Staaten hinzu? Welche Bedeutung haben Grenzen? Was macht Grenzflächen wie ozeanische Auftriebszonen, Mangroven, Staatsgrenzen oder Helmholtz-Doppelschichten so lebendig? Was können wir von Geologen über die Grenzregion von Boden und Ausgangs-

gestein lernen? Wo genau spart die Natur Energie, wenn sie Grenzflächen vermeidet? Wie unterscheiden sich Bestimmungsgrenzen von Nachweisgrenzen? Ist es legitim, dass das Ufer des Zürichsees nicht zugänglich ist, weil sich Millionäre die besten Lagen geschnappt haben? Gibt es Raum ohne gesellschaftliches Handeln? Immobil durch Armut? Ab welcher Lebewesengröße beginnt Tierschutz? Sollten 50 Mikrometer große Lebewesen auf die Rote Liste aufgenommen werden? Warum konnten die Neandertaler zu Fuß nach Großbritannien laufen? Wie hoch wäre der Meeresspiegel, lebten wir heute nicht im Känozoischen Eiszeitalter? Warum bauen Weltstädte wie Schanghai weiterhin am Wasser, wenn das Problem bei ihnen – wie im Falle von Schanghai (chin. shang-hai = oberhalb des Wassers) – bereits im Namen steht? Ab wie viel Meter Meeresspiegelanstieg würden Südamerika und Nordamerika räumlich getrennt? Sind schnell wachsende Gletscher schlimmer als langsam schmelzende Gletscher? Warum kann eine nur 3 Millimeter dicke Ozonschicht die Erde vor UV-Strahlung schützen? Wie zerstört Ultraviolett-Licht das Erbgut von Pollenkörnern? Was würden Menschen sehen, hätten sie die Nachtsichtfähigkeit nachtaktiver Tiere? Warum tragen bald 50 Prozent aller Jugendlichen eine Brille? Was sehen Vögel bei Ultraviolett-Licht? Welche Chancen liegen in zweidimensionalen Materialien? 3D, 2D oder LSD? Wird der Raum instabiler, weil unsere Betrachtungsebenen zunehmen? Mit welcher Formel errechnen Bergsteiger das Sinken des Wassersiedepunktes pro Höhenmeter? Können mit Elementarteilchen arbeitende Teilchenbeschleuniger wie der Large Hadron Collider die Welt zerstören? Was hob das südafrikanische Hochland in den letzten 100 Millionen Jahren - auch ohne das Aufeinandertreffen von Kontinentalplatten - um 1.600 Meter? Wie weit entfernt sich der Mond pro Jahr von der Erde? Lässt sich dem Raum zum Atmen eine Einheit geben?

Ich wünsche Ihnen sehr viel Vergnügen beim immerwährenden Entdecken von Räumen.

Das Reich der Physik und Chemie

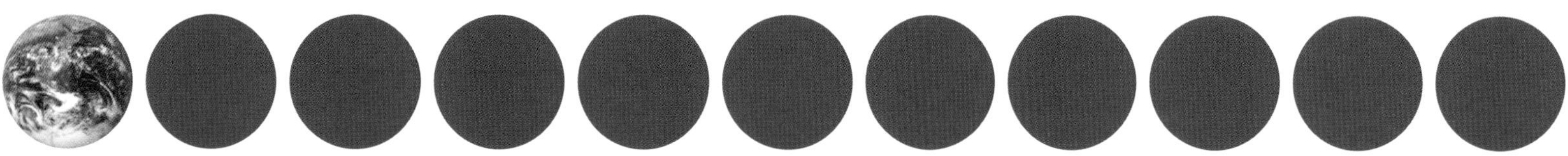

Von 1 Sextillionstel Meter bis 300 Nanometer

Ausdehnung		Begriffliche Erfassbarkeit	Erläuterungen
von	bis		
10^{-36} m		1 Sextillionstel Meter	Ein geradezu mathematisch-theoretisches Maß
10^{-35} m		10 Sextillionstel Meter	
$1{,}616255 \cdot 10^{-35}$ m		Ausdehnung einer Planck-Länge, der kleinsten physikalischen Einheit	Definiert vom deutschen Physiker Max Planck
10^{-34} m		100 Sextillionstel Meter	
10^{-33} m		1 Quintilliardstel Meter	
10^{-32} m		10 Quintilliardstel Meter	0,00000000000000000000000000000001 Meter
10^{-32} m		Theoretische Größe des Weltalls beim Urknall	100 Quadrilliardstel mm
10^{-31} m		100 Quintilliardstel Meter	0,0000000000000000000000000000001 Meter
10^{-30} m		1 Quintillionstel Meter	
10^{-29} m		10 Quintillionstel Meter	0,00000000000000000000000000001 Meter
10^{-28} m		100 Quintillionstel Meter	0,0000000000000000000000000001 Meter
10^{-28} m^2		1 Barn als Flächeneinheit für Wirkungsquerschnitte in Kernphysik	Entspricht 100 fm^2
10^{-27} m		1 Quadrilliardstel Meter	0,000000000000000000000000001 Meter
10^{-26} m		10 Quadrilliardstel Meter	0,00000000000000000000000001 Meter
10^{-25} m		100 Quadrilliardstel Meter	0,0000000000000000000000001 Meter
10^{-24} m		1 Yoctometer = 1 ym	0,000000000000000000000001 Meter
1 ym		1 Quadrillionstel Meter	
10^{-23} m		10 Yoctometer = 10 ym	0,00000000000000000000001 Meter
10^{-22} m		100 Yoctometer = 100 ym	0,0000000000000000000001 Meter
124 ym		Radius vom effektiven Wirkungsquerschnitt bei 1 MeV Neutrinos	MeV = Mega Elektronenvolt
10^{-21} m		1 Zeptometer = 1 zm	0,000000000000000000001 Meter
1 zm		1 Trilliardstel Meter	
7 zm		Radius vom effektiven Wirkungsquerschnitt hochenergetischer Neutrinos	
10^{-20} m		10 Zeptometer = 10 zm	0,00000000000000000001 Meter
10^{-19} m		100 Zeptometer = 100 zm	0,0000000000000000001 Meter
< 1 am		Größe von Quark Elementarteilchen	3 Quarks bilden 1 Neutron oder 1 Proton

Ausdehnung		Begriffliche Erfassbarkeit	Erläuterungen
von	bis		
10^{-18} m		1 Attometer = 1 am	0,000000000000000001 Meter
1 am		1 Trillionstel Meter	
1 am	100 zm	Detailgenauigkeit von Teilchenbeschleunigern	HERA, LIGO, LHC (CERN)
1 am		Maximale Reichweite von schwacher Kernkraft	Stichworte β-Radioaktivität, Neutrinoerzeugung
10^{-17} m		10 Attometer = 10 am	0,00000000000000001 Meter
10 am		Errechneter Durchmesser von Higgs Boson Elementarteilchen	Im Zustand der Ruheenergie
13,6 am		Errechneter Durchmesser von neutralen Z-Boson Elementarteilchen	Im Zustand der Ruheenergie
15,4 am		Errechneter Durchmesser von elektrisch geladenen W-Boson Elementarteilchen	Im Zustand der Ruheenergie
30 am		Wellenlänge von künstlich erzeugten Photonen im Stanford Linear Accelerator Center/USA	Neodym-Glas-Laser → Photon → Streuung an e^-
10^{-16} m		100 Attometer = 100 am	0,0000000000000001 Meter
< 158 am		Größe von Elektronen	Laut World Book Encyclopedia, Chicago/USA
698 am		Errechneter Durchmesser von Tauon Elementarteilchen	Im Zustand der Ruheenergie
741,3 am		Errechneter Durchmesser von Omega Ω^- Baryon Elementarteilchen	3 Quarks bilden 1 Omega Baryon
938,4 am		Errechneter Durchmesser von Chi X^- Baryon Elementarteilchen	3 Quarks bilden 1 Chi Baryon
942,9 am		Errechneter Durchmesser von Chi X^0 Baryon Elementarteilchen	3 Quarks bilden 1 Chi Baryon
< 1 fm		Geschätzer Radius von Elektronen	Laut Linus Pauling's "College Chemistry" (1964)
10^{-15} m		1 Femtometer = 1 fm	0,000000000000001 Meter
1 fm		1 Billiardstel Meter	
1 fm		Ausdehnung der alten physikalischen Einheit 1 Fermi	Benannt nach dem Kernphysiker Enrico Fermi
1 fm	80 fm	Wellenlängen von kosmischer Strahlung	Über die Quellen streiten sich Forscher bis heute
1 fm	100 fm	Maximale Reichweite von starker Kernkraft	Verleimen von Quarks: Der "Quark-Leim"
1 fm	100 pm	Anwendungsbereich der Quantenmechanik	Ab 100 pm Bereich der klassischen Mechanik
1,0396 fm		Errechneter Durchmesser von Sigma Σ^+ Baryon Elementarteilchen	3 Quarks bilden 1 Sigma Baryon
1,1113 fm		Errechneter Durchmesser von Lambda Baryon Elementarteilchen	3 Quarks bilden 1 Lambda Baryon
1,31959090 fm		Vergrößerte (Compton) Wellenlänge von Neutronen nach einem Stoß durch ein Photon	Materie besteht aus Neutron + Proton + Elektron
1,32140985 fm		Vergrößerte (Compton) Wellenlänge von Protonen nach einem Stoß durch ein Photon	Materie besteht aus Proton + Neutron + Elektron
1,7 fm		Atomkerndurchmesser von Atomen des Gases Wasserstoff	60.000 mal kleiner als Durchmesser des Atoms
1,7 fm	11,7 fm	Durchmesser von Atomkernen	Im Durchschnitt 40.000 mal kleiner als das Atom
1,8 fm		Typischer Abstand zweier Protonen in Atomkernen	Im Durchschnitt

Ausdehnung		Begriffliche Erfassbarkeit	Erläuterungen
von	bis		
2,5 fm		Restwechselwirkung (Kernkraft) Reichweite zwischen Nukleonen	Nukleonen = Protonen + Neutronen
2,81794 fm		Klassischer Radius von Elektronen	Gemäß der Formel $e^2 / 4 \cdot \pi \cdot \varepsilon 0 \cdot me \cdot c^2$
8,45 fm		Atomkernradius von Atomen des Metalls Gold	
10^{-14} m		10 Femtometer = 10 fm	0,00000000000001 Meter
11,7 fm		Durchmesser vom Atomkern eines Uranatoms	26.000 mal kleiner als Durchmesser des Atoms
11,734441043 fm		Compton Wellenlänge von Myon Elementarteilchen	Sie sind rund 200 mal schwerer als Elektronen
12 fm		Atomkernradius in Atomen des Erdalkalimetalls Barium	Barium Metall → Barium Atom → Atomkern
> 12 fm		Wellenlänge von Gammastrahlung	Entspricht 100 Megaelektronenvolt
10^{-13} m		100 Femtometer = 100 fm	0,0000000000001 Meter
100 fm	12 pm	Wellenlängen von Gammastrahlung für Strahlentherapie und Materialuntersuchungen	Entspricht 12 Mega- bis 100 Kilo-Elektronenvolt
100 fm	12 pm	Wellenlängen von Gammastrahlung für Kernreaktionen	Gammastrahlung durchdringt meterdickes Blei
100 fm	380 nm	Strahlenenergiespektrum bei Photo-Ionisationen in der oberen Erdatmosphäre	80 km über Erde sind Teilchen elektrisch geladen
100 fm^2		Fläche der Flächeneinheit 1 Barn für Wirkungsquerschnitte in der Kernphysik	Entspricht 10^{-28} m^2
123 fm	82 pm	Genutzter Wellenlängenbereich im Gamma Ray Astrophysics Laboratory Satelliten	Weltraumobservatorium INTEGRAL der ESA
10^{-12} m		1 Pikometer = 1 pm	0,000000000001 Meter = 1 Billionstel Meter
1 pm	100 pm	Wellenlänge von mittlerer und überharter Röntgenstrahlung für Materialprüfungen	
1,2 pm		Wellenlängenbereich ab dem sich teilchenphysikalische Elektron-Positron-Paare bilden	Teilchen & Anti-Teilchen, Bildung aus Photonen
2,4 pm		Errechnete bzw. abgeleitete Größe von Elektronen	Laut Mac Gregor, The Enigmatic Electron (1992)
2,4236310 pm		Vergrößerte (Compton) Wellenlänge von Elektronen nach einem Stoß durch ein Photon	Materie besteht aus Neutron + Proton + Elektron
4 pm		Vibrationsschwelle von Küchenschaben - minimale mechanische Erschütterung	Ab hier: Reiz → neurophysiologische Reaktion
< 5 pm		Wellenlänge von überharter Röntgenstrahlung	
5 pm	1 nm	Wellenlänge von Photonen aus Röntgenröhren	Entspricht 1 bis 250 Kiloelektronenvolt
10^{-11} m		10 Pikometer = 10 pm	0,00000000001 Meter
10 pm		Auflösung von Rastersondenmikroskopen (engl. Scanning Probe Microscopy = SPM)	Die Sonden wechselwirken mit den Proben
10 pm	500 pm	Wellenlängen von harter Röntgenstrahlung	
< 12 pm		Wellenlängen von Gammastrahlung	Gammastrahlung durchdringt meterdickes Blei
15 pm		Radius von Kohlenstoff Ionen in Kristallgittern	Mehr als viermal kleiner als Atomradius
20 pm		Höhenabstand zwischen zwei Schichten des zweidimensionalen Materials Germanen	Im honigwabenähnlichen Germanengitter
26 pm		Radius von Silicium Ionen in Kristallgittern	Wie im Phlogopit Glimmer KMg_3 (Al Si_3O_{10}) $(F,OH)_2$

Ausdehnung		Begriffliche Erfassbarkeit	Erläuterungen
von	bis		
30 pm		Radius von Schwefel Anionen in Kristallgittern	Wie in Molybdenit MoS2, Nutzung für Mikrochips
31 pm		Radius von Atomen des Edelgases Helium (He)	Ballongas, Schweißgas, Packgas E 939, aus Erdgas
36 pm		Vibrationsschwelle von Warzenbeißer Insekten - minimale mechanische Erschütterung	Ab hier: Reiz → neurophysiologische Reaktion
38 pm		Radius von Atomen des Edelgases Neon (Ne)	Durch Neonlampen fließt Neongas
38 pm		Radius von Phosphor P^{5+} Kationen in Kristallgittern	Wie in Lazulith Blauspat Mg Al2 (PO4)2 (OH)2
39 pm	53,5 pm	Radius von Aluminium Al^{2+} Kationen in Kristallgittern	Wie in Albit Na Al Si3 O8, diverse Quellangaben
39 pm		Radius von Silicium Si^{4+} Kationen	In Silikatverbindungen von Tonerde
42 pm		Radius eines Atoms vom Halogen Fluor (Fl)	Das elektronegativste Element aller Elemente
42 pm		Radius von Titan Ti^{4+} Kationen in Kristallgittern	Mehr als viermal kleiner als Atomradius
48 pm		Radius eines Atoms des Gases Sauerstoff (O)	Nur Fluor ist elektronegativer als Sauerstoff
50 pm		Radius von Aluminium Al^{3+} Kationen	Wie in Saphir Edelsteinen Al2 O3
50 pm		Tiefe von Poren in zweidimensionalen Nanomesh Materialien aus Bornitrid (BN)	
52,92 pm		Radius von Wasserstoff (H) Atomen im niedrigsten Energiezustand	Ein Bohr'scher Radius, benannt nach Niels Bohr
53 pm		Radius von Mangan Mn^{4+} Kationen in Kristallgittern	108 pm kleiner als Atomradius
56 pm		Atomradius von Atomen des Gases Stickstoff (N)	Kein Ersticken bei Atemluftanteil von 78 Prozent
60 pm	80 pm	Kleinster erzielbarer Strahldurchmesser eines Rastertransmissionselektronenmikroskops	Für Analyse biologischer Moleküle
64,5 pm		Radius von Eisen Fe^{3+} Kationen in Kristallgittern	Fe^{3+} verhilft dem Aquamarin zur blauen Farbe
65 pm		Durchmesser von Magnesium Mg^{2+} Ionen	Im Wasser von Ozeanen ist nur Na^{+} häufiger
67 pm		Errechneter Radius eines Atoms des Nichtmetalls Kohlenstoff (C)	
71 pm		Radius eines Atoms des Edelgases Argon (Ar)	Häufigstes Edelgas, geht keinerlei Bindungen ein
72 pm		Radius von Magnesium Mg^{2+} Kationen in Kristallgittern	73 pm kleiner als Atomradius
74 pm		Bindungslänge von kovalentem molekularen Wasserstoff (H2)	Abstand der beiden Atomkerne
77 pm		Häufiger kovalenter Radius von Atomen des Nichtmetalls Kohlenstoff (C)	Kovalent = zwei Atome teilen sich Elektronenpaar
78 pm		Radius von Eisen Fe^{2+} Kationen in Kristallgittern	Fe^{2+} verhilft Aquamarinen zur blauen Farbe
79 pm		Radius eines Atoms des Halogens Chlor (Cl)	
80 pm	15 nm	Typische Größe von Molekülen	
83 pm		Radius von Mangan Mn^{2+} Kationen in Kristallgittern	Wie in Peridot Olivinsteinen (Mg Mn Fe)2 [SiO4]
85 pm		Schicht Biegehöhe des zweidimensionalen Zinn Materials Stanen	Im honigwabenähnlichen Stanen Gitter
87 pm		Radius eines Atoms des Halbmetalls Bor (Br)	
88 pm		Radius eines Atoms des Edelgases Krypton (Kr)	

Ausdehnung		Begriffliche Erfassbarkeit	Erläuterungen
von	bis		
88 pm		Radius eines Atoms des Nichtmetalls Schwefel (S)	In Vulkanen, Enzymen, Meerwasser & Luft (SO2)
90 pm		Ionenradius von Lithium Kationen	In Amethyst Edelsteinen enthalten
91,7 pm		Bindungslänge des polar-kovalenten Moleküls Fluorwasserstoff (HF)	Abstand der beiden Atomkerne
94 pm		Radius eines Atoms des Halogens Brom (Br)	Gewinnung aus Meereswasser, Grignard Reaktion
95,84 pm		Bindungslänge von Sauerstoff- und Wasserstoffatomen in OH-Bindungen in Wasser	Im Molekül H2O bindet O zweimal H: H -- O -- H
96 pm		Bindungslänge der kovalenten Hydroxylgruppe (-OH)	Abstand der beiden Atomkerne
98 pm		Radius eines Atoms des Nichtmetalls Phosphor (P)	In ATP, Bomben, Nierensteinen, Dünger
10^{-10} m		100 Pikometer = 100 pm	0,0000000001 Meter
100 pm		Länge der alten physikalischen Maßeinheit 1 Ångström [Å]	Formelzeichen lambda (λ)
100 pm		Vibrationsschwelle von Feldgrillen und Maikäfern	Ab hier: Reiz → neurophysiologische Reaktion
100 pm		Vibrationsschwelle von Eulenfalter *Noctuid* Motten - minimale mechanische Erschütterung	Schallsinnesorgan erkennt Luftdruckveränderung
100 pm		Radius von Calcium Kationen in Kristallgittern	Wie in Anorthit Ca Al2 Si2 O8
100 pm		Entfernung zweier Atomkerne beim Zusammenstoß	In Durchschnittsatomen
100 pm	500 pm	Wellenlängen von weicher Röntgenstrahlung	
100 pm	550 pm	Größe von Atomen	
100 pm	990 pm	Partikelgröße in Lösungen - Chemische Elemente in Wasser gelöst	Kleiner als 1 Nanometer
100 pm	5 nm	Größe von Gasmolekülen	
100 pm	10 nm	Ionisationen finden statt bei diesen Strahlungswellenlängen	Ein Ion ist ein elektrisiertes Atom oder Molekül
100 pm	10 nm	Hydraulische Leitfähigkeit in Tonböden - pro Sekunde	So schnell durchdringt Wasser einen Tonboden
100 pm	60 nm	Wellenlänge von weicher Röntgenstrahlung für Röntgen-Therapie	Abtöten von Krebstumoren
100 pm	60 nm	Wellenlänge von weicher Röntgenstrahlung für Röntgen-Diagnostik	Für Anamnesen
100 pm	1 µm	Auflösung von Rasterkraftmikroskopen	Nutzung in Oberflächenchemie und -physik
100 pm	100 µm	Auflösung von Elektronenmikroskopen	Nicht für lebende Zellen, Verwitterungsmessung
100 pm	10.000 Lichtjahre	Anwendungsbereich der klassischen Mechanik	Wenn Bewegung durch Kräfte erfolgt
101 pm		Schicht Biegehöhe des zweidimensionalen Blei Materials Plumben	Im honigwabenähnlichen Plumben Gitter
102 pm		Radius von Natrium Kationen in Kristallgittern	Wie in Albit Na Al Si3 O8
103 pm		Atomradius von Atomen des Halbmetalls Selen (Se)	Verwendung in Photovoltaik
108 pm		Bindungslänge zwischen Kohlenstoff (C) und Wasserstoff (H) Atomen (sp–H)	In organischen Verbindungen
108 pm		Atomradius von Atomen des Edelgases Xenon (Xe)	Xenon ist ein Füllgas von Lampen
109 pm		Bindungslänge zwischen Kohlenstoff (C) und Wasserstoff (H) Atomen (sp2–H)	In organischen Verbindungen

Ausdehnung		Begriffliche Erfassbarkeit	Erläuterungen
von	bis		
110 pm		Bindungslänge zwischen zwei Stickstoff-Atomen	In N≡N Verbindungen
110 pm		Bindungslänge zwischen Kohlenstoff (C) und Wasserstoff (H) Atomen (sp3–H)	In organischen Verbindungen
111 pm		Atomradius von Atomen des Halbmetalls Silicium (Si)	In Sand, Glas, Ton, Halbleitern und Solarplatten
112 pm		Atomradius von Atomen des Erdalkalimetalls Beryllium (Be)	In Smaragden und High-End-Lautsprechern
113 pm		Bindungslänge zwischen Kohlenstoff und Sauerstoff-Atomen	In C≡O Verbindungen
114 pm		Atomradius von Atomen des Halbmetalls Arsen (As)	Hohe Konzentrationen in Reisanbaugebieten
115 pm		Atomradius von Atomen des Halogens Iod (I)	In Iodsalz, Schilddrüsen & Antiseptika
116 pm		Bindungslänge zwischen Kohlenstoff und Stickstoff-Atomen	In C≡N Verbindungen
116,32 pm		Abstand der Atome Kohlenstoff und Sauerstoff im Molekül Kohlendioxid (CO2)	
118 pm		Atomradius von Atomen des Metalls Aluminium (Al)	Aluminium reflektiert 98 Prozent des Infrarotlichts
120 pm		Atomradius von Atomen des Edelgases Radon (Rn)	Radon ist ein Tracer für die Grundwasserqualität
120 pm		Bindungslänge von Kohlenstoffatom-Dreifachbindungen in Alkinen	In C≡C Verbindungen
121 pm		Bindungslänge zwischen zwei Sauerstoff-Atomen	In O=O Verbindungen
122 pm		Bindungslänge zwischen Stickstoff und Sauerstoff-Atomen	In N=O Verbindungen
123 pm		Atomradius von Atomen des Halbmetalls Tellur (Te)	Tellursalze machen das Grün von Feuerwerken
123 pm		Bindungslänge zwischen Kohlenstoff und Sauerstoff-Atomen	In C=O Verbindungen
124 pm		Bindungslänge zwischen zwei Stickstoff-Atomen	In N=N Verbindungen
125 pm		Atomradius von Atomen des Halbmetalls Germanium (Ge)	Halbleitermaterial bevor man Silizium verwendete
126 pm		Bindungslänge zwischen den Sauerstoff-Atomen des Ozons	In O=O-O Verbindungen
127 pm		Atomradius von Atomen des Halogens Astat (At)	Zur Bestrahlung von Tumoren
127,46 pm		Bindungslänge des polaren Moleküls Salzsäure bzw. Chlorwasserstoffsäure (HCl aq.)	Abstand der beiden Atomkerne
127,46 pm		Bindungslänge des farblosen Gases Bromwasserstoff bzw. Hydrogenbromid (HBr)	Hilfsgas für Herstellung von Arzneistoffen
133 pm		Atomradius von Atomen des Halbmetalls Antimon (Sb)	Bremsbeläge von Fahrzeugen beinhalten Sb
134 pm		Bindungslänge von Kohlenstoffatom Doppelbindungen in Alkenen	In C=C Verbindungen
135 pm		Atomradius von Atomen des Metalls Polonium (Po)	Alexander Litwinenko wurde mit Po vergiftet
136 pm		Bindungslänge zwischen Stickstoff und Sauerstoff Atomen	In N-O Verbindungen
136 pm		Atomradius von Atomen des Metalls Gallium (Ga)	Verwendung in Supraleitern und Kernwaffen
137 pm		Radius von Hydroxid Anionen (OH-) in Kristallgittern	Wie im Phlogopit Glimmer KMg_3 (Al Si_3O_{10}) $(F,OH)_2$
137 pm		Bindungslänge zwischen zwei Kohlenstoff-Atomen (sp–sp)	In organischen Verbindungen
138 pm		Radius von Kalium Kationen (K+) in Kristallgittern	Wie im Phlogopit Glimmer K Mg_3 $(AlSi_3O_{10})$ $(F,OH)_2$

Ausdehnung		Begriffliche Erfassbarkeit	Erläuterungen
von	bis		
138 pm		Bindungslänge zwischen Kohlenstoff und Stickstoff Atomen	In C=N Verbindungen
139 pm		Bindungslänge von Kohlenstoff-Atombindungen in Benzol	Doppel- und Einfachbindungen
140 pm		Bindungslänge von Kohlenstoffatomen in Cycloalkanen	Cycloalkane sind gesättigte CH-Ringverbindungen
140 pm		Radius von Wassermolekülen (H2O)	
140 pm		Radius von Sauerstoff Anionen (O 2-) in Kristallgittern	Wie im Phlogopit Glimmer $KMg_3 (AlSi_3O_{10}) (F,OH)_2$
142 pm		Atomradius von Atomen des Übergangsmetalls Zink (Zn)	Zn ist ein wichtiges Spurenelement für Menschen
142 pm		Bindungslänge von Kohlenstoffatomen in Ringstruktur von Graphit	In Bleistiften, Elektroden & Umkehrosmosefiltern
142 pm		Bindungslänge von Kohlenstoffatomen in 2D Graphitschicht aus reinem Graphen (C)	Graphen: 1. Material aus nur einer atomaren Lage
143 pm		Atomradius von Atomen des Metalls Bismut (Bi)	Bismut dient unter anderem als Bleiersatz
143 pm		Bindungslänge zwischen zwei Kohlenstoff-Atomen (sp^2–sp)	In organischen Verbindungen
143 pm		Bindungslänge zwischen Kohlenstoff und Sauerstoff-Atomen	In C-O Verbindungen
143 pm		Bindungslänge zwischen Kohlenstoff und Stickstoff-Atomen	In C-N Verbindungen
144 pm		Bindungslänge des kovalenten Moleküls Elementares Fluor (F2)	In Zahnpasta & Flußspat, als Trinkwasserbeigabe
145 pm		Atomarer Seitenabstand in Graphitgittern	Sechserringe
145 pm		Atomradius von Atomen des roten Übergangsmetalls Kupfer (Cu)	Globale Abbaumenge: < 1998: 50 %, > 1998: 50 %
145 pm		Atomradius von Atomen des fungiziden Metalls Zinn (Sn)	Die USA recyclen fast 100 Prozent allen Zinns
145 pm		Atomradius von Atomen des Metalls Magnesium (Mg)	Verwendung unter anderem als Ackerkalkzusatz
146 pm		Bindungslänge zwischen zwei Kohlenstoff-Atomen (sp^3–sp)	In organischen Verbindungen
147 pm		Bindungslänge zwischen zwei Stickstoff-Atomen	In N-N Verbindungen
147 pm		Radius von Ammonium Kationen in Kristallgittern	Wie in Buddingtonit Feldspaten (NH4 Al Si3 O8)
147 pm		Bindungslänge zwischen zwei Kohlenstoff-Atomen (sp^2–sp^2)	In organischen Verbindungen
148 pm		Bindungslänge zwischen zwei Sauerstoff-Atomen	In O-O Verbindungen
149 pm		Atomradius von Atomen des Übergangsmetalls Nickel (Ni)	Nickel ist für viele Kontaktallergien verantwortlich
150 pm		Bindungslänge zwischen zwei Kohlenstoff-Atomen (sp^3–sp^2)	In organischen Verbindungen
150 pm		Bindungslänge zwischen den beiden Atomen im Gas Silizium-Monoxid (SiO)	Produktionszwischenstufe: Sand → ... → Wafer
152 pm		Atomradius von Atomen des Übergangsmetalls Kobalt (Co)	Kobaltabbau: Stichworte Handys & Kinderarbeit
153 pm		Radius von Chlor (Cl^-) Anionen in Kristallgittern	In Caesiumchlorid
153 pm		Abstand zweier Wasserstoff (H) Atome in Wasser (H2O)	
154 pm		Atomradius von Atomen des Schwermetalls Blei (Pb)	Blei lässt sich mit dem Fingernagel ritzen
154 pm		Bindungslänge zwischen zwei Kohlenstoff-Atomen (sp^3–sp^3)	In organischen Verbindungen

Ausdehnung		Begriffliche Erfassbarkeit	Erläuterungen
von	bis		
154 pm		Bindungslänge zweier Kohlenstoffatome in Diamant-Tetraedern bzw. -Dreieckspyramiden	Analysiert mithilfe von Röntgenbeugungsanalyse
156 pm		Atomradius von Atomen des Übergangsmetalls Eisen (Fe)	Eisen ist in Stahl, Hafer, Rost, Autos und Dosen
156 pm		Atomradius von Atomen des Metalls Indium (In)	Verwendung für Fotovoltaikanlagen
156 pm		Atomradius von Atomen des Metalls Thallium (Tl)	Thallium ist in Fotokopierern und Seenotraketen
158 pm		Atomradius von Atomen des nicht seltenen Seltenerdmetalls Cer (Ce)	Cer verhilft Kriegsmunition zu einer Leuchtspur
160 pm		P-O Bindungslänge von Elektronen während soft mode Schwingungen (Oszillationen)	In angeregtem KDP Kristallen in Lasern
160,9 pm		Bindungslänge des farblosen Gasmoleküls Iodwasserstoff (HI)	Reduktionsmittel in chemischer Analytik
161 pm		Atomradius von Atomen des Metalls Cadmium (Cd)	Zu viel Cadmium schadet. Vorsicht bei Leinsamen
161 pm		Atomradius von Atomen des Übergangsmetalls Mangan (Mn)	Mangan macht Stahl verschleißfest & dehnbar
165 pm		Atomradius von Atomen des Metalls Silber (Ag)	Silber ist gut dehnbar: 3 µm dünne Silberfolien
166 pm		Atomradius von Atomen des Übergangsmetalls Chrom (Cr)	Chrom macht Stahl hitzebeständig & hart
167 pm		Atomradius von Atomen des Metalls Lithium (Li)	In Lithium-Ionen-Akkus von Smartphones
169 pm		Atomradius von Atomen des Metalls Palladium (Pd)	Palladium ist ein Platinmetall aus der Nickelgruppe
170 pm		Van-der-Waals-Radius eines Kohlenstoff-Atoms	Physiker Johannes van der Waals lässt grüßen
171 pm		Atomradius von Atomen des Metalls Quecksilber (Hg)	Einziges bei Zimmertemperatur flüssiges Metall
171 pm		Atomradius von Atomen des Übergangsmetalls Vanadium (V)	Vanadium macht Stahl stoßfest & hitzebeständig
173 pm		Atomradius von Atomen des Metalls Rhodium (Rh)	Global größer Produzent (2021): Südafrika 75 %
174 pm		Atomradius von Atomen des Metalls Gold (Au)	Goldanteil in Handys ist 70-fach höher als in Erzen
175 pm		Atomradius von Atomen des radioaktiven Metalls Americium (Am)	Menschengemacht, kommt in Natur nicht vor
175 pm		Atomradius von Atomen des radioaktiven und hochgiftigen Metalls Neptunium (Np)	2.500 kg Exposition durch Atombomben seit 1945
175 pm		Atomradius von Atomen des radioaktiven und hochgiftigen Schwermetalls Plutonium (Pu)	Atombombe 1945: Zerstörung von Nagasaki
175 pm		Atomradius von Atomen des Metalls Uran (U)	Global größer Produzent (2021): Kasachstan 45 %
176 pm		Atomradius von Atomen des Übergangsmetalls Titan (Ti)	Titan macht Stahl stoßfest, China= TOP Produzent
177 pm		Atomradius von Atomen des Metalls Platin (Pt)	Global größer Produzent (2019): Südafrika 70 %
177 pm		Bindungslänge eines Sauerstoff- und Wasserstoffatoms in Wasser	Wasserstoffbrückenlänge in Eis
178 pm		Atomradius von Atomen des Übergangsmetalls Ruthenium (Ru)	Echte Seltenerde: 1/10.000.000.000 der Erdkruste
180 pm		Atomradius von Atomen des Metalls Iridium (Ir)	Doppelt so hohe Dichte wie Blei
180 pm		Atomradius von Atomen des radioaktiven Actinoid Metalls Protactinium (Pa)	1917 entdeckt von Otto Hahn und Lise Meitner
180 pm		Atomradius von Atomen des radioaktiven Metalls Thorium (Th)	Möglicher Ersatz für Uran in Kernkraftwerken
182 pm		Radius von Schwefel $^{2-}$ Anionen in Kristallgittern	94 pm größer als Atomradius

Ausdehnung		Begriffliche Erfassbarkeit	Erläuterungen
von	bis		
183 pm		Atomradius von Atomen des Metalls Technetium (Tc)	Ein Isotop ist wichtiger Tracer in Nuklearmedizin
184 pm		Atomradius von Atomen des Seltenerdmetalls Scandium (Sc)	Produktion p.a.: 35 t, Industriemetalle: 200 Mio. t
185 pm		Atomradius von Atomen des Übergangsmetalls Osmium (Os)	Neben Iridium das dichteste Metall überhaupt
188 pm		Atomradius von Atomen des Übergangsmetalls Rhenium (Re)	Echte Seltenerde: 1/14.000.000.000 der Erdkruste
190 pm		Atomradius von Atomen des Metalls Molybdän (Mo)	Aus Molybdenit MoS2: 3 Atome dicke Mikrochips
190 pm		Atomradius von Atomen des Metalls Natrium (Na)	In Backpulver, Soda, Glas & Natron/Bullrichsalz
193 pm		Atomradius von Atomen des Metalls Wolfram (W)	Wolfram schützt Stahl gegen Hitze und Verschleiß
194 pm		Atomradius von Atomen des Metalls Calcium (Ca)	In Kalziumkarbonat (CaCO3) = Kalk
195 pm		Atomradius von Atomen des radioaktiven Metalls Actinium (Ac)	Radioaktiver Zerfall = hohe Produktionskosten
195 pm		Atomradius von Atomen des Seltenerdmetalls Lanthan (La)	Gewinnung aus Phosphatmineralen (Ce,La,Th)PO4
198 pm		Atomradius von Atomen des Metalls Niob (Nb)	Gewinnung aus dem Erz *Coltan*
199 pm		Bindungslänge des kovalenten Moleküls *Elementares Chlor* (Cl2)	Abstand der beiden Atomkerne
200 pm		Auflösung von Raster-Tunnel-Mikroskopen (engl. Scanning Tunneling Microscope, STM)	Abtasten über elektrische Spannung
200 pm		Auflösung von Transmissions-Elektronen-Mikroskopen (TEM's)	Schuss eines Elektronenstrahls
200 pm		Atomradius von Atomen des Metalls Tantal (Ta)	Gewinnung aus dem Erz *Coltan*
205 pm		Atomradius von Atomen des Seltenerdmetalls Promethium (Pm)	Summe allen globalen Promethiums: < 600 Gramm
206 pm		Atomradius von Atomen des magnetischen Seltenerdmetalls Neodym (Nd)	Nutzung für Permanentmagnete
206 pm		Atomradius von Atomen des Metalls Zirconium (Zr)	Bestandteil von Zirkon (ZrSiO4) Schmucksteinen
208 pm		Atomradius von Atomen des Übergangsmetalls Hafnium (Hf)	Hafnium schmilzt bei 2.230 °C
212 pm		Atomradius von Atomen des Seltenerdmetalls Yttrium (Y)	Entdeckt nahe schwedischer Ortschaft Ytterby
215 pm		Atomradius von Atomen des radioaktiven Erdalkalimetalls Radium (Ra)	Der Strahl (lat. radius) → Radium → Radioaktivität
217 pm		Atomradius von Atomen des Lanthanoid Seltenerdmetalls Lutetium (Lu)	Das Lutetium 3^+ Ion ist farblos
219 pm		Atomradius von Atomen des Metalls Strontium (Sr)	Benannt nach dem schottischen Ort Strontian
222 pm		Atomradius von Atomen des Seltenerdmetalls Thulium (Tm)	Kein Seltenerdmetall ist seltener
222 pm		Atomradius von Atomen des Seltenerdmetalls Ytterbium (Yb)	Entdeckt nahe schwedischer Ortschaft Ytterby
225 pm		Atomradius von Atomen des Seltenerdmetalls Terbium (Tb)	Entdeckt nahe schwedischer Ortschaft Ytterby
226 pm		Atomradius von Atomen des Seltenerdmetalls Erbium (Er)	Entdeckt nahe schwedischer Ortschaft Ytterby
226 pm		Atomradius von Atomen des Seltenerdmetalls Holmium (Ho)	Lanthanoid-Kontraktion: Holmium < Dysprosium
228 pm		Atomradius von Atomen des Seltenerdmetalls Dysprosium (Dy)	Lanthanoid-Kontraktion: Dysprosium > Holmium
228 pm		Bindungslänge des kovalenten Moleküls *Elementares Brom* (Br2)	Abstand der beiden Atomkerne

Ausdehnung		Begriffliche Erfassbarkeit	Erläuterungen
von	bis		
231 pm		Atomradius von Atomen des Seltenerdmetalls Europium (Eu)	Europium Verbindungen phosphoreszieren
233 pm		Atomradius von Atomen des Seltenerdmetalls Gadolinium (Gd)	Nutzung für MRT da kein 3^+ Ion paramagnetischer
238 pm		Atomradius von Atomen des Seltenerdmetalls Samarium (Sm)	Nutzung für Permanentmagnete
243 pm		Atomradius von Atomen des Metalls Kalium (K)	Radioaktives Kalium zerfällt zu Kalzium
247 pm		Atomradius von Atomen des Seltenerdmetalls Praseodym (Pr)	Der "grüne" Zwilling von "violettem" Neodym Erz
253 pm		Atomradius von Atomen des Metalls Barium (Ba)	Lösliche Bariumverbindungen: Giftig!
265 pm		Atomradius von Atomen des Alkalimetalls Rubidium (Rb)	Trinker von Arabica Kaffee konsumieren Rubidium
267 pm		Bindungslänge des kovalenten Moleküls *Elementares Iod* (I2)	Abstand der beiden Atomkerne
267,3 pm		Bindungslänge zwischen zwei Lithium Atomen	In Lithium-Lithium Verbindungen
280 pm		Durchmesser von Wassermolekülen	H2O
290 pm	740 pm	Anstieg pro Base in der Erbmasse DNS (Desoxyribonukleinsäure)	740 pm pro Dimer
298 pm		Atomradius von Atomen des Alkalimetalls Caesium (Cs)	TOP Reduktionsmittel, LOW Elektronegativität
302 pm		Bindungslänge von Atomen in Plumbenschichten aus reinem Blei (Pb)	Im honigwabenähnlichen Plumben Gitter
310 pm		Bindungslänge von Atomen in Aluminiumcarbid (Al4C3)	
335 pm	360 pm	Atomare Höhenabstände in Graphitgittern	Graphit: > 10 Graphenschichten, je nach Quelle
500 pm	100 µm	Durchmesser von Aerosol Partikeln	Aerosol = Festes oder flüssiges Teilchen in Gas
600 pm		Dicke einer zweidimensionalen Bismuthenschicht aus reinem Bismutmetall (Bi)	Im honigwabenähnlichen Bismut Gitter
> 680 pm		Vibrationsschwelle von Tagpfauenaugen - minimale mechanische Erschütterung	Ab hier: Reiz → neurophysiologische Reaktion
700 pm		Tetra-/Oktaederschicht Breite im 2-Schicht-Tonmineral Kaolinit	Schichtsilikat aus Porzellanerde bzw. Kaolin
710 pm		Abstand zweier Kohlenstoff Atomkerne in einem C60 Fulleren Kohlenstoffmolekül	In fußballähnlichen Buckminsterfullerenen
750 pm		Dicke einer zweidimensionalen Schicht aus Titanat	Verbindung aus Titan, H2O, Wasser- & Sauerstoff
900 pm		Dicke einer zweidimensionalen Phosphorenschicht aus reinem Phosphor (P)	Im fünflagigem Phosphoren Gitter
900 pm	10 nm	Nanofiltration Ausschlussgrenze: Filtration von Porengrößen ...	Bei Enthärtung von Wasser
< 1 nm		Teilchengröße echter chemischer Lösungen (zum Beispiel eine Saccharose Lösung)	Chemische Phasen sind 'fluid'
< 1 nm		Molekulardisperse Teilchen - zum Beispiel im Kolloidsystem von Böden	Weder lösen sich Stoffe noch verbinden sie sich
10^{-9} m		1 Nanometer = 1 nm	0,000000001 Meter = 1 Milliardstel Meter
1 nm		Größe von Saccharose Zuckermolekülen (C12 H22 O11)	10 mal größer als ein Wasserstoff-Atom
1 nm		Breite der Tetra-/Oktaederschicht im 3-Schicht Tonmineral Illit	Schichtsilikat, unter anderem aus Illinois/USA
1 nm		Größe von Wassertröpfchen mit einem Überdruck von 1,455 Kilobar	Bei 20 °C und γ = 72,75 mN/m
1 nm		Wahrscheinliche technische Grenze von 2D Mikrochip Transistoren auf Basis von Silizium	Zukünftig: Molybdendisulfid & Wolframdiselenid

Ausdehnung		Begriffliche Erfassbarkeit	Erläuterungen
von	bis		
1 nm	2 nm	Metallische Nanopartikel verhalten sich wie Halbleiter bei ...	Physikalisches Verhalten
1 nm	10 nm	Größe von Makromolekülen	Stichwort Poly: Polyamide, Polysaccharide, PVC, ...
1 nm	10 nm	Dicke von industriell verwendeten Nanoröhrchen aus Kohlenstoff	Oft hunderte Nanometer lang
1 nm	100 nm	Anwendungsbereich der Nanotechnologie - Materialien zeigen einzigartige Eigenschaften	Chemisch und physikalisch
1 nm	100 nm	Größe von Aitken Aerosol Kernen - aus Rauch und Nebel - haben 0 bis 4 Prozent Luftanteil	Kaum Klima Beeinflussung
1 nm	121 nm	Elektromagnetischer Spektralbereich von extrem ultraviolettener Strahlung	Im Englischen: Extreme Ultra Violet (EUV)
1 nm	200 nm	Elektromagnetischer Spektralbereich von Vakuum UV Strahlung (VUV)	VUV ist Teil des Strahlungspaketes der Sonne
1 nm	380 nm	Elektromagnetischer Spektralbereich von ultraviolettener Strahlung	Stichworte: Sonnenbrand
1 nm	1 µm	Partikelgröße von Nanoplastik	Winzigste Plastikteilchen, u.a. aus Einkaufstüten
1 nm	1 µm	Größe von Sulfat-, Nitrat- und Ruß-Aerosolen	Ruß aus Diesel-Fahrzeugen und Industrien
1 nm	1 µm	Größe von Kolloiden	Ostwalds Welt der vernachlässigten Dimensionen
1 nm	1 µm	Größe kolloiddisperser Teilchen in Proteinlösungen	Weder lösen sich Stoffe noch verbinden sie sich
1 nm	1 µm	Größe von Rauch, Wolken, Marshmellows, Sahne und Silber - in Kolloid-Form	Teilchen in Dispersionen
1 nm	1 µm	Größe elektrisch geladener Kondensationskerne von Wolken	
1 nm	10 µm	Teilchenradius im Einsatzbereich von AF4 Nanopartikel Analysen	AF4 = Asymmetrische Fluss Fraktionierung
1,4 nm		Tonmineral Schichtbreite im 2:1:1-Schicht-Tonmineral Chlorit	Tetra-/Oktaeder + Al-, Fe-, Mg-OH
1,4 nm		Größe von Goldnanopartikeln die das Erbgut DNS deaktivieren können	Durch Einlagerung in DNS Furchen
1,4 nm		Strukturbreite in 1,4 nm Halbleiter Chips - erwartete Massenproduktion ab 2029	Durch Firma Intel
1,8 nm	2,6 nm	Durchmesser der DNS Doppelhelix	A, B, Z-DNS
< 2 nm		Größe von Partikeln als klastische Sedimente	Gesteine wurden mechanisch zerkleinert
2 nm		Dicke von Nanoclay Plättchen in Kunststoffprodukten	Produkt der Süd-Chemie/Moosburg, div. Quellen
2 nm		Strukturbreite in 2 nm Halbleiter Chips von IBM	Geplanter Einsatz in autonomen Kraftfahrzeugen
2 nm		Poren Durchmesser in zweidimensionalen Nanomesh Materialien aus Bornitrid (BN)	
2 nm	3 nm	Durchmesser von kleinen kristallinen halbleitenden Quantum Dots in der Nanomedizin	Lichtempfindliche Kristalle emittieren blaues Licht
2 nm	10 µm	Hydrodynamischer Teilchenradius im Erfassungsbereich der Dynamischen Lichtstreuung	DLS = Methode in der Chemischen Analytik
2,3 nm	4 nm	Elektromagnetischer Spektralbereich mit relativ hoher Eindringtiefe in Wasser	Wasserfenster
2,4 nm		Auflösung von Stimulated Emission Depletion (STED) Lichtmikroskopen	Das Abbe Limit wird überlistet
2,5 nm		Chromosomen Fibrillen Durchmesser von Dinoflagellaten (Panzergeißlertierchen)	Fibrillen sind mikroskopisch kleine Fasern
2,5 nm	8 nm	Mittlere Porengröße von Dialyseschlauchfiltern für die Blutreinigung	Zucker passt nicht durch
< 3 nm		Größe von Silber-Nanopartikeln die nicht durch Ultrazentrifugation isolierbar sind	Durch Zentrifugation mit 80.000 u/min

Ausdehnung		Begriffliche Erfassbarkeit	Erläuterungen
von	bis		
3,2 nm		Abstand zweier Poren Zentren in zweidimensionalen Nanomesh Materialien aus Bornitrid	
3,3 nm		Durchmesser des dünnwandigen Kapsids des Maul-und-Klauenseuche Virus Erregers	Kapside sind die Genomverpackungen von Viren
3,4 nm		Ausdehnung von zehn Basenpaaren in der Doppelhelix von Chromosomen	Nicht nur in menschlichen Chromosomen
3,4 nm		Typischer Abstand zweier Gasteilchen in einem Gas	In Moleküle oder Atomen
4 nm		Größe von Natriumlaurylsulfat Mizellen in Wasser	Mizellen: Außen wasser-, innen fettbindend
5 nm		Strukturbreite in 5 nm Halbleiter Chips - Massenproduktion ab 2020 durch TSMC/Taiwan	Bis zu 170 Millionen Transistoren pro mm^2
5 nm	6 nm	Durchmesser von großen kristallinen halbleitenden Quantum Dots in der Nanomedizin	Lichtempfindliche Kristalle emittieren rotes Licht
5 nm	10 µm	Maximale Partikelgröße in elektrostatischen Abscheidern zur Gasreinigung	Reinigung industrieller Abgase
5 nm	100 nm	Ultrafiltration Ausschlussgrenze: Filtration von Porengrößen ...	Trink- und Abwasseraufbereitung
5 nm	180 nm	Bindungslängen von Sigma Bindungen in Molekülen	Sigma-Bindungen = σ-Bindungen
5 nm	4,5 mm	Krümmungsradius von Regentropfen	
6 nm		Exin Dicke von zweischichtigen Pollenkornwänden	Exine sind Komplexe der äußeren Pollenkornwand
6 nm	7 nm	Größe von Mikrofilamenten in Muskelfasern (fadenförmigen Protein-Strukturen wie Aktin-)	Airport Körperscanner können sie zerstören
6 nm	10 nm	Dicke von Zell- bzw. Plasmamembranen (bei Pflanzenzellen: Plasmalemma)	Umgeben die lebende Zelle
7 nm		Molekülgröße vom blutfärbenden Eiweiß Hämoglobin	70 mal größer als ein Wasserstoff-Atom
7 nm		Durchmesser von Aktinfilament Fasern in Pilzzellen	Auch Zytoskelettfilament
7 nm		Strukturbreite in 7 nm Halbleiter Chips - Massenproduktion seit 2018	Durch Matsushita, Intel & IBM
7 nm	10 nm	Mikrofibrillen Durchmesser menschlicher Haarzellen	
7 nm	< 1 µm	Teilchenradius im Einsatzbereich von HDC Nanopartikel Analysen	HDC = Hydrodynamic Chromatography
> 7 nm		Vibrationsschwelle an Antennen von tropischen *Toxorhynchites brevipalpis* Moskitos	Antennenbewegung um 7 nm → Reizauslösung
8 nm		Breite des Schwanzes von *Escherichia* Lambda Bakteriophagen - 48.502 Basenpaare	Lieblingsvirus in der Roten Gentechnik
8 nm	12 nm	Größe von intermediären Mikrofilamenten in Zellen von Eukaryoten	Fadenförmige Protein Strukturen
< 10 nm		Halbleiter Chips der Strukturbreitenordnung ... werden vor allem in Taiwan hergestellt	Stand 12/2020, Platz 2: Südkorea
< 10 nm		Größe von Mikroviren	
< 10 nm		In dieser Größe neigen Aerosolpartikel zur Anhäufung (Koagulation)	... anstatt zu sedimentieren
10^{-8} m		10 Nanometer = 10 nm	0,00000001 Meter
10 nm		Auflösung von Raster-Elektronen-Mikroskopen (REMs) nach Elektronenstrahlen Beschuss	Für Analysen von Nanopartikeln
10 nm		Strukturbreite in 10 nm Halbleiter Chips - Massenproduktion seit 2016	Durch Matsushita und Intel
10 nm		Sedimentationsstrecke pro Sekunde von 700 pm großen Partikeln	Bei 25 °C
10 nm		Größe von Nucleosomen (DNA + Histone, erste Verpackungsstufe der DNS)	Beispielhaft 146 Basenpaare der DNA

Ausdehnung		Begriffliche Erfassbarkeit	Erläuterungen
von	bis		
10 nm	20 nm	Halbleiter Chips der Strukturbreitenordnung ... werden vor allem in Südkorea hergestellt	Stand 12/2020, Platz 2: Japan
10 nm	28 nm	Halbleiter Chip Strukturgröße die massenhaft mit Immersionslithografie hergestellt werden	
10 nm	< 50 nm	Dicke von Graphitschichten aus reinem Graphen Kohlenstoff	Graphen: 1. Material aus nur einer atomaren Lage
10 nm	100 nm	Wellenlänge von ultraviolettener UVD Strahlung	Ausbreitung nur im Vakuum
10 nm	100 nm	Porendurchmesser von Ultrafiltern	Zum Beispiel präparierte Papierfilter
10 nm	1 µm	Größe von Viren	10.000 pro m³ Luft, meistens 25 nm bis 200 nm
10 nm	1 µm	Durchmesser von Aerosolpartikeln mit Neigung zur langsamen Sedimentation	
10 nm	1 µm	Hydraulische Leitfähigkeit in Schluffböden - pro Sekunde	So schnell durchdringt Wasser Schluffböden
10 nm	5 µm	Teilchenradius im Einsatzbereich von Nano Tracking Analysis (NTA)	Einsatz in der Virologie
10 nm	10 µm	Durchmesser von Aerosolpartikeln mit Neigung zur Stabilität in Suspensionen	Suspension = Mischung aus flüssig + fest
10 nm	10 µm	Maximale Partikelgröße bei Gewebefilter Abgasreinigungen	Reinigung industrieller Abgase
< 12 nm		Wellenlänge von Röntgenstrahlung	Entspricht > 100 Elektronenvolt
12 nm		Vibrationsschwelle von Bienen - minimale mechanische Verschiebung/Erschütterung	Ab hier: Reiz → neurophysiologische Reaktion
13,5 nm		Lithografische Halbleiterbeschichtungen unter Verwendung von Strahlungswellenlänge ...	Relativ neues Flachdruckverfahren
14 nm		Strukturbreite in 14 nm Halbleiter Chips - Massenproduktion seit 2014	Durch Matsushita und Intel
15 nm	20 nm	Durchmesser von innen hohlen Bakteriengeißel Filamenten	Geißeln sind eine Art fadenförmige Beine
18 nm		Dicke des höchst widerstandsfähigen Tabakmosaik Viruserregers	Gut verstandenes Virus dient als viraler Vektor
18 nm		Breite von T4 Viren bzw. Bakteriophagen	Phagen sind Viren deren Wirt ein Bakterium ist
19 nm		Vibrationsschwelle von Ohrwürmern - minimale mechanische Verschiebung/Erschütterung	Ab hier: Reiz → neurophysiologische Reaktion
< 20 nm		Partikel dieser Größe haben superparamagnetische Eigenschaften	Für biomedizinische Anwendungen (Zelltherapie)
< 20 nm		Durchmesser von kristallinen halbleitenden Quantum Dots in der Nanomedizin	Nutzung zum Medizintransport zu Zielzellen
20 nm		Menschen nehmen Schwingungen von ... wahr	Ab hier: Reiz → neurophysiologische Reaktion
20 nm		Partikelgrößen beim Nanokomposit Magsilica 50	Diverse Quellangaben
20 nm		Wasserentkeimer MSR Guardian Purifier filtert bis zu einer Minimalgröße von ...	Quelle: MSR
20 nm	30 nm	Größe von Mikrotubuli - sie bilden Spindeln in 1. Phase der Mitose	9 x 3er-Gruppen = 27 Tubuli, bei Eukaryoten
20 nm	40 nm	Halbleiter Chips der Strukturbreitenordnung ... werden vor allem in Taiwan hergestellt	Stand 12/2020, Platz 2: Südkorea
20 nm	200 nm	Größe von meeresbewohnendem Femtoplankton - Sichtbarmachung mit Färbetechniken	Virioplankton, Bakteriophagen
20 nm	200 nm	Teilchenradius im Einsatzbereich von ICP-MS Single Particle Nanopartikelanalysen	Prüfung auf Nanopartikel im Endprodukt
20 nm		Kanalabstand bei Signalübertragung mit CWDM Multiplexverfahren	Muxing macht viele Signale zu einem Signal
22 nm		Strukturbreite in 22 nm Halbleiter Chips - Massenproduktion seit 2012	Durch Matsushita und Intel

Ausdehnung		Begriffliche Erfassbarkeit	Erläuterungen
von	bis		
23 nm	27 nm	Virusdurchmesser vom Erreger der Maul-und-Klauenseuche	Gefährlich für Klauentiere (Schweine, Kühe ...)
< 30 nm		Kritische Größe von Nanopartikeln ab der sich Eigenschaften enorm verändern	Zum Beispiel die Oberflächenenergie des Partikels
30 nm		Auflösung von Optischen Rasternahfeldmikroskopen (SNOM)	Anwendung von Evaneszenzwellen-Eigenschaften
30 nm		Größe von Nucleosomen (DNS + Histone, zweite Verpackungsstufe der DNS)	Durchmesser der Fasern
30 nm		Durchmesser von Nepoviren	Verursacher der Reisigkrankheit (Kurzknotigkeit)
30 nm		Spiral Amplitude für ATIP Informationen in CD Abspielgeräten	
30 nm		Länge von marinen Grünalgen *Pyramimonas obovata*	Chlorobionta, Größe ohne Geißel
32 nm		Strukturbreite in 32 nm Halbleiter Chips - Massenproduktion seit 2010	Durch Matsushita und Intel
40 nm	180 nm	Halbleiter Chips der Strukturbreitenordnung ... werden vor allem in Taiwan hergestellt	Stand 12/2020, Platz 2: China, Platz 3: Japan
40 nm	5 µm	Teilchenradius im Einsatzbereich von AUC Nanopartikelanalysen	Analytical Ultra Centrifugation für Makromoleküle
41 nm		Vibrationsschwelle von Aaskäfern - minimale mechanische Verschiebung/Erschütterung	Ab hier: Reiz → neurophysiologische Reaktion
45 nm		Strukturbreite in 45 nm Halbleiter Chips - Massenproduktion seit Ende 2007	Durch Matsushita und Intel
< 50 nm		Auflösung von Rasterelektronenmikroskopen (REM)	Nicht für lebende Zellen, für Oberflächenanalysen
50 nm		Größe von Eiskristallen in leuchtenden Nachtwolken (noctilucent clouds = NLC)	NLC leuchten aufgrund der Eiskristalle
50 nm		Molekülgröße von Titandioxid Aeroxid P 25 der Firma Evonik Degussa	Diverse Quellangaben
50 nm		Europäischer Bezugswert für die Fortbewegungsstrecke pro Sekunde von Schall	Schallschnelle v0 in Luft
50 nm		Strahlungswellenlänge bei Photo-Ionisation von Helium Molekülen in der Ionosphäre bei ...	He → He^+ + 1 Elektron
50 nm		Molekülgröße von Cerdioxid Ad Nano Ceria50 der Firma Evonik Degussa	Diverse Quellangaben
50 nm	1 µm	Teilchenradius im Einsatzbereich von SED-FFF Nanopartikelanalysen	Sedimentation fff Fraktionierung
60 nm	68 nm	Mittlere freie Weglänge von Gasmolekülen	Bei Standardbedingungen
60 nm	70 nm	Durchmesser vom Kapsid der Lambda Bakteriophagen	Phagen sind Viren deren Wirt ein Bakterium ist
65 nm		Strukturbreite in 65 nm Halbleiter Chips - Massenproduktion seit Ende 2006	Durch Matsushita und Intel
70 nm	90 nm	Durchmesser von Adenoviren	Krankheiten: u.a. Borreliose, FSME, Grippe
70 nm	2 µm	Partikelgröße von Ölrauchteilchen	Rauch aus Öl und ohne Wasserbestandteile
75 nm		Breite von Tollwut Viren	Übertragung durch Hunde und Fledermäuse
< 79,6 nm		Strahlungswellenlänge bei Photo-Ionisation von N2-Molekülen in der Ionosphäre	N2 → $N2^+$ + 1 Elektron
< 80 nm		Strahlungswellenlänge bei Photo-Ionisation von H2-Molekülen in der Ionosphäre	H2 → $H2^+$ + 1 Elektron
80 nm		Durchmesser von Ebola Viren	Vorkommen in Afrika und Asien
80 nm	200 nm	Durchmesser von Influenza Viren	Vorkommen weltweit
80 nm	15 µm	Länge von Staubteilchen	In der Luft

Ausdehnung		Begriffliche Erfassbarkeit	Erläuterungen
von	bis		
80 nm	1 µm	Anregung äußerer Elektronen bei elektromagnetischen Wellenlängen von ...	
85,2 nm		Strahlungswellenlänge bei Photo-Ionisation von N-Atomen in der Ionosphäre	N → N^+ + 1 Elektron
88 nm		Strahlungswellenlänge bei Photo-Ionisation von CO-Molekülen in der Ionosphäre	CO → CO^+ + 1 Elektron
< 90 nm		Strahlungswellenlänge bei Photo-Ionisation von CO2-Molekülen in der Ionosphäre	CO2 → $CO2^+$ + 1 Elektron
90 nm		Strukturbreite in 90 nm Halbleiter Chips - Massenproduktion seit Ende 2002	Durch Matsushita und Intel
< 91 nm		Strahlungswellenlänge bei Photo-Ionisation von O-Atomen und H-Atomen in Ionosphäre	O → O^+ + 1 Elektron, H → H^+ + 1 Elektron
< 94 nm		Strahlungswellenlänge bei Photo-Ionisation von OH-Ionen in der Ionosphäre	OH → OH^+ + 1 Elektron
< 96 nm		Strahlungswellenlänge bei Photo-Ionisation von Distickstoffmonoxid (N2O)-Molekülen	N2O → $N2O^+$ + 1 Elektron, in Ionosphäre
< 98 nm		Strahlungswellenlänge bei Photo-Ionisation von Wasser (H2O)-Molekülen	H2O → $H2O^+$ + 1 Elektron, in Ionosphäre
< 100 nm		Gold verliert seine goldene Farbe bei Partikelgrößen von ...	
< 100 nm		Strahlungswellenlänge welche nur bis zur atmosphärischen Mesopause vordringt	Je nach Jahreszeit 80 bis 100 km über der Erde
< 100 nm		Definitionsbereich der Nanotechnologie: Partikel < 100 nm	Größe von Teilchen im Nanokosmos
< 100 nm		Teilchenradius im Einsatzbereich von SEC Nanopartikelanalysen	SEC = Size Exclusion Chromatography
< 100 nm		Luftpartikel kondensieren innerhalb von Wolken bei Partikelgrößen von ...	
< 100 nm		Durchmesser von Ultra Feinstaub Teilchen (UFP) - Definition für ultrafeine Partikel	Existiert vor allem in Städten
10^{-7} m		100 Nanometer = 100 nm	0,0000001 Meter
100 nm		Größe von Grippeviren	1000 mal größer als ein Wasserstoff-Atom
100 nm		Maximaler Radius von Bodenporen für den permanenten Welkepunkt (Botanik)	Welkepunkt liegt vor bei pF = 4,2 und < 15 bar
100 nm		Hersteller von Blattgold (Goldschläger) können Goldschicht ausschlagen bis zur Dicke von ...	Dann 350 Goldatome übereinander
100 nm		Sedimentationsstrecke pro Sekunde von 7 nm großen Partikeln in heterogenen Gemischen	Bei 25 °C
100 nm		Vibrationsschwelle von Vögeln - minimale mechanische Verschiebung/Erschütterung	Ab hier: Reiz → neurophysiologische Reaktion
100 nm	200 nm	Größe von Feintonmineralen - sie werden bevorzugt lessiviert	Lessivierung = Verlagerung von Ton in Böden
100 nm	280 nm	Elektromagnetische Wellenlänge von stark aggressiver ultraviolettener Strahlung UVC	Erreicht Erdoberfläche nicht
100 nm	280 nm	Wellenlänge von UVC Strahlung die von Ozon fast vollständig absorbiert wird	Einer der Vorteile unserer Ozonschicht
100 nm	300 nm	Durchmesser von Spirochaeten Bakterien	
100 nm	300 nm	Dicke von Lollipop Drähten bei der nanotechnologischen Kristallzüchtung	Enthalten Rhenium
100 nm	400 nm	Wellenlängen des Sonnenenergieanteils mit ultravioletter Strahlung (UVA + UVB + UVC)	UVA: 7 % UVB: 1,5 %, UVC: 0,5 % = 9 %
100 nm	1 µm	Größte Sichtbeeinflussung durch Schwebteilchen der Größe ...	Größte Streuung sichtbaren Lichts
100 nm	1 µm	Größe von Schmutzpartikeln die Lungenbläschen "angreifen" können	
100 nm	1 µm	Größe von Ammonium(hydrogen)sulfat Kondensationskeimen für die Wolkenbildung	NH4HSO4 / (NH4)2SO4

Ausdehnung		Begriffliche Erfassbarkeit	Erläuterungen
von	bis		
100 nm	> 1 µm	Durchmesser von Aerosolen als klimarelevante Kondensationskeime bei Wolkenbildung	Oft NH_4HSO_4 und $(NH_4)_2SO_4$
100 nm	2,5 µm	Korngrößen Durchmesser von Feinstaub PM 2,5	Alveolengängig = mit Lungenbläschen ins Blut
100 nm	3 µm	Größe von Bakterien	Aufnahme pro Atemzug: 70 Bakterien
100 nm	8 µm	Filmdicke in Gaschromatograph Säulen	Chemische Analytik organischer Verbindungen
100 nm	10 µm	Typische Partikelgrößen im Berieselungsturm von Abgasreinigungen	Reinigung industrieller Abgase
100 nm	10 µm	Größe von Aerosolen mit langer Verweildauer in der Atmosphäre (ca. 4 bis 6 Tage)	Sie regnen ab
100 nm	1 mm	Teilchengröße in Emulsionen - je größer desto stärker ist milchig-weiße Trübung	Mittlerer Teilchendurchmesser
> 100 nm	500 nm	Mikrofiltration Ausschlussgrenze: Filtration von Porengrößen ...	Verwendung von Kerzenfilter und Flachmembran
> 100 nm		Luftpartikel lagern sich innerhalb von Wolken an bei Partikelgrößen von ...	
> 100 nm		Größe von Bio-Aerosolen die zu Eiskeimen werden	Anwendung: Tote Bakterien und Schneekanonen
101 nm		Strahlungswellenlänge bei Photo-Ionisation von O3-Molekülen in der Ionosphäre	$O_3 \rightarrow O_3^+ + 1$ Elektron
103 nm		Strahlungswellenlänge bei Photo-Ionisation von O2-Molekülen in der Ionosphäre	$O_2 \rightarrow O_2^+ + 1$ Elektron
110 nm		Mittlere freie Weglänge von Sauerstoff Molekülen - bei 27 °C und 1 bar	So weit bewegen sich die Moleküle nach Kollision
< 111 nm		Spaltung von Kohlenmonoxid (CO) durch Licht (Photolyse) bei Wellenlängen ...	In Atmosphäre löst Photon Molekülverbindung
120 nm		Größe von Nukleosomen - in später Verpackungsstufe der DNS durch ...	... weiteres Auffalten verdickt
120 nm	1,18 µm	Wellenlängen Bereich, bei der Photolyse = Photodissoziation geschieht	In der Chemosphäre (Tropos- und Stratosphäre)
125 nm		Durchmesser von Rydbergatomen = Rubidiumatomen der Physik-Nobelpreisträger 2012	Rydbergatom: ≥ 1 Elektron ist stark angeregt
< 126 nm		Photolyse von Stickstoff-Molekülen (N2) von $N_2 \rightarrow 2\,N$ bei Wellenlängen von ...	In Atmosphäre löst Photon Molekülverbindung
126 nm		Verwendete Emissionswellenlänge von Excimer Gaslasern mit ionisiertem Di-Argongas (Ar2)	Bei Herstellung von Computer Mikroprozessoren
127 nm		Strahlungswellenlänge bei Photo-Ionisation von NO2-Molekülen in der Ionosphäre	$NO_2 \rightarrow NO_2^+ + 1$ Elektron
< 130 nm		Strahlungsspektrum bei der Photoionisation von Molekülen und Atomen	Wenn Photonen Ionen machen
130 nm		Strukturbreite in 130 nm Halbleiter Chips - Massenproduktion seit Ende 2000	Durch Matsushita und Intel
130 nm		Kollagen Fibrillen Dicke bei Menschen	Kollagen = ein Strukturprotein, Fibrille = Faser
< 134,1 nm		Strahlungswellenlänge bei Photo-Ionisation von NO-Molekülen in der Ionosphäre	Absorption von UV-Strahlung der Sonne
146 nm		Verwendete Emissionswellenlänge von Excimer Gaslasern mit ionisiertem Dikryptongas (Kr2)	Bei Herstellung von Computer Mikroprozessoren
< 150 nm		Strahlungswellenlänge mit genug Ionisierungsenergie für Moleküle	Schlägt Elektronen raus
150 nm		Größe von Transportvesikeln für die Flüssigkeitsaufnahme für Zellinneres	Pinocytose, Vesikel = Bläschen
150 nm		Schwanzlänge von Escherichia Lambda Bakteriophagen - 48.502 Basenpaare	Lieblingsvirus in der Roten Gentechnik
150 nm	300 nm	Wellenlängen des Strahlungsspektrums mit keimtötender Wirkung	
150 nm	400 nm	Durchmesser von Archaea Thermoproteales Bakterien	

Ausdehnung		Begriffliche Erfassbarkeit	Erläuterungen
von	bis		
> 150 nm		Strahlungswellenlänge mit ausreichend Energie für Photolyse	In Atmosphäre löst Photon Molekülverbindung
157 nm		Verwendete Emissionswellenlänge von Excimer Gaslasern mit angeregtem Fluor (F2)	Bei Herstellung von Computer Mikroprozessoren
170 nm	500 nm	Größe von Zentriolen - im Körper haben sie Transport- und Stützaufgaben	Rund 1/2.000 mm
175 nm		Verwendete Emissionswellenlänge von Excimer Gaslasern mit ionisiertem Xenongas (Xe2)	Bei Herstellung von Computer Mikroprozessoren
< 180 nm		Strahlungsbereich der von fast allen Substanzen stark absorbiert wird	Absorbiert = in sich aufgenommen & verwandelt
180 nm		Größe von Halbleiterbahnen in Intel-Prozessoren - 18-Micron-Technologie	Massenproduktion seit 1999
180 nm	250 nm	Mitochondrien Durchmesser in menschlichen Retinastäbchen	Retina = Augennetzhaut. Länge 4 µm.
180 nm	400 nm	Bindungslängen von π-Bindungen in Molekülen	Bei pi-Bindungen überlappen p- und d-Orbitale
180 nm	2 µm	Typische Länge von Tollwut Viren	Übertragung durch Hunde und Fledermäuse
> 180 nm		Halbleiter Chips der Strukturbreitenordnung ... werden vor allem in China hergestellt	Stand 12/2020, Platz 2: Taiwan
190 nm		Absorptionsmaximum von Licht durch das Molekül Ethylen - bei Wellenlänge von ...	Stoffe nehmen Strahlung auf
190 nm	430 nm	Strahlungswellenlänge im Detektionsbereich von Dioden Array Detektoren	In der UV Spektroskopie
190 nm	800 nm	Strahlungswellenlänge im Detektionsbereich variabler Wellenlängen Detektoren	In der UV/VIS Spektroskopie
> 190 nm		Emissionswellenlängen von Deuteriumlampen bei der AAS Analytik	AAS = Atomabsorptionsspektrometrie
193 nm		Lithografische Beschichtung von Halbleitern in der 193-nm-Lithographie - mit Wellenlänge ...	Alte aber noch eingesetzte Technik
193 nm		Verwendete Emissionswellenlänge von Argonfluorid Excimer Gaslasern	Bei Herstellung von Computer Mikroprozessoren
< 200 nm		Durchmesser von Feinporen in Böden - sie halten nicht verfügbares Haftwasser	Hier keine Besiedelung von Tieren
< 200 nm		Schwer wasserlösliche Humusbodenstoffe (Huminstoffe) - Größe	
< 200 nm		Porengröße welches Totwasser hält (also nicht pflanzenverfügbares Wasser)	Saugspannung > 4,2 pF
200 nm		Maximales Auflösungsvermögen von Fluoreszenz Mikroskopen	Auch für lebende Zellen
200 nm		Dicke der Peptidoglycan Schicht von Blaugrünalgen	Cyanobakterien
200 nm		Größe von Tonmineralen und Sesquioxiden, die in Böden lessiviert = verlagert werden	Bodenkolloide
200 nm		Organische Partikel die in Böden lessiviert (verlagert) werden - Größe	Bodenkolloide
200 nm		Maximales Auflösungsvermögen von klassischen Lichtmikroskopen	Auflösungsgrenze = minimaler Objektabstand
200 nm		Verstärkungsregion von Femtosekundenlasern der Gattung Titan-Saphir-Laser	Verstärkungsregion = Wellenlängen Bereich
200 nm		Molekülgröße pyrogener Kieselsäure Aerosil 200 der Firma Evonik	Diverse Quellangaben
200 nm		Keramikfilter von Katadyn filtert bis zu einer Minimalgröße von ...	Diverse Quellangaben, Wasserfilterung
200 nm		Hohlfaserfilter von Eddy + Lifestraw filtert bis zu einer Minimalgröße von ...	Quelle: Globetrotter Hamburg
200 nm	300 nm	Wellenlänge von ultraviolettener Strahlung für Lasertechnik	Auch für Fotolithographie
200 nm	315 nm	Absorption Wellenlängen Bereich durch Ozon in Stratosphäre	

Ausdehnung		Begriffliche Erfassbarkeit	Erläuterungen
von	bis		
200 nm	380 nm	Elektromagnetischer Wellenlängenbereich von schwacher UV Strahlung	
200 nm	500 nm	Breite von symbiotisch lebenden epsilon-Proteobakterien	Teils pathogene Bakterien im Darm von Tieren
200 nm	900 nm	Strahlungsabsorptionsbereich durch Rayleigh Streuung bei Wellenlängen von ...	Strahlungswellenlänge > streuende Teilchen
200 nm	1 µm	Faden Dicke mancher Vogelspinnen	Zum Laufen an glatten Flächen
200 nm	1,5 µm	Breite von delta-Proteobakterien	
200 nm	1,5 µm	Durchmesser von Chlamydien Bakterien	Unbewegliche Kokken, Elementarkörperchen
200 nm	2 µm	Größe von meeresbewohnendem Pikoplankton - photosynthetisch oder heterotroph	Bakterioplankton
200 nm	3,2 µm	Elektromagnetische Strahlungswellenlängen des größten Sonnenenergieanteils	Auf der Erde ankommend
200 nm	3,5 µm	Durchmesser von Nucleolus Kernkörperchen in eukaryotischen Zellkernen	
200 nm	50 µm	Größe von Mittelporen in Böden	Trotz Porenwasser von Bakterien besiedelt
200 nm	50 µm	Größe von Bodenporen in denen Wasser pflanzenverfügbar gespeichert werden kann	Es ist die "nutzbare Feldkapazität" (nFK)
200 nm	700 µm	Größe von Bakterien	
200 nm	700 µm	Größe von Lebewesen ohne Zellkern (Prokaryoten)	*Thiomargarita namibiensis* sind 700 µm groß
< 210 nm		Photolyse von Fluorwasserstoff (HF) bei elektromagnetischen Wellenlängen von ...	In Atmosphäre löst Photon Molekülverbindung
< 210 nm		In Uratmosphäre benötigte Strahlungswellenlänge für die Reaktion 2 H2O → 2 H2 + O2	Der Luftsauerstoff wurde aber anders gebildet
210 nm		Grenzwellenlänge von elektromagnetischer Strahlung des Lösungsmittels Hexan	Anwendung in der UV/VIS Spektroskopie
217 nm		Absorptionsmaximum von UV-Strahlung durch das Molekül 1,3-Butadien	Butadien ist farblos und macht Berufskrankheiten
< 220 nm		Strahlungsspektrum der Sonne welches nur bis zur Stratopause vordringt	Eindringen in Atmosphäre
< 220 nm		Strahlungsspektrum für Dissoziation von Dichlordifluormethan (Frigen 12)	CCl2F2 → ·CF2 + 2 ·Cl
220 nm		Grenzwellenlänge elektromagnetischer Strahlung der Lösungsmittel Ethanol & Cyclohexan	Anwendung in der UV/VIS Spektroskopie
220 nm	350 nm	Strahlungsspektrum von Spektralphotometern für Messungen des DNS-Gehalts	Spektralphotometer: Nanodrop
222 nm		Verwendete Emissionswellenlänge von Kryptonchlorid Excimer Gaslasern	Bei Herstellung von Computer Mikroprozessoren
223 nm		Abgrenzungswellenlänge von Glycerol (100 %) & Glycerol (85 %) - via spezifische Absorption	Anwendung in der UV/VIS Spektroskopie
225 nm		Maximale Länge von T4 Bakteriophagen	Das Virus infiziert *Escherichia coli* Bakterien
230 nm		Grenzwellenlänge von elektromagetischer Strahlung des Lösungsmittels Diethylether	Anwendung in der UV/VIS Spektroskopie
< 240 nm		Photolyse von Lachgas (N2O) bei elektromagnetischen Wellenlängen von ...	Photonen trennen das Molekül N2O → N2 + O*
< 240 nm		Abbau von Lachgas (N2O) in Stratosphäre bei elektromagnetischen Wellenlängen von ...	N2O + O* → 2NO oder N2 + O2
< 242 nm		Photolyse von Sauerstoff (O2) im Chapman-Zyklus bei Wellenlängen von ...	Photonen trennen das Molekül O2 → 2 O
< 242 nm		Ozon (O3) Bildung aus Sauerstoff (O2) und O-Atomen - bei Wellenlänge von ...	O2 + O + M → O3 + M
< 242 nm		Photodissoziation von Ozon (O3) bei elektromagnetischen Wellenlängen von ...	Durch UVC-Strahlung

Ausdehnung		Begriffliche Erfassbarkeit	Erläuterungen
von	bis		
242 nm	310 nm	Wellenlänge mithilfe der sich in Stratosphäre aus Ozon Sauerstoff bildet	O3 → O2 + O*
248 nm		Verwendete Emissionswellenlänge von Kryptonfluorit Excimer Gaslasern	Bei Herstellung von Computer Mikroprozessoren
250 nm		Wellenlänge von UV-Strahlung, bei der natürliche Proteine absorbieren	Anwendung in der LC-Chromatographie
250 nm		Grenzwellenlänge von elektromagnetischer Strahlung des Lösungsmittels Chloroform	Anwendung in der UV/VIS Spektroskopie
250 nm		Strukturbreite in 250 nm Halbleiter Chips - Massenproduktion seit 1998	Nutzung durch Firma Intel
250 nm	350 nm	Wellenlänge von UV-Strahlung, die Sonnenbrand verursacht	
250 nm		Länge des höchst widerstandsfähigen Tabakmosaik Viruserregers	Das Virus schädigt Tabakpflanzen
253 nm		Absorptionsmaximum von elektromagnetischer Strahlung durch das Molekül Anthracen	Vor allem 253 nm wird gefiltert, der Rest passiert
254 nm		Wichtige Wellenlänge für UV Absorptionsmessungen von Biologen	
254 nm		Spektraler Absorptionskoeffizient des Messbereichs SAK 254	Messung ob organisches Material Wasser färbt
254 nm		Viren lassen sich inaktivieren mit UV-Licht bei elektromagnetischen Wellenlängen von ...	Im Labor
260 nm		Absorptionsmaximum elektromagnetischer Strahlung bei erfolgreichen DNS-Messungen	Nanodrop Methode
260 nm		Grenzwellenlänge von elektromagnetischer Strahlung des Lösungsmittels Tetrahydrofuran	Anwendung in der UV/VIS Spektroskopie
270 nm		Absorptionsmaximum von elektromagnetischer Strahlung durch das Molekül Formaldehyd	Vor allem 270 nm wird gefiltert, der Rest passiert
< 275 nm		Photolyse von Wasserstoff (H2) in der Chemosphäre bei Wellenlängen von ...	Photonen trennen das Molekül H2 → 2 H
275 nm		Grenzwellenlänge von elektromagnetischer Strahlung des Lösungsmittels Tetrachlormethan	Anwendung in der UV/VIS Spektroskopie
< 277 nm		Photolyse von Chlorwasserstoff (HCl) bei elektromagnetischen Wellenlängen von ...	Chlor absorbiert rotes Licht
< 280 nm		Kohlenstoffdisulfid wird oxidiert zu COS und O bei elektromagnetischen Wellenlängen ...	COS = giftiges Kohlenoxidsulfid
280 nm	315 nm	Wellenlänge von ultraviolettener UVB Strahlung - stark aggressiv	Erreicht Erdoberfläche nicht
280 nm	315 nm	UVB Strahlung dieser Wellenlängen wird von Ozon fast vollständig absorbiert	Strahlung stammt von der Sonne
282 nm		Verwendete Emissionswellenlänge von Xenonbromid Excimer Gaslasern	Bei Herstellung von Computer Mikroprozessoren
< 300 nm		Strahlung dieser Wellenlänge wird von O3 und O2 absorbiert und in Wärme umgewandelt	In Atmosphäre oberhalb 20 km über N.N.
300 nm		Faserdicke von Schlaufendomänen im Erbgut DNS	Späte DNS-Verpackungsstufe
300 nm		Grenzwellenlänge von elektromagnetischer Strahlung des Lösungsmittels Toluol	Anwendung in der UV/VIS Spektroskopie
300 nm		Größe von Mykoplasmen - sie sind die kleinsten antibiotika-resistenten Bakterien	Sie haben keine Zellwand
300 nm		Strahlungswellenlänge die von Chlorid in der Photometrie absorbiert wird	Absorptionsbandenbereich
300 nm		Mittlere Strahlungswellenlänge die durch die Rayleigh Streuung absorbiert wird	Strahlungsabsorptionsbereich
300 nm		Durchmesser von Makrofibrillen in menschlichen Haarzellen	
300 nm		Größe des Bazillus *Clostridium Staphylococcus aureus*	
300 nm	380 nm	Ultraviolettlicht der Wellenlänge ... durchdringt die Atmosphäre ungehindert	Vom selben Licht werden Motten angezogen

Unsichtbare Mikrowelten

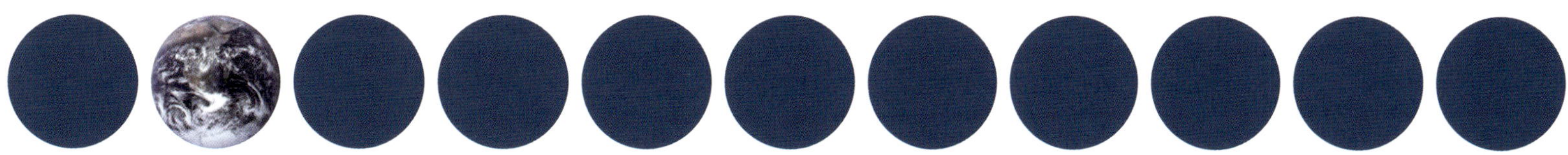

Von 300 Nanometer bis 200 Mikrometer

Ausdehnung		Begriffliche Erfassbarkeit	Erläuterungen
von	bis		
300 nm	500 nm	Durchmesser der alpha Proteobakterien *Rickettzien*	Sie sind intrazelluläre Parasiten
300 nm	650 nm	Wellenlängen des UV Lichts welches Bienen zum Honig von Pflanzen bzw. zu Saftmalen führt	Bienen sehen kein rotes Licht
300 nm	800 nm	Größe der einfachsten selbständig lebens- und vermehrungsfähigen Organismen	Mykoplasmen / Bazillus-Clostridium
300 nm	1,1 µm	Zellbreite grüner Schwefelbakterien	
300 nm	1,25 µm	Größe vom Erreger der Wild- und Rinderseuche *Pasteurella multocida*	Anaerobes Kurzstäbchen
300 nm	2,5 µm	Größe von Domänenvertretern der Eubakterien und Archaeen	Domäne-Reich-Stamm-Klasse-Ordnung-Familie
300 nm	1,6 mm	Strahlungswellenlängenbereich des SOFIA Stratosphären Teleskops	Weltraumbeobachtung von NASA und DLR
> 300 nm		Kohlenstoffdisulfid (CS2) wird oxidiert zu CO und SO2 - bei Wellenlängen von ...	In der Atmosphäre
> 300 nm		Emissionswellenlängen von Wolframlampen bei der AAS Analytik	AAS = Atomabsorptionsspektrometrie
305 nm		Ozon bindet ultraviolette Sonnenstrahlungsenergie bei Wellenlängen von ...	Absorption in der Atmosphäre
< 310 nm		Wellenlänge bei der sich aus Ozon (O3) → O2 + O* bildet	Ozonabbau in Stratosphäre
310 nm		Strahlungswellenlänge bei der UVB Strahlung die höchste Sonnenbrandgefahr verursacht	
310 nm	1,18 µm	Wellenlänge bei der sich aus Ozon (O3) → O2 + O bildet	Ozonabbau in Troposphäre
310 nm	1,18 µm	Wellenlänge bei der sich aus Ozon (O3) + O → 2 O2 bildet	Sauerstoffbildung in Troposphäre
315 nm	380 nm	Wellenlänge von ultravioletter UVA Strahlung - wenig aggressiv	Therapien, Schwarzlicht
315 nm	380 nm	Strahlungswellenlänge bei der UVA Strahlung kaum von Ozon aufgesaugt (absorbiert) wird	Wellenlängenbande von ... bis
315 nm	2 µm	Strahlenspektrum der Sonne welches in die Troposphäre eindringen kann	
324 nm		Strahlungswellenlänge des Absorptionsmaximums von Nitrat in Wasserproben	Bei der UV/VIS Spektroskopie
324,8 nm		Kupfer absorbiert UV Strahlungsenergie bei Strahlungswellenlänge von ...	AAS: Intensivste Resonanzlinie
> 325 nm		Ozon absorbiert UV Sonnenstrahlungsenergie nicht mehr ab einer Strahlungswellenlänge ...	
333 nm		Länge der chinesischen Maßeinheit 1 Hu	Entspricht 1/1.000.000 eines chinesischen Fußes
334 nm		Strahlungswellenlänge des Absorptionsmaximums von Selen in Wasserproben	Bei der UV Spektroskopie
340 nm		Grenzwellenlänge von EM-Strahlung des Lösungsmittels Aceton	Anwendung in der UV/VIS Spektroskopie
350 nm		Strukturbreite in 350 nm Halbleiter Chips - Massenproduktion seit 1995	Intel 1995, Nintendo 1996, AMD 1997
350 nm	370 nm	Strahlungswellenlänge von Schwarzlicht	Diskotheken verwenden UV-Schwarzlicht-Strahler
350 nm	530 nm	Honigbienen Komplexaugen nehmen Licht dieser Strahlungswellenlängen wahr	Sie nehmen UV-Licht wahr, doch keine rote Farbe
355 nm		Augen von Antarktischem Krill werden durch Wellenlängen der Sonnenstrahlung angeregt	Ein fluoreszierender Effekt
356 nm		Strahlungswellenlänge des Absorptionsmaximums vom Molekül Anthracen	Anthracen ist wichtig für Farbstoffherstellung
< 380 nm		Elektromagnetische Strahlungswellenlängen um Elektronen zu lösen	Eine Anwendung sind Nachtsichtgeräte
380 nm		Strahlungswellenlänge zur Bestrahlung von Lithium Ionen	Fluoreszenz-Spektrokopie

Ausdehnung		Begriffliche Erfassbarkeit	Erläuterungen
von	bis		
380 nm	580 nm	Störung des menschlichen Melatonin-Haushalts durch Lichtmangel bei ...	Haben Sie viel Zeit in Innenräumen verbracht?
380 nm	780 nm	Spektrum von sichtbarem Licht - 46 % aller Sonnenenergie besteht aus Wellenlängen ...	
380 nm	780 nm	Strahlungswellenlängenspektrum photosynthetisch aktiver Strahlung	Wird auch als PAR-Wert beschrieben
396,847 nm		Glühendes Kalzium emittiert violettes Licht der Strahlungswellenlänge ...	Geht durch trübes Wasser, Fraunhofer Linie H
400 nm		Größe von Mimi-Viren - die größten je entdeckten doppelsträngigen DNA-Viren	Befallen Amöben
400 nm		Absorptionsmaximum des Blutfarbstoffs Hämoglobin	Hämoglobin bindet exakt 400 nm-Strahlung
400 nm	410 nm	Strahlungswellenlänge der Farbe Blauviolett - wird von pflanzlichem Chlorophyll absorbiert	... und als grünes Licht reflektiert
400 nm	440 nm	Wellenlängenspektrum in dem Violett absorbiert und die Farbe Gelbgrün emittiert wird	Stoff absorbiert Großteil des anderen Lichts
400 nm	480 nm	Geeigneter Strahlungswellenlängenbereich von Waschpulversubstanzen für Aufhell Effekt	Die Substanz hellt Wäsche durch Fluoreszenz auf
400 nm	500 nm	Höchste Photosyntheserate bei Lichtwellenlängen von ...	Bei Pflanzen, Algen und Cyanobakterien
400 nm	600 nm	Grünlücke vom Phycoerythrin - so können Rotalgen Licht aufnehmen	Absorptionsspektrum
400 nm	700 nm	Bindungslängen von konjugierten pi-Bindungen in Molekülen	Konjugiert: ≥ 2 Doppel (=) oder 3er (≡) Bindungen
400 nm	700 nm	Von Erde reflektiertes Strahlungswellenlängenspektrum welches in den Weltraum entweicht	Daher "atmosphärisches Fenster"
400 nm	3 µm	Grüne Schwefelbakterien - Länge der Zellen	Sie leben in sauerstoffarmen Gewässern
415 nm		Strahlungswellenlänge für Nachweis von Bor in Wasser durch Azomethin H	Anwendung in der VIS-Spektroskopie
< 420 nm		Strahlungswellenlängenspektrum für die Rückbildung von NO + O aus NO2	In Troposphäre
< 420 nm		Strahlungswellenlängenspektrum für Bildung von CO2 + Ozon (O3) aus CO + 2 O2	In Troposphäre
420 nm	490 nm	Strahlungswellenlänge des Himmelblaus	Das Blau des Himmels ist ein Streulicht
425 nm		Strahlungswellenlänge der Farbe Indigoblau	Bei Lichtabsorption wird gelb reflektiert
430 nm	440 nm	Ideales Strahlungswellenlängenspektrum von Waschpulversubstanzen für Fluoreszenz	Waschmittel enthalten optische Aufheller
430 nm	480 nm	Wellenlängenspektrum in dem die Farbe Blau absorbiert und die Farbe Gelb emittiert wird	Stoff absorbiert Großteil des anderen Lichts
430 nm	1,2 µm	Durchmesser von menschlichen nicht myelinisierten sensiblen Nervenzellen	Myelinisiert = von einer Markscheide umgeben
430,790 nm		Glühendes Eisen emittiert Licht der Strahlungswellenlänge von ...	Glühfarbe blau, Fraunhofer'sche Linie G
436 nm		Spektraler Absorptionskoeffizient von Trinkwasser - Messbereich SAK 436	Bei Trinkwasserprüfungen auf Färbung
436 nm		Absorptionsmaximum von Kupfer in Wasserproben in der VIS-Spektroskopie	Kupfer bindet exakt 436 nm-Strahlung
437 nm		Unteres Absorptionsmaximum der Sehpigmente von Stubenfliegen	
440 nm		Absorptionsmaximum der Sehpigmente von Honigbienen	
< 450 nm		Molekülgröße gelöster organischer Substanz (DOM) in Böden	
< 450 nm		Molekülgröße gelösten organischen Kohlenstoffs (DOC)	In chemischer Analytik
> 450 nm		Molekülgröße partikulärer organischer Substanz (POM) in Böden	

Ausdehnung		Begriffliche Erfassbarkeit	Erläuterungen
von	bis		
450 nm		Absorptionsmaximum von Nickel in Wasserproben in der VIS-Spektroskopie	Nickel bindet exakt 450 nm-Strahlung
456 nm		Absorptionsmaximum des freien Chlorophyll a	Chlorophyll-Pigmente, nicht Carotinoide
458 nm		Absorptionsmaximum von Hydrazin in Wasserproben in der VIS-Spektroskopie	Hydrazin bindet exakt 458 nm-Strahlung
470 nm		Absorptionsmaximum von Silber in Wasserproben in der VIS-Spektroskopie	Silber bindet exakt 470 nm-Strahlung
475 nm		Absorptionsmaximum der Sehpigmente von Kraken (Octopus)	Maximal absorbierter Lichtbereich
480 nm		Größte Strahlungswellenlänge von emissiver Sonnenstrahlung	Siehe Wien'sches Verschiebungsgesetz
480 nm		Absorptionsmaximum von Mangan in Wasserproben in der VIS-Spektroskopie	Mangan bindet exakt 480 nm-Strahlung
480 nm	490 nm	Wellenlängenspektrum in dem Grünblau absorbiert und die Farbe Orange emittiert wird	Stoff absorbiert Großteil des anderen Lichts
486,134 nm		Glühender Beta Wasserstoff emittiert blaues Licht der Strahlungswellenlänge ...	Fraunhofer'sche Linie F
487 nm		Absorptionsmaximum des Sehpurpurs Rhodopsin (Retinal 1) bei Aalen	Maximal absorbierter Lichtbereich
490 nm		Absorptionsmaximum von Sulfat und Aluminium in Wasserproben	Anwendung in der VIS-Spektroskopie
490 nm	500 nm	Wellenlängenspektrum in dem Blaugrün absorbiert und die Farbe Rot emittiert wird	Stoff absorbiert Großteil des anderen Lichts
490 nm	510 nm	Antarktischer Krill produziert blaues Licht mit der Strahlungswellenlänge ...	Antarktischer Krill = Leuchtgarnelen
491 nm		Absorptionsmaximum von Thiocyanat in Wasserproben	Thiocyanat wird gegen Haarausfall verwendet
492 nm		Absorptionsmaximum der Sehpigmente von Tintenfischen	Maximal absorbierter Lichtbereich
< 493 nm		Photolyse von Chlorgasmolekülen (Cl2) bei Strahlungswellenlängen von ...	In Atmosphären und Laborchemie
493 nm		Absorptionsmaximum der Sehpigmente der Tintenfischart des Gemeinen Kalmars	Maximal absorbierter Lichtbereich
496 nm		Unteres Absorptionsmaximum der Sehpigmente von Garnelen	Maximal absorbierter Lichtbereich
498 nm		Absorptionsmaximum des Sehpurpurs Rhodopsin (Retinal 1) bei Hausmäusen	Maximal absorbierter Lichtbereich
499 nm		Absorptionsmaximum des Sehpurpurs Rhodopsin (Retinal 1) bei Alligatoren	Maximal absorbierter Lichtbereich
500 nm		Absorptionsmaximum der Sehpigmente von Küchenschaben	Maximal absorbierter Lichtbereich
500 nm		Messwert Umkehrspanne von Feinzeigern	Kein mechanisches Längenmessgerät ist genauer
500 nm		Absorptionsbereich von Licht des Moleküls beta-Carotin	
500 nm		Absorptionsmaximum des Sehpurpurs Rhodopsin (Retinal 1) bei Affen	Maximal absorbierter Lichtbereich
500 nm		Größe des Bacillus *Clostridium Mycoplasma pneumoniae* (Kokken)	Erreger der Lungenentzündung
500 nm		Flavobakterien Breite (Stäbchen mit runden Ausläufern)	Flavobakterien befallen Fische wie Lachse
500 nm	560 nm	Wellenlängenspektrum in dem Grün absorbiert und die Farbe Purpur emittiert wird	Stoff absorbiert Großteil des anderen Lichts
500 nm	640 nm	Geringste Photosyntheserate von Gräsern und Bäumen bei Lichtwellenlängen von ...	Effekt: Grün wird reflektiert
500 nm	1,2 µm	Mitochondrien Durchmesser in menschlichen Dünndarmzellen	Die Kraftwerke der Zellen sind 2 µm lang
500 nm	1,5 µm	Durchmesser für die Reizweiterleitung von Muskelfasern des Typs C	Zu postganglionären Nerven

Ausdehnung		Begriffliche Erfassbarkeit	Erläuterungen
von	bis		
500 nm	3 µm	Tröpfchengröße von Dunst	Größer sind Nebeltröpfchen
500 nm	3,5 µm	Durchmesser von Thermus/Deinococcus Stäbchenbakterien	Sie können Atommüll und giftige Stoffe "fressen"
500 nm	5 µm	Länge von stäbchenförmigen epsilon-Proteobakterien	Fehlgeburten bei Kühen und Schafen
500 nm	5,5 µm	Durchmesser von grünen Nichtschwefelbakterien	Photosynthese ausführende Bakterien
500 nm	10 µm	Länge von delta-Proteobakterien	
500 nm	10 µm	Dicke einer menschlichen Nervenzelle (bei bis zu 1 Meter Länge)	Körper der Zelle hat Durchmesser von 100 µm
> 500 nm		Definitionsgröße von Teilchen in Suspensionen	Teilchen sind noch nicht sedimentiert
502 nm		Absorptionsmaximum des Sehpurpurs Rhodopsin (Retinal 1) bei Enten	Maximal absorbierter Lichtbereich
502 nm		Absorptionsmaximum des Sehpurpurs Rhodopsin (Retinal 1) bei Fröschen	Maximal absorbierter Lichtbereich
503 nm		Absorptionsmaximum des Sehpurpurs Rhodopsin (Retinal 1) bei Forellen	Maximal absorbierter Lichtbereich
503,23 nm		De facto Strahlungswellenlängenbereich von Lasern für Polycarbonat CDs	Laserquelle emittiert 780 nm. Brechzahl ist 1,55
510 nm		Oberes Absorptionsmaximum der Sehpigmente von Stubenfliegen	Maximal absorbierter Lichtbereich
510 nm		Absorptionsmaximum von Eisen in Wasserproben	Anwendung in der VIS-Spektroskopie
512 nm		Absorptionsmaximum des Sehpurpurs Rhodopsin (Retinal 1) bei Kaulquappen	Maximal absorbierter Lichtbereich
515 nm		Absorptionsmaximum der Sehpigmente von Hummern	Maximal absorbierter Lichtbereich
520 nm		Absorptionsmaximum der Sehpigmente von Pfeilschwanzkrebsen	Maximal absorbierter Lichtbereich
520 nm		Absorptionsmaximum von Iodid und Blei in Wasserproben	Anwendung in der VIS-Spektroskopie
522 nm		Absorptionsmaximum des Sehpurpurs Rhodopsin (Retinal 2) bei Goldfischen	Maximal absorbierter Lichtbereich
523 nm		Absorptionsmaximum des Sehpurpurs Rhodopsin (Retinal 2) bei Aalen	Maximal absorbierter Lichtbereich
527 nm		Absorptionsmaximum des Sehpurpurs Rhodopsin (Retinal 2) bei Forellen	Maximal absorbierter Lichtbereich
527,039 nm		Glühendes Eisen emittiert Licht der Strahlungswellenlänge von ...	Glühfarbe grün, Fraunhofer'sche Linie E
530 nm		Absorptionsmaximum von Nitrit in Wasserproben	Anwendung in der VIS-Spektroskopie
530 nm		Absorptionsmaximum von Zink und Cadmium in Wasserproben	Anwendung in der VIS-Spektroskopie
546 nm		Absorptionsmaximum von Arsen und vom Übergangsmetall Vanadium in Wasserproben	Anwendung in der VIS-Spektroskopie
550 nm		Intensitätsmaximum von Sonnenstrahlung bei Wellenlänge ...	
550 nm		Absorptionsmaximum von Chrom in Wasserproben	Anwendung in der VIS-Spektroskopie
555 nm		Oberes Absorptionsmaximum der Sehpigmente von Garnelen	Maximal absorbierter Lichtbereich
560 nm	580 nm	Wellenlängenspektrum in dem Gelbgrün absorbiert und die Farbe Violett emittiert wird	Stoff absorbiert Großteil des anderen Lichts
578 nm		Absorptionsmaximum von Cyaniden in Wasserproben	Anwendung in der VIS-Spektroskopie
580 nm		Sensibilität von Filmmaterial im orthochromatischen Spektralbereich	Bei fotografischen Systemen

Ausdehnung		Begriffliche Erfassbarkeit	Erläuterungen
von	bis		
580 nm		Fluoreszierende Strahlungswellenlänge von bestrahlten Lithium Ionen	Fluoreszenz-Spektrokopie
580 nm	595 nm	Wellenlängenspektrum in dem Gelb absorbiert und die Farbe Blau emittiert wird	Stoff absorbiert Großteil des anderen Lichts
580 nm	700 nm	Sensibilität von Filmmaterial im panchromatischen Spektralbereich	Bei fotografischen Systemen
588,9951 nm		Glühendes Natrium und Natriumsalze emittieren Licht der Strahlungswellenlänge ...	Glühfarbe gelb, Fraunhofer'sche Linie D2
589,5924 nm		Glühendes Natrium und Natriumsalze emittieren Licht der Strahlungswellenlänge ...	Glühfarbe gelb, Fraunhofer'sche Linie D1
595 nm	605 nm	Wellenlängenspektrum in dem Orange absorbiert und die Farbe Grünblau emittiert wird	Stoff absorbiert Großteil des anderen Lichts
600 nm		Strukturbreite in 600 nm Halbleiter Chips - Massenproduktion seit 1994	Pentium 100 Prozessoren des US Konzerns Intel
600 nm	700 nm	Größe von Tochterchromatiden in der Metaphase (bei Zellerneuerungen)	Auch Schwesterchromatiddicke, bei Eukaryoten
605 nm	750 nm	Wellenlängenspektrum in dem Rot absorbiert und die Farbe Blaugrün emittiert wird	Stoff absorbiert Großteil des anderen Lichts
610 nm		Absorptionsmaximum von Fluorid in Wasserproben	Anwendung in der VIS-Spektroskopie
615 nm		Absorptionsmaximum vom Phycobilin Phycocyanin (bei Blaualgen)	
633,4 nm		Reaktionsstrahlungswellenlänge vom Singulett Sauerstoff O2 zu stabilerem Triplett O2	Reaktion mit Emissionen
650 nm	750 nm	Strahlungswellenlänge von angeregtem Wasserstoff bei H-alpha-Strahlung	Technische Anwendung: Beobachtung der Sonne
656,281 nm		Glühender Wasserstoff emittiert orangenes Licht der Strahlungswellenlänge ...	Fraunhofer'sche Linie C
662 nm		Absorptionsmaximum des freien Chlorophyll a - Spektralverwertung	Chlorophyll-Pigmente, nicht Carotinoide
665 nm		Absorptionsmaximum von Uran in Wasserproben	Anwendung in der VIS-Spektroskopie
670 nm		Absorptionsmaximum von Sulfid in Abwasserproben	VIS-Spektroskopie, Grenzwert für Sulfid: 2 mg/L
686,719 nm		Glühender Sauerstoff emittiert rotes Licht der Strahlungswellenlänge ...	Fraunhofer'sche Linie B
690 nm		Absorptionsmaximum von Ammonium ($NH4^+$) in Wasserproben	Anwendung in der VIS-Spektroskopie
690 nm	1 mm	Strahlungswellenlängenbereich von Infrarotstrahlung	
700 nm		Größe von Chlamydien Bakterien *Chlamydia psitacci*	Krankheiten von Lunge, Urogenitaltrakt & Augen
700 nm		Sensibilität von Filmmaterial im Farbfilm Spektralbereich - bis	Bei fotografischen Systemen
700 nm		Strahlungswellenlänge Rot - wird von Chlorophyll absorbiert	Und als grünes Licht reflektiert
700 nm		Strahlungswellenlänge Rot - kann von Bienen nicht gesehen werden	
700 nm	1,1 µm	Von Erde reflektiertes Strahlungswellenlängenspektrum welches in den Weltraum entweicht	Daher "atmosphärisches Fenster"
700 nm	30 µm	Korngröße von Meersalz und Seesalz	
720 nm		Strahlungswellenlänge für Nachweis von Kieselsäure in Wasser	Anwendung in der VIS-Spektroskopie
750 nm		Absorptionsmaximum von Phosphat in Wasserproben	Anwendung in der VIS-Spektroskopie
750 nm	770 nm	Wellenlängenspektrum in dem Purpur absorbiert und die Farbe Grün emittiert wird	Stoff absorbiert Großteil des anderen Lichts
760 nm	2,5 µm	Strahlungswellenlängenbereich bei der Nah-Infrarot-Spektroskopie (NIR/NIRS)	Für Bestimmung des Wasseranteils in Produkten

Ausdehnung		Begriffliche Erfassbarkeit	Erläuterungen
von	bis		
760 nm	1 mm	Strahlungswellenlängenbereich bei der Infrarot-Spektroskopie (IR)	z.B. für Bestimmung des Gasanteils bei Gaslecks
770 nm	900 nm	Infrarotbereich bei Landsat 5 Messungen der Erdoberflächentemperatur	Genauigkeit des Satelliten-Nah-IR-Kanals: 30 m
780 nm		Strahlungswellenlängen Detektionsbereich von Infrarotlasern in CD Abspielgeräten	
780 nm	1 µm	Wellenlängen des Infrarot Lichts welches diverse Süßwasserfisch Arten sehen können	
780 nm	1 mm	Strahlungswellenlänge von Infrarotwellen (IR) für Laser und Wärmeortung	Klapperschlangen sehen (infrarote) Wärmebilder
780 nm	1 mm	Strahlungswellenlänge von Infrarotwellen (IR) für IR-Nachrichtentechnik	Bei Infrarotfernbedienungen und Lichtschranken
780 nm	1 mm	Strahlungswellenlänge von Infrarotstrahlung - Sonnenenergieanteil auf der Erde: 47 %	Spätere Absorption, CO_2 Absorption
800 nm		Strukturbreite in 800 nm Halbleiter Chips - Massenproduktion seit 1989	Intel 1989, Sun Microsystems 1992
800 nm		Zentrale Strahlungswellenlänge von Titan-Saphir-Lasern (Femtosekundenlaser)	Schichtdickenmessung in Halbleiterindustrie
800 nm	1,2 µm	Größe von Merozoit Tochterzellen des Malariaerregers *Plasmodium vivax*	Krankheitserreger der Malaria tertiana
800 nm	1,3 µm	Von Erde reflektiertes Wellenlängenspektrum, das von Wasserdampf kaum absorbiert wird	Wasserfenster, weil H_2O die Strahlung durchlässt
800 nm	1,3 µm	Die optische Datenübertragung funktioniert gut in diesem Wellenlängenspektrum	Wegen Wasserfenster
800 nm	2 µm	Länge von Läuse bewohnenden Proteobakterien *Rickettzien*	Erreger von Fleckfieber & Lazarettenseuche
800 nm	2,5 µm	Durchmesser von global verbreiteten Archaea *Methanosarcinales* Bakterien	Sie leben dort wo es kaum Sauerstoff gibt
827 nm	1,24 µm	EM Bandbreite bei der Halbleiter in Solarzellen am effizientesten sind	Wirkungsgrad (max.) = Shockley Queisser Grenze
< 900 nm		Sensibilität von Filmmaterial im infrarot-empfindlichen Bereich von ...	Bei fotografischen Systemen
< 1 µm		Korngröße von Festkörpern in Dispersionen	In diesen Gemischen lösen sich Stoffe kaum
< 1 µm		Größe des Filtermechanismus Fangkorbs antarktischer Krill Krebstierchen	Ihr Futter fixieren sie zwischen Bein und Borste
< 1 µm		Größe von Partikeln mit eigenständiger Brown'scher Molekularbewegung	Wärme → bewegt *Luftteilchen* → bewegen Rauch
< 1 µm	< 2 µm	Korngröße von Tonkörnern	Je nach Definition
10^{-6} m		1 Mikrometer = 1 µm	0,00001 Meter
1 µm		Ein Millionstel Meter	
1 µm		Mindestgröße von Zellen aller Lebewesen	
1 µm		Größe von Chloroplastenzellen der Pflanze Efeu	
1 µm		Länge der biolaugenden Bakterien *Thiobacillus ferrooxidans*	Im Bergbau: Wandlung Pyrit → Schwefelsäure
1 µm		Größe von Salpetersäure-Hydrat-Kristallen ($HNO_3 \cdot 3H_2O$) in Atmosphäre der Antarktis	Mittäter für Ozonloch
1 µm		Wanderungsstrecke pro Minute von Tochterchromosomen zu Spindelpolen	Während Anaphase der Mitose, bei Eukaryoten
1 µm		Wahrnehmungsschwelle von Vibrationsreizen auf der Haut von Menschen	Vibrationsschwelle
1 µm		Wahrnehmungsschwelle von Vibrationsreizen auf der Haut von Kotwanzen *Reduvius*	Vibrationsschwelle
1 µm		Größe des Archaea Bakteriums *Desulfurococcus mobilis*	Sie lieben die Wärme

Ausdehnung		Begriffliche Erfassbarkeit	Erläuterungen
von	bis		
1 µm		Messgenauigkeit von Feinzeiger Messuhren	Bei Messbereich 50 bis 100 µm
1 µm		Größe vom Archaea Bakterium *Sulfolobus solfataricus*	Entdeckt im Vulkan Solfatara nahe Neapel
1 µm		Sporengröße beim Actinobakterium *Streptoverticillium salmonis*	Actinobakterien sind grampositive Bakterien
1 µm		Größe vom marinen Archaea Methanosarcinales Bakterium *Methanolobus vulcani*	Leben an Schwarzen Rauchern auf Meeresboden
1 µm		Strukturbreite in 1 µm Halbleiter Chips - Massenproduktion seit 1979	NTT 1979, NEC 1984, Intel 1985
1 µm		Saugkerzen Porengröße zur Gewinnung von Bodenlösungen	Bodenwasserprobenahmen
1 µm		Zellgröße des Cyanobakteriums *Arthrospira platensis*	Leben in alkalischen Salzseen
1 µm		Sedimentation Geschwindigkeit von 70 nm großen Partikeln in wässrigen Suspensionen	Pro Sekunde, bei 25 °C
1 µm		Größe pro Zelle des beta-Proteobakteriums *Thiothrix nivea*	Leben an hydrothermalen Schloten in der Tiefsee
1 µm		Wassertröpfchengröße mit einem Überdruck von 1,455 bar	Bei 20 °C und γ = 72,75 mN/m
1 µm		Größe des alpha-Proteobakteriums *Hyphomicrobium facilis*	Gefunden in Bodenprobe in New Hampshire/USA
1 µm		Durchmesser vom Pseudomyzel vieler Actinomycet Strahlenpilze	Ackererde riecht nach diesen Fäulnisbakterien
1 µm	2 µm	Durchmesser von Archaea *Methanococcales* Bakterien	Unregelmäßige Methan bildende Kokken
1 µm	2 µm	Größe von Schmutzpartikeln die in Bronchiolen "angreifen" können	Bronchiole = kleinste Luftwege in Lungen
1 µm	3 µm	Muskelfaser Typ B Durchmesser für Reizweiterleitung	Zu präganglionären Nerven
1 µm	3 µm	Länge von Flavobakterien - Stäbchen mit runden Ausläufern	Flavobakterien befallen Fische wie Lachse
1 µm	6 µm	Größe des Milzbrand Bakteriums *Bacillus anthracis*	Aerobes Stäbchenbakterium
1 µm	10 µm	Größe von Aerosolen die als Riesenkondensationskerne wirken	Tröpfchenbildung bei Nebel und Rauch
1 µm	10 µm	Eindringtiefe weicher Röntgenstrahlung in Wasser	
1 µm	10 µm	Größe von Staubpartikeln aus Pestiziden	
1 µm	10 µm	Größe von Pilzsporen aller Art	Geflechte zwischen 1.000 bis 10.000 pro m³
1 µm	10 µm	Größe von Farnsporen aller Art	
1 µm	10 µm	Blaualgen bzw. Cyanobakterien - durchschnittliche Zellgröße	Erste Photosynthese machende Lebewesen
1 µm	15 µm	Flüssige Wolkentröpfchen - Größe	In Regenwolken werden sie auch 2 mm groß
1 µm	100 µm	Korngröße von Festkörpern in feinen Suspensionen	Zum Beispiel Kalkmilch
1 µm	300 µm	Zyklonabscheider Maschinen Abgasreinigung - maximale Partikelgröße	Reinigung industrieller Abgase
1 µm	1 mm	Korngröße von Flugasche aus Wärmekraftwerken und Müllverbrennungsanlagen	
1 µm	1 m	Menschliche Zellengrößen - meist bis 200 µm bei Eizellen	220 verschiedene. Nervenzellen sind bis 1 m lang.
> 1 µm		Korngröße von Staub aus Pflanzenzerfall	Partikelförmiges organisches Material = POM
> 1 µm		Korngröße von grob dispersen Teilchen	Zum Beispiel Milchfettkügelchen

Ausdehnung		Begriffliche Erfassbarkeit	Erläuterungen
von	bis		
> 1 µm		Korngröße von Feuerstein	Kryptokristalliner Quarz, aus Chalzedon
> 1 µm		Handelsübliches Filterpapier filtert bis Körnchengröße ...	Kaffeefilter
> 1 µm		Häufige Partikelgröße von Staub aus industriellen Prozessen	
> 1 µm		Größe gefilterter Teilchen aus erster Filterung bei Nanopartikelanalysen	Mikropartikel, kolloidale Phase
< 1,1 µm		Korngröße von lungenbläschen-gängigem Feinstaub	Keine Filterung durch die Schleimhaut
1,1 µm	1,35 µm	Von Erde reflektiertes Strahlungswellenlängenspektrum welches in den Weltraum entweicht	Daher "atmosphärisches Infrarot Fenster"
1,1 µm	1,8 µm	Größe vom beta-Proteobakterium *Nitrosomonas europae*	Das Ammoniumbakterium lebt im Brackwasser
1,1 µm	2,3 µm	Wellenlängenbereich ferner Infrarotstrahlung (FIR) der in Atmosphäre absorbiert wird	Aus Weltraum kommende Sonnenstrahlung
1,1 µm	3,3 µm	Korngröße von Feinstaub der in sekundären/terminalen Bronchien hängen bleibt	Keine Filterung durch die Schleimhaut
1,26 µm	1,36 µm	O-Band Strahlungswellenlängen in optischer Datenkommunikation	O für Original
1,36 µm	1,46 µm	E-Band Strahlungswellenlängen in optischer Datenkommunikation	E für Extended
1,4 µm		Breite von Chromosomen bzw. zwei nebeneinander liegenden Chromatiden	Bei Menschen
1,4 µm	1,8 µm	Von Erde reflektiertes Strahlungswellenlängenspektrum welches in den Weltraum entweicht	Daher "atmosphärisches Infrarot Fenster"
1,46 µm	1,53 µm	S-Band Strahlungswellenlängen in der optischen Datenkommunikation	S für short wavelength = kurze Wellenlänge
1,5 µm		Größe des Archaea Halobakteriums *Natrococcus occultus*	Gefunden im kenianischen Lake Magadi
1,5 µm		Strukturbreite in 1,5 µm Halbleiter Chips - Massenproduktion seit 1981	NEC 1981, Intel 1982, Ricoh 1991
1,5 µm		Ausdehnung von Archaea Halobakterien *Halococcus morrhuae*	Halo steht für Salz (-liebend)
1,5 µm		Länge eines gamma-Proteobakteriums *Thiomicrospira pelophila*	Thio steht für Schwefel (-liebend)
1,5 µm		Cyanobakterium *Spirulina labyrinthiformis* - Zellgröße	Blaualgen in intertropischem Brackwasser
1,53 µm	1,565 µm	C-Band Strahlungswellenlängen in optischer Datenkommunikation	C für Conventional, Radar-Fernerkundung
1,565 µm	1,625 µm	L-Band Strahlungswellenlängen in optischer Datenkommunikation	L für Lange Wellenlänge, Radar-Fernerkundung
1,625 µm	1,675 µm	U-Band Strahlungswellenlängen in optischer Datenkommunikation	U für Ultralange Wellenlänge
< 2 µm		Ton Korngröße - kleinste Form der Schlämmkörner	Definition gemäß DIN 4022
< 2 µm		Tonböden enthalten bis zu 65 Prozent Korngrößen von ...	Weltweit unterschiedliche Einteilungen
< 2 µm		Partikelgrößen von Staub aus Ruß, fossilen Brennstoffen, Wald- und Buschbränden	
< 2 µm		Tonminerale, Oxide und Hydroxide als mineralische Bodenkolloide - Größe	Sind elektrisch geladen
< 2 µm		Huminstoffe als amorphe organische Bodenkolloide - Größe	Humine, Humin- und Fulvosäuren
< 2 µm		Größe von Bodenpartikeln mit reversibel austauschbaren Ionen	Adsorption
2 µm		Größe des Wurzelknöllchenbakteriums *Rhizobium leguminosarum*	Für Schmetterlingsblütler binden sie Luftstickstoff
2 µm		α-Proteobakterium *Caulobacter bacteroides*	Leben in nährstoffarmen Gewässern

Ausdehnung		Begriffliche Erfassbarkeit	Erläuterungen
von	bis		
2 µm		Backhefepilz *Saccharomyces cerevisiae* - Größe der Plasmide	Ringförmige DNA-Strukturen
2 µm		Größe vom Archaea Thermococcales Bakterium *Pyrococcus furiosus*	
2 µm		Größe vom methanbildenden Arachaea Bakterium *Methanococcus jannaschii*	Gefunden an Weißen Rauchern auf Pazifikboden
2 µm		Größe vom Archeoglobales Bakterium *Archeoglobus fulgidus*	
2 µm		Zellgittergröße vom marinen Archaea Igneococcales Bakterium *Pyrodictium abyssi*	Sie leben an extrem heißen Standorten
2 µm		Größe vom Archaea Thermoplasmen Bakterium *Ferriplasma acidophilum*	
> 2 µm		Luftpartikel werden als Niederschlag aus Wolken ausgewaschen ab einer Größe von ...	
> 2 µm		Partikelgröße von Glimmer in Gesteinen	< 2 µm: Ton Partikel
2 µm	2,5 µm	Von Erde reflektiertes Strahlungswellenlängenspektrum welches in den Weltraum entweicht	Daher "atmosphärisches Infrarot Fenster"
2 µm	3 µm	Größe von Schmutzpartikeln die in menschlichen Bronchien "angreifen" können	
2 µm	3 µm	Kugelgröße von Archaea Thermoplasmen Bakterien	Sie lieben saure und heiße Habitate
2 µm	8 µm	Muskelfaser Typ A-delta - Durchmesser für Reizweiterleitung von Hautrezeptoren	Leitet Temperatur und schnellen Schmerz
2 µm	10,6 µm	Lichtimpuls Strahlungswellenlänge von Lasern in Laserchirurgie	
2 µm	20 µm	Größe von Nanoplankton (Mykoplankton, Phytoplankton, Protozooplankton)	Im freien Meerwasser schwebende Organismen
2 µm	20 µm	Kollagen Faser Dicke bei Menschen	In Blutgefäßen, Muskeln und Hornhaut des Auges
2 µm	50 µm	Strahlungswellenlänge von Wärmestrahlung der Sonne	Solare Einstrahlung
2 µm	6,3 µm	Korngröße von Feinschluff (physikalisch kleinste herstellbare Größe)	Herstellung durch Mahlen
2 µm	170 µm	Kugelgröße von Reservestärke in Pflanzen	In Holzparenchym, Knollen und Rhizomen
2 µm	200 µm	Größe von Dinoflagellaten (größtenteils Einzeller)	TOP Primärproduzent = Beginn der Nahrungskette
2 µm	2 mm	Größe von Protozoen als einzellige Eukaryoten (2 µm = Nanoflagellaten)	Ausnahme: Foraminiferen = 10 cm
2,09 µm	2,35 µm	Infrarotbereich bei Landsat 5 Messungen der Erdoberflächentemperatur	Genauigkeit des Satelliten-Kurzwellenkanals: 30 m
2,5 µm		Maximales Auflösungsvermögen von Stereomikroskopen	Mikroskop mit zwei Objektiven
2,5 µm		Größe des Schwefelpurpurbakteriums *Chromatium okenii*	Aus Schwefelwasserstoff (H2S) bildet es Sulfat
2,5 µm		Durchmesser pro Zelle des Thermus/Deinococcus Bakteriums *Deinococcus radiodurans*	
2,5 µm		Größe vom Archaea Methanosarcinales Bakterium *Methanosarcina barkeri*	Gefunden in See bei Neapel, Methanbildner
2,5 µm		Länge von Mikrotubuli	Proteinhaltige Stabilisatoren von Zellen
2,5 µm	10 µm	Korngröße Durchmesser von inhalierbarem Feinstaub (PM10)	Seltener aus chemischen Prozessen
2,5 µm	25 µm	Elektromagnetischer Spektralbereich vom Mittleren Infrarot	
2,8 µm		Lachgas (N2O) absorbiert Infrarotstrahlung bei Wellenlängen von 2,8 µm, 6 µm und 9 µm	
< 3 µm		Wassermoleküle (H2O) absorbieren Infrarotstrahlung mit Wellenlängen von ...	

Ausdehnung		Begriffliche Erfassbarkeit	Erläuterungen
von	bis		
3 µm		Strukturbreite in 3 µm Halbleiter Chips - Massenproduktion seit 1976	Intel 1976, Hitachi 1978, Motorola 1979
3 µm		Größe vom alpha-Proteobakterium *Rhodomicrobium vannielli*	Geortet in heißen Gadek Quellen in Malaysia
3 µm		Größe des Archaea Methanomicrobiales Bakteriums Methanogenium cariaci	Benötigen kein Sauerstoff zum Leben
3 µm		Ausdehnung eines Flavobakteriums *Flavobakterium johnsoniae*	Deren genetische Struktur ist komplett bekannt
3 µm	4 µm	So groß sind die kleinsten menschlichen Körperzellen	Die Körnerzellen der Kleinhirnrinde
3 µm	4 µm	Von Erde reflektiertes Strahlungswellenlängenspektrum welches in den Weltraum entweicht	Daher "atmosphärisches Infrarot Fenster"
3 µm	5 µm	Größe von Schmutzpartikeln die menschliche Luftröhre "angreifen" können	Größere Partikel bleiben oft weiter oben hängen
3 µm	10 µm	Ozon absorbiert elektromagnetische Strahlungsenergie des Wellenlängenbereichs ...	
3 µm	10 µm	Durchmesser von Pilzfäden (Hyphen)	10 Prozent so gross wie Wurzelhaare
3 µm	20 µm	Klimarelevante Gase absorbieren bei Strahlungswellenlängen von ...	Beispiel: CO2 bei 3,5 bis 4,5 Mikrometer
3,3 µm		Hexangas filtert Infrarotlicht bei Strahlungswellenlängen von ...	Hier ändert sich Bindungslänge
3,3 µm		Infrarot Absorptionsmessbereich von Methingruppen (CH)	
3,3 µm	4,7 µm	In Luftröhre und Bronchien hängenbleibender Feinstaub - Größe	Keine Schleimhaut Filterung
3,33 µm		Länge der chinesischen Maßeinheit 1 Se	Entspricht 1/100.000 eines chinesischen Fußes
3,38 µm		Infrarot Absorptionsmessbereich von Methylgruppen (-CH3)	In der Absorptionsspektroskopie
3,42 µm		Infrarot Absorptionsmessbereich von Methylengruppen (-CH2)	In der Absorptionsspektroskopie
3,5 µm		Größe vom biolumineszenten gamma-Proteobakterium *Photobacterium phosphoreum*	Lebt in Symbiose mit Anglerfischen
3,5 µm		Länge der Bakterien bzw. Bakterioden *Pectinatus cerevisiaephilus*	In Bier geortetes sauerstoffloses Bakterium
3,5 µm	4,5 µm	Kohlendioxid absorbiert Rückstrahlung der Erde im Wellenlängenbereich von ...	
4 µm		Kriechende Schwingungsstrecke von Coenobien-Zellfädenkolonien	Der Zellverband bewegt sich pro Sekunde ...
4 µm		Planctomyceten Bakterien *Planctomyces maris* - Größe	Vorkommen als mariner Biofilm an Schwämmen
4 µm		Täglicher Zuwachs von menschlichen Zehnägeln	
4 µm		Größe von Archaea Bakterien *Thermoproteus tenax*	Benötigen Hitze und Schwefel zum Leben
4 µm		CH4 absorbiert Rückstrahlung der Erde im Wellenlängenbereich von genau 4 und 9 µm	CH4 = Methan
4 µm		Größe vom alpha-Proteobakterium *Caulobacter crescentus*	Modellorganismus für die Zellforschung
4 µm		Größe des Cyanobakteriums *Anabaena variabilis*	Eine Blaualge
4 µm		Größe einer Kalkalge *Emiliania huxleyi*	Hauptproduzent allen Kalks in Ozeanen
4 µm	8 µm	Muskelfaser Typ A gamma - Durchmesser für Reizweiterleitung	Reiz führt zu Skelettmuskeln (intrafusal)
4 µm	20 µm	Länge eines Erregers der Chagas Krankheit *Trypanosoma cruzi*	Gesichtsödeme und Lymphknotenschwellungen
4 µm	30 µm	Größe der Urtierchen bzw. Protozoen *Trichomonas spp.*	Teils harmlos, teils Krankheitserreger

Ausdehnung		Begriffliche Erfassbarkeit	Erläuterungen
von	bis		
4 µm	100 µm	Teilstriche Abstand von digitalen Glasmaßstäben	Einsatz in Optik, Elektronik und Kartographie
4,25 µm		Bei Bestrahlung absorbiert Kohlendioxid (CO_2) Energie dieser Infrarot-Wellenlänge	In NDIR Spektroskopie Geräten
4,5 µm	5,2 µm	Von Erde reflektiertes Strahlungswellenlängenspektrum welches in den Weltraum entweicht	Daher "atmosphärisches Infrarot Fenster"
4,7 µm	5,8 µm	Größe von Feinstaubpartikeln die am menschlichen Kehlkopf hängen bleiben können	Keine Schleimhaut Filterung
< 5 µm		Asche und Staub aus Vulkanen - Partikelgröße	
5 µm		Cortex Dicke von Haarzellen	Cortex = Faserstamm
5 µm		Aquificales Bakterium *Aquifex pyrophilus*	Sie leben in 85° bis 95° Umgebungen (Vulkane)
5 µm		Dicke der dünnsten herstellbaren Zinnfolie	
5 µm		Thermotogales Bakterium *Thermotoga maritima*	Sie produzieren molekularen Wasserstoff (H_2)
5 µm		Sinneshärchen im Innenohr - Länge	14.000 Hörzellen mit je 50 Härchen
5 µm	6 µm	Größe von menschlichen Lymphozytenzellen - die natürlichen Killerzellen im Blut	Zum Beispiel B-Zellen
5 µm	8 µm	Carbonfaser Dicke in kohlenstofffaserverstärktem Kunststoff (CFK)	Leichtbauwerkstoff der Zukunft
5 µm	10 µm	Größe von Schmutzpartikeln die in Rachenraum und Nase "angreifen" können	
5 µm	10 µm	Backhefepilz *Saccharomyces cerevisiae* - Zellen Durchmesser	
5 µm	10 µm	Dunst Partikelgröße - als Aerosol	
5 µm	15 µm	Größe von Kalkalgen (Haptophyta) aller Art	
5 µm	17 µm	Wurzelhaare von Pflanzen - Durchmesser	Länge 8 µm bis 1,5 mm
5 µm	25 µm	Durchmesser menschlicher Blutkapillare	
5 µm	50 µm	Partikelgrößen von Mikroplastikteilchen welches sich in Wasserkochern gelöst haben	Magazin saldo Studie (2019), 6 Marken betroffen
5 µm	150 µm	Größe von Zellkörpern menschlicher Neuronen (Nervenzellen)	
5 µm	500 µm	Sprühnebel Tröpfchengröße von atmosphärischem Seewasser	engl. sea spray
5 µm	100 m	Messbereich bei Lasertriangulation und Laserinterferometern	Für elektro-optische Entfernungsmessungen
5,3 µm		Bei Bestrahlung absorbiert Stickstoffmonoxid (NO) Energie dieser Infrarot-Wellenlänge	In NDIR-Spektroskopie-Geräten
5,5 µm	8 µm	Von Erde reflektiertes Wellenlängenspektrum, das von Wasserdampf absorbiert wird	Absorption bis 95 %, Bereich zwischen IR-Fenstern
5,6 µm		Länge menschlicher Mitochondrien-DNS - pro Zelle	16.569 Basenpaare, Mitochondrie = Zellkraftwerk
5,81 µm		Bei Bestrahlung absorbiert Salpetersäure (HNO_3) Energie dieser Infrarot-Wellenlänge	In NDIR-Spektroskopie-Geräten
5,9 µm		Bei Bestrahlung absorbiert Kohlenmonoxid (CO) Energie dieser Infrarot-Wellenlänge	In NDIR-Spektroskopie-Geräten
6 µm		Lachgas (N_2O) absorbiert Infrarotstrahlung bei Wellenlängen von 2,8 µm, 6 µm und 9 µm	
6,17 µm	6,44 µm	Bei Bestrahlung absorbiert Stickstoffdioxid (NO_2) Energie dieser Infrarot-Wellenlänge	In NDIR-Spektroskopie-Geräten
6,3 µm	20 µm	Mittelschluff Korngröße	Schluff = Feinbodentyp zwischen Sand und Ton

Ausdehnung		Begriffliche Erfassbarkeit	Erläuterungen
von	bis		
6,45 µm		Lichtimpuls Strahlungswellenlänge von Lasern in Laserchirurgie	Minimal-invasive Gehirn-Operationen
6,59 µm		Vibrationsschwelle von Schwebfliegen	
7 µm		Größe von Spirochaet Bakterien *Leptospira interrogans*	Bedeutender Krankheitserreger
7 µm	15 µm	Muskelfaser Typ A-beta - Durchmesser für Reizweiterleitung	Von Hautrezeptoren (Berührung)
7 µm	20 µm	Ausdehnung einer Leukozytenzelle bei Wirbeltieren	Lebensdauer Tage bis Monate
7 µm	90 µm	Größe von Sporen bei Moosen	
7 µm	150 µm	Dicke von Zinnfolie bzw. Stanniol für die alte Verpackungen	Seife und Schokolade
7,5 µm		Größe einer menschlichen Erythrozytenzelle	Erythrozyten = rote Blutkörperchen
7,5 µm	14 µm	IR-Energie dieses Wellenlängenintervalls steht für 8 % aller Rückstrahlung von der Erde	IR-Fenster, hier greift Absorption der FCKWs
8 µm		Größe einer Kieselalge *Thalassiosira nordenskjoeldii*	Starke Vermehrung in nordischer Frühjahrsblüte
8 µm		Durchmesser von Glühlampenfäden	
8 µm		Dicke eines Bacillus/Clostridium Bakteriums *Clostridium perfrigens*	Erreger des Wundbrands
8 µm	9,5 µm	Von Erde reflektiertes Strahlungswellenlängenspektrum welches in den Weltraum entweicht	Daher "atmosphärisches Infrarot Fenster"
9 µm		Lachgas (N2O) absorbiert Infrarotstrahlung bei Wellenlängen von 2,8 µm, 6 µm und 9 µm	
9 µm		CH4 absorbiert Rückstrahlung der Erde im Wellenlängenbereich von genau 4 und 9 µm	CH4 = Methan
9 µm	10 µm	Von Erde reflektierter Wellenlängenbereich der von Ozon (O3) stark absorbiert wird	
9,4 µm		Kohlendioxidlaser produzieren Infrarotlicht-Strahl mit der Wellenlänge ...	Anwendung: Schneiden und Schweißen
< 10 µm		Größe von Luftpartikeln aus Nukleations-Aerosolen	Blasenbildung bei wässrig → gasförmig
< 10 µm		Größe von Aerosolen mit Neigung zur Suspension	Größere Aerosole sedimentieren
10^{-5}m		10 Mikrometer = 10 µm = 0,01 mm = 0,001 cm	0,00001 Meter
10 µm		Größe von Metallkörnern	Im Korngefüge von Metallen
10 µm		Messgenauigkeit von Messschiebern (Schieblehren)	Anwendung in Technik uund Forschung
10 µm		1 Dobson-Einheit (DU) entspricht einer 10 µm dicken Ozonschicht	2,69x10^{16} O3-Moleküle pro cm^2
10 µm		Größe von Aerosoltropfen in Taylorkegeln der Massenspektrometrie	Aufgeladenes Probenaerosol
10 µm		Zellkerngröße in menschlichen Zellen	
10 µm		80 Prozent des menschengemachten Staubs ist größer als ...	
10 µm		Absorptionsmaximum von Ozon (O3) in der Stratosphäre bei ...	O3 bindet v.a. maximal viel 10 µm-Strahlung
10 µm		Größe von Archaea Methan Bakterien *Methanobrevibacter ruminantium*	Machen das Flatus-Gas im Darm: CO2 + H2 = CH4
10 µm		Messgenauigkeit von Seilzuglängengebern	Einsatz: Medizintechnik und Materialprüfungen
10 µm		Sedimentationsstrecke pro Sekunde von 700 nm großen Partikeln in flüssigen Medien	Bei 25 °C, in Labor und Umwelt

Ausdehnung		Begriffliche Erfassbarkeit	Erläuterungen
von	bis		
10 µm		Größe eines Archaea Euryarchaeota Bakteriums *Archaeoglobus veneficus*	Gefunden an Schwarzen Rauchern in 3,5 km Tiefe
10 µm		Strukturbreite in 10 µm Halbleiter Chips - Massenproduktion seit 1968	RCA 1968, Intel 1970
10 µm		Größe von Sorptionsmittel Partikeln bei der HPLC Chromatographie	Partikel: Kieselgel oder Aluminiumoxid (Al2O3)
10 µm		Länge eines Archaea Euryarchaeota Bakteriums *Natrococcus occultus*	Gefunden im kenianischen Lake Magadi
10 µm		Messgenauigkeit von Messuhren	Im gängigen Messbereich 5 mm bis 60 mm
10 µm		Länge eines Archaea Methanopyrales Bakteriums *Methanopyrus kandleri*	Gefunden an Schwarzen Rauchern in 2 km Tiefe
10 µm		Größe von epsilon-Proteobakterien *Heliobacter rodentium*	Pathogenes Bakterium für Hausmäuse
10 µm		Ölschicht Dicke auf Wasser	
10 µm		Länge von marinen Rhizariatierchen *Chlorarachnion reptans*	Forschungsarbeiten von Hibberd und Norris
10 µm		Nähnadel Stärken Klassifizierung in Skalen von 1/100 mm	Zum Beispiel 70er Nadel = 0,7 mm
10 µm		Ausdehnung eines grünen Nichtschwefelbakteriums *Chloroflexus aurantiacus*	In heißen Quellen vollführt es Photosynthese
10 µm		Größe von Choano-Flagellaten *Pleurasiga minima*	Ursprünglich beschrieben von Throndsen (1970)
10 µm		Geißeltierchen *Syracosphaera subsalsa* - Größe	Haptophyta, Brackwassertierchen
10 µm		Größe von einzelligen Kragengeißeltierchen	Sie leben in Ozeanen und Süßwassermedien
10 µm		Breite eines Zooflagellaten *Tritrichomonas sp.* (Erreger der Trichomonadenseuche)	Parabasalia, befällt Rinder
10 µm	14 µm	Von Erde reflektiertes Strahlungswellenlängenspektrum welches in den Weltraum entweicht	Daher "atmosphärisches Infrarot Fenster"
10 µm	20 µm	Durchschnittliche Zellgröße in Menschen- und Hamsterzellen	
10 µm	20 µm	Papillenhöhe von Lotuspflanzen - Wachsschicht bewirkt Lotuseffekt	Abperlungseffekt
10 µm	20 µm	Durchmesser einer *Thermus/Deinococcus* Bakterienkolonie	Einigen macht ionisierende Strahlung nichts aus
10 µm	20 µm	Durchmesser für Reizweiterleitung der Muskelfasern vom Typ A-alpha	Zu Skelettmuskeln (extrafusal)
10 µm	24 µm	Dicke von handelsgängiger Aluminiumfolie in Haushalten	Je nach Land und Produzent
10 µm	30 µm	Zelldurchmesser von Eukaryoten (Pflanzen, Tiere, Pilze)	100 mal bis 1000 mal größer als Prokaryoten
10 µm	30 µm	Durchmesser von zylindrischen Isidien	Länge der Flechtensporen liegt bei 0,5 bis 3 mm
10 µm	50 µm	Durchmesser nicht wasserhaltender Bodenporen	Wenn Wasser versickert, ist Bodenpore luftgefüllt
10 µm	60 µm	Korndurchmesser von Lößkörnern	Gäulandschaften und Börden sind löß-intensiv
10 µm	100 µm	Tröpfchengröße in Sprühnebel	
10 µm	100 µm	Korngröße von Zement- und Straßenstaubkörnern	
10 µm	250 µm	Durchmesser von Pollenkörnern	
10 µm	500 µm	Messbereich von Fühlhebelmessgeräten	Für Rundlaufprüfungen an Drehmaschinen
10 µm	700 µm	Fallweg von Dunsttröpfchen pro Sekunde	

Ausdehnung		Begriffliche Erfassbarkeit	Erläuterungen
von	bis		
10 µm	1 mm	Durchmesser von flüssigen und gasförmigen Tröpfchen in Nebel	Luftwiderstand gleicht geringes Gewicht aus
10 µm	1 mm	Hydraulische Leitfähigkeit in Sandböden pro Sekunde	Wassertransport in Böden bei Druckgefälle
10 µm	2 mm	Größe von marinen Kieselalgen (Diatomeen)	Hauptproduzent von Sauerstoff auf der Erde
10 µm	3 mm	Ausdehnung eines Eiskristalls in Wolken	
10 µm	1 cm	Sedimentationskammer Abgasreinigung - maximale Partikelgröße	Zur Reinigung industrieller Abgase
10 µm	30 m	Größe von Algen aller Art	Bandbreite 1 : 15.000.000
10 µm	1 km²	Größe von Pilzen aller Art	1 km² = Hallimasch-Pilz
> 10 µm		Stoffteilchen dieser Größe bleiben an Schleimhäuten hängen	Im Nasen-Rachen-Raum von Menschen
> 10 µm		Korngröße von Grobstaubkörnern - gefiltert durch Nasenhärchen + Schleimhäute	Unbedenkliche "Feinstaubgröße"
> 10 µm		Größe von Aerosolen mit längster Verweildauer in der Atmosphäre (ca. 10 Tage)	Setzen sich ab (sedimentieren) oder koagulieren
> 10 µm		Größe von Metazoen	Vielzellige Tiere wie Insekten oder Kühe
> 10 µm		Mittlerer Durchmesser von Grobporen in Böden	Können Wasser nicht halten
10,4 µm	12,5 µm	Infrarot Strahlungsspektrum bei Landsat 5 Messungen der Erdoberflächentemperatur	Genauigkeit des Satelliten-Thermalkanals: 120 m
10,6 µm		Kohlendioxidlaser produzieren Infrarotlicht-Strahl mit der Strahlungswellenlänge ...	Anwendung: Schneiden und Schweißen
12 µm		Größe der parasitischen Nesseltiere *Myxobolus pfeifferei*	Verursacht Drehkrankheit bei Lachsen & Forellen
12 µm	20 µm	Durchmesser menschlicher myelinisierter motorischer Nervenzellen	Myelinisiert = von einer Markscheide umgeben
14 µm		Maximale Länge vom Ebola Virus - variiert stark	Nur der Durchmesser ist konstant bei 80 nm
14 µm	16 µm	CO2 absorbiert Rückstrahlung der Erde im Strahlungswellenlängenbereich von ...	
15 µm		Maximale Porengröße für Feldkapazität (FK) in Böden bei 0,1 bar und 1 Meter Wassersäule	FK: Wieviel Wasser kann Boden halten?
15 µm		Länge von Epidermiszellen in Laubblättern	Epidermis = Schutzgewebe von Spross & Blättern
15 µm		Größe von grünen Schwefelbakterien *Chlorobium vibrioforme*	Berüchtigte "Schwefelfabriken" der Natur
15 µm		Absorptionsmaximum von Kohlendioxid (CO2) in Stratosphäre bei ...	CO2 bindet v. a. maximal viel 15 µm-Strahlung
15,6 µm		Durchmesser von Magenzellen in Hunden	
< 16 µm		Korngröße von Staubkörnern aus Seesalz	
16 µm		Länge des biologischen Modellorganismus und Glaucocystophyten *Cyanophora paradoxa*	Einzellige Süßwasser-Alge
16 µm	18 µm	Von Erde reflektiertes Wellenlängenspektrum, welches in den Weltraum entweicht	Daher atmosphärisches Infrarot-Fenster
16,5 µm		Länge der Mitochondrien DNS von Escherichia Lambda Bakteriophagen - 48.502 Basenpaare	Lieblingsvirus in der Roten Gentechnik
17,4 µm		Vibrationsschwelle von Schmeißfliegen *Calliphora*	
18 µm		Durchmesser von Zwerchfell Muskelfasern in Spitzmäusen	
18 µm	70 µm	Von Erde reflektiertes Wellenlängenspektrum, das von Wasserdampf absorbiert wird	Absorption bis 100 Prozent

Ausdehnung		Begriffliche Erfassbarkeit	Erläuterungen
von	bis		
< 20 µm		Korngröße von Gesteinsstaubkörnern	
< 20 µm		Korngröße von Schwebfrachtkörnern bei Windtransport (vor allem Staub)	Langfristige Suspension
20 µm		Größe von Algen die antarktischen Krillkrebsen als Futter dienen	
20 µm		Typische Tropfengröße von Wolkentröpfchen	Regentropfen sind 2 mm groß
20 µm		Partikelgröße von Plastikmüll in Ozeanen	Zersetzt durch Licht und zermahlen
20 µm		Länge von Actinobakterien Thalli	Im Durchschnittsgröße der Zellfäden
20 µm		Größe von Protozoen *Retortamonas sp.*	Urtierchen in Ratten
20 µm		Größe der Embryonalzone von pflanzlichen Sprossachsen	Apikalknospe, Sprosscheitel
20 µm	30 µm	Auflösung pro Pixel in MAHLI-Kamera im Marsfahrzeug *Curiosity*	Detailgenauigkeit für Sandkörner
20 µm	40 µm	Größe einer Determinationszone von Sprossachsen (Achselknospe, Blattachsel)	Urrinde und Urmark bei Pflanzen
20 µm	63 µm	Korngröße von Grobschluffkörnern	Korngröße dem Mehl ähnlich
20 µm	70 µm	Korngröße von Schwebfracht bei Windtransport - kurzzeitige Suspension	Im Wesentlichen: Staub
20 µm	200 µm	Länge von Mikroplankton Organismen	Phytoplankton, Protozooplankton
20 µm	2 mm	Durchmesser von Column Eiskristallen in Wolken	
20 µm	2 mm	Durchmesser von Plates Eiskristallen in Wolken	
25 µm		Länge der Mitochondrien-DNS in Hefepilzen - pro Zelle	7.500 Basenpaare
25 µm		Durchmesser von Zwerchfell Muskelfasern von Meerschweinchen	
25 µm	90 µm	Muskelzellen (Musculus psoas) von Menschen - Durchmesser	
25 µm	300 µm	Größe von Wimpertierchen	Wie Pantoffeltierchen sind sie Ciliata
25 µm	500 µm	Elektromagnetischer Spektralbereich des Fernen Infrarots	Fernes IR
25,4 µm		Länge der alten angelsächsischen Maßeinheit 1 Thou (Thousandth of an inch)	Ein tausendstel Zoll
26,8 µm		Durchmesser von Brustmuskelfasern bei Tauben	
30 µm		Niederschlag ab Tröpfchengröße von ...	Ergebnis: Regen
30 µm		Durchmesser von Zwerchfellmuskelfasern bei Katzen	
30 µm		Messgenauigkeit von Glasmaßstäben - mit Lupe	Anwendung in Werkzeugmaschinen
30 µm		Größe eines Bacteroids *Flexibacter flexilis*	Können Blaualgen auflösen/eliminieren
30 µm		Länge von Dinoflagellaten bzw. Panzergeißler *Peridinium cinctum*	Panzergeißler leben in Gewässern
30 µm		Größe von im Meer lebenden Algen *Discosphaera tubifera*	
30 µm		Einzeller *Cryptomonas erosa* - Größe	Ein Schlundflagellat, Flagellum = Geißel
30 µm		Breite von Stomata in Rotbuchen Blättern	Länge bis 22 µm, das Gas-Tor von Pflanzen

Ausdehnung		Begriffliche Erfassbarkeit	Erläuterungen
von	bis		
30 µm		Durchmesser von Pollenkörnern der Winterlinden Bäume	
30 µm		Wanderstrecke pro Sekunde von Auftriebswasser entlang der Küste von Kalifornien/USA	80 Meter Aufstieg pro Monat
30 µm	50 µm	Dicke von Epidermiszellen in der obersten Hautschicht von Menschen	
30 µm	250 µm	Tröpfchengröße von Nieselregen	Geschwindigkeit: < 3 m/s
30 µm	300 µm	Größe von Amöben	
30 µm	700 µm	Größe von Mesozoen Tieren	Eines der Unterreiche der Tiere, oft Parasiten
32 µm		Durchmesser von Betz' Pyramidenzellen und Purkinjezellen in Pferden	Nervenzellen
33 µm		Gravitationsbewegung des Mondes - im Kontext zur Erde	Ein Beschleunigungswert in Sekunde²
33 µm		Zentrifugalbewegung von Erde und Mond durch Eigenrotation	Ein Beschleunigungswert
33,3 µm		Länge der chinesischen Maßeinheit 1 Háo	Entspricht 1/10.000 eines chinesischen Fußes
34 µm		Durchmesser von Zwerchfell Muskelfasern von Menschen und Ratten	
36 µm		Durchmesser der Roten Muskelfasern bei Goldfischen	
38 µm	500 µm	Dicke von Zinnfolie bzw. Stanniol bei der Herstellung alter Spiegel	
40 µm		Größe von Grünalgen *Chaetosphaeridium minus*	Chaetosphaeridiophyta - ohne Seta
40 µm		Größe von Epidermiszellen der Pflanze Efeu	
40 µm	80 µm	Größe von einzelligen Süßwasserorganismen der Grünen Augentiere *Euglena viridis*	Algenblüte auf Bauernhöfen, Schmutzindikatoren
40 µm	180 µm	Dicke bzw. Durchmesser menschlicher Haare (je nach Farbe)	1 Million Kohlenstoff-Atome pro Durchmesser
40 µm	25 mm	Größe der Streckungs- oder Differenzierungszone von Sprossachsen	Ausbildung von Prokambium, Phloem und Xylem
44 µm		Mitochondrien-DNS Länge in Mais-Chloroplasten - Größe pro Zelle	140.000 Basenpaare
44 µm	52 µm	Größe des Malariaerregers *Plasmodium vivax*	Einzeller, Apicomplexa, Leberschizont
45 µm		Durchmesser von Eizellen des Spulwurms	Spulwürmer befallen Menschen und Affen
49,4 µm		Durchmesser der weißen Muskelfasern von Goldfischen	
50 µm		Typische Länge von Chloroplastenzellen in Laubblättern	
50 µm		Durchmesser von Fadenwürmern (Nematoden)	Länge 1 mm bis 1 m, leben in Böden und im Meer
50 µm		Fortbewegungsstrecke von Flagellat Geißeltierchen - pro Sekunde	Entspricht 50-fachem ihrer Größe
50 µm		Größe der Zwischentiere Amöbe/Flagellat *Tetramitus rostratus*	Farblose Wesen, die mal Amöbe mal Flagellat sind
50 µm		Auflösungsvermögen von gesunden menschlichen Augen	Kleinere Dinge nur mit Vergrößerung sichtbar
50 µm		Laserstrahl Dicke bei der Nano Tracking Analyse	Für Bewegungsanalysen in Flüssigkeiten
50 µm		Größe einzelliger Glaucocystophyten *Glaucocystis nostochinearum*	Sich ungeschlechtlich vermehrende Algen
50 µm	80 µm	Maximale Eindringtiefe von radioaktiver Alpha-Strahlung in lebendes Gewebe	Wenn eingeatmet: Giftiger als Beta- und Gamma-..

Ausdehnung		Begriffliche Erfassbarkeit	Erläuterungen
von	bis		
50 µm	500 µm	Größe von Strahlentierchen (Radiolarien) aller Art	Innenskelett aus Opal (Siliziumdioxid)
50 µm	1,6 mm	Größe von *Tardigrada* Bärtierchen bzw. Wasserbärchen	Sie leben in feuchten Lebensräumen
> 50 µm		Größe grobdisperser Bodenteilchen - im Kolloidsystem von Böden	Zerteilungszustand ist die Dispersion
> 50 µm		Papillenabstand bei Pflanzen ab dem der Lotuseffekt bzw. Abperlungseffekt wirkt	Etwa durch Cuticula-Auffaltung
> 50 µm		Porengröße von Grobporen in Böden - besiedelt von Tieren	Wassersaugspannung 1,8 pF
50,4 µm		Durchmesser menschlicher Muskelzellen von Interkostalmuskeln	Zwischenrippenmuskeln
54 µm		Größe von Spermien einer Katze	Kopflänge 4 µm
58 µm	67 µm	Größe einer menschlichen Samenzelle (Spermium)	Kopfteil 5 µm mal 3 µm
60 µm		Länge von Pilzen *Nosema lepocreadii*	Opisthokonta, Mikrosporidium
60 µm		Größe der Sternalgen *Micrasterias papillifera*	Alge des Jahres 2008
60 µm		Durchmesser von Eizellen bei Feldmäusen	
60 µm		Durchmesser von Zwerchfell Muskelfasern in Schweinen	
60 µm		Größe von Archaea Methanomicrobiales Mikroben *Methanospirillum hungatei*	Leben in nassen sauerstoffarmen Böden
60,77 µm		Durchmesser von Wadenmuskelfasern bei Mäusen	
< 63 µm		Lebewesengröße per Definition im Mikrobenthos	Bodenzonenbewohner in Gewässern
< 63 µm		Schluffböden - enthalten bis zu 80 Prozent Korngrößen von ...	Weltweit unterschiedliche Einteilungen
< 63 µm		Größe von Bodenpartikeln die durch Regenwurmdarm geschleust werden	Humus- und Mineralpartikel
< 63 µm		Größe von Bodenpartikeln zwischen denen Kohäsivkräfte in Böden wirken	Schluff und Ton verkleben die Bodenmasse
< 63 µm		Partikelgröße von Quellgestein (engl. source rock)	Ölreiches und gasreiches Gestein
63 µm	200 µm	Korngröße von Feinsand	
63 µm	1 mm	Lebewesengröße per Definition im Meiobenthos	Gewässer Bodenzonenbewohner
63 µm	2 mm	Sandböden - enthalten bis zu 85 Prozent Korngrößen von ...	Weltweit unterschiedliche Einteilungen
70 µm		Strahlentierchen *Thalassicola nucleata*	Actinopoda, Licht erzeugende Meerestierchen
70 µm		Länge einer Zelle der Grünalge *Raphidonema longiseta*	Chlorobionta, Klebsormidiophyta
70 µm	80 µm	Absorptionsmaximum von Wasserdampf in Stratosphäre bei ...	H2O bindet v.a. maximal viel 70 + 80 µm-Strahlung
70 µm	100 µm	Korngröße Sprungsand bei Windtransport (Modifizierte Saltation)	Springsand : Kriechsand (3:1)
70 µm	170 µm	Täglicher Wuchs eines menschlichen Fussnagels	
70 µm	200 µm	Eizellen Durchmesser von Ratten und Seeigeln	
70 µm	500 µm	Korngröße Sprungsand bei Windtransport (Springen = Saltation)	Springsand : Kriechsand (3:1)
70 µm	10 cm	Ausdehnung bei Molekülschwingungen bzw. -rotationen	Gegen den Uhrzeigersinn

Ausdehnung		Begriffliche Erfassbarkeit	Erläuterungen
von	bis		
73,2 µm		Größe von Samenzellen bei Rindern	Kopflänge 8,8 µm
80 µm		Elektronen Fließstrecke (Strom) durch Kupferdraht bei 1 Ampere	Pro Sekunde
80 µm	1,5 mm	Länge pflanzlicher Wurzelhaare	Durchmesser 5 - 17 µm
85 µm		Größe von Samenzellen bei Igeln	Kopflänge 5 µm
85 µm		Durchmesser von Muskelfasern bei Ratten	Musculus extensor digitorum longus
86 µm	120 µm	Täglicher Zuwachs eines menschlichen Daumennagels	
93 µm		Größe von Samenzellen bei Meerschweinchen	Kopflänge 13 µm
< 100 µm		Durchmesser von Tracheen als Wasserleiter in Pflanzen	
< 100 µm		Durchmesser von Mikrometeoren	< 2 µg leicht, Sternschnuppen = kleine Meteore
10^{-4} m		100 Mikrometer = 100 µm = 0,1 mm = 0,01 cm	0,0001 Meter
100 µm		Ein zehntausendstel Meter	
100 µm		Länge eines Palisadenparenchyms aus Laubblattzellen	Parenchym ist ein stoffwechselndes Zellgewebe
100 µm		Dicke einer Kationentauscher Membran in Chloralkali Elektrolysen	Chlorherstellung bzw. Chlordarstellung
100 µm		Dicke von DVDs und CDs	
100 µm		Papier Dicke von Schreibpapier 80 g/m²	
100 µm		Vertikale Ablagerungsstrecke von 3 µm großen Partikeln in flüssigen Medien	Pro Sekunde, bei 25 °C, Sedimentation
100 µm		Handelsübliche Dicke einer Kunststoff Folie	
100 µm		Größe einer Maus Samenzelle	Kopflänge 7 µm
100 µm	150 µm	Breite von Harzkanälen in Waldkiefern	Relativ gross
100 µm	200 µm	Messgenauigkeit von Glasmaßstäben - ohne Lupe	Anwendung in Werkzeugmaschinen
100 µm	400 µm	Dicke der Netzhaut (Retina) des menschlichen Auges	Das "eigentliche" Sehorgan
100 µm	500 µm	Innendurchmesser von Kapillarsäulen in Gaschromatographen	Für Analytik organischer Verbindungen
100 µm	500 µm	Trennstufenhöhen von Chromatographie Säulen	In der Praxis chemischer Analytik
100 µm	800 µm	Typischer Durchmesser von Kunstschnee Kugeln auf Skipisten	Kristallbildung dauert Sekunden
100 µm	1 mm	Durchmesser von teleskopischen Meteoren	50 t dieses Sternenstaubs fallen pro Tag auf Erde
100 µm	1 mm	Korngröße von Festkörpern in groben Suspensionen	Zum Beispiel Kreideschlamm
100 µm	1,8 mm	Absenkung vom Oberrheingraben Boden - pro Jahr	Seit 30 Millionen Jahren: 3 km
100 µm	3 mm	Wellenlänge von elektromagnetischen Submillimeterwellen bzw. Terahertzstrahlung	Körperscanner für Personenkontrolle an Airports
100 µm	10 mm	Wuchsgröße von Flechten pro Jahr	
100 µm	16 mm	Länge von humusbildenden Springschwänzen bzw. Collembolen	Sind keine Insekten, aber wie Krebse Gliederfüßer

Ausdehnung		Begriffliche Erfassbarkeit	Erläuterungen
von	bis		
100 µm	12,7 mm	Breite von Jahresringen des Bergahorns	
> 100 µm		Bewegungsstrecke der schnellsten sedimentierenden Partikel	Ohne eigenen Antrieb, bleiben nicht in der Luft
110 µm		Durchmesser von Eizellen bei Lanzettfischchen	Leben in Sand und Küstenschlamm
110 µm	200 µm	Durchmesser menschlicher Eizellen	Können mit bloßem Auge erfasst werden
120 µm		Größe von Chlorophyll enthaltenden Augenflagellat Einzellern *Euglena spirogyra*	Sie bestehen scheinbar nur aus Auge + Geißel
120 µm		Rhesusaffe Eizellen - Durchmesser	
120 µm	180 µm	Stärke von Akupunktur Nadeln für die Behandlung an Händen, Füßen und Gesicht	
120 µm	460 µm	Durchmesser von Akupunkturnadeln	
< 130 µm		Partikelgröße von Mikroplastikteilchen die Teil des menschlichen Gewebes werden können	Studie Universität Victoria: Immunreaktionen
130 µm		Größe von delta-Proteobakterien *Stigmatella aurantiaca*	Ähnlicher Lebenszyklus wie Schleimpilze
130 µm		Eizellen Durchmesser bei Walen, Katzen und Kaninchen	
140 µm		Dicke von SDHC Memory Cards	Digitale Speicherkarte mit 32 GB
140 µm		Hund, Pferd und Schwein - Eizellen Durchmesser	
148,5 µm		Dicke eines Papierblattes im ZEIT UND RAUM BUCH	Papier Gardamatt eleven, 135 g/mm, 1,1 fach
150 µm		Eizellen Durchmesser bei Rindern	
150 µm		Länge eines beta-Proteobakteriums *Spirillum volutans*	In großer Dichte in frischer Schweinejauche
150 µm	1 mm	Durchmesser einer Volvox Kolonie	Schöne Grünalgen-Strukturen
157 µm	625 µm	Wellenlängenbereich des HIFI Submillimeterwellen Detektors	Im Herschel-Weltraumteleskop
160 µm		Augenbrauenwuchs bei Menschen - pro Tag	
160 µm	300 µm	Größe vom Modellorganismus Pantoffeltierchen *Paramecium tetraurelia*	Fast doppelt so viele Gene wie bei Menschen
169 µm		Durchmesser von Beinmuskelfasern bei afrikanischen Krallenfröschen	
180 µm		Länge von Kürbispflanzen *Cucurbita* Pollenkörnern	Die größten Pollenkörner überhaupt
180 µm		Eizellen Durchmesser bei Schafen	
180 µm	250 µm	Rotbuchen Jahresringe Breite - im ersten Jahr	Danach nur noch 50 µm
188 µm		Größe der alten französischen Maßeinheit 1 Skrupel bzw. Douzième	
190 µm		Durchmesser von Eizellen der Ohrenqualle	
< 200 µm		Größe inkrustierter Humuspartikel in Oberbodenhorizonten O_H	Mit Milbenkot und Huminstoffen
< 200 µm		Lebewesen Größe per Definition von Mikrofauna (Protozoen, Wurzelfüßer, Geißeltierchen)	Fast alle auf Wasser angewiesen
< 200 µm		Höhenzuwachs von Moosflächen in subborealen Moorzonen	Je nach Topographie, Wasser und Temperatur
< 200 µm		Dicke von Aluminiumfolie gemäß ISO Definition	

Vom Mesokosmos in den Makrokosmos

Von 200 Mikrometer bis 6,5 Zentimeter

Ausdehnung		Begriffliche Erfassbarkeit	Erläuterungen
von	bis		
200 µm		Dicke von 5,25 Zoll Disketten	
200 µm		Größe von marinen Bauchhärlingen *Thaumastoderma heideri*	Sich langsam bewegende Sandbewohner
200 µm		Durchmesser feiner Graswurzeln	
200 µm		Länge von Rüsselrädchen Rädertierchen *Philodina roseola*	Diese Rotifera Art wurde bereits 1832 beschrieben
200 µm		Oberschenkelhaarwuchs bei Menschen - pro Tag	
200 µm		Ausdehnung der grünen Bodenalge *Chlorokybus atmophyticus*	Chlorobionta, Chlorokybophyta
200 µm	250 µm	Stärke von Akupunktur Nadeln für die Behandlung der meisten Körperbereiche	Kleinere Nadeln für Gesicht, Füße und Hände
200 µm	350 µm	Kopfhaarwuchs bei Menschen - pro Tag	Durchschnittlich 50 m im Leben
200 µm	400 µm	Höhenzuwachs von Moosflächen in subarktischen Palsenmooren pro Jahr	Je nach Topographie, Wasser und Temperatur
200 µm	630 µm	Korngröße von Mittelsandkörnern	Flugsande der Sahara und Australiens
200 µm	630 µm	Bad Reichenhaller Markensalz Korngrößen: > 70 Prozent zwischen ...	Siedespeisesalz im 500 g Paket
200 µm	670 µm	Wellenlängenbereich des SPIRE Submillimeterwellen Detektors	Im Herschel Weltraumteleskop
200 µm	4 mm	Lebewesen Größe per Definition von Mesofauna (u. a. Milben, Rädertiere, Fadenwürmer)	Auch Meiofauna genannt
200 µm	10 mm	Durchmesser von Naturschnee Kristallen	Kristallbildung dauert Minuten
200 µm	20 mm	Lebewesen Größe per Definition von Mesoplankton (Metazooplankton)	Im freien Meerwasser schwebende Organismen
240 µm		Eizellen Durchmesser von australischen Beutelmardern	
250 µm		Größe von in Süßwasser lebenden Amöben *Amoeba proteus*	4 bis 128 Zellen, bereits im Jahre 1822 beschrieben
250 µm		Größe von großen Spirochaeten Bakterien	Erreger diverser Fieberkrankheiten
260 µm		Ausdehnung einer Zellteilungszone bei pflanzlichen Wurzelzellen	
270 µm	630 µm	Höhe von Bergahorn Holzstrahlen	Speicherzellen im wasserführenden Baumkörper
< 300 µm		Bodentiefe in der photolytische Effekte an Stoffen wirken	Schnellerer Stoffabbau durch Lichtenergie
300 µm		Brennweite der Linse im Auge von Borstenwürmern *Alciope*	Sie haben bessere Augen als Menschen
300 µm		Genauigkeit guter topografischer Karten (entspricht 15 oder 30 m)	Bei Karten 1 : 50.000 und 1 : 100.000
300 µm		Dicke von 3,5 Zoll Disketten	
300 µm		Achselhaarwuchs bei Menschen - pro Tag	
300 µm	500 µm	Stärke von Akupunktur Nadeln für die Behandlung von Beinen	
300 µm	500 µm	Durchschnittsfließstrecke von Blut in menschlichen Kapillar Blutgefäßen	Pro Sekunde
300 µm	3 mm	Gasblasen Durchmesser in Meereswasser	
300 µm	3 mm	Größe der fiktiven Steinlaus *Petrophaga lorioti* in *Loriot* Fernsehsendung	Gemäß Pschyrembel, von Loriot gezeichnet
320 µm		Ausdehnung einer Zellstreckungszone bei Wurzelzellen	

Ausdehnung		Begriffliche Erfassbarkeit	Erläuterungen
von	bis		
333 µm		Länge der chinesischen Maßeinheit 1 Li	Entspricht 1/1.000 eines chinesischen Fußes
350 µm		Typische Querschnitte von Laubblättern unter dem Mikroskop	Bei mikroskopischen Universitätspraktika
350 µm		Größe von kreistragenden Plattwurmartigen *Symbion pandora*	Leben auf Mundwerkzeugen von Hummern
375,972 µm		Größe eines typographischen Didot-Punktes	Typographische Maßeinheit für Schriftgrade
376,065 µm		Größe eines traditionell typographischen Didot-Punktes	Typographische Maßeinheit für Schriftgrade
400 µm		Größte Spermatozoide bei tropischen Palmfarnen	Cycadopsida
400 µm		Länge von Hausmilben	120.000 Milben leben pro Nacht von 0,5 g Haut
400 µm		Reichweite von Sauerstoffversorgung der menschlichen Haut (Hautatmung)	Luftsauerstoff gelangt in oberste Hautschicht ...
400 µm		Nadelöhr Breite einer 100er Nähnadel mit 1 mm Durchmesser	
400 µm		Typische Mächtigkeit (Dicke) von Jahresschichten als Seesedimente deutscher Seen	Warvenchronologie
400 µm		Größe von meeresbewohnenden Rautentieren *Dicyema truncatum*	Parasitäre wurmartige Lebewesen
400 µm		Wasserleitung pro Sekunde in Holz Tracheiden Zellen - im wasserleitenden Xylem der Bäume	Tracheen bis zu 15 mm / s
400 µm	420 µm	Elektromagnetisches Band für Messungen von Huminstoffen (Gelbstoffen)	Bei Humusbodenanteil Messungen in Gewässern
400 µm	600 µm	Barthaarwuchs von Männern - pro Tag	
400 µm	700 µm	Mikrowellenband für Messungen des Phytoplanktons	Phytoplankton Messungen durch Satelliten
400 µm	700 µm	Gefäßlängen in Hainbuchen Bäumen	
450 µm		Größe einer Kolonie der Grünalge *Pediastrum*	Sie ist Teil des Planktons in Süßwasser
< 500 µm		Regentropfen Größe - kugelförmig bis ...	
500 µm		Durchmesser eines Trommelfells im menschlichen Ohr	Schützt vor Beschädigung und Keimen
500 µm		Niederschlagsmenge im Wadi Halfa/Sudan im August	Als Mehrjahresdurchschnitt
500 µm		Reifes Prothallium der Farne - Größe	Prothallium ist der weibliche Gametophyt
500 µm		Länge von Korsetttierchen *Nanoloricus mysticus*	Ein erst 1983 beschriebenes Meerestierchen
500 µm		Frosch Eizellen - Durchmesser	
500 µm		Größe von Eizellen der Taufliege	
500 µm		Länge von Penetranten, den Miniaturgeschossen von Nesseltieren	Stilettkapseln, Breite 2 Mikrometer, u.a. Quallen
500 µm		Jährliche Verbreiterung und Absenkung des Bodens im Oberrheingraben/Süddeutschland	Boden sinkt gegenüber den Rändern ein
500 µm		Zuwachsrate von Landkartenflechten *Rhizocarpon geographicum* - pro Jahr	Durch sie werden eisfreie Zeiten sichtbar
500 µm	1,4 mm	Länge von Holzfasern in Winterlinden Bäumen	Bei Durchmesser von 20 µm
500 µm	4 mm	Blutkapillaren Länge bei Menschen	M. Malpighi entdeckte sie 1661 per Mikroskop
500 µm	9 mm	Größenbereich von Regentropfen - Gewitterregentropfen bis 9 mm	Normal 2 bis 3 mm / 0,05 g

Ausdehnung		Begriffliche Erfassbarkeit	Erläuterungen
von	bis		
500 µm	10 cm	Größenbereich von Hagelkörnern	
> 500 µm	4 mm	Korngröße von Kriechsandkörnern und Kriechkies bei Windtransport (Reptation)	Springsand schiebt Kriechsand
550 µm		Elektromagnetischer Thermalkanal für Meeresschwebstoffmessungen durch Satelliten	Messung organisches & anorganisches Material
600 µm		Größe von Riesenbakterien *Epulopiscium fishelsoni* - sie gehören zu den größten Bakterien	Teils nur 30 µm (2000 x kleiner)
600 µm	700 µm	Länge von Muschelkrebsen *Mixtacandona laisi* - im Oberrhein-Grundwasser	Einzige Vertreter ihrer Art
600 µm	800 µm	Höhenzuwachs von Moosflächen in Echten Hochmooren - pro Jahr	Je nach Topographie, Wasser und Temperatur
600 µm	1,3 mm	Länge von wasserleitenden Tracheiden Zellen in Rotbuchen Bäumen	Bei Durchmesser von 15 bis 20 µm
610 µm	15 cm	Grundwasserspiegel Anstieg im ausgebeuteten Ogallala Aquifer - pro Jahr	Erneuerungsrate von Grundwasser in Zentral-USA
630 µm	2 mm	Korngröße von Grobsandkörnern	
> 630 µm		Größe von Geschiebe in Fließgewässern - per Definition	Geschiebe sind Sediment Einheiten an Gletschern
670 µm	1,08 mm	Länge von Holzfasern des Bergahorn Baumes	
700 µm		Größe von südwestafrikanischen Schwefelbakterien *Thiomargarita namibiensis*	Sie gehören zu den global größten Bakterien
700 µm		Größe von wasserbewohnenden Hüpferling Ruderfußkrebsen *Cyclopoida*	Sich schnell bewegende Art mit nur einem Auge
700 µm	10 cm	Fallstrecke pro Sekunde von Wolken	
735 µm		Stromleitungsweg in normalen Kupferdrähten - pro Sekunde	4,4 Zentimeter pro Minute
751,944 µm		Viertelpetit (Non Plus Ultra) Schriftgrad - Größe	Entspricht 2 typographischen Didot-Punkten
800 µm		Maximale Materialdicke von Schwimmkleidung für Profisportler	Seit 2009
800 µm		Größe von Knotenameisen der Gattung *Leptothorax*	Leben auf nördlicher Erdhalbkugel
800 µm	3 mm	Höhenzuwachs von Moosflächen in subatlantischen Zonen pro Jahr	Je nach Topographie, Wasser und Temperatur
880 µm	6,67 mm	Länge von Holzfasern der Hainbuchen Bäume	
900 µm	1 mm	Eidurchmesser von europäischen Stintfischen	50.000 Eier pro kg Gewicht - bei Eiablage
900 µm	1,2 mm	Eidurchmesser von Steinbuttfischen	1.200.000 Eier pro kg Gewicht - bei Eiablage
900 µm	1,4 mm	Eidurchmesser von Makrelen Fischen	800.000 Eier pro kg Gewicht - bei Eiablage
939,93 µm		Größe des Schriftgrades *Microscopique*	Entspricht 2,5 typographischen Didot-Punkten
< 1 mm		Dicke eines Blattes von Kunststoff Folien	
< 1 mm		Korngrößen von Bad Reichenhaller Markensalz - Größe von 100 Prozent der Körner ...	> 70 Prozent zwischen 0,20 und 0,63 mm
< 1 mm		Eindringtiefe elektromagnetischer Felder von Radargeräten ins Gewebe von Lebewesen	Bei > 10 GHz, Quelle: Strahlenschutzbundesamt
< 1 mm		Regentropfen Durchmesser, für die das physikalische Stokes Gesetz gilt	Fluide Kugeln in laminarer Strömung: $6 \pi \cdot \eta \cdot r \cdot v$
< 1 mm	50 cm	Mittlerer Jahresniederschlag in Wüsten	Als Wassersäule, 1 m = 1.000 Liter/m²
10^{-3} m		1 Millimeter = 1 mm = 0,1 cm	0,001 m = ein Tausendstel Meter

Ausdehnung		Begriffliche Erfassbarkeit	Erläuterungen
von	bis		
1 mm		Jährliche Wachstumsrate des hawaiianischen Vulkans Mauna Kea	Stand 2022, auf der Insel Big Island/USA
1 mm		Jährliche Absenkung des Bodens im Rurtalgraben/Westdeutschland	Starke Erdbeben in Düren (1756), Aachen & Jülich
1 mm		10 Millionen Atome nebeneinander entsprechen ...	
1 mm		Größe von Embryos der meisten Blütenpflanzen	
1 mm		Länge von korallenbildenden Kalkalgen *Cnidaria*	Lebt in warmem Wasser
1 mm		Größe des im Grundwasser lebenden Vielborsterwurms *Troglochaetus beranecki*	Lebt in kaltem Wasser
1 mm		1 Torr = Maß für statischen Druck einer Millimeter Quecksilbersäule	Bei 0 °C und Norm-Erdbeschleunigung
1 mm		100 Dobson-Einheiten (DU) entsprechen einer 1 mm dicken Ozonschicht	Die Ozonschicht schützt uns vor UV Strahlung
1 mm		Länge von im Grundwasser lebenden Brunnenkrebsen *Bathynella sp.*	Sieben Arten sind in Deutschland bekannt
1 mm		Plattenhebung pro Jahr als glazialisostasierender Faktor	Die Kontinentalplatte bei Göteburg/Schweden
1 mm		Plattensenkung pro Jahr als glazialisostasierender Faktor	Die Kontinentalplatte bei Odense/Dänemark
1 mm		Torfschicht Wachstum pro Jahr in gesunden Hochmooren	
1 mm		Ablagerungsstrecke (Sedimentation) von 7 µm großen Partikeln in wässrigen Medien	Pro Sekunde, bei 25 °C
1 mm		Durchschnittlilche Beinlängendifferenz bei Menschen	
1 mm		Sieb Maschenweite bei Korngröße von 18 US *mesh*	Mesh = Einheit für die Gewebefeinheit
1 mm		Größe von Wassertröpfchen mit einem Überdruck von 1,455 mbar	Bei 20 °C und γ = 72,75 mN/m
1 mm		Länge einer Grünalge *Coleochaete orbicularis*	Coleochäten bilden sich am Glas von Aquarien
1 mm		Schalendicke vom marinen Kopffüßer *Nautilus macromphalus*	Tauchtiefen von 800 m
1 mm		Niederschlagshöhe äquivalent zu 1 Liter Regenwasser	Bei der Angabe von Jahresniederschlägen pro Ort
1 mm	1,5 mm	Eidurchmesser von Aalquappen	1.000.000 Eier pro kg Gewicht - bei Eiablage
1 mm	2 mm	Korngröße von Perlen der Miesmuschel	Das Knacken im Mund ist kein Sand
1 mm	2,5 mm	Größe von Graupeln	Eine Form von Niederschlag
1 mm	3 mm	Eidurchmesser bei Hechten	30.000 Eier pro kg Gewicht - bei Eiablage
1 mm	4 mm	Dicke der planetarischen Grenzschicht bei turbulenzfreiem glatten Untergrund	Hier Wärmeaustausch Atmosphäre/Erdoberfläche
1 mm	5 mm	Länge von süßwasserbewohnenden Wasserflöhen *Daphnia*	Eine Gattung von Krebstieren, oft nur 1 mm
1 mm	1 cm	Größe von rundlichen, humosen und porösen Krümeln in Böden - per Definition	Zum Beispiel in kalkhaltigen Mull-Rendzinaböden
1 mm	1 cm	Wellenlänge von Millimeterwellen (EHF) für Höhenwetter Messfunk	Entspricht 30 bis 300 GHz
1 mm	1 cm	Durchmesser von Sternschnuppen erzeugenden Meteoren	
1 mm	1,8 cm	Größe von Brunnenkrebsen	Je nach Art
1 mm	5 cm	Fließweg pro Sekunde von Analytsubstanzen durch chromatographische HPLC Säule	Bestimmung von Anthocyanen, Phenolen & PAK

Ausdehnung		Begriffliche Erfassbarkeit	Erläuterungen
von	bis		
1 mm	10 cm	Messbereich von Knopfmaß Messschiebern	Einsatz bei Gas- und Wasserinstallationen
1 mm	30 cm	Größe von in Böden lebenden Borstenwürmern *Enchyträen*	Fressen Bakterien und Kot
1 mm	1 m	Strahlungswellenlänge elektromagnetischer Mikrowellen	Nutzung für Radar, Richtfunk und Küchengeräte
1 mm	1 m	Länge von aquatisch lebenden Fadenwürmern bzw. Nematoden	Durchmesser 50 µm
1 mm	2 m	Genauer Messbereich von Zollstöcken	Ein Zollstock ist ein Gliedermaßstab
> 1 mm		Lebewesengröße per Definition von Makrobenthos Tieren	Bodenzonenbewohner in Gewässern
> 1 mm		Dieses von der Erde reflektiertes Strahlungswellenlängenspektrum entweicht in Weltraum	Daher "atmosphärisches Fenster"
1,1 mm	1,5 mm	Dicke von CDs	
1,127916 mm		Viertelcicero (Brillant) Schriftgrad - Größe	Entspricht 3 typographischen Didot-Punkten
1,18 mm		Sieb Maschenweite bei Korngröße von 16 US *mesh*	Mesh = Einheit für die Gewebefeinheit
1,2 mm		Dicke der Ozonschicht über der Antarktis im Jahre 1993	120 DU
1,2 mm		Mindestschriftgröße auf Lebensmittel Verpackungen	Gemäß LMIV vom 13.12.2014
1,2 mm	1,5 mm	Eidurchmesser bei Karpfen und Heringen	100.000 Eier pro kg Gewicht - bei Eiablage
1,2 mm	1,8 mm	Eidurchmesser bei Kabeljaus	500.000 Eier pro kg Gewicht - bei Eiablage
1,3 mm		Außendurchmesser von Nadeln zum Blutabnehmen	
1,36 mm		Mitochondrien-DNS Länge der Trinkwasser Fäkalindikator Bakterien *Escherichia coli*	4.000.000 Basenpaare
1,4 mm		Nadellänge von Waldkiefern in Sibirien	Abnahme pro Breitengrad: Süd → Nord
1,4 mm		Sieb Maschenweite bei Korngröße von 14 US *mesh*	Mesh = Einheit für die Gewebefeinheit
1,5 mm		Blättchen Breite des Kahnblättrigen Torfmooses *Sphagnum palustre*	In globalen Nadelwäldern verbreitet
1,5 mm		Wanderstrecke des Gebirgszuges Alpen in Richtung Osten pro Jahr	Quelle: GPS-Satellitendaten
1,5 mm		Durchmesser von Eizellen des afrikanischen Krallenfrosches	
1,5 mm		Armhaarwuchs bei Menschen pro Woche	Im Durchschnitt
1,5 mm	5 mm	Dicke der Großhirnrinde von Menschen	
1,503888 mm		Halbpetit (Diamant) Schriftgrad - Größe	Entspricht 4 typographischen Didot-Punkten
1,52 mm		Dicke der Münze 1 Britischer Penny	Dicke der bronzenen Münzen
1,6 mm		Gesetzliche Mindestprofiltiefe von Winterreifen in Deutschland	
1,6 mm	2,2 mm	Eidurchmesser bei Schollenfischen	150.000 Eier pro kg Gewicht - bei Eiablage
1,65 mm		Dicke der Münze 1 Britischer Penny	Dicke der Münzen aus Stahl
1,67 mm		Dicke der Münzen 1 Euro Cent, 2 Euro Cents und 5 Euro Cents	
1,7 mm		Dicke der Münze 5 Britische Pence	Dicke der Münzen aus Nickel und Kupfer

Ausdehnung		Begriffliche Erfassbarkeit	Erläuterungen
von	bis		
1,7 mm		Sieb Maschenweite bei Korngröße von 12 US *mesh*	Mesh = Einheit für die Gewebefeinheit
1,75 mm		Eizellen Länge bei Bienen und Kartoffelkäfern	
1,8 mm		Meeresspiegel Anstieg pro Jahr zwischen 1961 und 2003	Globaler Durchschnitt
1,8 mm	4,5 mm	Länge von wasserleitenden Tracheiden Zellen in Waldkiefer Bäumen	Machen 90 Prozent bis 95 Prozent des Holzes aus
1,85 mm		Dicke der Münze 2 Britische Pence	Dicke der Münzen aus Bronze
1,87986 mm		Größe des Schriftgrades *Perl*	Entspricht 5 typographischen Didot-Punkten
1,89 mm		Dicke der Münze 5 Britische Pence	Dicke der Münzen aus Stahl
1,9 mm		Länge einer spanischen Linie *linea*	Längenmaß für Feinmechanik
1,93 mm		Dicke der Münze 10 Euro Cents	
< 2 mm		Korngröße per Definition in Feinböden - mit Korngrößenfraktionen/Bodensketten von ...	Ton-, Schluff- und Sandböden
< 2 mm		Korngröße von Vulkanaschekörnern aus Tephra Lockerprodukten	Bei explosiven Vulkanausbrüchen
2 mm		Schlammschicht Wachstum pro Jahr im Gangesdelta	Aufschichtung
2 mm		Größe von in Gewässern lebenden Kammerlingtierchen *Discospirulina sp.*	Foraminiferen
2 mm		Größe der kleinsten Schleimpilze *Echinostelium minutum*	Sie leben in der Rinde von Bäumen
2 mm		Erdplattenhebung pro Jahr als glazialisostasierender Faktor	Zum Beispiel der Kontinentalplatte bei Oslo
2 mm		Sieb Maschenweite bei Korngröße von 10 US *mesh*	Mesh = Einheit für die Gewebefeinheit
2 mm		Länge einer polnischen Linie *Lininow*	Längenmaß für Feinmechanik
2 mm		Höhe von den relativ großen Markstrahlen Zellen in Winterlinden Bäumen	Sie wachsen senkrecht zu den Wachstumsringen
2 mm		Größe von Placozoa Scheibentierchen *Trichoplax adhaerens*	Biologisch bemerkenswerte Lebewesen
2 mm		Länge des pathogenen Köpfchenschimmelpilzes *Mucor mucedo*	In trockenem Pferdedung
2 mm	2,5 mm	Eidurchmesser bei Flussbarsch Fischen	100.000 Eier pro kg Gewicht - bei Eiablage
2 mm	3 mm	Maximaler Durchmesser von oben halbkugelförmigen Regentropfen	1.000.000 Wolkentröpfchen à 0,05 g
2 mm	3 mm	Ozonschicht Normaldicke in der Atmosphäre der Tropen	200 bis 300 Dobson
2 mm	3 mm	Eidurchmesser bei Stör Fischen	25.000 Eier pro kg Gewicht - bei Eiablage
2 mm	4 mm	Innendurchmesser von gepackten Säulen in Gaschromatographen der Chemischen Analytik	Probe→in Trägergas→in Säule→in Ofen→Signal
2 mm	6,3 mm	Korngröße per Definition von Gruskörnern	Viele kantige Steinchen, aus Zerfall von Granit
2 mm	2 cm	Lebewesen Größe per Definition von Makrofauna	u. a. Spinnen, Asseln, Schnecken, Ameisen
2 mm	6,3 cm	Korngröße per Definition von Steinchen in Kiesböden	Sind größtenteils gerundete Steinchen
2 mm	6,4 cm	Korngröße von Lapilli Steinchen aus Tephra Lockerprodukten	Tephra = vulkanische lockere Stoffe
> 2 mm		Korngrößenfraktion per Definition von Grobböden (Skelettböden)	Kies-, Grus- und Steinböden

Ausdehnung		Begriffliche Erfassbarkeit	Erläuterungen
von	bis		
> 2 mm		Korngröße von Klasten bzw. Körnern in klastischen Sedimenten	klastisch = trümmeriges älteres Gestein
2,03 mm		Dicke der Münze 2 Britische Pence	Dicke der Münzen aus Stahl
2,14 mm		Dicke der Münze 20 Euro Cents	
2,18 mm		Größe einer rheinländischen Linie	Längenmaß für Feinmechanik
2,2 mm		Dicke der Münze 2 Euro	
2,23 mm		Brennweite der Linse im Auge von global verbreiteten Zitterrochen	Nutzung von Elektrizität bei der Nahrungssuche
2,256 mm		Größe der alten Maßeinheit 1 Pariser Linie	Längenmaß für Feinmechanik
2,256 mm		Größe des Schriftgrades Nonpareille	Entspricht 6 typographischen Didot-Punkten
2,33 mm		Dicke der Münze 1 Euro	
2,36 mm		Sieb Maschenweite bei Korngröße von 8 US *mesh*	Mesh = Einheit für die Gewebefeinheit
2,38 mm		Dicke der Münze 50 Euro Cents	
2,444 mm		Insertio Schriftgrad - Größe	Entspricht 6,5 typographischen Didot-Punkten
2,5 mm		Größe von Bulldoggen Ameisen	Leben nur in Australien und Neukaledonien
2,5 mm		Länge von Eizellen bei Hausgrillen *Acheta domesticus*	Auch Heimchen genannt
2,5 mm		Dicke der Münze 2 Britische Pfund	2 Pounds
2,5 mm		Größe der Blättchen des Kahnblättrigen Torfmooses *Sphagnum palustre*	Steht auf Roter IUCN Liste der gefährdeten Arten
2,5 mm		Länge von Hufeisengarnelen *Hutchinsoniella macracantha*	Sie leben im Long Island Sound nahe New York
2,5 mm	5 cm	Knochendurchmesser von Menschen	Zum Beispiel Mittelohr und Oberschenkelknochen
2,632 mm		Mignon (Kolonel) Schriftgrad - Größe	Entspricht 7 typographischen Didot-Punkten
2,69 mm	3,1 mm	Länge der alten mesopotamischen Gerstenkorn Maßeinheit 1 Sche	Babylonier: 2,69 mm, Sumerer: 2,88 mm
2,7 mm		Projektildurchmesser des historisch kleinsten Feuerwaffenkalibers	
2,7 mm		Wellenlänge beim Frequenzrekord mittels Resonanztunneldiode an der TU Darmstadt	Senderfrequenz: 1,111 Terahertz
2,8 mm		Dicke der Münze 1 Britisches Pfund	1 Pound
2,8 mm		Typische Halbwertsdicke von Uran bei Gammastrahlung durch Iridium-192	2,8 mm Uran halbiert Strahlung auf die Hälfte
2,8 mm	3 mm	Durchschnittsfließstrecke pro Sekunde von Blut in Arteriolen	Arteriolen = kleine Arterien
3 mm		Meeresspiegel Anstieg im Jahre 2021	Globaler Durchschnitt laut IPCC
3 mm		Dicke von Plastikschichten (Microlayer) in Ozeanen	Oberste mm Wasseroberfläche, Plastikabfälle
3 mm		Maximale Höhe von Tieren für Sauerstoffversorgung mittels Diffusion	Zum Beispiel bei Planarien
3 mm		Erdumfassende Schichtdicke allen atmosphärischen Ozons auf der Erde - bei 0 °C und 1 bar	Konzentration oberhalb Städten bis zu 10 Prozent
3 mm		Länge der Rotifera Rädertierchen *Seison spec.*	Sie sind die global größten Rädertierchen

Ausdehnung		Begriffliche Erfassbarkeit	Erläuterungen
von	bis		
3 mm		Plattenhebung pro Jahr als glazialisostasierender Faktor	Zum Beispiel der Kontinentalplatte bei Trondheim
3 mm		Grundwasser Neubildung Durchschnitt in Namibia - pro Jahr	Als Wassersäule. Quelle: BGR
3 mm		Durchmesser von Regenwürmer Kanälen in Böden	Im Durchschnitt
3 mm		Schnittlänge bei Größe 1 von Haarschneide Maschinen Aufsätzen	
3 mm	4 mm	Ozonschicht Normaldicke in Atmosphäre der gemäßigten Breiten	300 bis 400 Dobson
3 mm	5 mm	Ozonschicht Normaldicke in Atmosphäre der höheren Breiten	300 bis 500 Dobson
3 mm	5 mm	Mittlere tägliche kapillare Aufstiegsrate von Grundwasser	In Böden
3 mm	9 mm	Normale Dicke der Sprungschicht (Metalimnion) in Seen	Hier existieren sprunghafte Veränderungen
3 mm	15 cm	Flügelspannweite europäischer Schmetterlinge	
3 mm	60 cm	Größe von Isopoden	Die Asseln der Tiefsee werden 60 cm lang
3 mm	3 km	Wellenlänge aus Maser Mikrowellenverstärkern	Entspricht 100 kHz bis 100 GHz
3,007776 mm		Petit Schriftgrad - Größe	Entspricht acht typographischen Didot-Punkten
3,1 mm		Näherung der beiden Doppelsterne im Pulsar PSR 1913+16 pro Umlauf - 3,5 Meter pro Jahr	Energieverlust = Gravitationswellenabstrahlung
3,2 mm		Sicherheitsabstand von elektrischen Leitern zu anderen Leitern	Bei Niederspannungsnetzen
3,2 mm	4 mm	Eidurchmesser von europäischen Äschen Fischen	8.000 Eier pro kg Gewicht - bei Eiablage
3,3 mm		Typische Halbwertsdicke von Tungsten bei Gammastrahlung durch Iridium-192	3,3 mm Tungsten halbiert Strahlung auf die Hälfte
3,33 mm		Länge der chinesischen Maßeinheit 1 Fen	Entspricht 1/100 eines chinesischen Fußes
3,35 mm		Sieb Maschenweite bei Korngröße von 6 US *mesh*	Mesh = Einheit für die Gewebefeinheit
3,383748 mm		Borgis Schriftgrad - Größe	Entspricht 9 typographischen Didot-Punkten
3,5 mm		Größe eines Kiemenfußkrebs Wasserflohs *Daphnia pulex*	Modellorganismus und häufigste Wasserflohart
3,5 mm	5,5 mm	Eidurchmesser von Forellen	2.500 Eier pro kg Gewicht - bei Eiablage
3,5 mm	6,2 mm	Giftzahnlängen von australischen Inlandtaipans *Oxyuranus microlepidotus*	Eine sehr giftige Schlangenart
3,5 mm	2.8 cm	Länge von Tausendfüßern *Polydesmus sp.*	Männchen und Weibchen mit anderer Füßezahl
3,7 mm	8,3 mm	Länge von höhlenbewohnenden Grundwasserasseln *Proasellus cavaticus*	Bislang nur in Zentraleuropa entdeckt
3,75972 mm		Korpus Schriftgrad - Größe	Entspricht 10 typographischen Didot-Punkten
< 4 mm		Zuwachs eines Baumdurchmessers bei Eiben pro Jahr	Auch bei zwergwüchsigen Bäumen
4 mm		Größe von frisch geschlüpften Dorsch Fischen	
4 mm		Maximale Luftkammerhöhe von Hühnereiern der Klasse A extra	
4 mm		Sieb Maschenweite bei Korngröße von 5 US *mesh*	Maß für Fischnetze
4 mm		Plattenhebung pro Jahr als glazialisostasierender Faktor	Zum Beispiel der Kontinentalplatte bei Joensuu

Ausdehnung		Begriffliche Erfassbarkeit	Erläuterungen
von	bis		
4 mm		Eizellen Durchmesser bei australischen Schnabeltieren	
4 mm		Sicherheitsabstand von Massekörpern (GND's) zu allen anderen elektrischen Leitern	Bei Niederspannungsnetzen
4 mm	8 mm	Typische Wanddicke galvanisierter Kupferschichten von Hohlgalvanoplastiken	
4 mm	1,2 cm	Größe von Kugel Hornmoosen auf feuchten Stoppeläckern	Kurzlebige FFH-Art in Rheinland-Pfalz
4,135692 mm		Rheinländer Schriftgrad - Größe	Entspricht 11 typographischen Didot-Punkten
4,5 mm		Größe eines Aquariumtieres *Pedicellina cernua*	Das Hydrozoon wächst auf Muscheln und Steinen
4,511664 mm		Cicero Schriftgrad - Größe	Entspricht 12 typographischen Didot-Punkten
4,6 mm		Mitochondrien-DNS Länge beim Hefepilz *Saccharomyces cerevisiae*	Pro Zelle, 13.500.000 Basenpaare
4,6 mm		Größe der längsten Moostierchen *Nolella alta*	Als Einzeltier, sie leben in wässrigen Medien
4,75 mm		Sieb Maschenweite bei Korngröße von 4 US *mesh*	Mesh = Einheit für die Gewebefeinheit
4,8 mm		Typische Halbwertsdicke von Blei bei Gammastrahlung durch Iridium-192	4,8 mm Blei halbiert Strahlung auf die Hälfte
< 5 mm		Partikelgröße von Mikroplastik bzw. Mikrodebris Plastik	
5 mm		Höhe der summierten Wassersäule für Bewässerungen in Deutschland - pro Jahr	Jahresniederschlag ist 160-fach höher
5 mm		Plattenhebung pro Jahr als glazialisostasierender Faktor	Zum Beispiel der Kontinentalplatte bei Tampere
5 mm		Brennweite der Linse in Augen von Fröschen	
5 mm		Minimale Breite von Austrittspupillen bei Nachtgläsern	Ferngläser ohne Lichtverstärkung
5 mm		Länge von Harnsteinen in Menschen	Gilt für die zu 80 Prozent gut entfernbaren Steine
5 mm		Aussaat Tiefe von Rosmarin- und Paprikasamen	
5 mm	8 mm	Länge einer Höhlenassel *Proasellus cavaticus*	
5 mm	1 cm	Aussaat Tiefe von Radieschen- und Rettichsamen	
5 mm	1,5 cm	Stichweite bei minimal-invasiven Laparoskopie Bauch Operationen	Im Englischen: Keyhole surgery
5 mm	1,5 cm	Größe von Mottenkugeln	Nutzung zum Schutz von Kleidung
5 mm	2 cm	Partikelgröße von Mesodebris bzw. Makrodebris Plastik	Makroplastik gibt Fischen das Gefühl satt zu sein
5 mm	3 m	Größe von meeresbewohnenden Bartwürmern in bis zu 10.000 Metern Tiefe	Nehmen Sulfid über die Haut auf
> 5 mm		Größe von Blütenpflanzen	Brauchen Sproß, Wurzel und Blätter
5,2 mm	6,4 mm	Durchmesser von Wabenzellen der Bienen	Zellen sind sechseckig
5,263608 mm		*Mittel* Schriftgrad - Größe	Entspricht 14 typographischen Didot-Punkten
5,5 mm	6 mm	Eidurchmesser von Lachsen	2.000 Eier pro kg Gewicht - bei Eiablage
> 5,56 mm		Typisches Kaliber fest montierter Maschinengewehre	
5,6 mm		Sieb Maschenweite bei Korngröße von 3,5 US *mesh*	Nutzung zum Aussieben von Erdnüssen

Ausdehnung		Begriffliche Erfassbarkeit	Erläuterungen
von	bis		
6 mm		Zentrifugalbeschleunigung des Sonne-Erde-Rotationssystems	Pro Sekunde^2
6 mm		Gravitationsbeschleunigung der Sonne - im Kontext zur Erde	Pro Sekunde^2
6 mm		Sommerliche Verdunstung von Pflanzen pro Tag	Als Wassersäule
6 mm		Länge der Flöhe *Hystrichopsylla talpae*	Sie sind die global längsten Flöhe
6 mm		Maximale Luftkammerhöhe von Hühnereiern im deutschen Handel	
6 mm		Schnittlänge bei Größe 2 von Haarschneide Maschinen Aufsätzen	
6 mm		Oberflächenabfluss als Wassersäule in Namibia pro Jahr	Im Durchschnitt. Quelle: BGR
6 mm		Plattenhebung pro Jahr als glazialisostasierender Faktor	z. B. Kontinentalplatte bei Gävle/Schweden
6 mm		Größe des Grünen Trompetentierchen *Stentor polymorphus*	Süßwassertierchen in Baggerseen
6 mm	7 mm	Beinlängendifferenz bei der eine Therapie in Betracht genommen wird	Bei Menschen
6 mm	2,8 cm	Brennweiten von Fischaugenobjektiven für Fotokameras	6 mm bis 28 mm
> 6 mm		Größe von Regentropfen, die beim Fall zerplatzen	
6,015552 mm		Tertia Schriftgrad - Größe	Entspricht 16 typographischen Didot-Punkten
6,35 mm		Typisches Kaliber für relativ schwache Pistolenmunition	Projektildurchmesser
6,4 mm		Sicherheitsabstand der Primärseite zur Sekundärseite bei Transformatoren	Bei Niederspannungsnetzen
< 6,5 mm		Durchmesser von feinen Prinzessbohnen	
< 6,5 mm		Typischer Projektildurchmesser von Kleinkaliber Handfeuerwaffen	
6,5 mm	9 mm	Typischer Projektildurchmesser von Mittelkaliber Handfeuerwaffen	
6,767496 mm		Paragon Schriftgrad - Größe	Entspricht 18 typographischen Didot-Punkten
7 mm		Breite von Schweine- und Rinderbandwürmern	Länge 3 bis 7 m bzw. 10 m
7 mm		Jährliche Wachstumrate des Berges Nanga Parbat im pakistanischen Karakorum Gebirge	
7 mm		Größe von Blattläusen	
7 mm		Plattenhebung pro Jahr als glazialisostasierender Faktor	Zum Beispiel der Kontinentalplatte bei Sundsvall
7 mm		Größe von Samenzellen der muschelähnlichen Muschelkrebse (Ostrakoden)	Körpergröße 0,5 bis 30 mm
7 mm	8 mm	Profildicke von fabrikfertigen Sommer Autoreifen	Im Durchschnitt
< 7,5 mm		Durchmesser von typischen extra feinen tiefgefrorenen Markerbsen	
7,5 mm	8,5 mm	Durchmesser von typischen sehr feinen tiefgefrorenen Markerbsen	Petits Pois
7,52 mm		*Text* Schriftgrad - Größe	Entspricht 20 typographischen Didot-Punkten
7,62 mm		Gängiges Schusswaffenkaliber für Armee- und Jagdgewehre	Entspricht drei Linien
8 mm		Dicke der Rinde von Winterlinden Bäumen	

Ausdehnung		Begriffliche Erfassbarkeit	Erläuterungen
von	bis		
8 mm		Innenmaßlänge von Double- und Triple-Ringen in Dartscheiben	Gemäß Wettkampfordnung des Wurfpfeilspieles
8 mm	9 mm	Profildicke von fabrikfertigen Winter Autoreifen	Im Durchschnitt
9 mm		Plattenhebungen pro Jahr als glazialisostasierender Faktor	Kontinentalplatte bei Lulea/Schweden und Vaasa
9 mm		Schnittlänge bei Größe 3 von Haarschneide Maschinen Aufsätzen	
> 9 mm		Typischer Projektildurchmesser bei großkalibrigen Handfeuerwaffen	
< 10 mm		Brennstab Durchmesser in Atomkraftwerken	Länge 3 bis 4 Meter
10^{-2} m		1 Zentimeter = 10 mm = 1 cm	0,01 m
1 cm		Ein Hunderstel Meter	
1 cm		Strahlenreichweite vom Betastrahler Tritium (^{3}H) in Luft	Superschwerer Wasserstoff ist radioaktiv
1 cm		Höhe von Mineral Ablagerungen am Meeresgrund - pro eine Million Jahre	Zum Beispiel in Form von Manganknollen
1 cm		Baumdurchmesser Wachstum bei Eichen, Platanen, Weiden und Pappeln - pro Jahr	
1 cm		Größe von Plattwürmer Bachplanarien *Dugesia gonocephala*	Indikatororganismus für gering belastete Bäche
1 cm		Wachstumshöhe von Böden in feuchten Mittelbreiten in 100 Jahren	Bodenentwicklung, zum Beispiel in Deutschland
1 cm		Ablagerungsstrecke (Sedimentation) von 30 µm großen Partikeln in wässrigen Medien	Pro Sekunde, bei 25 °C
1 cm		Brennweite der Linse im Auge von Hasen	
1 cm		Länge von Grundwasserflohkrebsen *Niphargus aquilex*	
1 cm		Aussaat Tiefe von Tomatensamen	
1 cm		Größe von kubanischen Zwergfröschen	
1 cm		Erlaubter Krümmungsgrad bei 10 cm Gurkenlänge	Laut alter EU Gurkenverordnung
1 cm		Kantenlänge einer 1,03 Kilogramm schweren Luftsäule	Säule von N/N bis äußerste Atmosphärenschicht
1 cm	1,2 cm	Höhenzuwachs von Korallen pro Jahr durch die Kalkalgen *Cnidaria*	
1 cm	1,2 cm	Länge des veilchenblauen Wurzelhalsschnellkäfers *Limoniscus violaceus*	FFH-Art in Rheinland-Pfalz
1 cm	1,5 cm	Zungenbreite von südamerikanischen Ameisenbären	Bei 60 cm Länge
1 cm	4 cm	Höhenwachstum des Himalaya Gebirges - pro Jahr	Wachstum je nach Bergregion
1 cm	6 cm	Länge der 500 Millionen alten Lebewesengruppe *Aysheaia*	Verbindungsglied von Annelida und Arthropoda
1 cm	10 cm	Hydraulische Leitfähigkeit in Kiesböden pro Sekunde	Wassertransport in Böden bei Druckgefälle
1 cm	10 cm	Wellenlänge von Zentimeterwellen (SHF) für WLAN, Radar und Satellitenfernsehen	Entspricht 3 bis 30 GHz
1 cm	10 cm	Wellenlänge von Zentimeterwellen (SHF) für Richtfunk, Maser und Mikrowellengeräte	Entspricht 3 bis 30 GHz
1 cm	10 cm	Wellenlänge von Zentimeterwellen (SHF) für Satellitenfunk	Entspricht 3 bis 30 GHz
1 cm	10 cm	Ausbreitung pro Sekunde von planetarischen Rossbywellen	Eine Querung der Ozeane dauert Jahre

Ausdehnung		Begriffliche Erfassbarkeit	Erläuterungen
von	bis		
1 cm	30 cm	Schalengröße der ausgestorbenen Ammoniten Kopffüßer	Nur Parapuzosia haben Durchmesser von 1,8 m
1 cm	11 m	Reichweite einer meteorologischen Turbulenz (Mikro-gamma-Klima)	Horizontale und vertikale Wirksamkeit
1 cm	10 km	Wellenlänge von Hertzschen Wellen	Hertzsche Wellen sind Funk- bzw. Radiowellen
1 cm²		Pro cm² Haut haben Menschen rund 6.000.000 Zellen	Mit 1 m Blutgefäßen und 4 m Nervensträngen
> 1 cm		Oberflächen Abtrag (Runoff) Regenmenge pro Tag nach Regenereignissen	Als Wassersäule, 1 m = 1.000 Liter/m²
> 1 cm		Durchmesser von Boliden bzw. feuerkugelartigen Meteoren	Meteore sind heller als Sternschnuppen
> 1,02 cm		Durchmesser von typischen Markerbsen	Gemüseerbsen
1,05 cm		Durchmesser von typischen tiefgefrorenen Markerbsen	Gemüseerbsen
1,1 cm		Länge der 0,2 g wiegenden Fische Zwerggrundel *Pandaka pygmea*	Sie sind die global kleinsten Fische
1,1 cm		Durchgangsdistanz von Speisebrei durch Darm von Ratten - pro Stunde	Darmpassage
1,1 cm		Höhe der summierten Wassersäule für privaten Wasserverbrauch in Deutschland - pro Jahr	Entspricht 1,3 Prozent des Jahresniederschlags
1,1 cm	1,25 cm	Typische Halbwertsdicke von Blei bei Gammastrahlung durch Cobalt-60	1,1 cm Blei halbiert Strahlung auf die Hälfte
1,17 cm		Wanddicke der US-amerikanischen Trans Alaska Erdöl Pipeline	Auf 750 Kilometer Länge
1,2 cm		Durchmesser der kleinsten Murmeln	2,3 g leicht
1,2 cm	1,5 cm	Größe von Zwergbaumsteigern (Froschlurche)	Sie sind die kleinsten Frösche überhaupt
1,2 cm	7 cm	Weitwinkel-Brennweiten von Zoomobjektiven für Kleinbildformat	12 mm bis 70 mm
1,27 cm		Innendurchmesser vom Bull's Eye in Dartscheiben	Gemäß Wettkampfordnung des Wurfpfeilspieles
1,27 cm		Typische Halbwertsdicke von Stahl bei Gammastrahlung durch Iridium-192	1,27 cm Stahl halbiert Strahlung auf die Hälfte
1,3 cm		Eier Länge bei kubanischen Kolibri *Mellisuga* Vögeln	Breite 8 mm
1,3 cm	13 cm	Länge von Akupunkturnadeln	
1,33 cm		Brennweite der Linse im Auge von Schweinen	
1,3534992 cm		*Kanon* Schriftgrad - Größe	Entspricht 36 typographischen Didot-Punkten
1,4 cm		Eier Länge bei eurasischen Wintergoldhähnchen Vögeln	Breite 1 cm
1,4 cm		Typischer Durchmesser kleiner Murmeln	3,5 g leicht
1,4 cm		Schnittlänge bei Größe 4 von Haarschneide Maschinen Aufsätzen	
1,4 cm		Typischer Durchmesser von Kabelkanälen in Glasfaserkabeln	Stand 2022, 7 Kanäle à 14 mm pro Kabel
1,4 cm	2,4 cm	Superweitwinkelbrennweite für das Kleinbildformat von Kameras	14 mm bis 24 mm
1,43 cm		Wanddicke der US-amerikanischen Trans Alaska Erdöl Pipeline	Auf 538 Kilometer
1,5 cm		Distanz, die Spermatozoide der Moose zurücklegen können	Auf dem Weg zur Eizelle
1,5 cm		Größe von marinen Knotigen Asselspinnen *Pycnogonum littorale*	Pycnogonida

Ausdehnung		Begriffliche Erfassbarkeit	Erläuterungen
von	bis		
1,5 cm		Größe des Getreidepilzes Mutterkorn *Claviceps pupurea*	Befällt Roggen und Weizen
1,5 cm		Länge von nordischen Moostierchen *Cristatella mucedo*	Kolonie: 20 cm groß, in Bächen, Flüssen, Pfützen
1,5 cm		Wanderungsstrecke der Antarktischen Tektonischen Platte - pro Jahr	In Richtung Mittlerer Osten
1,5 cm		Eier Länge bei italienischen Zilpzalp Vögeln	Breite 1,2 cm
1,5 cm		Durchmesser von CD Löchern	
1,5 cm		Rindenstärke bei Rotbuchen Bäumen	
1,5 cm	2 cm	Länge von Samenflügeln der Waldkiefer	
1,5 cm	2,5 cm	Niederschlagsmenge pro Quadratmeter und Stunde bei Starkregen	Gemäß Deutschem Wetterdienst, 15 bis 25 mm
1,5 cm	4 cm	Wasserleitung pro Sekunde in Holz Tracheen - im wasserleitenden Xylem System der Bäume	Distanzen in Tracheiden sind noch geringer
1,53 cm	1,82 cm	Körperlängen männlicher Riesenkrabbenspinnen *Heteropoda davidbowie*	Gefunden und benannt von P. Jäger/Mainz
1,6 cm		Eier Länge bei Zaunkönig Vögeln	Breite 1,2 cm
1,6 cm		Schnittlänge bei Größe 5 von Haarschneide Maschinen Aufsätzen	
1,625 cm		Durchmesser der Münze 1 Euro Cent	
1,65 cm		Durchmesser der Münze 1 Deutscher Pfennig	Eine alte Münze
1,66 cm	1,73 cm	Länge der alten mesopotamischen Maßeinheit 1 Fingerbreit	Je nach Region, entsprach 6 Gerstenkörnern
1,7 cm		Sinkrate von Venedig in Richtung Norden - pro Jahr	Nicht nach Nordosten, sondern Untennorden
1,7 cm	21,45 m	Wellenlänge von Tonwellen für Musik- und Sprachübertragungen	Entspricht 16 Hz bis 20.000 Hz
1,715 cm	3,43 cm	Wellenlänge bei Superhochtönen von Piccoloflöten, Geigen und Oboen	Entspricht 10.000 Hertz bis 20.000 Hertz
1,791 cm		Durchmesser der Münze 1 US Dime	
1,8 cm		Kaliber der Großwild Jagdpatrone 700 Nitro Express	10,7 cm Länge, Kaliber = Patronendurchmesser
1,8 cm		Eier Länge bei Kohlmeisen Vögeln	Breite 1,3 cm
1,8 cm		Durchschnittliche Länge der alten Maßeinheit 1 Fingerbreit	Fingerbreite = 80 Prozent einer Daumenbreite
1,8046656 cm		*Konkordanz* Schriftgrad - Größe	Entspricht 48 typographischen Didot-Punkten
1,85 cm		Länge der alten römischen Maßeinheit 1 Digitus bzw. Fingerbreit	4 Fingerbreit ergeben eine Handbreit
1,875 cm		Durchmesser der Münze 2 Euro Cents	
1,9 cm		Eier Länge bei Buchfinken und Hausrotschwanz Vögeln	Breite 1,5 cm
1,9 cm		Schnittlänge bei Größe 6 von Haarschneide Maschinen Aufsätzen	
1,9 cm		Eier Länge bei Wellensittich Vögeln	Breite 1,5 cm
1,9 cm	2,2 cm	Eidurchmesser bei Kreuzwels Fischen	50 Eier pro kg Gewicht - bei Eiablage
1,905 cm		Durchmesser der Münze 1 US Cent	

Ausdehnung		Begriffliche Erfassbarkeit	Erläuterungen
von	bis		
1,975 cm		Durchmesser der Münze 10 Euro Cents	
< 2 cm		Kapillare Steighöhe in Kiesböden	So hoch steigt Bodenwasser ohne externe Kräfte
< 2 cm		Bodenkriechende und abrisslose Hangabwärtsbewegung (soil creep) - pro Jahr	An Hängen von Hügeln und Bergen
2 cm		Typische Dicke von Manganknollen auf Meeresböden	Mangan stammt von Aerosolen, Flüssen, Festland
2 cm		Brennweite der Linse im Auge von Grönlandwalen	
2 cm		Häufiger Innendurchmesser von handelsüblichen Weinflaschen am schmalen Flaschenhals	
2 cm		Sinkrate von Venedig in Richtung Osten - pro Jahr	Nicht nach Nordosten, sondern Untenosten
2 cm		Zunahme der Grabenbruch Vertiefung am sibirischen Baikalsee - pro Jahr	
2 cm		Eier Länge bei Rauchschwalben	Breite 1,3 cm
2 cm		Körperdurchmesser der rippenqualligen Seestachelbeere *Pleurobrachia pileus*	Ihre Tentakeln werden fast einen Meter lang
2 cm		Durchschnittsfließstrecke von Blut in Venen - pro Sekunde	
2 cm	2,5 cm	Brennweite der Linse im Auge von Tauchvögeln	
2,0 cm	3,5 cm	Niederschlagsmenge pro Quadratmeter und sechs Stunden bei Starkregen	Gemäß Deutschem Wetterdienst, 20 bis 35 mm
2 cm	3,8 cm	Brennweite von Weitwinkelobjektiven in Kameras	
2 cm	4 cm	Saatgutspezifische Ablegtiefe bei Drillsaat	Drillsaat hebt den Bodenertrag bis zu 800 Prozent
2 cm	4 cm	Kopf-RumpfLänge von südamerikanischen Pfeilgiftfröschen	
2 cm	18 cm	Jährliche Bewegung einer tektonischen Erdplatte	
2 cm	20 cm	Lebewesen Größe per Definition von Makroplankton (Metazooplankton, Nekton)	Im freien Meerwasser schwebende Organismen
2 cm	50 cm	Höhe der klimatologischen Laminaren Unterschicht	Luft über dem Boden fließt parallel zum Boden
> 2 cm		Partikelgröße von Megadebris Plastik	Debris = Reststücke aus Plastikabfall
> 2 cm		Größe per Definition der Megafauna	Unter anderem Regenwürmer und Wirbeltiere
2,1 cm		Eier Länge bei Nachtigall Singvögeln	Breite 1,6 cm
2,121 cm		Durchmesser der Münze 1 US Nickel	
2,125 cm		Durchmesser der Münze 5 Euro Cents	
2,15 cm		Drift-Differenz zwischen tektonischer Afrika-Platte und Eurasien-Platte	Seit 100 MJ bewegt sich Afrika Richtung Nord-Ost
2,2 cm		Schnittlänge bei Größe 7 von Haarschneide Maschinen Aufsätzen	
2,2 cm		Eier Länge bei Haussperling Vögeln	Breite 1,6 cm
2,225 cm		Durchmesser der Münze 20 Euro Cents	
2,2255832 cm		*Sabon* Schriftgrad - Größe	Entspricht 60 typographischen Didot-Punkten
2,3 cm		Eier Länge bei Feldlerchen Vögeln	Breite 1,7 cm

Ausdehnung		Begriffliche Erfassbarkeit	Erläuterungen
von	bis		
2,3 cm		Eier Länge bei Eisvögeln	Breite 1,9 cm
2,325 cm		Durchmesser der Münze 1 Euro	
2,425 cm		Durchmesser der Münze 50 Euro Cents	
2,426 cm		Durchmesser der Münze US Quarter Dollar	
2,5 cm		Durchschnittliche Verschiebung der Erdkrusten - pro Jahr	Kruste wandert, Magmaherde bleiben
2,5 cm		Größe von nordatlantischen Wurmmollusken *Rhopalomenia aglaopheniae*	Wurmmollusken haben keine Molluskenschale
2,5 cm		Eier Länge bei Mauersegler Vögeln	Breite 1,6 cm
2,5 cm		Breite der vom Aussterben bedrohten Spießbockkäfer	Sie leben an und von absterbenden Bäumen
2,5 cm		Länge von marinen Käferschnecken *Lepidopleurus cajenatus*	Polyplacophora
> 2,5 cm		Der DWD warnt vor Unwettern bei Niederschlagsmengen von ... - pro m² und Stunde	DWD = Deutscher Wetterdienst, > 25 mm = Liter
2,54 cm		Länge von 1 Inch	Maßeinheit in Großbritannien in den USA
2,54 cm		Länge von 1 Zoll	Maßeinheit für Bekleidung und Computertechnik
2,54 cm		Länge der künstlichen Maßeinheit 1 Pyramidenzoll	Umfang der Cheopspyramide : 364 Tage : 100
2,54 cm		Richtmaß der alten Maßeinheit 1 Daumenbreite	
2,55 cm		Brennweite der Linse im Auge von Löwen	
2,575 cm		Durchmesser der Münze 2 Euro	
2,6 cm		Eier Länge bei Buntspecht Vögeln	Breite 1,5 cm
2,649 cm		Durchmesser der Münze 1 US Dollar	
2,67 cm		Typisches Flintenkaliber für die Elefantenjagd	Laufbohrung
2,707 cm		Länge der alten französischen Maßeinheit 1 Zoll bzw. Pouce	
2,7 cm	4,1 cm	Wanddicke der Gaspipeline Nord Stream	Von Russland nach Deutschland
2,9 cm		Eier Länge bei Amsel Vögeln	Breite 2,2 cm
< 3 cm		Größe von mikrolithisch steinzeitlichen Kleinstgeräten (bis wenige mm lang)	Aus Feuerstein, Obsidian und Quarz
< 3 cm		Flügelspannweite von mitteleuropäischen Florfliegen *Chrysoperla carnea*	
< 3 cm		Variabilität menschlicher Körpergröße innerhalb 1 Tages	Wachsen über Nacht, schrumpfen über Tag
3 cm		Länge des Plattwurmartigen *Corynosoma sp* .	Acanthocephala, befällt Wasservögel und Robben
3 cm		Länge von Remipedium Krebsen *Lasionectes entrichoma*	Leben in atlantischen Turks and Caicos Gewässern
3 cm		Eier Länge bei Star Zugvögeln	Breite 2,1 cm
3 cm		Größe des Lebewesens Hornmoos *Anthoceros fusiformis*	Pioniermoos auf ökologisch gestörten Böden
3 cm		Schrumpfungsbetrag von deutschen Männern im Alter von 40 bis 70 Jahre	Im Durchschnitt

Ausdehnung		Begriffliche Erfassbarkeit	Erläuterungen
von	bis		
3 cm		Schalenbreite von marinen Armfüßern *Magellania flavescens*	Ähnlichkeiten zu Muscheln, nur mit Tentakeln
3 cm	4 cm	Durchschnittliche Größe von menschlichen Embryos - neunzig Tage nach der Befruchtung	Gegen Ende der Embryonalphase
3 cm	5 cm	Sprosslänge von Kiefern *Pini turiones*	Für Arzneizwecke Sammlung im Frühjahr
3 cm	76 cm	Länge von Heringen	Je nach Art, meist unter 25 cm
3 cm	2,5 m	Ausdehnung von Eichelwürmern *Saccoglossus pygmaeus*	Leben vor der Küste von Helgoland
3,061 cm		Durchmesser der Münze US Half Dollar	
3,18 cm		Innenmaß des gesamten Bulls bei Dartscheiben	Gemäß Wettkampfordnung des Wurfpfeilspieles
3,2 cm	5,4 cm	Weite von Schleppnetz Maschenöffnungen für Eberfische *Caproidae* (in EU)	Verordnung (EU) Nr. 57/2011
3,3 cm		Durchgangsdistanz von Speisebrei durch Darm von Fledermäusen - pro Stunde	Darmpassage
3,33 cm		Länge der chinesischen Maßeinheit 1 Cùn	Entspricht 1/10 eines chinesischen Fußes
3,4 cm		Eier Länge bei Elster Vögeln	Breite 2,4 cm
3,4 cm		Zentrifugalbeschleunigung der Erde durch Eigenrotation	Pro Sekunde^2
3,5 cm		Kalkschicht Bewuchsdicke weltweiter Meeresböden in den letzten 1.000 Jahren	Kalk als Kalziumkarbonat
3,5 cm		Munitionskaliber für den deutschen Flugabwehrpanzer Gepard	Produktion der Munition in der Schweiz
3,5 cm		Eier Länge bei Dohlen Vögeln	Breite 2,5 cm
3,5 cm		Größe der Einschalentiere *Neopilina galatheae*	Funde in Meerestiefen von 3.750 m bis 5.000 m
3,5 cm	3,8 cm	Pro Jahr entfernt sich der Mond ... von der Erde	
3,5 cm	12 cm	Höhenzuwachs von Moosflächen in nordwestdeutschen Mooren - pro Jahr	Je nach Topographie, Wasser und Temperatur
> 3,5 cm		Der DWD warnt vor Unwettern bei Niederschlagsmengen von ... - pro m^2 und 6 Stunden	DWD = Deutscher Wetterdienst, > 35 mm = Liter
3,7 cm		Papierformat DIN A 10 Breite	
3,7 cm		Papierformat DIN A 9 Breite	
3,7 cm		Papierformat DIN A 10 Höhe	
3,8 cm		Spannbreite der Schlammfliegen *Sialis flavilatera*	Sie sind die global größten Schlammfliegen
3,8 cm		Pfeilgeschosskaliber für den deutschen Panzer Leopard 2	
3,8 cm		Länge von Eremiten oder Juchtenkäfern *Osmoderma eremita*	FFH-Art in Rheinland-Pfalz
3,8 cm		Niederschlagsrekord Regenmenge für die Messdauer von 1 Minute	Als Wassersäule, 1970 in Barot / Guadeloupe
3,9 cm	4,05 cm	Durchmesser von Squash Bällen	
< 4 cm		Ausweitung der Rhizosphäre per Definition	Bereich rund um Wurzeln in Böden
4 cm		Typisches Kaliber militärischer Granatwerferpistolen	Sekundärwaffen, auch von Firma Heckler & Koch
4 cm		Durchmesser von Tischtennisbällen	Balldurchmesser 2022 < Balldurchmesser 1990

Ausdehnung		Begriffliche Erfassbarkeit	Erläuterungen
von	bis		
4 cm		Brennweite der Linse im Auge von Blauwalen	So gute Augen wie Menschen
4 cm		Eindringtiefe von Infrarotlicht B in menschliche Körper	Wärmeempfinden also ab 4 cm
4 cm		Größe der Struktur- und Funktionseinheiten menschlicher Nierenkanälchen (Nephrone)	1 Million pro Niere
4 cm		Länge von Echsenfingergeckos	Sie sind die kleinsten Reptilien und wiegen 2 g
4 cm		Eier Länge bei Aaskrähen, Ringeltauben und Waldohreulen	Breiten 3 cm, 2,9 cm, 3,2 cm
4 cm		Größe des Kahnfüßers Nordeuropäischer Elefantenzahn *Dentalium entalis*	Meeresbewohner mit weichem Gewebe
4 cm		Länge von Laufkäfern *Ctenosta bastardi*	Hexapoda
4 cm		Hautdicke von Walrossen	
4 cm		Länge von eurasischen Etruskerspitzmäusen	2 g leicht, das global kleinste Säugetier
4 cm		Größe der längsten Steinfliegen auf der Erde	*Diamphipnoa helgae* , Spannbreite 11 cm
4 cm		Länge vom Mexikanischen Pygmäensalamander	
4 cm		Mindestmaschenöffnung Fangnetze für Garnelen *Pandalus borealis*	
4 cm		Größe vom eipilzigen Wasserschimmel *Saprolegnia sp.*	Gilt für Arten die an Tieren leben
4 cm	5 cm	Ideale Drucktiefe bei wiederbelebenden Herzdruckmassagen	Bei 100 -120 Kompressionen pro min
4 cm	6 cm	Plaggen Abstech Tiefe	Torfähnlicher Oberboden
4 cm	6 cm	Eindringtiefe elektromagnetischer Felder des Mobilfunks ins Gewebe von Lebewesen	Bei Frequenzen von rund 1 Gigahertz
4,04 cm	6,99 cm	Brennweite der Linse in menschlichen Augen	69,9 bis 40,4 mm
4,1 cm		Wasserverbrauch der Industrie in Deutschland - als Wassersäule	5 Prozent des Jahresniederschlags
4,267 cm		Golf Ball Mindestdurchmesser	
4,3 cm		Regenmenge durchschnittlich im Death Valley pro Jahr	In den USA
4,4 cm		Breitrandkäfer *Dytiscus latissimus* - größter Schwimmkäfer Europas	FFH-Art in Rheinland-Pfalz
4,45 cm		Typische Halbwertsdicke von Beton bei Gammastrahlung durch Iridium-192	4,45 cm Beton halbiert Strahlung auf die Hälfte
4,5 cm		Eier Länge bei Fasanenvögeln	Breite 3,6 cm
4,5 cm		Länge von Gelbbauchunken (70 Prozent von ihnen leben in Wäldern)	FFH-Art in Rheinland-Pfalz
4,5 cm	6 cm	Brennweite von normalen Kleinbildkameras	
4,6 cm		Eier Länge bei Kiebitz Vögeln	Breite 3,3 cm
4,7 cm		Durchgangsdistanz von Speisebrei durch Darm von Kaninchen - pro Stunde	Darmpassage
< 5 cm		Durchmesser von Bröckeln als Bodenfragmente	
< 5 cm		Durchmesser von Wurmlosungs- und Krümelgefüge als Aufbaugefüge des Bodens	
< 5 cm		Größe von Prismen-, Polyeder- und Plattengefüge als feines Bodenabsonderungsgefüge	Aggregat Querachse

Ausdehnung		Begriffliche Erfassbarkeit	Erläuterungen
von	bis		
5 cm		Länge eines typischen DNS-Fadens in Säugetieren (ca. 1.000 Gene)	Größe eines Käfers
5 cm		Erdplattenbewegung pro Jahr (im weltweiten Durchschnitt)	
5 cm		Drift-Differenz zwischen Pazifik Platte und Nordamerika Platte	Pro Jahr und in Richtung Norden
5 cm		Maximale Kristallgröße von Reif	Resublimierter Wasserdampf
5 cm		Brennweite von Spiegelreflexkamera Normalobjektiven	50 mm
5 cm		Länge der global längsten Eintagsfliegen	*Euthyplocia spec.* , Spannbreite 8 cm
5 cm		Brennweite der Linse im Auge der meisten Vögel	
5 cm		Größe von marinen Hufeisenwürmern *Phoronis psammophila*	Global verbreitete Wattbewohner
5 cm		Länge der global längsten Ohrwürmer bzw. Ohrkneifer	*Titanolabis colossa* leben in Australien
5 cm		Alligator Eizellen Durchmesser	
5 cm		Kopfgröße von global vorkommenden Rankenfußkrebs Entenmuscheln *Lepas anatifera*	Docken an Treibgut, Reptilien und Krokodilen an
5 cm		Eier Länge bei Kolkraben Vögeln	Breite 3,4 cm
5 cm		Größe von marinen Kalkschwämmen *Sycon elegans*	Sie besitzen kalkhaltige Sklerite
5 cm		Durchmesser vom global verbreiteten Brunnenlebermoos *Marchantia polymorpha*	Nutzung als Fungizid
5 cm		Typische Länge von Gliederwürmern *Oligochaeten*	
5 cm		Schrumpfung von deutschen Frauen im Alter von 40 bis 70 Jahre	Im Durchschnitt
5 cm		Typischer Durchmesser von Morchel Schlauchpilzen *Morchella vulgaris*	Speisemorcheln wachsen gerne auf jungen Böden
5 cm		Größe von europäischen Geburtshelferkröten und Laubfröschen	
5 cm	7,5 cm	Länge von marinen europäischen Lanzettfischchen *Branchiostoma lanceolatum*	Weltweit einzigartig: Wirbeltier aber ohne Schädel
5 cm	8 cm	Fettschicht Dicke von arktischen Walrossen	
5 cm	10 cm	Winterlindenbäume können den Säuregrad des Bodens beeinflussen bis in eine Tiefe von ...	
5 cm	10 cm	Fließstrecke von Gesteinsmaterial in Auftauzonen (Solifluktion) - pro Jahr	Auf Dauerfrostboden hangabwärts
5 cm	10 cm	Reichweite von radioaktiven Alpha-Teilchen in Luft (Strahlung)	"Schwerste Strahlung" (Teilchen)
5 cm	10 cm	Lebensraum Tiefe in Böden von Actinomyceten (Strahlenpilzen)	
5 cm	15 cm	Kapillare Steighöhe in grobem Kies	So hoch steigt Bodenwasser ohne externe Kräfte
5 cm	16 cm	Maximale Wuchslänge der Blätter von tropischen Matebäumen *Mate folium*	Beliebter Tee in Uruguay und Argentinien
5 cm	20 cm	Länge handelsüblicher Kalmare *Teuthida*	Speise im Mittelmeerraum: Tintenfischringe
5 cm	1 m	Mittlerer Jahresniederschlag in Tundren	Je nach mittlerer Jahrestemperatur
> 5 cm		Durchmesser von Klumpen als Bodenfragmente	
> 5 cm		Größe von Prismen-, Schicht- und Rissgefüge als grobes Absonderungsgefüge des Bodens	Aggregat Querachse

Ausdehnung		Begriffliche Erfassbarkeit	Erläuterungen
von	bis		
5,2 cm		Eier Länge bei Wanderfalken, Bläßhühnern und Lachmöwen	Breiten 4,1 cm, 3,6 cm, 3,4 cm
5,2 cm		Papierformat DIN A 8 Breite und DIN A 9 Höhe	
5,3 cm		Eier Länge bei Haubentaucher Vögeln	Breite 3,6 cm
5,5 cm		Typische Länge von europäischen Heldbockkäfern *Cerambyx cerdo*	Vom Aussterben bedroht
5,6 cm		Mitochondrien-DNS Länge beim Modellorganismus Taufliege *Drosophila melanogaster*	Pro Zelle, 160.000.000 Basenpaare
5,6 cm		Eier Länge bei Mäusebussard Greifvögeln	Breite 4,5 cm
5,6 cm	5,8 cm	Durchschnittsstrecke pro Sekunde von Blut in kleinen menschlichen Arterien	
5,7 cm		Größe von kubanischen Hummelkolibris *Mellisuga helenae* - der global kleinste Vogel	Schnabel bis Schwanzspitze, 1,6 g leicht
5,8 cm		Länge von Samenzellen der Taufliegen *Drosophila bifurca*	1.000 mal so lang wie menschliche Samenzellen
5,8 cm		Eier Länge bei europäischen Stockenten	Breite 4,1 cm
6 cm		Typische Länge von südamerikanischen Taillenwespen *Pepsis heros*	Spannbreite 11 cm, global längste Hautflügler
6 cm		Größe eines antarktischen Krill Krebstierchens *Euphausia superba*	2 g leicht
6 cm		Fangnetz Mindestmaschenöffnung für argentinische Kurzflossenkalmare	Kalmare werden als Tintenfischringe verkauft
6 cm		Länge der *Mydas heros* Fliegen als global längste Zweiflügler	Spannbreite 10 cm
6 cm		Eier Länge bei Uhu Eulen Vögeln	Breite 5 cm
6 cm		Größe von atlantischen Wurmmollusken *Chaetoderma nitidulum*	Wurmmollusken haben keine Molluskenschale
6 cm	10 cm	Länge von europäischen Bitterling Karpfenfischen *Rhodeus amarus*	FFH-Art in Rheinland-Pfalz
6 cm	12 cm	Eizellen Durchmesser bei tropischen Python Schlangen	
6 cm	13 cm	Strahlungswellenlänge der Mikrowellenfunkstrahlung aus Vodafone Easybox	Bei 2,4 bzw. 3 MHz Nierenstrahlung
6 cm	15 cm	Betonmantel Dicke um Gasrohr der Gaspipeline Nord Stream	
6,1 cm		Eier Länge bei Fischreiher Vögeln	Breite 4,3 cm
6,2 cm		Globale Niederschlagsrekord Regenmenge für die Messdauer von 3 Minuten	Als Wassersäule, 1911 in Portobelo / Panama
6,3 cm	20 cm	Korngröße von Steinen gemäß Korngrößenklassifikation	DIN 4022
6,4 cm		Gemittelte Durchgangsdistanz von Speisebrei durch Darm von Mäusen - pro Stunde	Darmpassage
6,4 cm		Typisches Kaliber von römischen Pfeilbolzen Katapulten	Auch Polybolos genannt
> 6,4 cm		Korngröße von vulkanischen Pyroklast Bomben	Bestehen aus Tephra Lockerprodukten
6,5 cm		Durchschnittliche Länge von Moorfröschen	
6,5 cm		Kaliber der Jagdpatrone 6,5 x 55 mm Mauser	Hohe Präzision
6,5 cm	8 cm	Länge von eurasischen Knoblauchkröten *Pelobates fuscus*	Weibchen sind 1,5 cm länger
6,54 cm	6,86 cm	Durchmesser von Tennisbällen	

Fast unfassbar viel Fassbares

Von 6,6 Zentimeter bis 68,7 Zentimeter

Ausdehnung		Begriffliche Erfassbarkeit	Erläuterungen
von	bis		
6,6 cm		Größe von Zwergspitzmäusen	6 g leicht
6,7 cm		Wanderung der Indischen Platte in Richtung Festland pro Jahr	Daher wächst der Himalaya
6,87 cm	17,17 cm	Wellenlänge von Tönen des Präsenzbereiches - das menschliche Gehör ist hier feinjustiert	Entspricht 5.000 Hertz bis 2.000 Hertz bei 20° C
6,9 cm	17,2 cm	Wellenlänge von Tönen die Menschen als hohe Töne wahrnehmen	Frequenzen: 5.000 Hz bis 2.000 Hz
7 cm		Durchmesser von Eizellen des Vogels Strauß	700 mal größer als menschliche Eizelle
7 cm		Sohlenerosion pro Jahr im Rhein (nach Begradigung)	Rhein: Heute 7 m tiefer als früher
7 cm		Fortbewegungsstrecke von Weinbergschnecken - pro Minute	
7 cm		Länge der südostasiatischen Zikaden *Pomponia imperatoria*	Spannbreite 18 cm, sie sind die längsten Zikaden
7 cm		Größe von europäischen Kreuzkröten	
7,4 cm		Durchmesser von Baseballs	
7,4 cm		Papierformat DIN A7 Breite und DIN A 8 Höhe	
< 7,5 cm		Flügelspannweite von 1,6 g schweren Hummelelfen	Sie sind die global kleinsten Kolibris
7,5 cm	8,5 cm	Brennweite von Kleinbildkameras mit Mittelformat 6 x 6 cm	
7,5 cm	9,2 cm	Länge von westeuropäischen Fadenmolch Schwanzlurchen	Weibchen 1,7 cm länger
7,6 cm		Länge von Eiern bei Steinadlern	Breite 5,8 cm
> 7,6 cm		Wellenhöhe bei Windstärke 1 (leiser Zug)	0,25 Fuss - leichte Kräuselwellen
7,7 cm		Wellenlänge vom Ton des fünfgestrichenen Cis - gesungen vom Australier Adam Lopez	Frequenz: 4.435 Hertz
7,7 cm		Durchgangsdistanz von Speisebrei durch Darm von Ratten - pro Stunde	Darmpassage
7,7 cm		Länge von Eiern bei Störchen	Breite 5,3 cm
< 8 cm		Durchschnittliche Niederschlagsmenge vollarider Wüsten - pro Jahr	Verdunstung in 10 bis 12 Monaten, arid = trocken
8 cm		Größe von Widertonmoosen *Polytrichum formosum*	Eines der häufigsten Waldmoose
8 cm		Mindestmaschengröße für Frischfisch Grundschleppnetze im Jahre 1946	In der Nordsee
8 cm		Länge von Wanderheuschrecken	Wiegen und fressen pro Tag 2 g
8 cm		Schnabellänge von antarktischen Kaiserpinguinen	
8 cm		Durchmesser einer essbaren Miesmuschel *Mytilus edulis*	Auch Pfahlmuschel genannt
8 cm		Größe von Springfröschen und Wechselkröten	
8 cm		Größe von Ruderfröschen *Rhacophorus omeimontis*	Eine Baumfroschart in China
8 cm		Auseinanderdriftstrecke von Südamerika und Afrika - pro Jahr	Tektonische Divergenz
8 cm		Länge von wurmartigen Stummelfüßern *Heteroperipatus engelhardi*	Nahezu blinde Tiere in El Salvador/Zentralamerika
8 cm	11 cm	Länge von zentraleuropäischen Bergmolchen	Weibchen 3 cm länger

Ausdehnung		Begriffliche Erfassbarkeit	Erläuterungen
von	bis		
8 cm	12 cm	Breite von CD's	8 cm bei CD-Singles
8 cm	12,5 cm	Brennweite der Linse im Auge von Hühnern	
8 cm	13 cm	Länge von Erdkröten	Weibchen 5 cm länger
8 cm	17 cm	Verschiebung Nazcaplatte unter Südamerikaplatte - pro Jahr	Global schnellste Plattenverschiebungen
8,1 cm		Durchgangsdistanz von Speisebrei durch Darm von Schafen - pro Stunde	Darmpassage
8,2 cm		Wellenlänge des Tones Fünfgestrichenes c'''''	Frequenz: 4.186,01 Hz, höchster Ton auf Klaviatur
8,4 cm		Durchschnittliche Nadellänge von Waldkiefern in Ungarn	
8,5 cm		Länge der alten römischen Maßeinheit 1 Palmus bzw. Handbreit	4 Handbreit ergeben einen römischen Fuß
8,5 cm		Zungenlänge von Fledermäusen *Anoura fistulata*	Bei Körperlänge von 5 cm
8,6 cm		Länge von Eiern bei eurasischen Graugänsen	Breite 5,7 cm
9 cm		Größe von 40 g leichten Haselmäusen	
9 cm		Typische Halbwertsdicke von Beton bei Gammastrahlung von 2 MeV	9 cm Beton halbiert Strahlung auf die Hälfte
9 cm		Rumpfmaß von Vogelspinnen *Teraphosa leblondi*	Sie gehören zu den global größten Spinnen
9 cm		Größe des sehr giftigen nordafrikanischen Dickschwanzskorpions *Androctonus australis*	
9 cm	22 cm	Widerristhöhe von Chihuahua Hunden	Die global kleinsten Hunde
9,2 cm		Länge von Eiern bei eurasischen Gänsegeiern	Breite 7 cm
9,5 cm		Länge einer Schabe *Megaloblattta longipennis*	Spannbreite 17 cm, die global längsten Schaben
9,5 cm		Rohrisolationsdicke der Trans Alaska Erdöl Pipeline	
9,5 cm		Maximale Zungenlänge von Menschen	
9,5 cm	11,1 cm	Länge von europäischen Teichmolch Schwanzlurchen	Männchen 1,5 cm länger
9,5 cm	22,86 cm	Länge der alten Maßeinheit 1 Handspanne	Je nach Kultur und Region
9,7 cm		Durchgangsdistanz von Speisebrei durch Darm von Kamelen - pro Stunde	Darmpassage
< 10 cm		Durchschnittliche Meereswellenhöhe gemäß Douglas-Skala 1 (calm)	Windunabhängige Dünung
< 10 cm		Bodentiefe für Lebensraum von Springschwänzen	6 Beine wie bei Insekten. Spinnen haben 8 Beine.
10 cm		1 Dezimeter = 1 dm	0,1 m
10 cm		Bewegungsstrecke der 7 großen Lithosphärenplatten - als Relativgeschwindigkeit pro Jahr	Lithosphäre = Erdkruste + äußerster Erdmantel
10 cm		Länge der Laubheuschrecken *Saga syriaca*	Gefunden im Irak und in Syrien
10 cm		Ablagerungsstrecke (Sedimentation) von 70 µm großen Partikeln in wässrigen Medien	Pro Sekunde, bei 25 °C
10 cm		Größe der Roten Seescheide *Halocynthia pappilosa*	Diese Manteltiere leben im Mittelmeer
10 cm		Länge von Grasfröschen	

Ausdehnung		Begriffliche Erfassbarkeit	Erläuterungen
von	bis		
10 cm		Eizellen Durchmesser der Komoren Quastenflosser Knochenfische *Latimeria chalumnae*	Sie leben im südwestlichen Indischen Ozean
10 cm		Messbarer Höhenunterschied durch Strontium Atomuhren	Je höher die Schwerkraft desto langsamer die Zeit
10 cm		Länge von Weinbergschnecken *Helix pomatia*	Franzosen essen sie, Deutschland schützt sie
10 cm		Weglänge von Staub pro Sekunde im Wind bei Staubgeschwindigkeit I	Korndurchmesser bis 0,01 mm
10 cm		Größe der Rotalge Irisches Moos bzw. Knorpeltang *Chondrus crispus*	Im Atlantik, in Gewässern Irlands und Islands
10 cm		Größe der grünen Gewöhnlichen Glanzleuchteralge *Nitella batrachosperma*	Chlorobionta, Charophyta
10 cm		Größe der Argonautentiere *Argonauta argo*	Krakenähnliche Tiere in oberen 200 m Meerestiefe
10 cm		Durchmesser des Blutroten Meerampfers *Delesseria sanguina*	Küstenalge in Nordsee und Nordatlantik
10 cm		Reichweite von radioaktiver alpha-Strahlung	Zerstört Körpergewebe
10 cm		Fühler Länge bei europäischen Heldbockkäfern *Cerambyx cerdo*	Vom Aussterben bedroht
10 cm		Durchmesser von Gewöhnlichen Armleuchteralgen *Chara vulgaris*	Eine der häufigsten Grünalgen in Deutschland
10 cm		Objektivdurchmesser von Spektiven - maximal	Teleskope für besondere Weitsicht
10 cm		Durchmesser einer Feuerqualle bzw. Leuchtqualle *Pelagia noctiluca*	Treten teils in kilometerlangen Schwärmen auf
10 cm		Länge von Kronenstachel-Lanzenseeigeln *Prionocidaris baculosa*	Bunte und dicke Stacheln, lebt in Tropen
10 cm		Höhenzuwachs der Bodenmasse mittlerer Breiten innerhalb von 2.000 Jahren	Bildung neuen Bodens, Pedogenese
10 cm		Größe des Gemeinen Priapswurmes oder auch Peniswurmes *Priapulus bicaudatus*	Priapos war der griechische Gott der Fruchbarkeit
10 cm		Länge von australischen Pfeilwürmern *Sagitta gazellae*	Sie sind die global längsten Pfeilwürmer
10 cm	15 cm	Trieblänge von frischen Fichtenspitzen für Arzneizwecke	Fichtenart *Piceae turiones recentes*
10 cm	30 cm	Kapillare Steighöhe in mittlerem Sand	So hoch steigt Bodenwasser ohne externe Kräfte
10 cm	30 cm	Mächtigkeit (Dicke) von Torfauflagen bei grundwasserbeeinflussenden Moorgley Böden	Profil: Torf/Roteisentöne/O2 armes Grundwasser
10 cm	30 cm	Eindringtiefe elektromagnetischer Felder des Rundfunks ins Gewebe von Lebewesen	Quelle: Bundesamt für Strahlenschutz
10 cm	50 cm	Durchschnittliche Meereswellenhöhe gemäß Douglas-Skala 2 (smooth)	Windunabhängige Dünung
10 cm	1 m	Wellenlänge von Dezimeterwellen (UHF) für Satellitensteuerung, GPS und Diathermie	Entspricht 300 bis 3.000 MHz
10 cm	1 m	Wellenlänge von Dezimeterwellen (UHF) für Bluetooth, Richt- und Mobilfunk	Entspricht 300 bis 3.000 MHz
10 cm	1 m	Wellenlänge von Dezimeterwellen (UHF) für Mikrowellenherde, Fernsehen und Militär	Entspricht 300 bis 3.000 MHz
10 cm	3,5 m	Weglänge von Nieselregen im Fall - pro Sekunde	
10 cm	100 km	Wellenlänge von Rundfunkwellen (UHF, VHF, UKW, KW, MW, LW)	
10,16 cm		Länge der alten englischen Maßeinheit 1 Hands bzw. Handbreit	Entsprach 4 Inches
10,2 cm		Grundwasser Neubildung Durchschnitt in Rheinland-Pfalz - pro Jahr	Entspricht 2.024 Millionen m^3, als Wassersäule
10,5 cm		Papierformat DIN A6 Breite	

Ausdehnung		Begriffliche Erfassbarkeit	Erläuterungen
von	bis		
10,5 cm		Papierformat DIN A7 Höhe	
10,6 cm		Niederschlagsrekord Regenmenge für die Messdauer von 5 Minuten	Als Wassersäule, 1911 in Oklahoma / USA
10,7 cm		Entfernung vom äußeren Draht des Triplerings zum Bull's Eye	Bei Dartscheiben des Wurfpfeilspiels Dart
11 cm		Größe der nordamerikanischen Wanzen *Belostoma grande*	Sie sind die global größten Wanzen
11 cm		Länge der karibischen Schlangen *Leptotyphlops bilineata*	Sie sind die global kleinsten Schlangen
11 cm		Grundschleppnetz Mindest Maschengröße beim Fischfang im Jahre 1946	Island und nördlich von 66° Nord
11,4 cm		Länge von Eiern bei Höckerschwänen	Breite 7,4 cm
11,6 cm		Kniefreiheit in VW Passat Fahrzeugen - im Durchschnitt	Im Jahre 2014, diverse Quellen
12 cm		Höhe des global vorkommenden Keulen Bärlapps *Lycopodium clavatum*	Bärlappgewächse gibt es seit > 400 MJ
12 cm		Größe von Koboldmaki Primaten *Tarsius spectrum*	Leben auf der indonesischen Insel Sulawesi
12 cm		Maximale Felldicke von asiatischen Schneeleoparden	
12 cm		Fruchtgröße des westafrikanischen Colabaumes *Colae*	Arznei gegen Erschöpfung
12 cm		Länge von Feldmäusen und Hausmäusen	50 g und 30 g leicht
12 cm		Länge von Elefantenspitzmäusen *Elephantulus rozeti*	Leben in Nordafrika
12 cm		Länge von großgewachsenen Feldheuschrecken *Tropidacris latreillei*	Spannweite 23 cm, längste Feldheuschrecken
12 cm	20 cm	Größe der Heringsfische Sprotten *Sprattus*	Fressen Plankton, Hauptbeute der Dorsche
> 12 cm		Durchmesser geeigneter Urankugeln bei der Herstellung von Atombomben	15 kg massives Uran-235
> 12 cm		Maschengröße für Grundschleppnetze beim Fischfang im Jahre 1963	Island und nördlich von 66° Nord
12,1 cm		Oberflächenabfluss als Wassersäule in Deutschland - pro Jahr	Im Durchschnitt
12,5 cm		Größe von afrikanischen Blutschnabelwebern *Quelea quelea*	Sie sind die zahlreichsten Vögel auf der Erde
13 cm		Größe von einzelligen Großforaminiferen in Gezeitenzonen bis 70 bis 130 m Tiefe	Produzieren 0,5 % des globalen Kalziumkarbonats
13 cm		Länge von Kuba-Laubfröschen und madegassischen Katzenmakis	Katzenmakis: max. 700 g leicht, aus Madagaskar
13 cm		Mindest Maschenöffnung von Fangnetzen beim Fischfang vieler Speisefische	In der Nordwestatlantik Fischerei
13 cm		Durchmesser von gelben marinen Seeschwammtieren *Phakellia flabellata*	
14 cm		Mindestgröße von Bananen gemäß EU-Bananenverordnung	Bei einem Durchmesser von 2,7 cm
14 cm		Typische Halbwertsdicke von Wasser bei Gammastrahlung von 2 MeV	14 cm Wasser halbiert Strahlung auf die Hälfte
14 cm		Länge von südafrikanischen weiblichen Termiten *Bellicositermes natalensis*	Sie sind die global längsten Termiten
14 cm		Größe von europäischen Kammmolchen *Triturus cristatus*	Eine stark zu schützende Schwanzlurchart
14 cm		Länge von Wattwürmern *Arenicola marina*	In Großbritannien
14,5 cm		Mittlerer Jahresniederschlag in Bagdad/Irak	Als Wassersäule, 1 m = 1.000 Liter/m²

Ausdehnung		Begriffliche Erfassbarkeit	Erläuterungen
von	bis		
14,8 cm		Papierformat DIN A 6 Höhe	
< 15 cm		Wuchshöhe von Moosschichten	
< 15 cm		Wurzeltiefgang von Pflanzen auf sehr flachgründigen Böden	
15 cm		Mächtigkeit (Dicke) von Böden aller Art im weltweiten Durchschnitt	
15 cm		Kantenlänge eines Kalksteinwürfels, der > 1.000 Liter CO2 bindet	Beispiel: Würfel aus Kalksteinfelsen in Dover/GB
15 cm		Länge von Libellen *Megaloprepus coerulatus*	Spannbreite 18 cm, die global längsten Libellen
15 cm		Maximale Kantenlänge von Kanteln	Eine Kantel ist ein Messgerät für Geodäten
15 cm		Länge von südamerikanischen Riesenbock Käfern *Titanus giganteus*	Sie sind die global längsten Käfer
15 cm		Jährliche Stützverschiebung im Atommüllager Asse	Deckgebirge und Salzgerüst
15 cm		Länge von Bachneunaugen Fischen	FFH-Art in Rheinland-Pfalz
15 cm		Durchschnittliche Höhe von Steinpilzen *Boletus edulis*	
15 cm		Größe von Seefröschen	
15 cm		Länge von meeresbodenbewohnenden Spritzwürmern *Dendrostomum pyroides*	Viele Spritzwürmer sind essbar
15 cm		Länge von Eiern bei Strauß Vögeln	Breite 13 cm
15 cm	18 cm	Schrumpfung und Ausdehnung des Eiffelturmes in Paris	Bei Kälte oder Hitze
15 cm	20 cm	Pflugtiefe von alten Pferdepflügen	
15 cm	20 cm	Wuchsdifferenz borealer Nadelwaldbäume im Gegensatz zu mitteleuropäischen Wäldern	Boreas war der griechische Gott des Nordwindes
15 cm	30 cm	Wurzeltiefgang von Pflanzen auf flachgründigen Böden	
15 cm	30 cm	Wurzeltiefe der meisten Bäume	
15 cm	40 cm	Länge von südamerikanischen Piranhas	Die Fische haben messerscharfe Zähne
15 cm	50 cm	Mittlerer Jahresniederschlag in Steppen - als Wassersäule	Baumlose Gras-/Krautlandschaften
15 cm	1 m	Kapillare Steighöhe in feinem Sand	So hoch steigt Bodenwasser ohne externe Kräfte
15 cm	1 m	Mächtigkeit (Dicke) von alpinem Tangelhumus	Rohhumus der sich über Kalkstein entwickelt
15 cm	2 m	Länge von Dorschen *Gadidae* - zum Beispiel Kabeljau	Bis 95 kg schwer, gemäßigt warme Gewässer
15 cm	2 m	Mittlerer Jahresniederschlag in Taiga Biomen	Als Wassersäule, 1 m = 1.000 Liter/m²
15,2 cm		Wellenhöhe bei Windstärke 2 (leichte Brise) - mindestens ...	0,5 Fuss - Oberfläche glasig
< 16 cm		Flügelspannweite von nordischen Goldhähnchen Vögeln *Regulus*	Eine Vogelgattung mit wenigen Arten
16 cm		Länge von asiatischen Gottesanbeterinnen Fluginsekten *Toxodera spec.*	Die global längsten Gottesanbeterinnen
16 cm		Unterschied der durchschnittlichen Körpergröße von Südkoreanern und Nordkoreanern	Nordkoreaner: Kleiner wegen Mangelernährung
16 cm		Spannbreite der Kamelhalsfliegen *Acanthocorydalus kolbei*	Sie leben auf der nördlichen Erdhalbkugel

Ausdehnung		Begriffliche Erfassbarkeit	Erläuterungen
von	bis		
16 cm		Länge von Waldeidechsen	
16,4 cm		Wellenlänge des Tones Viergestrichenes c''''	Frequenz: 2.093 Hz
16,5 cm		Durchschnittlicher Jahresniederschlag in der Antarktis	Entspricht 2.310 km³ Wasser
17 cm		Breite vom DAS ZEIT UND RAUM BUCH - 1. Auflage	Maß 24 x 17
17 cm		Maximale Kopf-Rumpf-Länge von europäischen Maulwürfen *Talpa europaea*	120 g leicht
17 cm		Mitochondrien-DNS Länge bei Seeigeln *Strongylocentrotus purpuratus*	Pro Zelle, 800 Millionen Basenpaare
17 cm		Entfernung vom äußeren Draht des Doublerings zum Bull's Eye	Bei Dartscheiben des Wurfpfeilspiels Dart
17 cm		Größe von afrikanischen Palmenflughunden *Eilodon helvum*	Flughunde sind größer als Fledermäuse
17,7 cm		Grundwasser Neubildung Durchschnitt in Deutschland - pro Jahr	Als Wassersäule, Quelle: BGR
17,7 cm		Durchgangsdistanz von Speisebrei durch Darm von Rindern - pro Stunde	Darmpassage
18 cm		Größe von Goldhamstern	130 g leicht
18 cm		Länge von afrikanischen Kaiserskorpionen *Pandinus imperator*	Sie sind die global längsten Skorpione
18 cm		Größe der Nördlichen Spitzhörnchen *Tupaia belangeri*	Leben vor allem auf Bäumen in Südostasien
18 cm	24 cm	Widerristhöhe von Zwergspitzhunden	
19 cm		Länge von Mauereidechsen und Schermäusen	Schermäuse 240 g leicht
19 cm		Armlänge von marinen Haarsternen *Metacrinus superbus*	Ihr Stiel ist bis zu 2 m lang
19,05 cm		Wellenlänge der L1 Frequenz bei zivilen GPS Empfängern	Bei einer Frequenz von 1.575,42 MHz
20 cm		Windstrecke pro Sekunde bei Windstille (Rauch steigt senkrecht auf) - bis ...	Windstärke 0
20 cm		Bei 20 cm Humusdicke wachsen auf 1 Hektar Bodenfläche 5.000 kg Pilze	
20 cm		Größe von griechischen Landschildkröten *Testudo hermanni*	Benannt nach Philosophen Jean Hermann
20 cm		Spannweite der Laubheuschrecken *Pseudophyllus colossus*	Sie sind die global längsten Laubheuschrecken
20 cm		Bodenabsinkrate pro Jahr im Norden der indonesischen Hauptstadtregion Jabodetabek	Rund um Jakarta leben 35 Millionen Menschen
20 cm		Größe der marinen Salpen Planktontiere *Salpa telesiicostata*	Manteltiere mit cellulosehaltigem Mantel
20 cm		Oberflächenwasser schiebt darunter liegendes Meerwasser pro Sekunde ...	
20 cm		Durchmesser einer Kolonie von nordisch-marinen Moostierchen *Cristatella mucedo*	Größe eines einzelnen Lebewesens 1,5 cm
20 cm		Länge von hautgiftigen Aga Kröten	Leben in Karibik und Australien
20 cm		Größe von südamerikanischen Weißpinseläffchen *Callithrix jacchus*	
20 cm		Größe eines marinen Kopffüßers *Nautilus macromphalus*	Kopffüßer scheinen nur Kopf und Fuß zu haben
20 cm		Erforderlicher Jahresniederschlag (Trockengrenze) für Ölbäume	Als Wassersäule, 1 m = 1.000 Liter/m²
20 cm		Größe des Lebewesens Meersalat Grünalge *Ulva lactuca*	Wird in Frankreich und Irland verspeist

Ausdehnung		Begriffliche Erfassbarkeit	Erläuterungen
von	bis		
20 cm		Feldgrillen *Gryllus campestris* graben bis zu ... tief	
20 cm		Wuchshöhe von eurasischen Katzenpfötchen bzw. Ruhrkraut *Helichrysi*	Wird gegen Verdauungsbeschwerden eingesetzt
20 cm		Maximale Flügelspannweite von Blaumeisen	
20 cm	30 cm	Wasserspiegel Schwankung am ungarischen Plattensee - pro Jahr	
20 cm	30 cm	Wurzeltiefe borealer Nadelwälder in Taigazonen	Boreas war der griechische Gott des Nordwindes
20 cm	40 cm	Durchschnittliche jährliche Verdunstung im Mittelmeergebiet und in der Wüste Namib	Als Wassersäule, 1 m = 1.000 Liter/m²
20 cm	40 cm	Durchschnittliche jährliche Verdunstung in Chile, in der westlichen USA und in den Alpen	Als Wassersäule, 1 m = 1.000 Liter/m²
20 cm	40 cm	Entkalkungshorizont Mächtigkeit (Dicke) von Schwarzerde	Oberste Bodentiefe
20 cm	50 cm	Durchschnittliche Weglänge von Blut in menschlicher Hauptschlagader und großen Arterien	Pro Sekunde
20 cm	80 cm	Wuchshöhe der Sand-Silberscharte bzw. Sand-Bisamdistel *Jurinea cyanoides*	FFH-Art in Rheinland-Pfalz
20 cm	2 m	Größe von Megaplankton (Nekton) per Definition	Im freien Meerwasser schwebende Organismen
20 cm	2 m	Vorhersage für globalen Meeresspiegel Anstieg in den nächsten 100 Jahren	IPCC: 20 bis 40 cm sind wahrscheinlich
20 cm	6 m	Grundwasser Fließgeschwindigkeit in mittleren Tiefen - pro Tag	
> 20 cm		Korngröße von Steinblöcken gemäß Korngrößenklassifikation	Zum Beispiel auf Blockgletschern aus Schutt & Eis
20,6 cm		Mittlerer Jahresniederschlag in Phoenix im US-Bundesstaat Arizona	Als Wassersäule, 1 m = 1.000 Liter/m²
21 cm		Papierformat DIN A5 Höhe	
21 cm		Radiowellen Länge - von freiem Wasserstoff (H2) ausgestrahlt	Relevant in Radioastronomie
21 cm		Papierformat DIN A4 Breite	
21,6 cm		Breite nordamerikanischer Papierformate *Letter* und *Legal*	Etwas breiter als DIN A4
22 cm		Durchmesser von Fußbällen	In Größe 5 - Standardgröße
22 cm		Fußlänge bei deutscher Schuhgröße 34 2/3	Schuhgröße USA: 5 / Großbritannien: 2,5
22 cm		Länge der alten persischen Maßeinheit 1 Wadschab Handspanne	
22 cm	30 cm	Widerristhöhe von deutschen Affenpinscher Hunden	
22,7 cm		Fußlänge bei deutscher Schuhgröße 35 - bis ...	Schuhgröße USA: 5,5 / Großbritannien: 3
22,86 cm		Länge der alten englischen Maßeinheit 1 Span bzw. Handspanne	Entsprach 9 Inches
22,9 cm		Durchgangsdistanz von Speisebrei durch Darm von Schweinen - pro Stunde	Darmpassage
23 cm		Meeresspiegel Anstieg - pro Jahrhundert - seit letzter Eiszeit	Seit rund 12.000 Jahren
23 cm		Bodenoberfläche Versinkungsbetrag in Venedig	Im 20. Jahrhundert
23 cm		Breite des kleinen *Wicket* Tors beim Cricket Sport	
23 cm		Länge von Mauswieseln	Sie leben auf der nördlichen Erdhalbkugel

Ausdehnung		Begriffliche Erfassbarkeit	Erläuterungen
von	bis		
23 cm		Fußlänge bei deutscher Schuhgröße 36 - bis ...	Schuhgröße USA: 6 / Großbritannien: 3,5
23,4 cm		Fußlänge bei deutscher Schuhgröße 36 2/3 - bis ...	Schuhgröße USA: 6,5 / Großbritannien: 4
23,8 cm		Fußlänge bei deutscher Schuhgröße 37 - bis ...	Schuhgröße USA: 7 / Großbritannien: 4,5
24 cm		Länge vom DAS ZEIT UND RAUM BUCH	Maß 24 x 17
24 cm		Länge von Wattwürmern *Arenicola marina*	An den Küsten Kontinentaleuropas
24 cm	37 cm	Länge vom menschlichen Zwölffingerdarm	Herophilos: "So lang wie 12 Finger breit sind"
24,2 cm		Geringste Jahresniederschlagsmenge in Deutschland - als Wassersäule	In Straußfurth/Thüringen 1911
24,3 cm		Fußlänge bei deutscher Schuhgröße 38 - bis ...	Schuhgröße USA: 7,5 / Großbritannien: 5
24,45 cm		Wellenlänge der L2 Frequenz bei zivilen GPS Empfängern	1.227.60 MHz
24,7 cm		Fußlänge bei deutscher Schuhgröße 38 2/3 - bis ...	Schuhgröße USA: 8 / Großbritannien: 5,5
< 25 cm		Mittlerer Jahresniederschlag in Wüsten	Als Wassersäule, 1 m = 1.000 Liter/m^2
< 25 cm		Hörweite von Menschen bei an Taubheit grenzender Schwerhörigkeit	Richtmaß
< 25 cm		Mittlerer Jahresniederschlag in Primärsteppen	Als Wassersäule, 1 m = 1.000 Liter/m^2
25 cm		Wuchshöhe des Acker-Schachtelhalmes *Equisetum arvense*	Sebastian Kneipp beschrieb ihn als Heilpflanze
25 cm		Weglänge von Staub pro Sekunde im Wind bei Staubgeschwindigkeit II	Korndurchmesser bis 0,03 mm
25 cm		Erforderlicher Jahresniederschlag (Trockengrenze) für Gerste und Sisal Agaven	Als Wassersäule, 1 m = 1.000 Liter/m^2
25 cm		Zungenlänge von südostasiatischen Malaienbären	
25 cm		Länge von Feuersalamandern *Salamandra salamandra*	In Deutschland weit verbreitet und selten erblickt
25 cm		Orthofoto Luftbild Auflösungsdetailgenauigkeit im Kanton Aargau/Schweiz	Orthofotos zeigen Erdbilder mit echten Distanzen
25 cm		Auflösungsgenauigkeit des Biotopkatasters von Rheinland-Pfalz	Teil vom Landschaftsinformationssystem LANIS
25 cm		Länge von Taschenkrebsen *Cancer pagurus*	Beliebter Speisekrebs aus dem Atlantik
25 cm		Darmlänge von Fledermäusen	
25 cm		Wuchshöhe des europäischen Sonnentaukrautes *Droserae herba*	Arznei gegen Reizhusten
25 cm		Mittlere Größe von Eichhörnchen	480 g leicht
25 cm	30 cm	Beinspannweite der Laotischen Riesenkrabbenspinne *Heteropoda maxima*	Höhlenfunde in Laos durch P. Jäger aus Mainz
25 cm	35 cm	Widerristhöhe von englischen Mops Hunden	Auf englisch heißt er Pug
25 cm	40 cm	Länge von marinen Streifenbarben *Mullus surmuletus*	Wiegen bis 1 kg und mögen warmes Wasser
25 cm	43 cm	Widerristhöhe von Foxterrierhunden	Jack Russell, Rat, Toy Fox, Brasileiro, Japanischer
25 cm	50 cm	Brennweite der Augenlinse von Eulen	
25 cm	50 cm	Mittlerer Jahresniederschlag in Dornenstrauchsavannen	Als Wassersäule, 1 m = 1.000 Liter/m^2

Ausdehnung		Begriffliche Erfassbarkeit	Erläuterungen
von	bis		
25 cm	75 cm	Mittlerer Jahresniederschlag in Buschland - weltweit	Als Wassersäule, 1 m = 1.000 Liter/m²
25 cm	1 m	Hörweite von Menschen bei hochgradiger Schwerhörigkeit	Richtmaß
25 cm	1,5 m	Mittlerer Jahresniederschlag in Savannen - weltweit	Als Wassersäule, 1 m = 1.000 Liter/m²
25,1 cm		Fußlänge bei deutscher Schuhgröße 39 - bis ...	Schuhgröße USA: 8,5 / Großbritannien: 6
25,6 cm		Fußlänge bei deutscher Schuhgröße 40 - bis ...	Schuhgröße USA: 9 / Großbritannien: 6,5
26 cm		Fußlänge bei deutscher Schuhgröße 40 2/3 - bis ...	Schuhgröße USA: 9,5 / Großbritannien: 7
26 cm		Länge von Wanderratten	400 g leicht
26 cm		Darmlänge von Wasserspitzmäusen	
26 cm		Maximale Regenmenge in Deutschland an einem Tag - als Wassersäule	In Zeithain/Sachsen 1906
26 cm	46 cm	Widerristhöhen von Dackel bzw. Teckel Hunden	
26,5 cm		Fußlänge bei deutscher Schuhgröße 41 - bis ...	Schuhgröße USA: 10 / Großbritannien: 7,5
26,5 cm		Länge von südamerikanischen Hundertfüßern *Scolopendra gigantea*	Sie sind die global längsten Hundertfüßer
27 cm		Typische Größe eines Atlantischen Herings *Clupea harengus* im Alter von 3 Jahren	Nach 3 Jahren haben sich 90 Prozent fortgepflanzt
27 cm		Fußlänge bei deutscher Schuhgröße 42 - bis ...	Schuhgröße USA: 10,5 / Großbritannien: 8
27 cm		Differenz des nationalen Nullpunktes der Schweiz im Abgleich zu Deutschland	Der Schweizer N.N. liegt tiefer
27 cm		Durchmesser von Dreileiter Hochspannungsseekabeln	Dickstes weltweites Seekabel
27,4 cm		Fußlänge bei deutscher Schuhgröße 42 2/3 - bis ...	Schuhgröße USA: 11 / Großbritannien: 8,5
27,5 cm	29 cm	Durchmesser eines Footballs	Footballform: Australien & USA oval, Gaelic rund
27,6 cm		Durchschnittliche jährliche Verdunstung in Namibia/Südwestafrika	Als Wassersäule, Quelle: BGR
27,8 cm		Fußlänge bei deutscher Schuhgröße 43 - bis ...	Schuhgröße USA: 11,5 / Großbritannien: 9
27,9 cm		Höhe des nordamerikanischen Papierformats *Letter*	Etwas niedriger als DIN A4
28 cm		Länge des afrikanischen Tausendfüßers *Graphidostreptus gigas*	Sie sind die global längsten Tausendfüßer
28 cm	30 cm	Durchmesser von Rugby Bällen	Sie sind oval, ebenso wie beim Australian Football
28,2 cm		Länge der Maßeinheit 1 Aachener Feldmaßfuß	Altes Längenmaß
28,3 cm		Fußlänge bei deutscher Schuhgröße 44 - bis ...	Schuhgröße USA: 12 / Großbritannien: 9,5
28,5 cm		Mittlerer Jahresniederschlag in Namibia/Südwestafrika	Quelle: BGR, als Wassersäule
28,7 cm		Fußlänge bei deutscher Schuhgröße 44 2/3 - bis ...	Schuhgröße USA: 12,5 / Großbritannien: 10
29 cm		Länge von nordischen Hermelin Mardern	450 g leicht
29 cm		Größe von Bechstein-Fledermäusen	FFH-Art in Rheinland-Pfalz
29,1 cm		Fußlänge bei deutscher Schuhgröße 45 - bis ...	Schuhgröße USA: 13 / Großbritannien: 10,5

Ausdehnung		Begriffliche Erfassbarkeit	Erläuterungen
von	bis		
29,6 cm		Fußlänge bei deutscher Schuhgröße 46 - bis ...	Schuhgröße USA: 13,5 / Großbritannien: 11
29,6352 cm		Länge der alten römischen Maßeinheit 1 Pes bzw. Fuß	1,5 Fuß ergeben eine römische Elle
29,7 cm		Höhe des Papierformats DIN A4	
29,8 cm		Fußlänge bei deutscher Schuhgröße 46 2/3 - bis ...	Schuhgröße USA: 14 / Großbritannien: 11,5
< 30 cm		Gesundheitsgefährdender Abstand Herzschrittmacherpatient zu strombetriebenen Geräten	
< 30 cm		Maximaler Transportweg von Wärmestrahlung in tiefere tropische Bodenschichten	Je nach Wärmeleitfähigkeit ...
< 30 cm		Mögliches Tageswachstum von Maispflanzen	Andere Pflanzen mehrere Mikrometer
30 cm		Pflugtiefe gängiger heutiger Landmaschinen	Doppelt so tief im Erdboden wie früher
30 cm		Sichtweite beim London Smog im Jahre 1952 - auf Straßen und in Gebäuden	12.000 Tote
30 cm		Weglänge von elektrischen Signalen in 1 Nanosekunde - bis ...	Schwingungsdauer von 1 GHz
30 cm		Wuchshöhe von Engelsüß bzw. des Tüpfelfarns *Polypodium vulgare*	Heilpflanze für allerhand Beschwerden
30 cm		Mächtigkeit von Grundbeschneiung durch Kunstschnee auf Skipisten in den Alpen	Höhe der Schneeauflage
30 cm		Größe von nordamerikanischen Pfeilschwanzkrabben *Limulus polymephus*	
30 cm		Länge von karibischen Schlitzrüsslern *Solenodon paradoxus*	Die Insektenfresser sind giftig & nachts unterwegs
30 cm		Differenz des nationalen Nullpunktes von Sizilien im Abgleich zu Deutschland	Siziliens N.N. liegt tiefer
30 cm		Durchmesser von Vinyl Schallplatten	
30 cm		Wuchshöhe vom eurasischen Hohlzahnkraut *Galeopsidis herba*	Wird als Arznei gegen Husten verwendet
30 cm		Durchmesser von Secchi Blechscheiben Geräten	Messung von Sichttiefen in Gewässern
30 cm		Landverlust pro Jahr am Kap Arkona auf der deutschen Insel Rügen	Abbruch vom Kreidefelsen
30 cm		Größe von schwanzlosen Affen *Potto Perodicticus potto*	Sie leben in Afrika
30 cm		Tidenhub in der westlichen Ostsee	Hebungsmaximalbeträge zwischen Ebbe und Flut
30 cm		Übliche Grashöhe in Dornenstrauchsavannen	Vor allem in Afrika
30 cm		Abstand von Messgeräten zum Objekt für elektrische Feldstärke & magnetische Flussdichte	Bei strombetriebenen Geräten
30 cm		Wuchshöhe des europäischen Stiefmütterchenkrauts *Violae tricoloris*	Arznei gegen Ekzeme
30 cm		Wellenlänge für Signale beim Vicinity Coupling kontaktloser Chipkarten	Entsprechend 868 MHz, lesbar bis 1,5 m
30 cm		Mächtigkeit (Dicke) von Torfen in Niedermooren	Als Tiefenangabe
30 cm		Driftstrecke von Elektronen durch 1 mm Kupferdraht - pro Stunde	Elektrizität
30 cm		Länge von Eikapseln bei Walhaien	Sie haben die global größten Fischeier
30 cm		Größe von Igeln und Blomberg-Kröten	Igel 1,2 kg schwer
30 cm		Länge von meeresbewohnenden Fadenwürmern *Nectonema agile*	Leben als Parasiten an Schalentieren

Ausdehnung		Begriffliche Erfassbarkeit	Erläuterungen
von	bis		
30 cm		Wurzeltiefe von nordischem Löwenzahn	
30 cm		Länge eines Schnurwurmes *Cerebratulus californiensis*	Ein meeresbewohnender Fadenwurm
30 cm		Erforderlicher Jahresniederschlag (Trockengrenze) für Erdnüsse und Weizen	Als Wassersäule, 1 m = 1.000 Liter/m²
30 cm		Länge eines Fadenwurmes *Capillaria obsignata*	Befällt Tauben
30 cm	32 cm	Höhe von Weinflaschen der Sorte Burgunder	Ausnahme: Schlegelflaschen sind 37,5 cm hoch
30 cm	35 cm	Maximale Wurzeltiefe von Hainbuchen Bäumen	Anfällig für Sturmwurf, diverse Quellen
30 cm	35 cm	Durchmesser von Medizinbällen	Nutzung für Gymnastik im Schulunterricht
30 cm	50 cm	Größe von küstenbewohnenden atlantischen Makrelen *Scomber scombrus*	Sie haben keine Schwimmblase
30 cm	50 cm	Länge von Nesselfäden bei Würfelquallen	Sie leben in allen Ozeanen
30 cm	60 cm	Wurzeltiefgang von Pflanzen auf mittelgründigen Böden	
30 cm	70 cm	Länge von wassertransportierenden Tracheen in Rotbuchen Bäumen	Bei Durchmesser von 50 bis 100 µm
30 cm	80 cm	Bodentiefen von wasserundurchlässigen Lateritkrusten in den Llanosebenen in Venezuela	Laterit: Altes Gestein aus dem Zeitalter Pleistozän
30 cm	1,5 m	Windstrecke pro Sekunde beim leisen Zug (Rauchablenkung sichtbar)	Windstärke 1
> 30 cm		Mächtigkeit (Dicke) von Torfauflagen in Mooren	Definition nach DBG
30,3 cm		Fußlänge bei deutscher Schuhgröße 47 - bis ...	Schuhgröße USA: 14,5/Großbritannien: 12
30,48 cm		Länge der Maßeinheit 1 Fuß	Verwendung seit 1959 im Commonwealth
30,5 cm		Niederschlagsrekord Regenmenge für die Messdauer von 1 Stunde	Als Wassersäule, 1947 in Missouri /USA
30,8 cm		Fußlänge bei deutscher Schuhgröße 48 - bis ...	Schuhgröße USA: 15 / Großbritannien: 12,5
31,2 cm		Fußlänge bei deutscher Schuhgröße 48 2/3 - bis ...	Schuhgröße USA: 15,5 / Großbritannien: 13
31,2 cm		Höchste Niederschlagsmenge in Deutschland an einem Tag - als Wassersäule	13.08.2002 in Zinnwald/Erzgebirge
31,6 cm		Fußlänge bei deutscher Schuhgröße 49 - bis ...	Schuhgröße USA: 16 / Großbritannien: 13,5
31,8 cm		Durchschnittliche jährliche Verdunstung über Pflanzen in Deutschland - als Wassersäule	40 Prozent des Niederschlags verdunstet wieder
32 cm		Durchmesser von nordostpazifischen Seeigeln *Sperosoma giganteum*	Sie sind die global größten Seeigel
32 cm		Länge von einzelligen Großforaminiferen *Nummulites*	Die Ozeanbewohner sind global größte Einzeller
32 cm		Spannbreite von lateinamerikanischen Schmetterlingen *Thysania agrippina*	Sie sind die global größten Schmetterlinge
32 cm		Fußlänge bei deutscher Schuhgröße 50 - bis ...	Schuhgröße USA: 16,5 / Großbritannien: 14
32 cm		Länge von eurasischen Zauneidechsen	
32,48 cm		Länge der Maßeinheit 1 alter Pariser Pied bzw. Fuß (= 12 Pariser Zoll)	Napoleons Größe betrug: 5 Fuß + 2 Zoll + 3 Linien
32,8 cm		Wellenlänge der Obergrenze weiblicher Sopranstimmen (der Ton des dreigestrichenen c''')	Frequenz: 1.046,5 Hz
33 cm		Größe von südostasiatischen Gespenster- bzw. Stabheuschrecken *Pharnacia serratipes*	

Ausdehnung		Begriffliche Erfassbarkeit	Erläuterungen
von	bis		
33 cm		Länge eines mexikanischen Schwanzlurchs *Axolotl*	Modellorganismus und kultureller Popstar
33 cm		Größe von Meerschweinchen	1,4 kg schwer
33,33 cm		Länge der chinesischen Maßeinheit 1 Chi bzw. Chinesischer Fuß	Entspricht 10 Cun
33,5 cm		Länge der alten norddeutschen Maßeinheit 1 Fuß	Wurde von den Angelsachsen übernommen
34 cm		Größe von Hamstern	500 g leicht
34 cm		Durchmesser des äußeren Ringes vom Doubledraht	Bei Zielscheiben des Wurfpfeilspiels Dart
34 cm		Täglicher Längenverlust des neuseeländischen Tasman Gletschers - seit 1976	5 km seit 1976
34 cm		Länge von Eiern des ausgestorbenen Madagaskar Straußes *Aepyornis*	Breite 25 cm
34 cm	45 cm	Größe von Zuchtkaninchen für die Fleischproduktion	1 bis 3 kg schwer
35 cm		Armlänge von nordatlantischen Stachelhäuter Haarsternen *Heliometra glacialis*	
35 cm		Maximale Widerristhöhe von Zwergpudel Hunden	
35 cm		Mittlerer Durchmesser von Palmblatt Rotalgen *Palmaria palmata*	Franzosen und Iren lieben nussigen Geschmack
35 cm		Länge von großen europäischen Siebenschläfer Nagetieren	Inklusive Schwanz
35 cm		Höchste mikrobielle Aktivität in Oberböden - bis Bodentiefe von ...	
35 cm		Höhe von verdunstungsmessenden Evaporimeter Class-A-Pfannen	Messvorrichtung für Meteorologen
35 cm		Länge von Atlantischen Heringen *Clupea harengus* im Alter von 10 Jahren	99,99 Prozent werden vorher gefangen
35 cm		Wurzeltiefe von eurasischen Nieswurz Christrosen	
35 cm		Maximale Flügelspannweite von Mauerseglern	43 g leicht, sie sind keine Schwalben
35,6 cm		Höhe des nordamerikanischen Papierformats *Legal*	
35,8 cm		Durchgangsdistanz von Speisebrei durch Darm von Pferden - pro Stunde	Darmpassage
36 cm		Länge von nordischen Bisamratten	1,5 kg schwer
36 cm	50 cm	Mögliches Tageswachstum von Birnentang bzw. Kelp *Macrocystis pyrifera*	Je nach Quelle, auf der südlichen Erdhalbkugel
36,5 cm		Jährlicher Oberflächenwasser Abfluss in Deutschland zum Meer - als Wassersäule	45 Prozent des Jahresniederschlags
37 cm	43 cm	Größe von global verbreiteten Knäkenten *Anas querquedula*	Je nach Quelle
38 cm		Größe des pelzflattrigen Säuegtier Philippinen Gleitfliegers *Cynocephalus volans*	Er lebt nur auf den südlichen Philippineninseln
39 cm		Länge von europäischen Schollen *Pleuronectes platessa* im Alter von 8 bis 9 Jahren	530 g leicht, 98 Prozent werden vorher gefangen
< 40 cm		Höhe von Wurzelsporn in Mangrovenwäldern	
< 40 cm		Flügelspannweite von nordischen Sperlingskauz Eulen	60 g leicht, keine Eule ist kleiner
40 cm		Größe von zentralafrikanischen Goliathfröschen	Sie sind die global größten Frösche
40 cm		Erforderlicher Jahresniederschlag (Trockengrenze) für Kartoffeln und Sesam	Als Wassersäule, 1 m = 1.000 Liter/m²

Ausdehnung		Begriffliche Erfassbarkeit	Erläuterungen
von	bis		
40 cm		Wuchshöhe vom Spitzwegerichkraut *Plantaginis lanceolatae*	Antibakterielles Wirkspektrum in der Medizin
40 cm		In der Straße von Malakka dürfen Schiffe nur ... mehr Tiefgang haben als im Suezkanal	Die Straße von Malakka liegt in Südostasien
40 cm		Tidenhub der Erdkruste unter der Stadt Berlin	Maximalhebung zwischen Ebbe und Flut
40 cm		Länge vom nordisch-marinen Blasentang *Fucus vesiculosus*	Andere Namen: Steinklever oder Meereseiche
40 cm		Übliche Buddeltiefen von Füchsen an Hühnerstall Zäunen	
40 cm		Durchmesser von Blüten der südamerikanischen Victoria Riesenseerosen *Nymphaeaceae*	Im Maximum
40 cm	60 cm	Vom Rücken nach hinten gemessene Sphärengrenze bei kulturell westlichen Menschen	Schema Intimsphäre, Privatsphäre, Sozialsphäre
40 cm		Wuchshöhe von Taubnesseln *Lamii albi*	Wird für schleimlösende Arzneien verwendet
40 cm		Wuchshöhe vom Hirtentäschelkraut *Bursae pastoris herba*	Wird für kreislaufstärkende Arzneien verwendet
40 cm		Größe von ostaustralischen flussbewohnenden Schnabeltieren *Ornithorhynchus anatinus*	Sie sind Säugetiere, legen aber Eier
40 cm		Maximale Tiefe von Planschbecken	Gemäß Internationalem Schwimmverband FINA
40 cm		Größe des getüpfelten Beutelmarders *Dasyurus viverrinus*	Lebt in tasmanischen Wäldern
40 cm		Anfrierdicke des arktischen Treibeises pro Jahr - Eiswuchs von unten	Innerhalb von 9 bis 10 Wintermonaten
40 cm		Jahresniederschlag am südwestdeutschen Fluss Nahe	Als Wassersäule, 1 m = 1.000 Liter/m^2
40 cm	60 cm	Lößschicht Mächtigkeiten (Dicken) in Mitteldeutschland bis 600 m über N.N.	
40 cm	70 cm	Maximale Länge von Schollen *Pleuronectes platessa*	7 kg schwer
40 cm	1 m	Durchschnittliche jährliche Verdunstung in der Sahelzone, in Indien und in Großbritannien	Als Wassersäule, 1 m = 1.000 Liter/m^2
40 cm	1 m	Durchschnittliche jährliche Verdunstung in Buenos Aires und den Cascades-Bergen/USA	Als Wassersäule, 1 m = 1.000 Liter/m^2
40,1 cm		Niederschlagsrekord für die Messdauer von 1 Stunde	1947 in Shangdi / China, als Wassersäule
41,6 cm		Durchschnittliche jährliche Evaporation in Asien - Wassersäule entspricht 18.100 km^3	Verdunstung von unbewachsenen Landflächen
41,8 cm		Durchschnittliche Evaporation in Nordamerika - Wassersäule entspricht 10.000 km^3	Pro Jahr
42 cm		Papierformat DIN A3 Höhe	
43,8 cm	53,0 cm	Durchschnittliche jährliche Verdunstung als Wassersäule in Deutschland	55 Prozent des Jahresniederschlags
44 cm		Mittlerer Jahresniederschlag in Los Angeles/USA	Als Wassersäule, 1 m = 1.000 Liter/m^2
44 cm		Maximale Größe von südamerikanischen Riesenblutegeln *Haementeria ghilianii*	Sie sind die global längsten Blutegel
44,4 cm		Länge der alten römischen Maßeinheit 1 Cubitus bzw. Elle	1,5 Fuß ergeben 1 Elle & 2,5 Fuß ergeben 1 Schritt
< 45 cm		Intimsphärengrenze bei kulturell westlichen Menschen	Nach Modell E.T. Hall
45 cm		Schnürsenkel Länge bei 2 Lochpaaren	Für Schuhe
45 cm		Länge von europäischen Flussneunaugen Fischen *Lampetra fluviatilis*	Benötigen ausreichend Sauerstoff im Wasser
45 cm		Länge von Flussbarschen und Kaninchen	2,5 kg und 2 kg schwer

Ausdehnung		Begriffliche Erfassbarkeit	Erläuterungen
von	bis		
45 cm		Länge von Blindschleichen und Smaragdeidechsen	Beide sind Reptilien
45 cm		Mittlerer Jahresniederschlag am sibirischen Baikalsee - als Wassersäule	Im Februar 9 mm, im Juli 12 cm
45 cm	1,2 m	Persönlichkeitsraumgrenze bei kulturell westlichen Menschen	Nach Modell E.T. Hall
45 cm	2,2 m	Mittlerer Jahresniederschlag in weltweiten Grasländern und Mischwäldern	Als Wassersäule, 1 m = 1.000 Liter/m²
45 cm		Erforderlicher Jahresniederschlag (Trockengrenze) für Bergahornbäume - als Wassersäule	In den Alpen Toleranz bis 20 cm
45 cm		Durchmesser von Tiefsee bewohnenden Seesternen *Freyella remex*	Bei Spannweite 1 m
45 cm		Wuchshöhe des Korbblütlers Schafgarbe *Achillea millefolii*	Fast schon verehrte Arznei- und Gewürzpflanze
45 cm		Länge der Maßeinheit 1 geringe Elle im alten Ägypten	
45 cm		Größe von Diana-Meerkatzen *Cercopithecus diana*	Sie leben in Regenwäldern Westafrikas
45 cm		Erforderlicher Jahresniederschlag (Trockengrenze) für Zuckerrüben	Als Wassersäule, 1 m = 1.000 Liter/m²
45 cm	60 cm	Typische Widerristhöhe von Großpudelhunden	
45 cm	2 m	Länge von atlantischen Wolfsbarsch Fischen	Mögen warmes Wasser
45,72 cm		Länge der alten asiatischen Maßeinheit 1 Cubit bzw. Esto bzw. Covid bzw. Hath	Entspricht 18 Zoll
46 cm		Länge der Maßeinheit 1 Pechys Elle im antiken Griechenland	
46 cm		Größtes je auf Kriegsschiffen verwendetes Kaliber	Japanische Schlachtschiffe Musashi und Yamato
46,304 cm		Länge der Maßeinheit 1 einfache Elle im Frankfurt des 19. Jahrhunderts	
47 cm		Normale Seitenlänge eines gedachten Quadrates der Großhirnrindenoberfläche	2.200 cm² beim Menschen
48 cm		Maximale Flügelspannweite von Buntspechten	
48,5 cm		Durchschnittliche jährliche Evaporation weltweit - Wassersäule entspricht 72.000 km³	Verdunstung von Land- und Wasserflächen
49 cm	56 cm	Typische Widerristhöhe von Appenzeller Sennhunden	Traditioneller Gebrauchshund von Alpenhirten
49,8 cm		Länge der Maßeinheit 1 Elle im Kanton Luzern/Schweiz des 19. Jahrhunderts	
< 50 cm		Flurabstand von Pflanzen in Feuchtgebieten	Abstand der Oberflächen O-Erde / O-Grundwasser
< 50 cm		Bodenspalten Tiefe in Vertisol Böden nach Regenereignissen	Tonminerale Kontraktionen
< 50 cm		Mächtigkeit (Dicke) von Humusauflagen in Taigazonen	
50 cm		Weglänge von Staub pro Sekunde im Wind bei Staubgeschwindigkeit III	Korndurchmesser bis 0,04 mm
50 cm		Erforderlicher Jahresniederschlag (Trockengrenze) für Baumwolle und Süßkartoffeln	Als Wassersäule, 1 m = 1.000 Liter/m²
50 cm		Detailgenauigkeit von HIROS Spionagesatelliten des deutschen Auslandsgeheimdienstes	Für deutsch-US-amerikanische Spionageangriffe
50 cm		Weglänge vom Übergangsmetall Cadmium in neutralen Böden über 300 Jahre	In sauren Böden in nur 10 Jahren
50 cm		Länge und Breite von Rasterdatenzellen pro Pixel bei Luft-Photografien	2500 cm²
50 cm		Wurzeltiefe der giftigen Zypressenwolfsmilch *Euphorbia cyparissias*	Andere Namen: Bauernrhabarber & Warzengras

Ausdehnung		Begriffliche Erfassbarkeit	Erläuterungen
von	bis		
50 cm		Länge von kieferlosen Schleimaalen *Myxine glutinosa*	Heißen auch Nordatlantische Inger
50 cm		Erforderlicher Jahresniederschlag (Trockengrenze) für Maniok und Tabak	Als Wassersäule, 1 m = 1.000 Liter/m²
50 cm		Abschmelzdicke des arktischen Treibeises pro Jahr - Abschmelzen von oben her	Innerhalb von 2 bis 3 Sommermonaten
50 cm		Idealer Abstand von Grillgut zur Glut	Fleisch erst wenden sobald Saft hervortritt
50 cm		Größe von europäischen und argentinischen Feldhasen *Lepus europaeus*	Jäger nennen ihn den *Krummen*
50 cm		Wuchshöhe von Heidelbeer Halbsträuchern *Myrtilli fructus*	Extrakt wirkt adstringierend
50 cm		Länge von südafrikanischen Kapklippschiefern *Procavia capensis*	Verwandt mit Elefanten und Seekühen
50 cm		Detailgenauigkeit von Aufnahmen der WV1 und WV2 Spionagesatelliten	World View 1 und 2, Satelliten der USA
50 cm		Wuchshöhe von Kamille *Matricariae flos*	Wird als Arznei gegen Entzündungen verwendet
50 cm		Größe von Fadenrotalgen *Polysiphonia elongata*	Verbreitet in Europa und Neuenglandstaaten
50 cm		Differenzbetrag des Pazifik Meeresspiegels - am Westrand ist er 50 cm höher als am Ostrand	Durch Corioliseffekt
50 cm		Länge von Eichelwürmern *Balanoglossus clavigerus*	Evolutionäres Bindeglied Wirbellosen & Wirbeltier
50 cm		Anziehungskraft zweier Neodym Magneten bis zum Abstand von ...	Neodym ist kein Metall, sondern ein Lanthanoid
50 cm		Häufige Wurzeltiefe tropischer Bäume	
50 cm		Differenz des nationalen Nullpunktes von Frankreich im Abgleich zu Deutschland	Frankreichs N.N. liegt tiefer
50 cm		Differenz des nationalen Nullpunktes von Spanien im Abgleich zu Deutschland	Spaniens N.N. liegt tiefer
50 cm		Durchmesser von Glas- bzw. Gießkannenschwämmen *Euplectella aspergillum*	Fester Wohnsitz von Garnelenpärchen
50 cm		Wuchshöhe des Korianders *Coriandi fructus*	Stimuliert die Verdauung, Gewürz in Asiens Küche
50 cm		Detailgenauigkeit von Aufnahmen des Pléiades Spionagesatelliten	Für italienisch-französische Spionageangriffe
50 cm		Häufig empfohlener Handabstand zu glühender Grillkohle als Maß für gut grillbares Fleisch	Abstand haltbar für mindestens 10 bis 20 sek
50 cm		Darmlänge von Mäusen	
50 cm		Durchschnittliche Fließstrecke des Rheins pro Sekunde - im Jahresdurchschnitt	Gefälle des Rheins: 0,2 bis 0,5 ‰
50 cm		Durchmesser von Gemeinen Seesternen *Asterias rubens*	Häufiger Zangenstern mit fünf Armen
50 cm	70 cm	Wuchshöhe des Krautes Lein bzw. Flachs *Linum*	Samenernte aus Kulturen, Leinsamen, Leinöl
50 cm	> 80 cm	Länge der Maßeinheit 1 Elle im Sachsen des 19. Jahrhunderts	Gültige Maßeinheit bis 1871
50 cm	87 cm	Länge von nordostamerikanischen Kahlhechten *Amia calva*	Der Hecht hat keine Schuppen am Kopf
50 cm	1 m	Längen der Maßeinheit altdeutscher Schneiderellen zum Abmessen von Stoff	50 cm oder 1 m
50 cm	1 m	Maximaler Transportweg von Wärmestrahlung der Sonne in tiefere Bodenschichten	Je nach Temperatur und Wärmeleitfähigkeit
50 cm	1 m	Oberflächliche Auftaudicke von Permafrost im Frühsommer	In Taigazonen
50 cm	1 m	Mittlerer Jahresniederschlag in Trockensavannen	Als Wassersäule, 1 m = 1.000 Liter/m²

Ausdehnung		Begriffliche Erfassbarkeit	Erläuterungen
von	bis		
50 cm	1,25 m	Durchschnittliche Meereswellenhöhe gemäß Douglas-Skala 3 (slight)	Windunabhängige Dünung
50 cm	1,5 m	Reichweite von Frostverwitterung in mitteleuropäische Gesteine	
50 cm	2 m	Nervenbahn Leitungsstrecke nach langsamem Schmerz - pro Sekunde	In Muskelfasern vom Typus C
50 cm	2 m	Ausdehnung der Bodennahen Grenzschicht (Geiger-Schicht in der Klimatologie)	In Höhen über dem Boden von ...
50 cm	2 m	Ausdehnung von Tauchpflanzenzonen in Seen und Teichen	Hier ist Pflanzenwachstum möglich
50 cm	2 m	Größe eines Pedons (sechseckiger Pedosphären Ausschnitt bei Untersuchungen)	Bodenprofil unterhalb der Oberfläche
50 cm	9 m	Größe von Kraken	Die pazifischen Riesenkraken werden am größten
50 cm	120 m	Nervenimpuls Leitstrecke zu Nervenzellen - pro Sekunde	Bei einer Spannung von ca. 120 mV
50,7 cm		Durchschnittliche jährliche Evaporation in Europa - Wassersäule entspricht 5.320 km³	Verdunstung von unbewachsenen Landflächen
50,8 cm		Mittlerer Jahresniederschlag in Magdeburg/Sachsen-Anhalt	Als Wassersäule, 1 m = 1.000 Liter/m²
51,1 cm		Durchschnittliche jährliche Evaporation in Australien/Ozeanien	Wassersäule entspricht 4.570 km³
51,44 cm		Länge des Segelkundenmaßes 1 Meridiantertie	Der 60ste Teil einer Meridiansekunde
51,8616 cm		Länge der Maßeinheit 1 Nippur Elle im alten Mesopotamien - der global älteste Maßstab	> 4.500 Jahre alt, liegt in Istanbuler Museum
52 cm		Körperlänge des Buchautors bei seiner Geburt in Aachen	3,65 kg schwer
52,4 cm		Länge der Maßeinheit 1 Meh bzw. königliche Elle im alten Ägypten	Verwendung für Nil Hochwasserstand Meldung
52,7 cm	54 cm	Quer-Umfang eines Footballs - gemäß National Collegiate Athletic Association	Footballform: Australien & USA oval, Gaelic rund
53 cm		Länge der Maßeinheit 1 Elle im alten Babylonien und in der alten Kurpfalz	
53 cm	73 cm	Widerristhöhe von Boxer Hunden	
53,3 cm		Durchmesser von Torpedorohren des russischen atombetriebenen U-Bootes Projekt 941	160 Besatzung, 6 Torpedorohre
53,3 cm		Länge der alten marokkanischen Maßeinheit 1 Cubit	
53,3 cm	54,8	Länge der Maßeinheit 1 Elle im alten Perserreich	
53,5 cm		Mittlerer Jahresniederschlag in Moskau/Russland	Als Wassersäule, 1 m = 1.000 Liter/m²
53,799 cm		Länge der Maßeinheit 1 Elle im Riga des 19. Jahrhunderts	In dieser Zeit gehörte Riga/Lettland zu Russland
54 cm		Länge der Maßeinheit 1 Braccio da Panno in Parma und in der Toskana	In Italien
54 cm	67 cm	Standhöhe von Kolkraben	Sie leben auf der nördlichen Erdhalbkugel
54,04 cm		Länge der Maßeinheit 1 Elle im arabischen Raum	
54,1 cm		Länge der alten ägyptischen Maßeinheit 1 Pik Mekias	
54,17 cm		Länge der Maßeinheit 1 Elle im Kanton Bern/Schweiz des 19. Jahrhunderts	
54,7 cm		Länge der Maßeinheit 1 Elle im Frankfurt/Main des 19. Jahrhunderts	Städtische Maßeinheit bis 1871
55 cm		Maximale Flügelspannweite von europäischen und asiatischen Eichelhähern	

Ausdehnung		Begriffliche Erfassbarkeit	Erläuterungen
von	bis		
55 cm		Größe eines Feuchtnasenprimaten Schwarzweißer Varis *Lemur variegatus*	Lebt in Madagaskar
55 cm	61 cm	Typische Widerristhöhe von kroatischen Dalmatiner Hunden	
55 cm	62 cm	Typische Widerristhöhe von Airedale Terrierhunden	
55 cm	68 cm	Widerristhöhe von Deutschen Schäferhunden und Rottweiler Metzgerhunden	
56 cm		Mittlerer Jahresniederschlag in der Stadt Mainz/Rheinland-Pfalz	Als Wassersäule, 1 m = 1.000 Liter/m²
56,5 cm		Länge der Maßeinheit 1 Elle im Leipzig des 19. Jahrhunderts	Städtische Maßeinheit bis 1871
56,5 cm	69,5 cm	Länge der Maßeinheit 1 Elle im alten Brabant (Südliche Niederlande & Nordbelgien)	Je nach Quelle
56,638 cm		Länge der Maßeinheit 1 Elle im Dresden des 19. Jahrhunderts	Städtische Maßeinheit bis 1871
57 cm		Länge der Maßeinheit 1 Elle im Kassel des 19. Jahrhunderts	Städtische Maßeinheit bis 1871
57,31 cm		Länge der Maßeinheit 1 kurze Elle im Hamburg des 19. Jahrhunderts	Städtische Maßeinheit bis 1871
57,4 cm		Länge der Maßeinheit 1 kurze Elle im Homberg/Efze des 19. Jahrhunderts	Städtische Maßeinheit bis 1871
57,54 cm		Länge der Maßeinheit 1 Elle im Rostock des 19. Jahrhunderts	Städtische Maßeinheit bis 1871
57,6 cm		Maximale Kriechstrecke von Seesternen - pro Stunde	Sie leben immer auf dem Meeresboden
57,7 cm		Länge der Maßeinheit 1 Elle im Lübeck des 19. Jahrhunderts	Städtische Maßeinheit bis 1871
57,77 cm		Länge der alten ägyptischen Maßeinheit 1 Pik Beledi	
57,9 cm		Länge der Maßeinheit 1 Elle im Bremen des 19. Jahrhunderts	Städtische Maßeinheit bis 1871
58 cm		Maximale Flügelspannweite von Waldschnepfen Vögeln	400 g leicht
58 cm	62 cm	Quer-Umfang von Rugby Bällen	Sie sind oval, ebenso wie beim Australian Football
58,09 cm		Länge der Maßeinheit 1 Elle im Oldenburg des 19. Jahrhunderts	Städtische Maßeinheit bis 1871
58,1 cm		Mittlerer Jahresniederschlag in der Stadt Berlin	Fast identisch mit der Stadt London: 59,0 cm
58,1 cm		Länge der Maßeinheit 1 Elle im Stralsund des 19. Jahrhunderts	Städtische Maßeinheit bis 1871
58,4 cm		Länge der Maßeinheit 1 Elle im Hannover und Würzburg des 19. Jahrhunderts	Städtische Maßeinheiten bis 1871
58,652 cm		Länge der Maßeinheit 1 Barchent-Elle im Augsburg des 19. Jahrhunderts	Städtische Maßeinheit bis 1871
58,652 cm		Länge der Maßeinheit 1 Leinwand–Elle im Augsburg des 19. Jahrhunderts	Städtische Maßeinheit bis 1871
58,7 cm		Durchschnittliche jährliche Evaporation in Afrika - Wassersäule entspricht 17.700 km³	Verdunstung von unbewachsenen Landflächen
59 cm		Minimale Wuchshöhe von erwachsenen Menschen	Stand 2021
59 cm	70 cm	Widerristhöhe von Riesenschnauzer Hunden	
59 cm	72 cm	Widerristhöhe von Bluthunden	Die gut riechenden Tiere sterben in jungen Jahren
59,2 cm		Gegenwert von 2 römischen Pedes bzw. Fuß	Eine alte römische Maßeinheit
59,4 cm		Papierformat DIN A2 Höhe	

Ausdehnung		Begriffliche Erfassbarkeit	Erläuterungen
von	bis		
59,4 cm		Papierformat DIN A1 Breite	
59,3 cm		Länge der Maßeinheit 1 pražský loket (Prager Elle) im alten Tschechien	Maßeinheit zwischen 1268 und 1756
59,6 cm		Länge der Maßeinheit 1 łokieć Elle im alten Polen	In Warschau, Krakau, Lemberg
60 cm		Schnürsenkel Länge bei 3 oder 4 Lochpaaren	Für Schuhe, bei 3 Lochpaaren auch 45 cm
60 cm		Mittlerer Jahresniederschlag in Adana/Türkei	Als Wassersäule, 1 m = 1.000 Liter/m²
60 cm		Wuchshöhe des Halbstrauches Salbei *Salviae triloba*	Wird als beruhigende Arznei verwendet
60 cm		Auflösungsvermögen bzw. Detailgenauigkeit von Google Earth Weltraumbildern	60 cm x 60 cm
60 cm		Länge der Maßeinheit 1 Elle im Darmstadt und Karlsruhe des 19. Jahrhunderts	Städtische Maßeinheit bis 1871
60 cm		Zungenlänge von südamerikanischen Ameisenbären	Bei 1 bis 1,5 cm Breite
60 cm		Wurzeltiefe vom global vorkommenden Schwalbenwurz *Vincetoxicum hirundinaria*	Wird als Arznei gegen Erkältungen verwendet
60 cm		Länge der Schnecken *Semifusus spec.*	Sie sind die global längsten Schnecken
60 cm		Sprungweite von Flöhen	Rekord im Tierreich: 200-faches der Körperlänge
60 cm		Spurweite des 1.000 km langen Eisenbahnnetzes in Namibia/Südwestafrika	
60 cm		Länge von Badischen Riesenregenwürmern *Lumbricus badensis*	Sie werden bis zu 20 Jahre alt
60 cm		Erforderlicher Jahresniederschlag (Trockengrenze) für Tannen Bäume	Als Wassersäule, 1 m = 1.000 Liter/m²
60 cm		Körperlänge von Eichenmenschenaffen *Dryopithecus*	Sie lebten vor 9 bis 17 Millionen Jahren
60 cm		Größe von lateinameirkanischen Faultieren	5 kg schwer
60 cm		Wuchshöhe von Hauhechel Halbsträuchern *Ononidis radix*	Wurzelextrakt ist harntreibend
60 cm		Typische Widerristhöhe von Vorsteher Jagdhunden	Drahthaar, Spinone, Münsterländer, Epagneul
60 cm	70 cm	Rotbuchen haben ihre höchsten Wachstumsraten bei einer Regenmenge von ...	Pro Jahr und ab 7° C bis 8° C, als Wassersäule
60 cm	1 m	Wurzeltiefgang von Pflanzen auf tiefgründigen Böden	
60 cm	1,7 m	Maximale Wuchshöhe von Bilsenkraut *Hyoscyamus folium*	1,7 m im Extremfall
60,2 cm		Länge der Maßeinheit 1 alte hallische Elle im Halle/Saale des 19. Jahrhunderts	Städtische Maßeinheit bis 1871
60,4 cm		Mittlerer Jahresniederschlag in Frankfurt/Main	Als Wassersäule, 1 m = 1.000 Liter/m²
60,637 cm		Länge der Maßeinheit 1 Krämer-Elle im Augsburg des 19. Jahrhunderts	
60,958 cm	61,199 cm	Längen der Maßeinheit 1 Landmesser-Elle im alten russischen Liefland und Kurland	Ab 1821
60,96 cm	1,0414 m	Länge der alten asiatischen Maßeinheit 1 Guz bzw. Mogul Yard über die Jahrhunderte	Der Gegenwert schwankte erheblich
60,96 cm		Maximale Länge des vorderen Hornes von asiatischen Panzernashörnern	Gilt als die längste artbezogene Jagdtrophäe
61 cm		Länge von amphibischen Wurmwühlen *Caecilia sp.*	Auch südamerikanischer Schleichenlurch genannt
61 cm	66 cm	Typische Widerristhöhe von Langhaar Collie Hütehunden	

Ausdehnung		Begriffliche Erfassbarkeit	Erläuterungen
von	bis		
> 61 cm		Meereswellenhöhe bei Windstärke 3 (schwache Brise)	2 Fuss - erste Schaumbildung
61,04 cm		Länge der Maßeinheit 1 Elle im Kanton Zug in der Schweiz des 19. Jahrhunderts	
61,34 cm		Länge der Maßeinheit 1 Elle im Stuttgart und Württemberg des 19. Jahrhunderts	In Stuttgart Maßeinheit bis 1871
61,59 cm		Länge der Maßeinheit 1 Elle im Ravensburg des 19. Jahrhunderts	Städtische Maßeinheit bis 1871
62,8 cm		Wuchshöhe der kleinsten Frau der Welt (Stand 2013)	Inderin Jyoti Amge
63 cm		Maximale Flügelspannweite von europäischen Felsentauben	
63 cm	75 cm	Typische Widerristhöhe von Neufundländer Hunden	
63,4 cm		Länge der Maßeinheit 1 Brassio da Seta (Seiden-Elle) im alten Ferrara/Italien	
63,8 cm		Länge der alten ägyptischen Maßeinheit 1 Pik Hendaseh	
63,8 cm		Länge der alten arabischen Maßeinheit 1 Pik	Galt in Kreta, Aleppo/Syrien und Basra/Irak
64,2469 cm		Länge der Maßeinheit 1 Brassio corto (kurze Elle) im alten Ferrara/Italien	
64,4 cm		Mittlerer Jahresniederschlag in Wien und Palermo/Sizilien	
64,8991 cm		Länge der Maßeinheit 1 Brassio longo (lange Elle) im alten Ferrara/Italien	
65 cm	74 cm	Länge von Nilflösselhechten *Polypterus bichir*	Je nach Quelle, sie fressen Seebodenfische
65 cm	75 cm	Typische Widerristhöhe von Greyhound Hunden	
65 cm		Mächtigkeit (Dicke) von saisonaler Nachbeschneiung durch Kunstschnee auf Alpenpisten	Zusätzlich zur Grundbeschneiung
65,65 cm		Länge der Maßeinheit 1 Elle im Nürnberg des 19. Jahrhunderts	Städtische Maßeinheit bis 1871
66 cm		Durchmesser des größten multilayer-beschichteten extreme ultraviolet lithography Spiegels	EUV-Spiegel, für Halbleiterherstellung
66 cm		Länge der alten spanischen Maßeinheit 1 Cubit bzw. Covado	
66 cm		Wellenlänge des Tones Zweigestrichenes c'' bei 20 °C und trockener Luft	Frequenz: 523,25 Hz, wie Melodie von "Für Elise"
66,68 cm		Länge der Maßeinheit 1 Elle im Preußen und Berlin des 19. Jahrhunderts	Maßeinheit bis 1871
67 cm		Länge der Maßeinheit 1 Elle im Bamberg des 18. Jahrhunderts	Städtische Maßeinheit bis 1871
67,4 cm		Länge der Maßeinheit 1 Brassio da Panno (Wolle-Elle) im alten Ferrara/Italien	
67,7 cm		Länge der alten ägyptischen Maßeinheit 1 Pik Stambuli	
67,95 cm		Maximale Länge von Hörnern der afrikanischen Weißschwanzgnus	Gilt als die längste artbezogene Jagdtrophäe
68 cm		Größe von afrikanischen Chamäleons - Anpassung der Farbe nach Angst, Hunger & Kälte	Gefährdete Tierart - wegen Waldrodungen
68 cm	90 cm	Widerristhöhe von Bernhardiner Hunden	Gefährdete Tierart - wegen Qualzucht
68,1 cm		Länge der alten ägyptischen Maßeinheit 1 Pik Alexandria bzw. al-Iskandariyya	
68,58 cm		Länge der alten indischen Maßeinheit 1 Guz bzw. Mogul Yard	Das Maß galt nur in der Gegend von Mumbai
68,77 cm		Länge der Maßeinheit 1 lange Elle im Hamburg des 19. Jahrhunderts	Städtische Maßeinheit bis 1871

Hier spielt das Leben

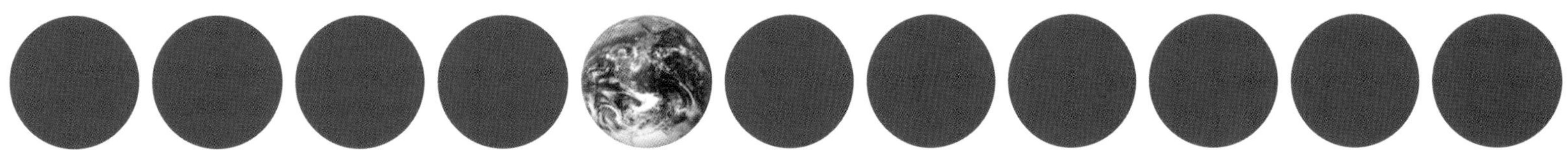

Von 70 Zentimeter bis 4 Meter

Ausdehnung		Begriffliche Erfassbarkeit	Erläuterungen
von	bis		
< 70 cm		Mächtigkeit (Dicke) der Sedimentdecke von klimabezeugenden Reliktböden (> 10.000 Jahre)	Ohne Sedimentüberlagerung
< 70 cm		Bodentiefe in der sich die Hauptwurzelmasse von Bergahorn Bäumen befindet	
70 cm		Armlänge von Schlangensternen *Gorgonocephalus stimpsoni*	Sie leben auf strömungsreichen Meeresböden
70 cm		Länge von neuseeländischen Tuataras bzw. Brückenechsen *Sphenodon punctatus*	Die letzte Vertreterart einer 250 MJ alten Ordnung
70 cm		Maximale Besiedelungstiefe des Gewässerhohlraumsystems *Hyporheisches Interstitial*	Hier leben zum Beispiel Cyclopoiden
70 cm		Zungenlänge von Riesenschuppentieren - ihre klebrige Zunge ist fast so lang wie ihr Körper	Sie leben im tropischen Afrika
70 cm		Maximale Flügelspannweite von Kiebitz Vögeln	
70 cm		Von Brust nach vorne gemessene Sphärengrenze (Aura) bei kulturell westlichen Menschen	Schema Intimsphäre, Privatsphäre, Sozialsphäre
70 cm		Länge von tropischen Stachelschweinen *Hystrix cristata*	Rodentia Nagetiere
70 cm		Länge von Maifischen bzw. Alsen *Alosa alosa*	FFH-Art in Rheinland-Pfalz
70 cm		Länge von Petersfischen *Zeus faber*	Andere Namen: Martinsfisch und Heringskönig
70 cm		Wuchshöhe von Ringelblumen *Calendulae officinalis*	Wird in Arzneien gegen Geschwüre verwendet
70 cm		Maximale Sprungweite von Waldmäusen	
70 cm		Länge von Schleien Fischen	2 kg schwer
70 cm	1,10 m	Normale Länge von Schwarzflossen-Thunfischen *Thunnus atlanticus*	Bis 20 kg, nicht vom Aussterben bedroht
> 70 cm		Mächtigkeit (Dicke) von Sedimentdecken fossiler Böden (> 10.000 Jahre)	Indikator für Landschaftsentwicklung eines Ortes
71 cm	75 cm	Länge der alten deutschen Maßeinheit 1 Schritt	Länge variiert je nach Fußlänge der Fürsten
71,1 cm		Länge der alten ostindischen Maßeinheit 1 Guz bozar	
72 cm		Höhe von Wicket Toren beim Cricket	
72,39 cm		Länge der alten indischen Maßeinheit 1 Guz bzw. Mogul Yard	Im Rajasthan des 17. Jahrhunderts
72,4 cm	73,7 cm	Umfang von Basketbällen für Wettkämpfe der Frauen	Größe 6
72,8 cm		Mittlerer Jahresniederschlag in Algier	Im nordafrikanischen Saharastaat Algerien
73 cm		Länge von Murmeltieren	8 kg schwer, sie leben in Höhenlagen & Steppen
74 cm		Länge der alten römischen Maßeinheit 1 Gradus bzw. Schritt bzw. Einzelschritt	2 Schritt ergeben einen Passus bzw. Doppelschritt
74 cm		Mittlerer Jahresniederschlag in Trier	In Rheinland-Pfalz
74 cm		Mittlerer Jahresniederschlag in Afrika	Entspricht einer Wassersäule mit 22.300 km³
74 cm		Mittlerer Jahresniederschlag in Asien	Entspricht einer Wassersäule mit 32.200 km³
74,9 cm	78 cm	Umfang von Basketbällen für Wettkämpfe der Männer	Größe 7
75 cm		Panzerlänge von Geierschildkröten	100 kg schwer
75 cm		Spurweite alter sächsischer Schmalspurbahnen	Streckennetz um 1920: Rund 500 Kilometer

Ausdehnung		Begriffliche Erfassbarkeit	Erläuterungen
von	bis		
75 cm		Länge der Maßeinheit 1 Braccio Elle im alten Kirchenstaat	In Rom und in Mittelitalien nordöstlich von Rom
75 cm		Maximale Flügelspannweite von Ringeltauben und Schwarzspechten	500 g bzw. 315 g leicht
75 cm		Länge von europäischen Glattnatter Schlangen	
75 cm		Schnürsenkel Länge bei 5 Lochpaaren	Für Schuhe
75 cm	80 cm	Kopf-Rumpflänge von russischen Barsoi Windhunden	Schnauze bis After
75 cm	90 cm	Kopf-Rumpflänge von Deutschen Doggen	Schnauze bis After
75,32 cm		Länge der alten preußischen Maßeinheit 1 Schritt in den Jahren 1857 bis 1872	Entspricht 2,4 rheinischen Fuß
75,4 cm		Mittlerer Jahresniederschlag in Lissabon/Portugal	
75,6 cm		Mittlerer Jahresniederschlag in Nordamerika	Entspricht einer Wassersäule mit 18.300 km^3
76 cm		Höhe der luftdruckmessenden Standard Quecksilbersäule auf Meeresspiegelhöhe (N.N.)	Für herrschenden Luftdruck auf der Erdoberfläche
76 cm		Maximale Flügelspannweite von Sperber Greifvögeln	Sperber wiegen erstaunlich wenig: < 300 Gramm
76 cm		Erforderlicher Jahresniederschlag (Trockengrenze) für Körnermais	Als Wassersäule, 1 m = 1.000 Liter/m^2
76 cm	79 cm	Umfang von Rugby Bällen	
76,7 cm		Länge der alten ägyptischen Maßeinheit 1 Pik Mehendaseh	Verwendung in der Architektur
77,6 cm		Länge der Maßeinheit 1 Wiener Tuchelle im Wien des 19. Jahrhunderts	
77,8 cm		Länge der Maßeinheit 1 Vídeňský sáh (Wiener Elle) in Tschechien	Maßeinheit zwischen 1756 und 1871
78 cm		Wellenlänge von Standard Kammertönen und Normalstimmtönen von Menschen	Frequenz: 440 Hz
79 cm		Mittlerer Jahresniederschlag in Europa	Entspricht 8.290 km^3 Wasser
79,1 cm		Mittlerer Jahresniederschlag in Australien/Ozeanien	Entspricht 7.080 km^3 Wasser
< 80 cm		Mächtigkeit (Dicke) von Humusschichten in Nadelholzwäldern	Tannen- und Kiefernwälder
80 cm		Länge von Perleidechsen und Kreuzotter Schlangen	Im westlichen Mittelmeerraum
80 cm		Maximale Länge von Hörnern der Auerochsen	Gilt als die längste artbezogene Jagdtrophäe
80 cm		Länge von Kabeljaus *Gadus morhua* im Alter von 5 Jahren	99,99 Prozent werden vorher gefangen, 5,3 kg
80 cm		Länge von afrikanischen Riesenschuppentieren *Manis gigantea*	Dient Leoparden als Leibspeise
80 cm		Mittlerer Jahresniederschlag auf der Erde - als Wassersäule	Entspricht 119.000 km^3 Wasser
80 cm		Historisch größtes Kanonenkaliber	Eisenbahngeschütze Dora & Gustav der Nazis
80 cm		Plasmabreite und -höhe im Kernfusionskraftwerk ASDEX Garching/Bayern	Seit 1991
80 cm		Größe von australischen Koalas	16 kg schwer
80 cm		Erforderlicher Jahresniederschlag (Trockengrenze) für Reis	Als Wassersäule, 1 m = 1.000 Liter/m^2
80 cm	1 m	Maximaler Transportweg von Wärmestrahlung in Böden der Mittelbreiten	Je nach Temperatur und Wärmeleitfähigkeit

Ausdehnung		Begriffliche Erfassbarkeit	Erläuterungen
von	bis		
80 cm	1 m	Schulterhöhe der ausgestorbenen sizilianischen Zwergelefanten *Elephas falconeri*	Nach der evolutionären Inselverzwergung
80 cm	1 m	Größe von Kormoran Vögeln *Phalacrocorax carbo*	In Schleswig-Holstein fressen sie ganze Seen leer
80 cm	5 m	Wurzeltiefe von Bergahorn Bäumen	Normal ist bis 1,5 m
80,3 cm		Mittlerer Jahresniederschlag in Deutschland	Nach Schwedt 1996, andere Quellen: 84,0 cm
81,1 cm		Länge der Maßeinheit 1 Elle im Regensburg des 19. Jahrhunderts	Städtische Maßeinheit bis 1871
82 cm		Schulterhöhe von Eichenmenschenaffen *Dryopithecus*	Lebten vor 9 bis 17 Millionen Jahren in Europa
83,3 cm		Länge der Maßeinheit 1 Elle im München des 19. Jahrhunderts	Städtische Maßeinheit bis 1871
83,5 cm		Länge der Maßeinheit 1 Vara bzw. 1 kastilische Elle	Altes Längenmaß in Kastilien/Spanien
83,6 cm		Mittlerer Jahresniederschlag in Rom/Italien	1,4 m im nordrhein-westfälischen Ort Rom
83,82 cm		Länge der alten indischen Maßeinheit 1 Guz bzw. Mogul Yard	Das Maß galt nur in der Gegend von Chennai
84,1 cm		Papierformat DIN A1 Höhe und DIN A0 Breite	
85 cm		Länge von Dachsen *Meles meles*	20 kg schwer
85 cm		Höhe von Siamang Gibbon Affen *Symphalangus syndactylus*	Sie leben in Sumatra und Malaysia
85 cm	1 m	Mittlerer Jahresniederschlag in Eifel und Hochwald	850 bis 1000 L/m²
87 cm		Länge von arktischen Vielfraßen und tropischen Nilhechten *Mormyrus rume*	
90 cm		Maximale Länge von Füchsen *Vulpini*	5 bis 15 kg schwer
90 cm		Spannweite von Sonnenblumen-Seesternen *Pycnopodia helianthoides*	Sie fressen Schlangensterne
90 cm		Maximale Wurfweite von Samen des Springschaumkrautes	Schleuderfrucht in laubigen Mischwäldern
90 cm		Erforderlicher Jahresniederschlag (Trockengrenze) für Arabica Kaffee	Als Wassersäule, 1 m = 1.000 Liter/m²
90 cm		Darmlänge von Schildkröten	
90 cm		Staudenwuchshöhe des Johanniskrauts *Hyperici herba*	Sein Extrakt wird als Antidepressivum verwendet
90 cm		Wuchshöhe von Pfefferminze *Mentha piperitae*	Wird gegen Blähungen verwendet
90 cm		Größe von Schimpansen *Pan troglodytes*	Sie leben im westlichen und zentralen Afrika
90 cm		Maximale Flügelspannweite von Saatkrähen	670 g leicht
90 cm	110 cm	Schnürsenkel Länge bei 6 Lochpaaren	90 cm oder 110 cm, für Schuhe
91 cm		Durchschnittliche jährliche Evaporation in Südamerika - Wassersäule entspricht 16.200 km³	Verdunstung von unbewachsenen Landflächen
91,4 cm		Maximales Kaliber fest montierter schwerer Mörsergeschütze	Steilfeuer Geschütz in Kriegen
91,4 cm		Netzhöhe beim Tennisspiel in der Spielfeldmitte	Gemäß internationaler Regeln
91,4 cm		Spurweite einiger Zuckerrohr Plantagen Eisenbahnen auf Kuba und in Indonesien	3 Fuß plus 3 Inch
91,44 cm		Länge der alten indischen Maßeinheit 1 Guz bzw. Moghul Yard	

Ausdehnung		Begriffliche Erfassbarkeit	Erläuterungen
von	bis		
91,44 cm		Länge der Maßeinheit 1 Yard	Nutzung: Cricket & Golfsport, GB, Kanada, USA
91,44 cm		Spurweite einiger britischer und US-amerikanischer Schmalspurbahnen	3 Fuß plus 3 Inch
91,5 cm	92,5 cm	Spurweite der alten Chemnitzer Straßenbahn - vor dem Umbau	In Sachsen
92,08 cm		Maximale Hörnerlänge von afrikanischen Impala Antilopen	Gilt als die längste artbezogene Jagdtrophäe
93,5 cm		Mittlerer Jahresniederschlag in München	Als Wassersäule, 1 m = 1.000 Liter/m²
93,9 cm		Länge der alten türkischen Maßeinheit 1 Guz bzw. Cubit	
95 cm	1,05 m	Widerristhöhe bzw. Stockmaß von Shetland Ponys	Bei Zuchtpferden
95 cm		Maximale Flügelspannweite von Schleiereulen	300 g bis 500 g leicht
95 cm		Spurweite italienisch-stämmiger Schmalspurbahnen und Eisenbahnen in Eritrea/Afrika	Italienische Meterspur
< 1 m		Sprunghöhe von Sandkörnern durch Windereignisse	
< 1 m		Länge der bandförmigen Thalli von Rotalgen in Meeren	Thallus ist Algensegment ohne Spross & Wurzel
1 m		Ein Meter = 1 m	0,001 Kilometer
1 m		Jährlicher mittlerer Höhenzuwachs von Schwarzpappel Bäumen	
1 m		Länge von Würfelnattern, Aalmolchen und großen Armmolchen	Eiablage: Molche im Wasser, Nattern auf Böden
1 m		Spurweite weltweiter Schmalspurbahnen und Straßenbahnen	Meterspur
1 m		Stranglänge der Mitochondrien-DNS bei afrikanischen Krallenfröschen *Xenopus Laevis*	Pro Zelle, 3 Milliarden Basenpaare
1 m		Bei einem Meeresspiegel Anstieg um ... wären rund 150 Millionen Menschen betroffen	Faustregel, Zahlen Stand 2013
1 m		Netzbreite im Volleyballspiel	
1 m		Spurweite weit verbreiteter Eisenbahnnetze in Südamerika, Ostafrika und Indien	Meterspur
1 m		Stranglänge der Mitochondrien-DNS bei Säugetieren und insbesondere dem Menschen	Pro Zelle
1 m		Maximale Wurfweite von Samen des Hundsveilchens	Schleuderfrucht, auf sauren Böden
1 m		Maximale Wurfweite von Samen des Gemswurzes *Doronicum decumbens*	Schleuderfrucht, auf feuchten Böden
1 m		Wuchshöhe vom Herzgespannkraut *Leonuri cardiacae herba*	Wird gegen nervöse Herzbeschwerden verwendet
1 m		Länge des Europäischen bzw. Atlantischen Störes *Acipenser sturio*	Vom Aussterben bedrohte Fischart
1 m		37 Prozent der Sonnenstrahlungsenergie reicht bis in Meerestiefen von ...	
1 m		Wuchshöhe der Staude Goldrutenkraut *Solidaginis herba*	Wird gegen Harnwegserkrankungen verwendet
1 m		Länge von Blutgefäßen pro Kubikzentimeter Haut eines Menschen	
1 m		Wurzeltiefe von Ackerwinden, Silberdisteln und Färberginster	
1 m		Durchschnittliche Abstandsstrecke von Grundwasser in sandigen Böden - pro Tag	Strecke pro Zeit = Abstandsgeschwindigkeit
1 m		Ursprünglich das Maß für ein Zehnmillionstel der Strecke vom Äquator bis zum Nordpol	

Ausdehnung		Begriffliche Erfassbarkeit	Erläuterungen
von	bis		
1 m		Wurzelstocklänge vom nordamerikanischen schildförmigen Fußblatt *Podophyllum peltati*	Andere Namen: Entenfuß und Maiapfel
1 m		Maximale Flügelspannweite von Aaskrähen und Waldkäuzen	600 g bzw. 500 g leicht
1 m		Bartenlänge von global vorkommenden Buckelwalen	Barten sind zahnähnliche Keratinplatten aus Horn
1 m		Größe von Auerhähnen *Tetrao urogallus*	Die Hühnervögel werden 4 bis 5 kg schwer
1 m		Höhe der ausgestorbenen Vögel *Dronte* bzw. *Dodo*	25 kg, lebte bis zum 17. Jahrhundert auf Mauritius
1 m		Länge der rheinland-pfälzischen FFH-Art Meerneunauge - die "Vampirfische" leben parasitär	Kein Wirbeltier hat mehr Chromosomen
1 m		Maximale Flügelspannweite von langschnabeligen Brachvögeln	Sie leben in feuchten Habitaten
1 m		Seitlicher Sicherheitsabstand im deutschen Straßenverkehr zu Autos und LKWs	Beim Überholen
1 m		Wuchshöhe des Odermennigkrautes *Agrimoniae herba*	Zeigt in Arzneien eine adstringierende Wirkung
1 m		Maximale Wuchshöhe vom Schöllkraut *Chelidonli herba*	Wird in Arzneien gegen Darmkrämpfe verwendet
1 m		Maximale Stoßzahn Länge von Walrossen	Normalerweise ca. 50 cm
1 m		Kopf-Rumpflänge von australischen Dingo Hunden	Schnauze bis After, wildlebende Tierart
1 m		Ermittlung der Feldkapazität erfolgt bis Bodentiefe von ...	Messung des pflanzenverfügbaren Bodenwassers
1 m		Körpergröße der Menschenaffenartigen *Sahelanthropus tschadensis*	Vor 7 Millionen Jahren
1 m		Länge vom Dorschfisch Schellfisch *Melanogrammus aeglefinus*	Bis 14 kg schwer
1 m		Wuchshöhe der Pflanze Senf *Sinapis alba*	Hilft in Arzneien gegen Gelenkerkrankungen
1 m		Formelbestandteil der Energie als physikalische Größe: ... mal 1 Newton ergibt 1 Joule	Einheit [J]
1 m		Formelbestandteil der Kraft als physikalische Größe: (... mal 1 kg) pro s^2 ergibt 1 Newton	Einheit [N]
1 m		Formelbestandteil der Geschwindigkeit als physikalische Größe: ... pro Sekunde	Formelzeichen: *v*
1 m		Formelbestandteil des Impulses als physikalische Größe: (... mal kg) pro Sekunde	Formelzeichen: Vektor von *p*
1 m		Formelbestandteil für elektrische Feldstärke als physikalische Größe: Volt pro ...	Formelzeichen: Vektor von E
1 m		Formelbestandteil für die Leistung als physikalische Größe: 1 m^2 mal 1 kg pro s^3	1 Watt
1 m		Formelbestandteil für das molare Volumen als chemische Größe: 1 m^3 pro mol	
1 m		Formelbestandteil für die Beschleunigung als physikalische Größe: ... pro s^2	Formelzeichen: *a*
1 m		Formelbestandteil für die physikalische Spannung: (1 m^2 mal 1 kg) pro (s^3 x Ampere)	1 Volt
1 m		Formelbestandteil der Stefan Boltzmann Konstante σ: W pro (m^2 mal K^4)	Physikalische Größe
1 m		Formelbestandteil der Dichte als physikalische Größe: kg pro 1 m^3	
1 m		Formelbestandteil des Drucks als physikalische Größe: 1 N pro 1 m^2	1 Pascal
1 m		Formelbestandteil der Fläche als physikalische Größe: 1 m^2	
1 m		Formelbestandteil der Oberflächenspannung: J pro m^2 oder N pro m (ΔW pro ΔA)	Auch Grenzflächenspannung

Ausdehnung		Begriffliche Erfassbarkeit	Erläuterungen
von	bis		
1 m		Formelbestandteil des Volumens als physikalische Größe: 1 m^3	
1 m		Formelbestandteil der Wärmestromdichte als physikalische Größe: W pro m^2	
1 m		Formelbestandteil des Widerstands als physikalische Größe: (1 m^2 x kg) pro (s^3 x A^2)	1 Ohm
1 m		Formelbestandteil der Solarkonstante als physikalische Größe: 1.367 Watt pro m^2	Sonnenbestrahlungsstärke
1 m		Formelbestandteil der Gravitationskonstante: 6,67 · 10^{-11} m^3 pro kg · s^2	Verknüpft Masse mit Gravitation
1 m		Formelbestandteil der elektrischen Feldkonstante: 8,854188 mal 10^{-12} mal C pro V mal ...	Für das Verhältnis Flussdichte zu Feldstärke
1 m		Formelbestandteil der Stromstärke: Bei ... Abstand zwischen zwei elektrischen Leitern	1 Ampère
1 m	1,4 m	Durchschnittliche jährliche Verdunstung im Ostpazifik, Südostasien und Brasilien	Als Wassersäule, 1 m = 1.000 Liter/m^2
1 m	1,4 m	Kopf-Rumpflänge von Wölfen	Schnauze bis After
1 m	1,5 m	Wegstrecke von Feinsand pro Sekunde im Wind bei Feinsandgeschwindigkeit I	Korndurchmesser bis 0,1 mm
1 m	1,5 m	Mittlerer Jahresniederschlag in Feuchtsavannen	Berühmte Feuchtsavanne: Die Serengeti in Afrika
1 m	2 m	Häufige Mächtigkeiten (Dicken) von Schwarzerde	Der humose Bodenhorizont
1 m	2 m	Täglicher Fließweg des Grundwassers in Böden des Stadtgebietes von Köln	In Nordrhein-Westfalen
1 m	3 m	Typische GPS-Genauigkeit bei aktivierten GPS-Korrektursystemen WAAS und EGNOS	± 1 m bis 3 m, wider ionosphärische Störungen
1 m	3 m	Wuchshöhe der Sprosse von Königskerzen *Verbasci flos*	Wird in Arzneien gegen Husten verwendet
1 m	4 m	Hörweite von Menschen bei mittelgradiger Schwerhörigkeit	Richtmaß
1 m	5 m	Länge von gepackten Trennsäulen in Gaschromatographen	Trennen von Substanzen in Chemischer Analytik
1 m	10 m	Kapillare Steighöhe in Schluffböden	So hoch steigt Bodenwasser ohne externe Kräfte
1 m	10 m	Wellenlänge von Ultrakurzwellen (VHF) für Polizeifunk, Flugfunk, Richtfunk und Rundfunk	Entspricht 30 bis 300 MHz
1 m	100 Millionen km	Messbereich bei elektrooptischen Laufzeitverfahren	Abstandsmessweg: Quelle-Reflektor-Quelle
> 1 m		Wurzeltiefgang von Pflanzen auf sehr tiefgründigen Böden	Verwitterte feinkörnige Böden ohne Gestein
> 1 m		Mächtigkeit (Dicke) von Terra Rossa Böden	Roterde
1,01 m		Mittlere weltweite Niederschlagsmenge pro Jahr	Als Wassersäule, 1 m = 1.000 Liter/m^2
1,011 m		Mittlerer Jahresniederschlag in Mailand/Italien	Als Wassersäule, 1 m = 1.000 Liter/m^2
1,05 m		Maximale Schulterhöhe von Zwergeseln	Per Definition
1,067 m		Spurweite von Kapspur Eisenbahnen im südlichen Afrika	Auch in Japan und Neuseeland
1,07 m		Netzhöhe beim Tennisspiel an den Spielfeldrändern	Gemäß internationaler Regeln
> 1,07 m		Meereswellenhöhe bei Windstärke 4 (mäßige Brise)	3,5 Fuss - überall Schaumköpfe
1,1 m		Länge von südamerikanischen Ameisenbären *Myrmecophaga tridactyla*	Manchmal töten Ameisenbären auch Menschen
1,1 m		Widerristhöhe bzw. Stockmaß von Onager Wildpferden	Sie leben im Iran

Ausdehnung		Begriffliche Erfassbarkeit	Erläuterungen
von	bis		
1,12 m		Mittlerer Jahresniederschlag in Schanghai/China	Als Wassersäule, 1 m = 1.000 Liter/m²
1,124 m		Maximale Länge von Hörnern der afrikanischen Elenantilopen	Gilt als die längste artbezogene Jagdtrophäe
1,14 m		Maximale Größe von afrikanischen Pavianen	54 kg schwer
1,14 m		Globaler Niederschlagsrekord bei einer Messdauer von 12 Stunden	1966 in Foc-Foc/Insel Réunion
1,143 m		Länge der Maßeinheit 1 ell (45 inch) im England des 19. Jahrhunderts	
1,153 m		Innendurchmesser der Gaspipeline *Nord Stream*	Von Russland bis Mecklenburg-Vorpommern
1,18 m		Maximale Flügelspannweite von Habicht Greifvögeln	
1,1826 m		Länge der Maßeinheit 1 Frankfurter Stab im 19. Jahrhundert	
1,188446 m		Länge der Maßeinheit 1 Aune de Paris (Pariser Elle) im 19. Jahrhundert	
1,18885 m		Länge der Maßeinheit 1 Pariser Stab im 19. Jahrhundert	
1,189 m		Papierformat DIN A 0 Höhe	
< 1,2 m		Sprungweite von Mauswieseln	6-faches der Körperlänge
1,2 m		Maximale Länge von Karpfen und Zander Fischen	30 kg bzw. 18 kg schwer
1,2 m		Zungenlänge von afrikanischen Chamäleon Reptilien	Bei Körpergröße von 65 cm
1,2 m		Maximale Länge von Hörnern der Nubischen Steinböcke	Nubien = Nilgegend in Ägypten und im Sudan
1,2 m		Länge von Euro-Paletten	120 x 80 cm
1,2 m		Wurzeltiefe von Glockenblumen	
1,2 m		Deichhöhen an deutscher Nordseeküste im Mittelalter zwischen den Jahren 1.000 & 1.250	Breiten 4 m, Schutz vor Sturmfluten
1,2 m		Maximale Länge von Wildkatzen	Lebensraum: Afrika, Europa und Asien
1,2 m		Darmlänge von Maulwürfen	
1,2 m		Maximale Wuchshöhe von Zitronenmelisse *Melissa officinalis*	
1,2 m	1,4 m	Wurzeltiefe von Rotbuchen Bäumen im Alter von 20 Jahren	
1,2 m	1,46 m	Widerristhöhe bzw. Stockmaß von zentralasiatischen Przewalski Wildpferden	
1,2 m	1,5 m	Wasserleitstrecke pro Stunde in Nadelbaum Tracheiden	Verholzte Wasserleitungszellen in Gefäßpflanzen
1,2 m	3,6 m	Grenzen des sozialen Raumes bzw. Wunsch nach Abstand kulturell westlicher Menschen	Nach Modell E.T. Hall
1,21 m	1,48 m	Widerristhöhe bzw. Stockmaß von Haflinger Zuchtpferden	Ein Haflinger war das erste geklonte Pferd
1,2192 m		Maximale Länge von Hörnern der afrikanischen Oryx Antilopen	Gilt als die längste artbezogene Jagdtrophäe
1,22 m		Breite der Trans Alaska Erdöl Pipeline	In den USA
1,22 m		Tor Höhe im Eishockey	
1,22 m	1,44 m	Widerristhöhe bzw. Stockmaß von englischen New Forest Ponys	Bei Zuchttieren

Ausdehnung		Begriffliche Erfassbarkeit	Erläuterungen
von	bis		
1,24 m		Widerristhöhe bzw. Stockmaß von englischen Exmoor Ponys	Bei Zuchttieren
1,241 m		Mittlerer Jahresniederschlag in Chennai/Indien	Bis 1996 hieß die Stadt Madras
1,25 m		Widerristhöhe bzw. Stockmaß von namibischen Hartmann Bergzebras	Bei Wildpferden
1,25 m		Maximale Panzerlänge von Riesenschildkröten auf den Seychellen/Indischer Ozean	250 kg schwer
1,25 m		Widerristhöhe bzw. Stockmaß von Rothirschen	
1,25 m		Sprungweite des nördlichen Grillenlaubfrosches *Acris crepitans*	Entspricht 36-fachem der Körperlänge
1,25 m		Maximale Flügelspannweite von Kolkraben	1.250 g leicht
1,25 m	2,5 m	Durchschnittliche Meereswellenhöhe gemäß Douglas-Skala 4 (moderate)	Windunabhängige Dünung
1,27 m		Maximales Stockmaß von K-Ponys bei deutschen Turnieren	K für Klein
1,27 m		Standardlänge von Canvasgeweben für Portraitmalerei in Größenskala *Halblänge*	Breite 1,02 m, in Großbritannien, 18. Jahrhundert
1,28 m	1,37 m	Stockmaß von M-Ponys bei deutschen Turnieren	M für Mittel
1,3 m		Bahnstrecke pro Sekunde von CD Tellern in CD Spielern	Lasertaster als Fixpunkt
1,3 m		Maximale Länge von ziegenantilopenartigen Gämsen	65 kg schwer
1,3 m		Maximale Höhe von Kaiserpinguinen	Sie leben in der Antarktis
1,3 m		Erforderlicher Jahresniederschlag (Trockengrenze) für Kokospalmen	Als Wassersäule, 1 m = 1.000 Liter/m²
1,3 m		Widerristhöhe bzw. Stockmaß von Kiang Wildpferden	Sie leben in Tibet
1,3 m		Erforderlicher Jahresniederschlag (Trockengrenze) für Kakao	Als Wassersäule, Anbau in den Tropen
1,3 m		Maximale Flügelspannweite von Auerhähnen *Tetrao urogallus*	Sie sind schlechte Flieger und gleiten gerne
1,3 m		Länge von Erdferkeln *Orycteropus afer*	Sie leben aussschließlich südlich der Sahara
1,3 m		Darmlänge von Ratten	
1,3 m	1,4 m	Widerristhöhe bzw. Stockmaß von Indianer Ponys	Gilt für Zuchtpferde, ursprünglich in den USA
1,3 m	2,5 m	Mittlerer Jahresniederschlag in tropischen Saisonwäldern	Als Wassersäule, entspricht 1.300 bis 2.500 L/m²
1,31 m		Wellenlänge des Tones Eingestrichenes c' bei 20° C und trockenen Räumen	Frequenz: 261,63 Hertz, die mittlere Tonlage
1,31 m		Wuchshöhe der Frühmenschen *Homo habilis* vor 2 Millionen Jahren	Man nennt sie auch die *befähigten* Menschen
1,35 m		Schalenlänge der Muscheln *Tridacna gigas*	Sie gelten als die global größten Muscheln
1,35 m		Widerristhöhe bzw. Stockmaß von südafrikanischen Quaggas Wildpferden	Ausgestorben seit Ende des 19. Jahrhunderts
1,35 m		Länge von Bibern	25 bis 30 kg, sie sind die zweitgrößten Nagetiere
1,35 m		Maximale Tiefe von Nichtschwimmerbecken	Gemäß FINA
1,35 m		Breite von Double Beds in Großbritannien und den USA	Im Durchschnitt, in USA double = full
1,35 m		Minimale Tiefe von Schwimmerbecken	Gemäß FINA

Ausdehnung		Begriffliche Erfassbarkeit	Erläuterungen
von	bis		
1,35 m	1,45 m	Widerristhöhe bzw. Stockmaß von Camargue Pferden	Gilt für Zuchtpferde, aus Camargue/Frankreich
1,359 m		Maximale Länge des vorderen Hornes von afrikanischen Spitzmaulnashörnern	Gilt als die längste artbezogene Jagdtrophäe
1,38 m		Wuchshöhe der menschenverwandten Vormenschen *Australopithecus africanus*	Sie lebten vor 2,7 Millionen Jahren
1,38 m	1,48 m	Stockmaß von G-Ponys bei deutschen Turnieren	G für Groß
1,4 m		Wuchshöhe der menschenverwandten Vormenschen *Kenyanthropus platyops*	Sie lebten vor 3,5 Millionen Jahren
1,4 m		Mittlerer Jahresniederschlag im Ort Lichtenberg/Oberbergischer Kreis	In Nordrhein-Westfalen, 1,4 m = 1.400 Liter/m²
1,4 m		Größe von Rehen	50 kg schwer
1,4 m		Länge von Weißen Thunfischen *Thunnus alalunga* in den Tropen und gemäßigten Ozeanen	60 kg schwer
1,4 m		Wuchshöhe der Frühmenschen *Paranthropus boisei* vor 1,8 Millionen Jahren	
1,4 m		Höhenunterschied des Meeresspiegels von Mittelmeer und Atlantik	Das Mittelmeer liegt niedriger
1,4 m		Widerristhöhe bzw. Stockmaß von ostafrikanischen Böhmzebras	Bei Wildpferden
1,4 m		Gängige Matratzenbreite französischer Doppelbetten	Bei 1,9 m Länge
1,4 m		Widerristhöhe bzw. Stockmaß von Somali Wildeseln	Sie leben in Somalia und Äthiopien
1,4 m		Widerristhöhe bzw. Stockmaß von norwegischen Fjordpferden	Gilt für Zuchtpferde, ursprünglich aus Norwegen
1,4 m		Widerristhöhe bzw. Stockmaß von Norweger Zuchtpferden	
1,4 m		Panzerlänge von Grünen Meeresschildkröten *Chelonia mydas*	Firma aus Frankfurt verkaufte sie in Suppenform
1,4 m		Maximale Flügelspannweite von Mäusebussarden	1,2 kg schwer
1,4 m		Erforderlicher Jahresniederschlag (Trockengrenze) für Zuckerrohr	Als Wassersäule, 1 m = 1.000 Liter/m²
1,4 m	2 m	Durchschnittliche jährliche Verdunstung am Arabischen Meer und im Indischen Ozean	Als Wassersäule, 1 m = 1.000 Liter/m²
1,42 m		Durchmesser der Erdgasleitung Turkmenistan-Afghanistan-Pakistan-Indien-Pipeline (TAPI)	Baubeginn war 2015
1,42 m		Standardlänge von Canvasgeweben für Portraitmalerei in Größenskala *Bischofs Halblänge*	Breite 1,12 m, in Großbritannien, 18. Jahrhundert
1,435 m		Nennmaß für Spurweiten regelspuriger Bahngleise in Deutschland	
1,435 m		Spurweite der Normalspur Eisenbahn in China und Nordamerika	Überwiegt zu fast 90 Prozent in EU-Ländern
1,44 m		Widerristhöhe bzw. Stockmaß von Zuchtponys	
1,44 m	1,55 m	Widerristhöhe bzw. Stockmaß von Araber Zuchtpferden	
1,4732 m		Maximale Hornlänge von Alpensteinböcken	Gilt als die längste artbezogene Jagdtrophäe
1,48 m		Länge der alten römischen Maßeinheit 1 Passus bzw. Doppelschritt	2 Passus ergeben 1 Pertica bzw. Rute
1,48 m		Maximales Stockmaß von Ponys laut Vorgaben der Fédération Equestre Internationale	Gilt für Turniere, größere Tiere sind Pferde
1,5 m		Wurzellänge von Lupinenbohnen	Beliebte Agrarpflanze für Luftstickstoffbindung
1,5 m		Schnürsenkel Länge bei 8 Lochpaaren	Für Schuhe

Ausdehnung		Begriffliche Erfassbarkeit	Erläuterungen
von	bis		
1,5 m		Länge von großen Hecht Raubfischen	70 kg schwer
1,5 m		Wuchshöhe der menschenverwandten Vormenschen *Australopithecus afarensis*	Sie lebten vor 3,3 Millionen Jahren
1,5 m		Maximale Länge von Lachsen	35 bis 40 kg schwer
1,5 m		Maximale Wurfweite von Samen des Stein-Storchschnabels *Geranium columbinum*	Schleuderfrucht aus Europa und Nordafrika
1,5 m		Maximale Wuchshöhe von unverholzten und bodennahen Krautschichten	Richtmaß in der Ökologie, z. B. Zwergsträucher
1,5 m		Länge von Riesensalamandern und Blindwühlen	Amphibien
1,5 m		Standhöhe von asiatischen Orang Utan Affen	100 kg schwer
1,5 m		Wurzeltiefe von Waldkiefern im Alter von 20 Jahren	
1,5 m		Seitlicher Sicherheitsabstand im deutschen Straßenverkehr zu Fahrrädern und Motorrädern	Beim Überholen
1,5 m		Maximale Wuchshöhe des indo-europäischen Wermutkrautes *Artemisia absinthium*	Hilft in Arzneien gegen Appetitlosigkeit
1,5 m		Länge von ausgewachsenen Leoparden und Wölfen	80 kg und 75 kg schwer
1,5 m		Wuchshöhe des Blühtriebes von Meerzwiebeln *Scillae bulbus*	Stark giftige Pflanze im Mittelmeerraum
1,5 m		Maximaler Brusthöhendurchmesser (BHD) von Waldkiefern	Normal 50 bis 80 cm
1,5 m		Typischer Tiefgang von Wikingerschiffen	In den Jahren 790 bis 1.066 nach Christus
1,5 m		Maximale Profiltiefe von Braunerde Böden	
1,5 m		Länge von Ringelnattern	Sie gehören zu den Reptilien
1,5 m		Erforderlicher Jahresniederschlag (Trockengrenze) für Kautschuk	Als Wassersäule, 1 m = 1.000 Liter/m^2
1,5 m		Erforderlicher Jahresniederschlag (Trockengrenze) für Ölpalmen	Als Wassersäule, 1 m = 1.000 Liter/m^2
1,5 m		Erforderlicher Jahresniederschlag (Trockengrenze) für Tee und Yams	Als Wassersäule, 1 m = 1.000 Liter/m^2
1,5 m		Höhe der ausgestorbenen Madagaskar Straußenvögel *Aepyornis*	400 kg schwer
1,5 m		Durchmesser der Seeanemonentiere *Stoichactis spec.*	Die global größte sechsstrahlige Korallenart
1,5 m		Länge von Rippenquallen *Cestus veneris*	Mangels Nesselzellen sind sie keine Quallen
1,50 m	1,55 m	Körpergröße der britischen Queen Victoria im 19. Jahrhundert	Verschiedene Quellangaben
1,5 m	7,6 m	Fluchtdistanz von Zuchtrindern	Bei Annäherung < ... reagieren Tiere mit Flucht
1,52 m	1,524 m	Spurweite der Russischen Breitspur Eisenbahn	Transsibirien, Mongolei, Finnland
1,524 m		Maximale Länge von Geweihen der nordamerikanischen Wapiti Hirsche	Gilt als die längste artbezogene Jagdtrophäe
1,524 m		Netzhöhe in der Spielfeldmitte beim Badminton	
1,53 m		Breite von Queen Size Betten in den USA	Im den meisten Fällen
1,53 m	2,00 m	Breite von King Size Betten	In Großbritannien 1,53 m, in den USA 2,00 m
1,538 m		Mittlerer Jahresniederschlag in Lagos/Nigeria	Als Wassersäule, 1 m = 1.000 Liter/m^2

Ausdehnung		Begriffliche Erfassbarkeit	Erläuterungen
von	bis		
1,54 m		Widerristhöhe bzw. Stockmaß von Anadalusier Zuchtpferden	
1,545 m		Mittlerer Jahresniederschlag in New Orleans/USA	
1,55 m		Wuchshöhe der Urmenschen *Homo rudolfensis*	Sie lebten vor 2,4 Millionen Jahren
1,55 m		Widerristhöhe bzw. Stockmaß von Lipizaner Zuchtpferden	Name stammt vom slowenischen Gestüt Lipica
1,55 m		Netzhöhe an den Pfosten beim Badminton	
1,55 m		Widerristhöhe bzw. Stockmaß von Grevy Zebras	Wildpferde aus Äthiopien und Kenia
1,5812 m		Maximale Länge des vorderen Hornes von afrikanischen Breitmaulnashörnern	Gilt als die längste artbezogene Jagdtrophäe
1,59 m		Körpergröße des britischen Formel 1 Managers Bernard Charles *Bernie* Ecclestone	
1,59 m		Durchmesser der größten Linse der größten Digitalkamera der Welt (Stand 2022)	Fertigung im US National Accelerator Labor
< 1,6 m		Mächtigkeit (Dicke) tonangereicherter Bodenhorizonte tropischer Nitisol Böden	Bodenhorizonte Ah Al Bt1 Bt2 BtC
1,6 m		Mittlerer Jahresniederschlag in Südamerika	Entspricht einer Wassersäule mit 28.400 km³
1,6 m		Höhe der roten Riesenkänguruhs Australiens	70 kg schwer
1,6 m		Wuchshöhe der Neandertaler Menschen	Sie lebten bis vor 27.000 Jahren, diverse Quellen
1,6 m		Spurweite der Irischen Breitspur Eisenbahn	Spurweite in Irland, Brasilien und Australien
1,6 m		Gängige Matratzenbreite französischer Doppelbetten	Bei 2 m Länge
1,6 m	1,7 m	Wegstrecke von Feinsand pro Sekunde im Wind bei Feinsandgeschwindigkeit II	Korndurchmesser bis 0,12 mm
1,6 m	1,8 m	Wurzeltiefe von Rotbuchen im Alter von 80 Jahren	Nur 40 cm Wuchs in den letzten 60 Jahren
1,6 m	3,3 m	Windstrecke pro Sekunde bei leichter Brise (im Gesicht leicht spürbar)	Windstärke 2
1,63 m		Widerristhöhe bzw. Stockmaß von Suffolk Kaltblut Zuchtpferden	Name stammt aus Suffolk/Großbritannien
1,63 m		Minimale Widerristhöhe bzw. minimales Stockmaß von Shire Stuten	Zuchtziel für die global größte Pferderasse
1,63 m		Körpergröße des Schauspielers Michael J. Fox	Er spielte im Kinofilm *Zurück in die Zukunft*
1,63 m	1,65 m	Widerristhöhe bzw. Stockmaß von Anglo-Araber Zuchtpferden	
1,6353 m		Maximale Länge der Hörner von afrikanischen Rappenantilopen	Gilt als die längste artbezogene Jagdtrophäe
1,638 m		Maximale Länge der Hörner von afrikanischen Kaffernbüffeln	Gilt als die längste artbezogene Jagdtrophäe
1,6383 m		Maximale Länge des unteren Eckzahns von afrikanischen Flusspferden	Gilt als die längste artbezogene Jagdtrophäe
1,65 m		Großer Plasmaradius - im Kernfusionskraftwerk ASDEX Garching/Bayern	Fusionsreaktor ASDEX macht Plasma seit 1991
1,65 m		Körpergröße des erwachsenen Schauspielers Daniel Radcliffe	Er spielte den *Harry Potter*
1,666 m		Länge der chinesischen Maßeinheit 1 Bu	Entspricht 5 chinesischen Fuß
1,668 m		Spurweite der Iberischen Breitspur Eisenbahn	Spanien, Portugal
1,676 m		Spurweite der Indischen Breitspur Eisenbahn	Südasien, Südamerika

Ausdehnung		Begriffliche Erfassbarkeit	Erläuterungen
von	bis		
1,68 m		Minimale Widerristhöhe bzw. minimales Stockmaß von Kaltblut Shire Wallachen	Zuchtziel für die global größte Pferderasse
1,68 m		Körpergröße des US-amerikanischen Schauspielers Elijah Wood	Im Kinofilm *Herr der Ringe* spielte er den Frodo
1,68 m		Körpergröße des französischen Kaisers Napoleon Bonaparte	5 Fuß + 2 Zoll + 3 Linien
1,6891 m		Maximale Länge von Hörnern der südafrikanischen Kudu Antilopen	Gilt als die längste artbezogene Jagdtrophäe
1,69 m		Soldaten Mindestgröße in der Armee Friedrichs des Großen	Regentschaft 1740 bis 1786
1,7 m		Maximale Flügelspannweite von Uhu Eulen	3,2 kg schwer
1,7 m		Länge von Steinböcken und südamerikanischen La Plata Delfinen *Pontoporia blainvillei*	150 kg bzw. 35 kg schwer
1,7 m		Standhöhe von afrikanischen Schimpansen	70 kg schwer
1,7 m		Durchschnittliche Wuchshöhe des Menschen *Homo sapiens*	
1,7 m		Mindestgröße für Mitgliedschaft in der Schutzstaffel (SS) der Nazis	
1,7 m		Maximale Wurzeltiefe von Pferdebohnen bzw. Dicken Bohnen *Vicia faba*	Agrar: Sie bringen Luftstickstoff (N2) in die Böden
1,7 m		Widerristhöhe bzw. Stockmaß von Kulan Wildpferden	Leben in Zentralasien
1,7 m		Darmlänge von Igeln	
1,7 m	3,2 m	Mittlerer Jahresniederschlag in feuchten Laubwäldern	Als Wassersäule, 1 m = 1.000 Liter/m²
1,703 m		Durchschnittsgröße von Deutschen im Jahre 2002	
1,705 m		Durchschnittsgröße von Deutschen im Jahre 2006	
1,713 m		Länge der Maßeinheit 1 Canna Elle im Mallorca des 19. Jahrhunderts	
1,73 m		Widerristhöhe bzw. Stockmaß von Clydesdale Kaltblut Zuchtpferden	Rasse taucht in Anheuser-Busch Werbespots auf
1,73 m		Minimale Widerristhöhe bzw. minimales Stockmaß von Shire (Deck-) Hengsten	Zuchtziel für die global größte Pferderasse
1,73 m		Höhe des Mittelpunktes von Dartscheiben - über dem Boden	Gemäß DEDSV, Dart ist ein Wurfpfeilspiel
1,73 m		Widerristhöhe bzw. Stockmaß von Percheron Kaltblut Zuchtpferden	Sie leben im Nordwesten Frankreichs
1,75 m		Standhöhe von ostafrikanischen Gorillas	275 kg schwer
1,75 m		Länge großer Meerechsen auf den Galápagos-Inseln	
1,75 m		Maximale Flügelspannweite von Mantelmöwen *Larus marinus*	2,2 kg schwer, die global größten Möwen
1,7512 m		Länge der alten Maßeinheit 1 bayerischer Klafter	
1,8 m		Fallstrecke pro Sekunde eines 1 mm großen Regentropfens	
1,8 m		Schnürsenkel Länge bei 9 Lochpaaren	Für Schuhe
1,8 m		Länge von Knochenhechten *Lepisosteus osseus*	Sie leben in den Gewässern der USA
1,8 m		Darmlänge von Hühnern	
1,8 m		Gesamte Stranglänge der DNS in jeder menschlichen Zelle	

Ausdehnung		Begriffliche Erfassbarkeit	Erläuterungen
von	bis		
1,8 m		Maximale Flügelspannweite von atlantischen Basstölpel Vögeln	Sie leben auch in Karibik und im Mittelmeerraum
1,8 m		Reichweite von radioaktiver Beta Strahlung	Durchdringt Papier, aber keine Aluminiumfolie
1,8 m		Standhöhe neugeborener afrikanischer Giraffen	
1,8 m		Länge von großen Äskulapnattern *Zamenis longissimus*	Diese ungiftigen Schlangen leben in Europa
1,8 m		Länge des lebenden Lungenfisch Fossils *Neoceratodus forsteri*	50 kg schwer, sie leben in Australien
1,8 m		Länge ausgewachsener großer Wildschweine *Sus scrofa*	350 kg schwer
1,8 m^2	2 m^2	Oberfläche eines Menschen - in m^2 Haut	Angabe in Meter mal Meter
1,8 m	3 m	Individualdistanz von Pferden	Vergleichbar mit der Intimzone von Menschen
1,8 m	3,3 m	Wegstrecke von Staub pro Sekunde im Wind bei Staubgeschwindigkeit III	Korndurchmesser bis 0,25 mm
1,813 m		Mittlerer Jahresniederschlag in Mumbai/Indien	Als Wassersäule, Mumbai hieß früher Bombay
1,82 m		Maximale Widerristhöhe bzw. Stockmaß von Great Horse Schlachtrössern im Mittelalter	
1,825 m		Niederschlagsrekord für die Messdauer von 24 Stunden - als Wassersäule	1966 in Foc-Foc/Réunion
1,8288 m		Länge von 2 Yards bzw. 6 Fuß bzw. 72 inches	
1,8288 m		Länge der Maßeinheit 1 Nautischer Faden bzw. Klafter bzw. Fathom (fm)	Alte Seekarten gaben Wassertiefen in Faden an
1,8288 m		Altes Orientierungsmaß für die Spannweite zweier Arme eines ausgewachsenen Mannes	6 Fuß
1,83 m		Meereswellenhöhe bei Windstärke 5 (frische Brise) - mindestens ...	6 Fuß
1,83 m		Torbreite beim Eishockey	
1,84 m		Stärkster weltweiter Monatsniederschlag bei indischen Monsun Regenereignissen	Als Wassersäule, 1 m = 1.000 Liter/m^2
1,88 m		Länge der alten Maßeinheit 1 preußischer Klafter	
1,8965 m		Länge der alten Maßeinheit 1 österreichischer Klafter	
1,9 m		Mittlere Kopf Rumpf Länge von männlichen Löwen	250 kg schwer
1,9 m		Wurzeltiefe von Sommerweizen	
1,92 m		Körpergröße von Kaiser Karl dem Großen - bei seinem Tod im Jahre 814	Sein Grab wurde geöffnet und die Größe bestätigt
1,9749 m		Maximale Länge von Hörnern der asiatischen Wasserbüffel	Gilt als die längste artbezogene Jagdtrophäe
< 2 m		Torfschichten Dicke in Niedersachsen	Zum Beispiel im Wiesmoor
< 2 m	10 m	Fluchtdistanz von Türkentauben	Bei Annäherung < ... reagieren Tiere mit Flucht
< 2 m		Sprungweite von Ochsenfröschen	10-faches der Körperlänge
< 2 m		Sprungweite von Heuschrecken	30-faches der Körperlänge
< 2 m		Sprungweite von Springfröschen	33-faches der Körperlänge
< 2 m		Verlegungstiefen von Gräben für Strom Erdkabel	

Ausdehnung		Begriffliche Erfassbarkeit	Erläuterungen
von	bis		
< 2 m		Tiefe von Trockenrissen in zyklisch quellenden und schrupfenden Böden (Peloturbation)	Mulchung durch Smectitquellung
< 2 m		Tiefen des Bodenhorizontes A_H	Auch Ah, humoser Bodenhorizont Oberboden A
2 m		Länge eines vollausgeklappten Zollstocks	
2 m		Gesamter Nasenhaarwuchs während eines durchschnittlichen Menschenlebens	
2 m		Durchmesser von Schwämmen *Sphecio spongia*	Leben im Pazifik und Atlantik
2 m		Fließstrecke des Rheins bei Hochwasser - pro Sekunde	Gefälle des Rheins: 0,2 bis 0,5 ‰
2 m		Mögliche Ausdehnung von Moostierchenkolonien *Pectinatella gelatinosa*	An Schilfgürteln von Seen, als Überzug von Ästen
2 m		Häufige Länge von Seehunden	100 kg schwer
2 m		Nesttiefe von atlantischen Schwarzschnabel Sturmtauchern	Diese Vögel nisten in Erdhöhlen
2 m		Länge von afrikanischen Streifengnus *Connochaetes taurinus taurinus*	Gnus sind Antilopen
2 m		Wettermessungen geschehen in einer Höhe von ...	Weiter unten ist zu viel Luftreibung
2 m		Häufiger Durchmesser von großen Tiefland Regenwald Baumstämmen	In Zentralafrika, Asien und Südamerika
2 m		Maximale Länge von Linealen im Maschinenbau	
2 m		Seitlicher Sicherheitsabstand im Straßenverkehr zu wartenden Bussen	Beim Überholen
2 m		Wurzeltiefe von Roggen Getreidepflanzen	
2 m		Maximale Kantenlänge von Schleppnetzen für die nicht erwerbsmäßige Fischerei	In Niedersachsen gemäß NKüFischO
2 m		Wegstrecke des Kontinentaldrifts von Europa und Nordamerika - nach 80 Jahren	Die Kontinente wandern auf ihren Platten
2 m		Länge von Quallen *Cyanea arctica*	Sie sind die größten Hohltiere der Scyphozoen
2 m		Maximalwert für die Tiefe von Böden in Deutschland	> 2 m befindet sich das (Ausgangs-) Gestein
2 m		Eissturmvögel spucken ihr gelbes Magenöl bis zu einer Weite von ...	Sie leben in kalten Gegenden der Nordhalbkugel
2 m		Wuchshöhe des Strauches Rosmarin *Rosmarinus officinalis*	Rosmarin wird bei niedrigem Blutdruck verwendet
2 m		Länge der Komoren Quastenflosser Knochenfische *Latimeria chalumnae*	52 kg, sie leben im südwestlichen Indischen Ozean
2 m		Maximale Eispanzerdicke die das atombetriebene U-Boot Projekt 941 durchbrechen kann	Das russische U-Boot hat 160 Mann Besatzung
2 m		Auflösung bzw. Detailgenauigkeit von Orthofoto Luftbildern in Bayern	Orthofotos zeigen Erdbilder mit echten Distanzen
2 m		Wuchshöhe des Doldengewächses Liebstöckl *Levistici radix*	Hat in Arzneien eine spasmolytische Wirkung
2 m		Höhenzunahme der Grand Teton Gebirgskette in den USA seit > 9 Millionen Jahren	Im Durchschnitt bei jedem Erdbebenereignis
2 m		Länge der Seewalzen Stachelhäutertiere *Synapta maculata*	Bei Durchmesser 5 cm
2 m		Auskolkung auf Nordsee Meeresboden an Forschungsplattform FINO 1	Kolk = Strudeltopf als Erosionserscheinung
2 m	3 m	Maximaler Tidenhub an der deutschen Nordseeküste	Zeitabhängige Veränderung des Wasserstandes
2 m	3 m	Wuchshöhe von japanischen Palmfarnen *Cycas revoluta*	Cycas gelten als lebende Fossilie

Ausdehnung		Begriffliche Erfassbarkeit	Erläuterungen
von	bis		
2 m	3 m	Länge der ausgestorbenen Schildkröten *Colossochelys atlas*	11 Millionen Jahre lang lebten sie in Asien
2 m	3 m	Eindringtiefe von nuklearen Bunkerbrechern in gefrorene Böden	Bei Abwurf aus 12.000 Metern
2 m	100 m	Durchmesser von Dolinen ("Löcher im Käse" von Karstlandschaften)	Fläche 0,17 bis 160.000 m², Tiefe bis max. 100 m
> 2 m		Durchschnittliche jährliche Verdunstung auf den westlichen Azoren und auf den Bermudas	Als Wassersäule, 1 m = 1.000 Liter/m²
> 2 m		Durchschnittliche jährliche Verdunstung im südlichen Indischen Ozean	Als Wassersäule, 1 m = 1.000 Liter/m²
> 2 m		Durchschnittliche jährliche Verdunstung im südjapananischen Meer	Als Wassersäule, 1 m = 1.000 Liter/m²
> 2 m		Eisdicke über dem Meeresspiegel für Definition von Schelfeis	
2,1 m		Darmlänge von Katzen	
2,1 m		Wurzeltiefe von Erbsen, Rotklee und weißen Lupinenbohnen	Agrar: Sie bringen Luftstickstoff (N2) in die Böden
2,1 m		Größe von südamerikanischen Okapi Waldgiraffen *Okapia johnstoni*	Ruminantia Wiederkäuer
2,15 m		Maximale Flügelspannweite von eurasischen Kaiseradlern	
2,19 m		Höchstes bei Pferden jemals gemessene Widerristhöhe bzw. gemessenes Stockmaß	Bei einem Kaltblut Pferd der Rasse Shire
2,2 m		Durchmesser der Polypen *Branciocerianthus imperialis*	Sie sind die größten Hohltiere der Hydrozoen
2,2 m		Maximale Kopf-Rumpf-Länge von Rentieren *Rangifer tarandus*	315 kg schwer
2,2 m		Länge von großen Vertretern des Grünen Leguans	Sie leben in Mittelamerika und Südamerika
2,2 m		Maximale Flügelspannweite von Störchen	4 kg schwer
2,24 m		Netzhöhe beim Volleyball	Für den weiblichen Turniersport
2,25 m		Maximale Länge von nordaustralischen Taipan Giftnattern *Oxyuranus scutellatus*	Eine der giftigsten Schlangen weltweit
2,3 m		Maximale Flügelspannweite von Steinadlern	6 kg schwer
2,3 m		Niederschlagsrekord Schneemenge für die Messdauer von 24 Stunden	Als Schneesäule, 1927 auf Mount Ibuki /Japan
2,3 m		Differenz des nationalen Nullpunktes von Belgien im Abgleich zu Deutschland	Belgiens N.N. liegt tiefer
2,37 m		Horizontaler Abstand der Wurflinie (Oche) bis zur Dartscheibe	Für Steel Darts, Dart ist ein Wurfpfeilspiel
2,38 m		Länge des 120.000 Jahre alten Eibenholz Spießes von Lehringen/Niedersachsen	Gefunden im Skelett eines Waldelefanten
2,4 m		Maximale Flügelspannweite von eurasischen Gänsegeiern	8,2 kg schwer
2,4 m		Maximale Flügelspannweite von männlichen Großtrappen Vögeln	22 kg schwer, Weibchen nur 5 kg schwer
2,4 m	4,4 m	Mittlerer Jahresniederschlag in tropischen Regenwäldern	Als Wassersäule, 1 m = 1.000 Liter/m²
2,43 m		Netzhöhe beim Volleyball	Für den männlichen Turniersport
2,44 m		Horizontaler Abstand der Wurflinie (Oche) bis zur Dartscheibe	Für Soft Darts, Dart ist ein Wurfpfeilspiel
2,44 m		Tor Höhe auf Fußballfeldern	In Deutschland gemäß DIN 7900
2,5 m		Länge der Großaugen Thunfische *Thunnus obesus*	210 kg schwer, sie gelten als massiv überfischt

Ausdehnung		Begriffliche Erfassbarkeit	Erläuterungen
von	bis		
2,5 m		Größe des ausgestorbenen *Arthropleura* als jemals größten Gliederfüßers	Lebte vor 180 Millionen Jahren
2,5 m		Sprungweite von Springmäusen	15-faches der Körperlänge
2,5 m		Sporen Reichweite der Pillenwerfer Pilze *Pilobolus*	Das Raktengeschoss in der Biologie wirft Sporen
2,5 m		Maximale Wurfweite von Samen des Sumpf-Storchschnabels	Schleuderfrucht
2,5 m		Länge von zentralaustralischen Inlandtaipans *Oxyuranus microlepidotus*	Sie gilt als 50 mal giftiger als die Indische Kobra
2,5 m		Plasmabreite im Kernfusionskraftwerk Joint European Torus (JET) Culham/England	Plasmaerzeugung seit 1983
2,5 m		Spannweite des gewöhnlichen Stechrochens *Dasyatis pastinaca*	Sie halten sich auf Böden des Mittelmeeres auf
2,5 m		Erosion des Rhein Flussbettes bei Duisburg in den letzten 100 Jahren	Gleichzeitig sinkt der Grundwasserspiegel
2,5 m		Länge von global verbreiteten Eichelwürmern *Balanoglossus gigas*	Evolutionsbrücke zwischen Wirbeltieren & -losen
2,5 m		Maximale Panzerlänge von global verbreiteten Lederschildkröten	Sie wiegen bis zu 950 kg
2,5 m	4 m	Durchschnittliche Meereswellenhöhe gemäß Douglas-Skala 5 (rough)	Windunabhängige Dünung
2,5 m	9 m	Wurzeltiefe von Waldkiefern ab einem Alter von 20 Jahren	
2,506 m		Mittlerer Jahresniederschlag in Goa/Indien	Als Wassersäule, 1 m = 1.000 Liter/m²
2,55 m		Maximale Flügelspannweite von Seeadlern	6,7 kg schwer
2,58 m		Maximale Länge von Diamantklapperschlangen im Südosten der USA	Die allerlängste Schlange hatte dieses Maß
2,6 m		Maximale Flügelspannweite von Höckerschwänen	
2,6 m		Wurzeltiefe von Gerste und Hafer Getreidepflanzen	
2,6 m		Kabinenbreite der Flugzeuge Bombardier CRJ900 und CRJ700	Modelle Deutsche Lufthansa
2,62 m		Wellenlänge des Tones Kleines c bei 20° und trockenen Räumen	Frequenz: 130,81 Hertz, think Mondscheinsonate
2,65 m		Maximale Kopf-Rumpf-Länge von Rothirschen	340 kg, normale Männchen sind rund 2 m lang
2,667 m		Maximale Länge von Stoßzähnen der indischen Elefanten	Anhaltspunkt ist längste Jagdtrophäe mit 73 kg
2,7 m		Standhöhe des afrikanischen Vogel Strauß	Sie sind die global größten Vögel
2,7 m		Länge von südamerikanischen Brillenkaimanen *Caiman yacare*	Diese Alligatoren werden bis zu 60 kg schwer
2,7 m		Kabinenbreite der Flugzeuge Embraer 190 und 195	Modelle Deutsche Lufthansa
2,7 m	4,5 m	Maximale Länge der Amazonas Süßwasserfische Paiche *Arapaima gigas*	Verschiedene Quellen
2,72 cm		Maximale Wuchshöhe von Menschen	Der US-Bürger Robert P. Wadlow wurde so groß
2,77 m		Maximaler Brusthöhendurchmesser (BHD) von Bergahorn Bäumen	Baum nähe Elmau-Alm, Baumumfang 8,7 m
2,79 m		Typischer Radstand von VW Passat Fahrzeugen	Im Jahre 2014
2,8 m		Sprungweite von Füchsen	4,3-faches der Körperlänge
2,8 m		Länge der ausgestorbenen Höhlenbären *Ursus spelaeus*	Sie lebten in Europa

Ausdehnung		Begriffliche Erfassbarkeit	Erläuterungen
von	bis		
2,8 m		Durchschnittliche Kopf-Rumpf-Länge von Dromedaren *Camelus dromedarius*	Sie können bis zu 3,5 m lang werden
2,8 m		Wurzeltiefe von Winterweizen Getreidepflanzen	
2,83 m^3		Volumen der alten nautischen Maßeinheit 1 Registertonne	100 $feet^3$, als Meter mal Meter mal Meter
2,87 m		Maximale Flügelspannweite von asiatischen Mönchsgeiern	14 kg schwer
2,9 m		Meereswellenhöhe bei Windstärke 6 (starker Wind) - mindestens ...	9,5 Fuss
2,9 m		Wurzeltiefe von Winterraps Pflanzen	
2,9 m		Dicke eines gedachten erdumspannenden Gürtels von Kohlendioxid (CO2)	Dieser Gürtel enthielte alles CO2 in der Luft
2,9 m		Maximaler Brusthöhendurchmesser (BHD) von Rotbuchen	
2,9 m		Maximale Flügelspannweite von südamerikanischen Kondor Geiern	11,3 kg schwer
2,96 m		Länge der alten römischen Maßeinheit 1 Pertica bzw. Rute	12 Ruten ergeben einen Arpent bzw. Actus
2,96 m		Großer Plasmaradius im Kernfusionskraftwerk Joint European Torus (JET) Culham/England	Plasmaerzeugung seit 1983
< 3 m		Rotbuchen Wurzeltiefe auf Sandböden	
< 3 m		Sprunghöhe von Lachs Fischen	
3 m		Detailgenauigkeit von Open Street Map (OSM) Luftbilddaten	Bilder der Erde
3 m		Die obersten 3 m der Meeresoberfläche nehmen ... mehr Sonnenenergie auf ...	... als die gesamte Atmosphäre
3 m		Magnetfeld Reichweite von Kryomagneten in NMRs oder MRTs	cryo = kalt, kalte Magneten sind magnetischer
3 m		Länge von mediterranen Conger Meeraalen und asiatischen Tigern	70 kg und 350 kg schwer
3 m		Länge von australischen Vielborster Ringelwürmern *Eunice gigantea*	
3 m		Maximale Sprungweite des zentralamerikanischen Rennkuckucks	Bekannt aus *Roadrunner* Comics: "meep meep"
3 m		Maximaler Durchmesser von südamerikanischen Victoria Riesenseerosen *Nymphaeaceae*	
3 m		Wuchshöhe der Kreuzdornbeere *Rhamni cathartici fructus*	Wird in Arzneien gegen Verstopfung verwendet
3 m		Länge von australischen Ringelwürmern *Megascolides australis*	Sie gehören zu den Wenigborstern
3 m		Länge von Barrakuda Fischen und asiatischen Wasserbüffeln	50 kg und 1.000 kg schwer
3 m		Maximale Wuchshöhe der asiatischen Riesenaffen *Gigantopithecus*	500 kg, die größte jemals vorkommende Affenart
3 m		Wuchshöhe von afrikanischen Myrrhe Balsambäumen *Commiphora myrrha*	Nutzung als Schleimhautentzündungsarznei
3 m		Wasserschicht Dicke in Ozeanen mit gleicher Wärmekapazität ...	... wie die gesamte Erdatmosphäre
3 m		Länge von bolivianischen Flussdelfinen und indonesischen Komodowaranen	160 kg und 165 kg schwer
3 m		Maximale Spannweite von afrikanischen Marabu Storchvögeln	5 kg schwer
3 m		Jährliches Wachstum von verdickten Pilzmyzel Strängen in Waldböden	Es sind Rhizomorphe einiger Ständerpilze
3 m		Wellenlänge von UKW Strahlung die bei Kindern eine hohe Resonanz erzeugt	100 MHz, Quelle: Bundesamt für Strahlenschutz

Ausdehnung		Begriffliche Erfassbarkeit	Erläuterungen
von	bis		
3 m		Wuchshöhe des Strauches Schlehdorn *Pruni spinosae*	Wird In Arzneien als Adstringens verwendet
3 m		Länge der ausgestorbenen Süßwasserhaie *Xenacanthus*	Sie lebsten vor 290 MJ im heutigen Deutschland
3 m		Größe von ozeanischen Mondfischen sowie nordamerikanischen Bisons und Grizzlybären	900 kg, 1.000 kg und 1.200 kg schwer
3 m		Maximaler Höhenunterschied von Inseln und Umgebung im Okavango Delta	In Botswana/Afrika
3 m		Länge der im Jahre 1627 ausgestorbenen Ur Auerochsen	1.500 kg schwer, der letzte Ur lebte in Polen
3 m		Netzabstand der Angriffslinien auf Volleyball Spielfeldern	
3 m	4 m	Durchschnittliche Mächtigkeit (Dicke) von Torfschichten in Estland	In Nordosteuropa
3 m	4 m	Länge von Brennstäben in Atomkraftwerken	Durchmesser < 1 cm
3 m	4 m	Mittlere Dicke von arktischem Treibeis	
3 m	4 m	Maximallänge von Baumkurren für die nicht erwerbsmäßige Fischerei	In Niedersachsen gemäß NKüFischO
3 m	5 m	Typische Ortsbestimmungsgenauigkeit von Differential GPS (DGPS) Systemen	± 3 bis 5 Meter, basiert auf 24 Satelliten & 6 Orbits
3 m	5 m	Länge von geodätischen Nivellierlatten	Nutzung bei der Vermessung der Erdoberfläche
3 m	7 m	Länge von Schweinebandwürmern	Breite 7 mm
3 m	8 m	Maximale Tiefe von Wurzelsystemen bei Weinreben	Nach Smart et al. 2006
3 m	8 m	Schichtablagerungsdicke riftvulkanischer Magmakammern	
3 m	9 m	Meerestiefe im Kaspischen Meer am Punkt des Kashagan Ölfeldes	Das Öl wird allerdings in 4.500 m Tiefe gefördert
> 3 m		Länge von nordatlantischen Heringshaien *Lamna nasus*	Aus ihnen kocht man Haifischflossensuppe
3,05 m		Korbhöhe auf Basketballfeldern	
3,05 m		Breite des zentralen Spielfeldbereiches Pitch auf Spielfeldern der Sportart Cricket	Hier spielt beim Cricket die Musik
3,1 m		Maximale Kopf-Rumpf-Länge von nordischen Elch Hirschen	800 kg schwer
3,1 m		Länge von arktischen Walrossen *Odobaenus rosmarus*	Männchen bis 1.200 kg schwer
3,2 m		Deichhöhen an Deutschlands Nordseeküste zwischen 1362 und 1510	Breiten 12 m, Schutz vor Sturmfluten
3,3 m		Maximaler Stammumfang von Waldkiefern in Schottland	
3,4 m		Größe von arktischen Eisbären	1.000 kg schwer, es gibt noch rund 25.000 Tiere
3,4 m		Deichhöhen an Deutschlands Nordseeküste zwischen 1511 und 1682	Breiten 13 m, Schutz vor Sturmfluten
3,4 m		Maximale Größe von global verbreiteten aber vom Aussterben bedrohten Sandtigerhaien	In Japan isst man eine Suppe aus seinen Flossen
3,4 m	5,4 m	Windstrecke pro Sekunde bei schwacher Brise (dünne Zweige bewegt)	Windstärke 3
3,4 m	5,2 m	Wegstrecke von Mittelsand pro Sekunde im Wind bei Mittelsandgeschwindigkeit I im Wind	Korndurchmesser bis 0,4 mm
3,43 m		Töne mit 100 Hertz haben eine Schallwellenlänge von ...	In 20° warmen Räumen
3,43 m	6,86 m	Wellenlänge von Tönen die Menschen als tiefe Töne wahrnehmen	Frequenzen: 50 Hz bis 100 Hz

Ausdehnung		Begriffliche Erfassbarkeit	Erläuterungen
von	bis		
3,45 m		Erdentfernung von Proxima Centauri, wäre unser Sonnensystem 1 mm groß	Proxima Centauri ist der erdnächste Stern
3,45 m		Maximale Länge von Kamelen	650 kg schwer
3,47 m		Maximale bisher gemessene Länge von afrikanischen Elenantilopen	1.000 kg schwer, die global größten Antilopen
3,4925 m		Maximale Länge von Stoßzähnen afrikanischer Elefanten	Längste artbezogene Jagdtrophäe wog 133,02 kg
3,5 m		Länge von großen tropischen Zackenbarschen	420 kg schwer, sie leben rund um Korallenriffe
3,5 m		Normale Länge der vor 4.000 Jahren ausgestorbenen Mammuts	Das letzte Mammut lebte in Nordrussland
3,5 m		Maximale Stoßzahnlänge der ausgestorbenen Waldelefanten *Elephas antiquus*	
3,5 m		Höhe der ausgestorbenen Riesenmoa Vögel	250 kg schwer, sie lebten in Neuseeland
3,5 m		Kabinenbreite der Flugzeuge Boing 737-800, 737-500 und 737-300	Modelle Deutsche Lufthansa
3,5 m		Maximale Regenmenge in Deutschland in einem Jahr - als Wassersäule	Im Jahre 1944 bei Berchtesgaden
3,5 m	3,8 m	Durchschnittliche Regenmenge in Kalifornien pro Jahr - als Wassersäule	
3,5 m	10 m	Fallstrecke von Regen pro Sekunde	
3,54 m		Tiefe unter N.N. der niedrigstgelegenen begehbaren Landesstelle in Deutschland	In Wilstermarsch/Schleswig-Holstein
3,6 m		Maximale Flügelspannweite von subantarktischen Wanderalbatrossen *Diomedea exulans*	Keine Vogelart hat eine größere Flügelspannweite
3,6 m		Mögliche Sprungweite von Afrikanischen Spitzmaulfröschen *Rana oxyrhynchos*	45-faches der Körperlänge
3,6 m		Schiffsbreite von spätrömischen Grenzsicherungseinheiten im alten Mogontiacum (Mainz)	Siehe Mainzer Museum für Antike Schifffahrt
3,6 m		Länge des fossilen "Mosbacher Löwen" *Panthera leo fossilis*	Fundort im heutigen Wiesbaden
3,6 m	7,6 m	Grenzen des öffentlichen Raumes bei westlichen Menschen	Nach Modell E.T. Hall
3,7 m		Länge des fossilen "Amerikanischen Höhlenlöwen" *Panthera leo atrox*	Früher in ganz Amerika verbreitet
3,7 m		Kabinenbreite der Flugzeuge Airbus 321-100 und 321-200	Modelle Deutsche Lufthansa
3,7 m		Kabinenbreite der Flugzeuge Airbus 319-100 und 320-200	Modelle Deutsche Lufthansa
3,7 m		Maximale Beinspannbreite vom Krebs Japanische Seespinne	
3,75 m		Länge männlicher Fadenwürmer *Placentonema gigantissima*	Weibchen < 8,4 m, Pottwal Mutterkuchen Parasit
3,75 m		Samen Wurfweite der Waldveilchen	Schleuderfrucht
3,75 m		Länge von großen afrikanischen Spitzmaulnashörnern	2.000 kg, auf englisch heißen sie auch Black Rhino
3,75 m		Länge von giftigen Buschmeister Grubenotter Schlangen	Verbreitung in Mittelamerika und Südamerika
4 m		Deichhöhen an Deutschlands Nordseeküste zwischen den Jahren 1683 und 1719	Breiten 17 m, Schutz vor Sturmfluten
4 m		Länge von afrikanischen Flusspferden *Hippopotamus amphibius*	
4 m		Plasmahöhe im Kernfusionskraftwerk Joint European Torus (JET) Culham/England	Plasmaerzeugung seit 1983
4 m		Maximale Höhe der britannischen Limesmauer Antoninuswall	Alte römische Mauer in Schottland

Übermenschlich Großes

Von 4 Meter bis 49 Meter

Ausdehnung		Begriffliche Erfassbarkeit	Erläuterungen
von	bis		
4 m		Wuchshöhe von Kardamom Gewürzstauden *Cardamomi fructus*	Bekannt für galletreibende Wirkung
4 m		Wuchshöhe vom Riesen Chinaschilfgras	
4 m		Übliche Geburtslänge von neugeborenen Buckelwalen	
4 m		Nerven Länge pro cm³ Hautoberfläche bei Menschen	1 cm³ = 1 cm x 1 cm x 1 cm
4 m		Wuchshöhe von Quittenbäumen *Cycodonia oblonga*	
4 m		Länge von Seekühen bzw. Afrikanischen Manatis *Trichechus senegalensis*	Sie leben in Westafrikas Flussmündungsgebieten
4 m		Maximale Länge von Tümmlern *Tursiops truncatus*	Delfine, bekannt aus Film und Fernsehen
4 m		Länge großer Breitmaulnashörner	3.600 kg schwer, sie leben im südlichen Afrika
4 m		Höhe der ausgestorbenen Mammuts und Elefanten *Dinotherium*	Sie lebten rund 20 Millionen Jahre auf der Erde
4 m	5 m	Mögliche Sprungweite von Löwen	2 bis 3 faches der Körperlänge
4 m	6 m	Durchschnittliche Meereswellenhöhe gemäß Douglas-Skala 6 (very rough)	Windunabhängige Dünung
4 m	6 m	Hörweite für Umgangssprache bei geringer Schwerhörigkeit	Richtmaß
4 m	6 m	Minimale Weglänge von Rotorblättern für die Fähigkeit Energie zu erzeugen	Pro Sekunde, in Windkraftanlagen
4 m	8 m	Lichtpunkthöhen im Mainzer Stadtgebiet von LED Leuchten	Abstand zwischen Leuchte & Straßenoberfläche
4 m	8 m	Maximale Länge von Delphinen	200 kg schwer
4 m	10 m	Genauigkeit von GPS Systemen der milliardenschweren Firma Garmin Ltd.	50 Prozent der Messpunkte außerhalb 4 m
4 m	20 m	Genutzte Wegstrecken des Windes bei der Erzeugung von Energie durch Windräder	Pro Sekunde
> 4 m		Tidenhub an Flussmündungen der Flüsse Elbe und Weser	Zeitabhängige Veränderung des Wasserstandes
> 4,12 m		Wellenhöhe bei Windstärke 7 (steifer Wind)	13,5 Fuss
4,2 m		Fortbewegungsstrecke von Weinbergschnecken	Pro Stunde
4,2 m		Länge großer Panzernashörner	2.000 kg schwer, sie leben in Indien
4,29 m		Wellenlänge von UKW Strahlung die bei erwachsenen Menschen hohe Resonanz erzeugt	70 MHz, Quelle: Bundesamt für Strahlenschutz
4,3 m		Durchmesser des Hubble-Weltraumteleskops	Seit 1990 auf Erdumlaufbahn
4,5 m		Maximale Länge von Schwarzen Mambas	Längste Giftschlange Afrikas
4,5 m		Deichhöhen an Deutschlands Nordseeküste zwischen den Jahren 1720 und 1785	Breiten von 23 m, Schutz vor Sturmfluten
4,5 m		Länge neugeborener Grauwale	1.500 kg schwer, sie haben keine Speckschicht
4,5 m		Wuchshöhe von Napiergras und Ravennagras in Indien	
4,5 m		Maximale Länge von Flusspferden	3.200 kg schwer, sie leben in Afrika
4,5 m		Länge von Schwarzer Marlin Schwertfischen und Würgeschlangen *Boa constrictor*	900 kg bzw. 60 kg schwer

Ausdehnung		Begriffliche Erfassbarkeit	Erläuterungen
von	bis		
4,5 m		Gase der Erdatmosphäre bieten kosmischen Strahlenschutz wie eine ... dicke Betonmauer	
4,5 m	6 m	Länge der ausgestorbenen Schildkröten *Archelon ischyros*	2.700 kg schwer, diverse Quellenangaben
4,6 m		Bisheriger Anstieg des Meeresspiegels durch Eisschmelze in Grönland	Eine seit 20.000 Jahren andauernde Schmelze
4,65 m		Samen Wurfweite des Hohen Veilchens	Schleuderfrucht an halbschattigen Wuchsorten
4,7 m		Länge großer Heilbutt Fische	330 kg schwer, Vorkommen im Nordpazifik
4,75 m		Samen Wurfweite des Veilchengewächses *Stiefmütterchen*	Schleuderfrucht
< 5 m		Fluchtdistanz von Haussperlingen und Wintergoldhähnchen	Bei Annäherung < ... reagieren Tiere mit Flucht
< 5 m		Fluchtdistanz von Schwänen und Reiherenten in Parks	Bei Annäherung < ... reagieren Tiere mit Flucht
< 5 m	10 m	Fluchtdistanz von Bachstelzen und der Brutvögel Heckenbraunelle	Bei Annäherung < ... reagieren Tiere mit Flucht
< 5 m	15 m	Fluchtdistanz von Bartmeisen	Bei Annäherung < ... reagieren Tiere mit Flucht
< 5 m	50 m	Fluchtdistanz von Saatkrähen	Bei Annäherung < ... reagieren Tiere mit Flucht
5 m		Maximale Länge des nordatlantischen Blauflossen Thunfisches	820 kg, Bestände nahmen seit 1980 um > 20 % zu
5 m		Maximale Länge von Wels Fischen	300 kg schwer
5 m		Erdtiefe der ägyptischen Grenzmauer zwischen dem Gazastreifen und Ägypten (Stand 2022)	Ägypten will Tunnelbauern vorbeugen
5 m		Maximale Wurzeltiefe von Rotbuchen auf Felsböden	
5 m		Höhe der ausgestorbenen Dinosaurier *Iguanodon*	11 Meter Höhe, 10.000 kg schwer
5 m		Breite von Gewässerrandstreifen als Sicherheitsabstand vor Pestiziden	Bei deutschen Gewässern 2. Ordnung
5 m		Blattlänge von Welwitschia Pflanzen *Welwitschia mirabilis*	Wüstenpflanze in Namibia/Südwestafrika
5 m		Maximale Breite der britannischen Limesmauer Antoninuswall	Alte römische Mauer in Schottland
5 m		Dünndarmlänge von Menschen	
5 m		Maximale Wuchslänge der Stengel des Passionsblumenkrauts	Wird gegen nervöse Unruhezustände verwendet
5 m		Maximale Dicke des Eispanzers in der Arktis	
5 m		Darmlänge von Hunden	
5 m		Mindesthöhe von Hallendächern über Badminton Spielfeldern	Federball Sportart
5 m		Wuchsdicke von asiatischen Kampferbäumen *Camphora*	Wird in Arzneien als Analeptikum verwendet
5 m		Fluchtdistanz von Turmfalken - in städtischem Umfeld	Bei Annäherung < ... reagieren Tiere mit Flucht
5 m		Mögliche Sprungweite von Tigern	2-3-faches der Körperlänge, sie leben in Asien
5 m		Wuchshöhe des Kava Kava Rauschpfeffers *Piperis methystici*	Laubreicher Strauch auf den pazifischen Inseln
5 m	6 m	Maximale Wurzeltiefe von Spitzahorn Bäumen in basaltverwitterten Böden	

Ausdehnung		Begriffliche Erfassbarkeit	Erläuterungen
von	bis		
5 m	10 m	Gängige Wurzeltiefe von Waldbäumen	
5 m	10 m	Fluchtdistanz von Ziegenmelkern bzw. Nachtschwalben	Bei Annäherung < ... reagieren Tiere mit Flucht
5 m	20 m	Durchschnittliche Abstandsstrecke von Grundwasser in kiesigen Böden - pro Tag	Strecke pro Zeit = Abstandsgeschwindigkeit
5 m	20 m	Nervenbahn Reizleitungsstrecke pro Sekunde zu präganglionären Nerven	Muskelfasertyp B
5 m	20 m	Fluchtdistanz von Schlagschwirl Singvögeln	Bei Annäherung < ... reagieren Tiere mit Flucht
5 m	25 m	Fluchtdistanz von Turteltauben	Bei Annäherung < ... reagieren Tiere mit Flucht
5 m	30 m	Fluchtdistanz von Waldschnepfen Vögeln	Bei Annäherung < ... reagieren Tiere mit Flucht
5 m	40 m	Wuchshöhe von Winterlinden *Tilia cordata*	Meist 25 bis 35 Meter
5 m	400 m	Habitat Wassertiefenbereich von Streifenbarben *Mullus surmuletus*	Vorkommen im Atlantik und Mittelmeer
5 m	1 km	Durchmesser von Tornados	Rotierende Luftwirbel
> 5 m		Größe der ausgestorbenen Amphibien *Mastodonsaurus*	Sie lebten vor 220 Millionen Jahren
5,003 m		Niederschlagsrekord für die Messdauer von einer Woche - als Wassersäule	1980 in Commerson/Insel Réunion
5,18 m		Spielfeld Breite beim Badminton Einzel	Federball Sportart
5,2 m		Maximale Länge indischer Sumpfkrokodile	> 500 kg schwer
5,25 m		Wellenlänge des Tones Großes C	Tonfrequenz: 65,41 Hertz
5,3 m		Kabinenbreite der Flugzeuge Airbus 340-600, 340-300 und 330-300	Modelle Deutsche Lufthansa
5,3 m	7,4 m	Wegstrecke von Mittelsand pro Sekunde im Wind bei Mittelsandgeschwindigkeit II	Korndurchmesser bis 0,5 mm
5,4 m		Deichhöhen an Deutschlands Nordseeküste zwischen den Jahren 1786 und 1827	Breiten von 32 m, Schutz vor Sturmfluten
> 5,49 m		Wellenhöhe bei Windstärke 8 (stürmischer Wind)	18 Fuss
5,5 m		Höhe der ausgestorbenen Nashörner *Baluchitherium*	Länge 8,5 m, 18.000 kg schwer
5,5 m	7,9 m	Windstrecke pro Sekunde bei mäßiger Brise (loses Papier fliegt)	Windstärke 4, Wimpel gestreckt
5,58 m		Länge von Königskobra Schlangen	In Südostasien
5,6 m		Höhe von Torpfosten beim Rugby	
5,6 m		Darmlänge von Kaninchen	
5,6 m		Plasmabreite im Kernfusionskraftwerk ITER in Cadarache/Südfrankreich	Plasmaerzeugung seit 2008, nahe der Côte d'Azur
5,7 m		Länge der ausgestorbenen Seeschlangen *Pterosphenus*	Größere Skelette hat man nie gefunden
5,8 m		Entfernung vom Spielfeldrand der Freiwurf Linie beim Basketball	Free throw line
5,8 m		Maximaler Tiefgang der Megayacht Eclipse - sie beinhaltet U-Boot & Raketenabwehrsystem	Eigner: Öl-Tycoon Abramovich (Stand 2022)
5,8 m		Darmlänge von Wölfen	

Ausdehnung		Begriffliche Erfassbarkeit	Erläuterungen
von	bis		
5,84 m		Maximale Länge von Missisippi Alligatoren	In den USA
5,9 m		Maximale Höhe von Giraffen	1.400 kg schwer, sie haben sieben Halswirbel
5,9 m	6,6 m	Kabinenbreite der Flugzeuge Airbus 380-800	Modell Deutsche Lufthansa
< 6 m		Brusthöhendurchmesser (BHD) von Winterlinden	Normal 60 cm bis 1 Meter
6 m		Länge von großen Blauhaien und Tigerhaien	Die Blauen mögen es frisch, die Tigerhaie warm
6 m		Länge größerer Schwertfische und Grindwale	600 kg und 3.500 kg schwer
6 m		Maximale Grashöhe immergrüner Gräser in Feuchtsavannen	In Afrika, Asien, Indien und Südamerika
6 m		Deichhöhen an Deutschlands Nordseeküste zwischen den Jahren 1828 und 1859	Breiten von 38 m, Schutz vor Sturmfluten
6 m		Sinkstrecke von Regentropfen mit 1 mm Durchmesser - in der Luft	Pro Sekunde
6 m		Maximale Wuchshöhe des Matebaumes *Ilex paraguayensis*	In Arzneien für Schlankheitskuren verwendet
6 m		Maximale Höhe der ausgestorbenen Dinosaurier *Tyrannosaurus*	13 Meter Länge
6 m		Wurzeltiefe von Waldkiefern *Pinus Sylvestris*	
6 m	7 m	Reichweite von Frostverwitterung in sibirisches Gestein	Wenn gefrorenes Wasser Gesteine sprengt
6 m	7 m	Maximale Länge von Beluga bzw. Hausen Stör Fischen	1.600 kg schwer
6 m	8 m	Hörweite von geflüsterten Stimmen	
6 m	8 m	Länge von meeresbewohnenden Saugwürmern *Nematobothrioides Histoidii*	Sie leben unter anderem im Nordostpazifik
6 m	8 m	Darmlänge von Menschen	
6 m	9 m	Durchschnittliche Meereswellenhöhe gemäß Douglas-Skala 7 (high)	Windunabhängige Dünung
6 m	13,5 m	Mögliche Sprungweite von australischen Känguruhs	7-faches der Körperlänge
> 6 m		Tauchtiefen bei denen ein hohes Risiko für die Dekompressionskrankheit besteht	
> 6 m		Horizontale Ausbreitung von Wurzelsystemen bei Weinreben	Nach Branas und Vergnes 1957
6,058 m		Länge von 20 Fuß Seecontainern	6,058 m × 2,438 m × 2,591 m
6,1 m		Spielfeld Breite beim Doppel Badminton	Federball Sportart
6,1 m		Kabinenbreite der Flugzeuge Boing 747-800 und 747-400	Modelle Deutsche Lufthansa
6,1 m		Höhe des Flugzeuges JU 52	Modell Deutsche Lufthansa
6,4 m		Maximale Länge indischer Elefanten	5.000 kg schwer
6,4 m		Spielfeldbreite beim Squash	
6,4 m		Torbreite beim Australian Football	
6,4 m		Dickenschwund des chilenischen Echaurren Norte Gletschers - seit 1977	Im Gletscherdurchschnitt

Ausdehnung		Begriffliche Erfassbarkeit	Erläuterungen
von	bis		
6,5 m		Länge von See Elefanten	Auf antarktisnahen Inseln und am Nordostpazifik
> 6,5 m		Rhein Pegelstand ab dem der Hochwasser Meldedienst aktiv wird	Beim Pegel Karlsruhe/Baden-Württemberg
6,6 m		Deichhöhen an Deutschlands Nordseeküste zwischen den Jahren 1860 und 1969	Breiten von 83 m, Schutz vor Sturmfluten
6,6 m		Rumpflänge der Tintenfische *Architeuthis spec.*	Mit Armen 20 m, die global größten Tintenfische
6,7 m		Länge von Nilkrokodilen	In fast ganz Afrika verbreitet, nicht nur im Nil
6,75 m		Korbentfernung der Dreipunkte-Linie beim Basketball	Außerhalb Kanadas und der USA
6,9 m		Maximale Darmlänge von Löwen	
< 7 m		Wurzeltiefe von Kiefern, die auf Dünen wachsen	
< 7 m		Höhe von Termitenbauten	Breite 4 m, Termiten sind wärmeliebende Insekten
7 m		Siebenmeter Torentfernung bei Strafwürfen im Handball	
7 m		Länge von Grönlandhaien	
7 m		Spannweite von großen Mantarochen	1.600 kg schwer, Länge 4 m, sie mögen es warm
7 m		Samen Wurfweite der Lupinen *Lupinus digitatus*	Schleuderfrucht aus Nordafrika
7 m		Der Fluss Rhein ist heute 7 m tiefer als früher - durch schnellen Wasserlauf	Erosionsrate liegt bei plus 7 cm pro Jahr
7 m		Eindringtiefe von nuklearen Bunkerbrecher Bomben in Böden	Bei Abwurf aus 12.000 Metern Höhe
7 m		Spannweite der ausgestorbenen Flugsaurier Pteranodon	30 kg schwer
7 m	8 m	Halmlänge von südamerikanischen Victoria Seerosen *Nymphaeaceae*	
7 m	8 m	Maximale Galoppsprungweite von Pferden	
> 7,01 m		Meereswellenhöhe bei Windstärke 9 (Sturm)	23 Fuss
7,11 m		Maximale Länge von Ganges Gavial Krokodilen	Sie leben in Indien und Nepal
7,2 m		Maximale Länge von Orinoko Krokodilen	Sie leben in Venezuela und Kolumbien
7,24 m		Korbentfernung der Dreipunkte-Linie beim Basketball	In Kanada und den USA
7,32 m		Innenabstand der beiden Torpfosten bei Fußball Toren	
7,5 m		Länge afrikanischer Elefanten *Loxodonta africana*	6.000 kg schwer
7,5 m		Einstellung der Rheinschiffahrt ab Pegelstand ...	Beim Pegel Karlsruhe/Baden-Württemberg
7,5 m		Spannweite von Flugzeugen der Marke Bombardier CRJ 900	Modell Deutsche Lufthansa
7,5 m	9,8 m	Weglänge von Großsand pro Sekunde im Wind bei Großsandgeschwindigkeit I im Wind	Korndurchmesser bis 0,75 mm
7,6 m		Größte Spannweite der ausgestorbenen Vögel *Argentavis magnificens*	Sie waren flugfähig, Höhe 1,5 m, 120 kg schwer
7,6 m		Spannweite von Flugzeugen der Marke Bombardier CRJ 700	Modell Deutsche Lufthansa

Ausdehnung		Begriffliche Erfassbarkeit	Erläuterungen
von	bis		
< 8 m	20 m	Fluchtdistanz von Schleiereulen	Bei Annäherung < ... reagieren Tiere mit Flucht
8 m		Der Luftdruck sinkt alle 8 m um 1 Hektopascal (hPa)	Bis in Höhen von 1.000 m
8 m		Nest Tiefe von Blattschneiderameisen unterhalb des Erdbodenoberfläche	
8 m		Mindesthöhe von Hallendächern über Volleyball Spielfeldern	
8 m		Abbautiefe von Feuerstein im Bergwerk von Abensberg Arnhofen vor rund 7.500 Jahren	Nahe Zusammenfluss von Donau und Altmühl
8 m		Maximale Länge von Grönlandhaien	
8 m		Wuchshöhe von Zaubernuss Sträuchern *Hamamelis Hamamelidis folium*	Blätter und Rinde werden in Arzneien verwendet
8 m		Länge der ausgestorbenen Fische *Titanichthys*	Sie lebten vor 380 Millionen Jahren
8 m	10,7 m	Windstrecke pro Sekunde bei frischer Brise (größere Zweige werden bewegt)	Windstärke 5
8,14 m		Großer Plasmaradius im Kernfusionskraftwerk ITER in Cadarache/Frankreich	Plasmaerzeugung seit 2008, nahe der Côte d'Azur
8,23 m		Spielfeld Länge beim Tennis Einzel	
8,4 m		Länge der weiblichen Fadenwürmer *Placentonema gigantissima*	Männchen 3,75 m, Pottwal Mutterkuchen Parasit
8,5 m		Länge von Leistenkrokodilen in Asien und Australien	Sie sind die global längsten Krokodile
8,5 m		Größe der ausgestorbenen Nashörner Baluchitherium	Höhe 5,5 m, 18.000 kg schwer
8,8 m		Deichhöhen an Deutschlands Nordseeküste zwischen den Jahren 1970 und 1989	Breiten von 85 m, Schutz vor Sturmfluten
> 8,84 m		Wellenhöhe bei Windstärke 10 (schwerer Sturm)	29 Fuss
8,95 m		Maximale Sprungweite von (trainierten) Menschen im Weitsprung	5-faches der Körperlänge
< 9 m		Länge von Lateralwurzeln bei Waldkiefern	
9 m		Länge der ausgestorbenen Amphibien Prionosuchus plummeri	Sie lebten vor 280 MJ in den Tropen
9 m		Spielfeldbreite beim Volleyball	
9 m		Länge der ausgestorbenen Dachechsen Dinosaurier Stegosaurus	1.750 kg schwer, sie lebten vor 150 MJ
9 m	12 m	Torfschicht Dicken in Flussmooren von Mecklenburg Vorpommern	Entlang der Flüsse Peene, Trebel und Tollense
9 m	14 m	Durchschnittliche Meereswellenhöhe gemäß Douglas-Skala 8 (very high)	Windunabhängige Dünung
9,1 m		Torpfosten Höhe beim American Football	
9,14 m		Plasmahöhe im Kernfusionskraftwerk ITER in Cadarache/Südfrankreich	Plasmaerzeugung seit 2008, nahe der Côte d'Azur
9,3 m		Niederschlagsrekord für die Messdauer von 1 Monat - als Wassersäule	Im Juli 1861 im indischen Cherrapunji
9,5 m		Maximale Länge von global vorkommenden Schwertwalen bzw. Orcas	9.000 kg schwer, sie lieben es eher kalt
9,5 m		Samen Wurfweite des Stachelbärenklaus *Acanthus mollis*	Schleuderfrucht im Mittelmeerraum
9,5 m		Deichhöhen an Deutschlands Nordseeküste - seit 1990	Breiten von 110 m, Schutz vor Sturmfluten

Ausdehnung		Begriffliche Erfassbarkeit	Erläuterungen
von	bis		
9,6 m		Maximale Länge von südamerikanischen Anakonda Schlangen	120 kg schwer, sie können sehr stinken
9,75 m		Spielfeldlänge beim Squash	
9,7639 m		Betrag der weltweit niedrigsten Erdbeschleunigung - auf dem Vulkan Huascaran	In Peru, pro Sekunde^2
9,78 m		Erdbeschleunigung am Äquator	Pro Sekunde^2
9,796 m		Erdbeschleunigung bzw. Schwerkraft in Denver/USA	Pro Sekunde^2 und auf 1.650 m
9,8 m		Spielfeldbreite beim Croquet	Für Gartenspiele
9,803 m		Erdbeschleunigung bzw. Schwerkraft in New York/USA	Pro Sekunde^2 und auf N.N.
9,80665 m		Erdbeschleunigung bzw. Schwerkraft am Südpol	Pro Sekunde^2 und auf N.N.
9,832 m		Erdbeschleunigung bzw. Schwerkraft am Nordpol	Pro Sekunde^2 und auf N.N.
9,9 m	12,4 m	Weglänge von Großsand pro Sekunde im Wind bei Großsandgeschwindigkeit II im Wind	Korndurchmesser bis 1 mm
9,91 m		Schneemenge Niederschlagsrekord für die Messdauer von 1 Monat	Als Schneesäule, 1911 in Kalifornien/USA
9,99 m	99,93 m	Wellenlänge von Kurzwellen (HF) für Funksprüche wie Flugfunk	Entspricht 3 bis 30 MHz
9,99 m	99,93 m	Wellenlänge von Kurzwellen (HF) für Amateur- und Rundfunk	Entspricht 3 bis 30 MHz
9,99 m	99,93 m	Wellenlänge von Kurzwellen (HF) für Übersee-Telegraphie	Entspricht 3 bis 30 MHz
< 10 m		Fluchtdistanz von Birkenzeisigen und Uferschwalben	Bei Annäherung < ... reagieren Tiere mit Flucht
< 10 m		Wanderungsstrecke von Wasser durch Bundsandstein	Pro Jahr, Wasser fließt auch durch Gesteine
< 10 m		Fluchtdistanz von Teichrohrsängern und Weidenmeisen	Bei Annäherung < ... reagieren Tiere mit Flucht
< 10 m		Eustatischer Meeresspiegel Anstieg durch die antarktische Schmelze	Seit der letzten Eiszeit
< 10 m		Fluchtdistanz von Beutelmeisen, Sumpfmeisen und Tannenmeisen	Bei Annäherung < ... reagieren Vögel mit Flucht
< 10 m		Fluchtdistanz von Feldsperlingen, Kleibern und Gartenbaumläufern	Bei Annäherung < ... reagieren Vögel mit Flucht
< 10 m		Fluchtdistanz von Gelbspöttern, Girlitzen und Haubenlerchen	Bei Annäherung < ... reagieren Vögel mit Flucht
< 10 m		Fluchtdistanz von Mauerseglern, Nachtigallen und Rauchschwalben	Bei Annäherung < ... reagieren Vögel mit Flucht
< 10 m	15 m	Fluchtdistanz von Hausrotschwänzen und Waldlaubsängern	Bei Annäherung < ... reagieren Vögel mit Flucht
< 10 m	20 m	Fluchtdistanz von Dohlen, Feldschwirlen und Haubenmeisen	Bei Annäherung < ... reagieren Vögel mit Flucht
< 10 m	20 m	Fluchtdistanz von Heidelerchen, Kamingimpeln und Mehlschwalben	Bei Annäherung < ... reagieren Vögel mit Flucht
< 10 m	20 m	Fluchtdistanz von Rohrschwirlen, Stieglitzen und Schilfrohrsängern	Bei Annäherung < ... reagieren Vögel mit Flucht
< 10 m	20 m	Fluchtdistanz von Trauerschnäppern	Bei Annäherung < ... reagieren Vögel mit Flucht
< 10 m	25 m	Fluchtdistanz von Fichtenkreuzschnäbeln	Bei Annäherung < ... reagieren Vögel mit Flucht
< 10 m	30 m	Fluchtdistanz von Flussregenpfeifern	Bei Annäherung < ... reagieren Vögel mit Flucht

Ausdehnung		Begriffliche Erfassbarkeit	Erläuterungen
von	bis		
< 10 m	30 m	Fluchtdistanz von Neuntötern und Schafstelzen	Bei Annäherung < ... reagieren Vögel mit Flucht
10^1 m		1 Dekameter = 10 Meter = 10 m	
10 m		Auflösungsvermögen bzw. Detailgenauigkeit des Erdbeobachtungssatelliten Sentinel 2	Sentinel 2 erkennt keine Autos
10 m		Übliche Messhöhe für Windgeschwindigkeiten	Höhe über Boden
10 m		Auftriebsstrecke pro Tag von ozeanischem Upwelling Wasser	Vertikalgeschwindigkeit
10 m		Maximale Länge südostasiatischer und indischer Netzpythons	Sie sind die global längsten Schlangen
10 m		Bodenmächtigkeit von sauerstoff-freien Reduktionszonen mit anaeroben Bodenbakterien	Organisches Material sinkt ab
10 m		16 Prozent der Strahlungsenergie der Sonne reicht bis in Meerestiefen von ...	
10 m		Flughöhe für Paarungsvorgang zwischen Bienenköniginnen und Drohnen	Danach sterben die Drohnen
10 m		Mögliche Sprungweite von afrikanischen Impala-Antilopen	6-faches der Körperlänge
10 m		Rechengröße des hydrostatischen Drucks bei der Druckzunahme um 1 bar	1 bar pro 10 Meter Wassersäule
10 m		Höhe einer angenommenen Wassersäule die auf eine Fläche von 1 cm^2 drückt ergibt ...	... den physikalischen Druck von 1 bar
10 m		Länge und Breite von Rasterdaten Bodenzellen pro Pixel von GIS-Systemen	100 m^2, am Beispiel von SPOT 5-Satelliten
10 m		Maximale Größe von tropischen Sägerochen	2.300 kg schwer
10 m		Gängige Größe vom Riesentang *Nereocystis luetkeana*	Größen bis zu 40 m sollen vorkommen
10 m		Länge von Rinderbandwürmern	
10 m		Hypothetische Höhe der gesamten Atmosphäre bei 1 bar Druck	Wenn alles Gas flüssig wäre
10 m		Länge des Nördlichen Entenwales bzw. Dögling *Hyperoodon ampullatus*	8.000 kg schwer, sie leben im kalten Atlantik
10 m		Länge von Zwergwalen	10.000 kg schwer, sie leben im kalten Pazifik
10 m		Fluchtdistanz von Mäusebussarden - in städtischem Umfeld	Bei Annäherung < ... reagieren Tiere mit Flucht
10 m		Breite von Gewässerrandstreifen als Sicherheitsabstand vor Pestiziden	Entlang deutscher Gewässer der 1. Ordnung
10 m		Tauchtiefe von Baßtölpel Vögeln	Küstenbewohner an Atlantik, Karibik, in Europa
10 m	13 m	Wendekreis von Karosserien üblicher PKWs	Im Jahre 2021
10 m	20 m	Wurzeltiefe von Wüstenpflanzen	
10 m	20 m	Fluchtdistanz von Gartenrotschwänzen und Grauschnäpper Vögeln	Bei Annäherung < ... reagieren Tiere mit Flucht
10 m	20 m	Wuchshöhe von Gewürznelkenbäumen *Caryophylli flos*	Anbau in Indonesien, dort Nutzung für Zigaretten
10 m	20 m	Fluchtdistanz von Sprossern, Waldkäuzen und Wiesenpieper Vögeln	Bei Annäherung < ... reagieren Tiere mit Flucht
10 m	30 m	Hautnervenbahn Reizleitungsstrecke pro Sekunde nach schnellem Schmerz	Bei Muskelfasertyp A-delta
10 m	30 m	Hautnervenbahn Reizleitungsstrecke pro Sekunde nach Temperaturrezeption	Bei Muskelfasertyp A-delta

Ausdehnung		Begriffliche Erfassbarkeit	Erläuterungen
von	bis		
10 m	30 m	Fluchtdistanz von Blaukehlchen und Drosselrohrsänger Vögeln	Bei Annäherung < ... reagieren Tiere mit Flucht
10 m	30 m	Fluchtdistanz von Kleinspechten, Ringdrosseln und Steinschmätzer Vögeln	Bei Annäherung < ... reagieren Tiere mit Flucht
10 m	30 m	Fluchtdistanz von Sandregenpfeifer und Seeregenpfeifer Vögeln	Bei Annäherung < ... reagieren Tiere mit Flucht
10 m	30 m	Fluchtdistanz von Wasserrallen Vögeln	Bei Annäherung < ... reagieren Tiere mit Flucht
10 m	40 m	Fluchtdistanz von Bekassinen Vögeln, Grauammern und Silbermöwen	Bei Annäherung < ... reagieren Tiere mit Flucht
10 m	50 m	Üblicher Radius von Schutzzonen um Wahllokale - bei Wahlen in Deutschland	Hier dürfen Parteien nicht politisch werben
10 m	50 m	Fluchtdistanz von Wendehals Vögeln	Bei Annäherung < ... reagieren Tiere mit Flucht
10 m	> 80 m	Fluchtdistanz von Haubentaucher Vögeln	Bei Annäherung < ... reagieren Tiere mit Flucht
10 m	100 m	Länge von Kapillarsäulen in Gaschromatographen	Chemische Analytik
10 m	100 m	Fluchtdistanz von Flussseeschwalben und Lachmöwen	Bei Annäherung < ... reagieren Tiere mit Flucht
> 10 m		Kapillare Steighöhe in Tonböden	So hoch steigt in ihnen das Bodenwasser
10,2 m		Schiffsmasthöhe spätrömischer Grenzsicherungseinheiten im römischen Mogontiacum	Siehe Mainzer Museum für Antike Schifffahrt
10,54 m		Maximaler Tiefgang des Kreuzfahrtschiffes RMS Titanic	Sie sank 1912 nach Kollision mit einem Eisberg
10,6 m		Höhe von Flugzeugen der Marke Embraer 195 und 190	Modelle Deutsche Lufthansa
10,73 m		Wellenlänge des tiefsten von Menschen hörbaren Orgel Tons	Frequenz: 32 Hz
10,8 m	13,8 m	Windstrecke pro Sekunde bei starkem Wind (starke Äste in Bewegung)	Windstärke 6, Fahnen knattern
10,97 m		Spielfeldlänge beim Tennis Doppel	
11 m		Torentfernung beim Elfmeter Strafstoß im Fußball Sport	
11 m		Mögliche Sprungweite von Rothirschen	4,5-faches der Körperlänge
11 m		Maximaler Tiefgang des russischen atombetriebenen U-Bootes Projekt 941	160 Mann Besatzung
11 m		Länge der ausgestorbenen Dinosaurier Iguanodon	5 Meter Höhe, 10.000 kg schwer
11 m		Kontinentalplattenhebung in den letzten 10.000 Jahren bei St. Petersburg/Russland	Glazialisostasierender Faktor
11 m	15 m	Tidenhub im Ärmelkanal	Zeitabhängige Veränderung des Wasserstandes
11 m	90 m	Reichweite von *Thermik* im Beta Klima der mikroskaligen Meteorologie	Horizontale Wirksamkeit
11 m	110 m	Reichweite von *Konvektion I* im Alpha Klima der mikroskaligen Meteorologie	Vertikale Wirksamkeit
> 11 m		Wellenhöhe bei Windstärke 11 (orkanartiger Sturm)	37 Fuß
11,1 m		Höhe der Flugzeuge Boing 737-300 und 737-500	Modelle Deutsche Lufthansa
11,5 m		Maximale Wassertiefe des Hafens Maghera in Venedig/Italien	
11,6 m		Dickenschwund des chinesischen Urumqihe South 1 Gletschers seit 1977	Im Gletscherdurchschnitt

Ausdehnung		Begriffliche Erfassbarkeit	Erläuterungen
von	bis		
11,7 m		Dickenschwund des norwegischen Hellstugubreen Gletschers seit 1977	Im Gletscherdurchschnitt
11,8 m		Höhe der Flugzeuge Airbus 321-100, 321-200 und 319-100	Modelle Deutsche Lufthansa
12 m		Maximale Länge von bis zu 2.000 kg schweren Weißen Haien	Gefährlich für Menschen = Menschenhai
12 m		Spielfeldlänge im Croquet	Für Gartenspiele, in Neuseeland, USA & England
12 m		Länge der ausgestorbenen Fischsaurier *Ichtyosaurus*	
12 m		Mögliche Sprungweite von südostasiatischen Gibbon Afffen	13-faches der Körperlänge
12 m		Häufige Länge von Fischkuttern weltweit	
12 m		Pendellänge des ersten Foucault'schen Pendels in Paris	Am 03. Februar 1851
12 m		Wuchshöhe von afrikanisch-tropischen Haronga Bäumen *Harunganae*	Blätter und Rinde werden in Arzneien verwendet
12 m		Darmlänge von Rehen	
12 m		Spannweite der ausgestorbenen Flugsaurier *Quetzalcoatlus northropi*	86 kg schwer
12 m	16 m	Wurzeltiefe von Weinstöcken	
12 m	20 m	Häufige jährliche Niederschlagsmenge in Regenwäldern - als Wassersäule	Je nach Region
12 m	30 m	Nerven Reizleitungsstrecke pro Sekunde bei myelinisierten Nerven	Myelin isoliert Axon Nervenstrang: Gute Leitung
12,192 m		Länge von 40 Fuß Seecontainern	12,192 m x 2,438 m × 2,591 m
12,3 m		Explosionsweg pro Sekunde von Sektkorken und Fels bei Felssprengungen durch Dynamit	Entspricht 44 Kilometer pro Stunde
12,3 m		Dickenschwund des norwegischen Midre Lovenbreen Gletschers seit 1977	Im Gletscherdurchschnitt
12,5 m		Höhe des Flugzeugs Boing 737-800 IGW	Modell Deutsche Lufthansa
12,7 m		Samen Wurfweite von Spritzgurken *Ecballium*	Schleuderfrucht im Mittelmeerraum
13 m		Luftdruck sinkt alle 13 m um 1 Hektopascal (hPa)	In 1.000 m bis 4.000 m Höhe
13 m		Tidenhub am Penschinabusen des "rein-russischen" Ochotskischen Meeres	Zeitabhängige Veränderung des Wasserstandes
13 m		Maximale Fortbewegungsstrecke pro Stunde von Kugeltausendfüßern *Glomeris*	Bodenlebende Wald- und Hügelland Bewohner
13 m		Länge des ausgestorbenen Dinosaurier *Tyrannosaurus*	6 m Höhe
13,2 m		Länge des weltraumerforschenden Hubble Teleskops	Umkreisung der Erde, geniale Weltraumbilder
13,4 m		Spielfeldlänge beim Badminton	Federball Sportart
13,5 m		Länge der ausgestorbenen Krokodile *Phobosuchus*	Sie lebten vor 80 Millionen Jahren
13,7 m		Kugeldurchmesser des Borexino Neutrino Observatoriums - in Mittelitalien	Im global größten Untertage Forschungszentrum
13,8 m		Dickenschwund des norwegischen Nigardsbreen Gletschers seit 1977	Im Gletscherdurchschnitt
13,9 m	17,1 m	Windstrecke pro Sekunde bei steifem Wind (ganze Bäume sind in Bewegung)	Windstärke 7

Ausdehnung		Begriffliche Erfassbarkeit	Erläuterungen
von	bis		
14 m		Maximale Tiefe des höchstgelegenen Sees Afrikas	Der Tana See in Äthiopien auf 1.786 m über N.N.
14 m		Länge großer Riesenhaie *Cetorhinus maximus*	Nach Walhaien die zweitgrößte Fischart, 3.600 kg
14 m		Samen Wurfweite des lateinamerikanischen Sandbüchsenbaumes *Hura crepitans*	Schleuderfrucht, Milchsaftnutzung als Pfeilgift
> 14 m		Durchschnittliche Meereswellenhöhe gemäß Douglas-Skala 9 (phenomenal)	Windunabhängige Dünung
14,4 m		Maximale Wassertiefe des Tiefseehafens von Brunsbüttel	Der Elbehafen liegt in Schleswig-Holstein
14,5 m		Maximale Wassertiefe des Tiefseehafens Steubenhöft von Cuxhaven/Niedersachsen	Kreuzfahrtschiffe docken im Amerikahafen an
14,5 m		Dickenschwund des österreichischen Sonnblickkees Gletschers seit 1977	Im Gletscherdurchschnitt
14,5 m		Maximale Wassertiefe des Tiefseehafens von Rostock	In Mecklenburg-Vorpommern
14,661 m		Global höchster mittlerer Jahresniederschlag - als Wassersäule	Am Mount Waiale/Hawai'i 1930 bis 1939
< 15 m		Distanz bei der die höchste Wahrscheinlichkeit für einen Auffahrunfall besteht	Auf deutschen Autobahnen
< 15 m		Größe kettenförmiger Manteltier Salpen Kolonien	Diese Manteltiere bewohnen wärmere Meere
15 m		Minimale Größe von Eisbergen per Definition - über der Wasseroberfläche	Kleinere Eisstücke heißen Growler und Bergy Bit
15 m		Samen Wurfweite von tropischen Lianen *Bauhinia purpurea*	Schleuderfrucht
15 m		Tidenhub an der kanadischen Bay of Fundy	Zeitabhängige Veränderung des Wasserstandes
15 m		Spielfeldbreite beim Basketball	
15 m		Wuchshöhe von südasiatischen Jambulbäumen *Syzygii cumini*	Rinde wird als Arznei gegen Durchfall verwendet
15 m		Maximale Wassertiefe des Nordsee Tiefseehafens von Bremerhaven	Hier werden viele Container verladen
15 m		Maxmimale Länge von Bandwürmern *Diphyllobothrium latum*	Sie sind die global längsten Bandwürmer
15 m		Wuchshöhe des südamerikanischen Eisenholz Baumes Guajak *Guajaci lignum*	Harz wird für Kaugummiherstellung verwendet
15 m		Häufige Fluchtdistanz von Austernfischer Vögeln	Bei Annäherung < ... reagieren Tiere mit Flucht
15 m		Tiefe des tiefsten Stufenbrunnen Europas	Bei Merzenich/Deutschland, 5.100 v. Chr.
15 m		Höhe des ausgestorbenen Dinosaurier *Brachiosaurus*	27 Meter Länge, 50.000 kg schwer
15 m		Tiefe des Sees Lake Eyre unter N.N.	Die tiefste Landsenke Australiens
15 m		Länge der ausgestorbenen Blindwühlen bzw. Schleichenlurchen *Palaeosiren beinerti*	Blindwühlen: Tropenbewohner früher wie heute
15 m	30 m	Wuchshöhen von Bäumen in Tieflandregenwäldern	Mit 40 bis 50 m hohen Überstehern
15 m	30 m	Fluchtdistanz von Schwarzkehlchen Vögeln	Bei Annäherung < ... reagieren Tiere mit Flucht
15 m	50 m	Fluchtdistanz von Gebirgsstelzen Vögeln	Bei Annäherung < ... reagieren Tiere mit Flucht
15 m	100 m	GPS-Empfänger Genauigkeitstoleranz von Positionsbestimmungen	Empfänger für zivile Nutzungen
15 m	100 m	Durchschnittliche Tiefen des mesozoischen Tethys Ozeans	500.000 km², zwischen 250 MJ und 65 MJ v. Chr.

Ausdehnung		Begriffliche Erfassbarkeit	Erläuterungen
von	bis		
15,1 m		Maximale Wassertiefe des Tiefseehafens Waltershof von Hamburg	Verladung von Containern
15,3 m		Dickenschwund des norwegischen Austre Broeggerbreen Gletschers seit 1977	Im Gletscherdurchschnitt
15,6 m		Maximale Wassertiefe des Tiefseehafens Sandau in Hamburg	Anlandung von Erzen
15,8 m		Maximale Wassertiefe des Tiefseehafens Cuxport in Cuxhaven/Niedersachsen	
16 m		Wuchshöhe des Perubalsam Baumes *Balsamum peruvianum*	Wird in Arzneien gegen Hämorrhoiden verwendet
16 m		Die höchste natürliche Landerhebung Hamburgs ist ... niedriger als dessen zwei Kirchtürme	Bei 132 m sind St. Petri & der Michel 16 m höher
16,1 m		Dickenschwund des kasachischen Tsentralnyi Tuyuksuyskiy Gletschers seit 1977	Im Gletscherdurchschnitt, in Zentralasien
16,2 m		Dickenschwund des US-amerikanischen Gulkana Gletschers seit 1977	Im Gletscherdurchschnitt
16,9 m		Höhe der Flugzeuge Airbus 340-300 und 330-300	Modelle Deutsche Lufthansa
17 m		Darmlänge von Braunbären	
17 m		Kuppel Innendurchmesser der Synagoge von Florenz/Italien	
17,2 m	20,7 m	Windstrecke pro Sekunde bei stürmischem Wind (Fußgänger werden behindert)	Windstärke 8, Autos schleudern
17,3 m		Höhe der Flugzeuge Airbus 340-600	Modell Deutsche Lufthansa
17,5 m		Maximale Wassertiefe des Tiefseehafens Kranzfeld im schleswig-holsteinischen Eckernförde	Eine wichtige Marinebasis für U-Boote
17,9 m		Schiffslänge von spätrömischen Grenzsicherungseinheiten im alten Mogontiacum (Mainz)	Siehe Mainzer Museum für Antike Schifffahrt
18 m		Länge von Walhaien und Buckelwalen	10.000 kg schwer
18 m		Maximaler Tiefgang des Tiefseehafens im dänischen Apenrade	Hier Anlandung russischer Kohle für Flensburg
18 m		Maximale Wassertiefe des Tiefseehafens im italienischen Triest	
18 m		Maximale Tauchtiefe des Tiefseehafens JadeWeserPort in Wilhelmshaven/Niedersachsen	Ein großer Containerhafen
18 m		Kuppel Innendurchmesser des Taj Mahals in Agra/Indien	Symmetrisches Grabmal einer großen Liebe
18 m		Spielfeldlänge beim Volleyball	
18 m		Maximale Fortbewegungsstrecke pro Stunde von Kiefernspinner Raupen	Kiefernspinner sind Schmetterlinge
18 m		Seitenlänge eines Würfels voller Gold	... enthielte er alles jemals gefundenes Gold
18 m	21 m	Länge von Grönlandwalen *Balaena mysticetus*	Je nach Quelle
18 m	23 m	Mindestbreite von Start- und Landebahnen gemäß Codezahl 1	Für neue Flughäfen - nach ICAO
18 m	25 m	Wendekreis von Karosserien üblicher Omnibusse	
18,3 m		Länge des längsten ausgestorbenen Krokodils *Rhamphosuchus indicus*	Die Tiere lebten vor 3 bis 5 Millionen Jahren
18,9 m		Länge der Flugzeuge JU52	Modell Deutsche Lufthansa
19 m		Luftdruck sinkt alle 19 m um 1 Hektopascal (hPa)	In 4.000 m bis 6.000 m Höhe

Ausdehnung		Begriffliche Erfassbarkeit	Erläuterungen
von	bis		
19 m		Darmlänge von Afrikanischen Elefanten	
19 m		Höhe der Klagemauer in Jerusalem	Herausstehender Teil der Mauer
19,4 m		Höhe der Flugzeuge Boing 747-800 und 747-400	Modelle Deutsche Lufthansa
< 20 m		Bewegung von Gletschern in Polargebieten Richtung Meer	Pro Tag
20 m		Grabenbreite beim Verlegen von Strom Erdkabeln	
< 20 m	40 m	Fluchtdistanz von Pirol Vögeln	Bei Annäherung < ... reagieren Tiere mit Flucht
< 20 m	50 m	Fluchtdistanz von Elstern	Bei Annäherung < ... reagieren Tiere mit Flucht
< 20 m	> 80 m	Fluchtdistanz von Wasseramseln	Bei Annäherung < ... reagieren Tiere mit Flucht
20 m		Länge von Pottwalen *Physeter catodon* (Spermwal heißt er auch wegen gallertartiger Masse)	53.000 kg schwer
20 m		Durchmesser von tintenfisch-ähnlichen Riesenkalmar Kopffüßern *Architheutis*	Fressen Fische und andere Kopffüßer
20 m		Bei Stille können Gespräche gehört werden bis zu einer Distanz von ...	
20 m		Wuchshöhe von Walnussbäumen *Juglans regia*	
20 m		Kuppel Innendurchmesser des Jerusalemer Felsendoms	
20 m		Meeresspiegelanstieg durch antarktischen Schmelzwasserpuls 1A	Vor 14.500 Jahren
20 m		Maximale Wellenhöhe in der Nordsee	
20 m		Fließstrecke pro Sekunde von schlammigen Schuttströmen	Maximalwert 5 bis 80 km/h
20 m		Fallhöhe des Wasserfalls Rheinfall	Im schweizerischen Schaffhausen
20 m		Breiten von Gewässerrandstreifen in Rheinland-Pfalz - im Jahre 2012 nur bei 82 Hektar	Als Sicherheitsabstand gegen Pestizide
20 m		Maximale Höhe Saguaro Kakteen im Süden der USA	Wasserspeicherung bis 5.000 Liter pro Kaktus
20 m		Entfernung für gute Treffgenauigkeit mit den Armbrustpistolen Power-Shooter	
20 m		Länge von weltweit verbreiteten Seiwalen	30.000 kg schwer, die global drittlängsten Wale
20 m		Einlasstiefe von Ständern der Forschungsplattform FINO 1 im Nordseeboden	Forschung zu Energie, Meteorologie & Seeböden
20 m	30 m	Übliche Abdrift Reichweite von Insektiziden	Über Wind in Gewässer
20 m	40 m	Fluchtdistanz von Braunkehlchen Vögeln	Bei Annäherung < ... reagieren Tiere mit Flucht
20 m	50 m	Nervenbahn Reizleitungsstrecke pro Sekunde zum Skelettmuskel (intrafusal)	Muskelfasertyp A-gamma
20 m	50 m	Fluchtdistanz von Misteldrossel Vögeln	Bei Annäherung < ... reagieren Tiere mit Flucht
20 m	80 m	Fluchtdistanz von Eisvögeln	Bei Annäherung < ... reagieren Tiere mit Flucht
20 m	> 100 m	Fluchtdistanz von Rotschenkel Schnepfenvögeln	Bei Annäherung < ... reagieren Tiere mit Flucht
20,12 m		Spielfeldlänge des Pitches beim Cricket	

Ausdehnung		Begriffliche Erfassbarkeit	Erläuterungen
von	bis		
20,6 m		Dickenschwund des österreichischen Hintereisferner Gletschers seit 1977	Im Gletscherdurchschnitt
20,8 m	24,4 m	Windstrecke pro Sekunde bei Sturm (leichte Beschädigungen an Häusern)	Windstärke 9
21,45 m		Wellenlänge des tiefsten von Menschen hörbaren Tons	Frequenz: 16 Hz
> 21,45 m		Wellenlänge von Schallwellen des Infraschalls bei 20° C und in trockenen Räumen	Frequenz: < 16 Hz
21,6 m		Schiffslänge von spätrömisch-mittelalterlichen Mannschaftsbooten in Mogontiacum (Mainz)	Siehe Mainzer Museum für Antike Schifffahrt
22 m		Länge der ausgestorbenen Dinosaurier *Brontosaurus*	40.000 kg schwer
22 m		Abstand der 22 m Linie zum Tor beim Rugby	
22 m		Darmlänge von Schweinen	
22 m	48 m	Länge von Pinassen	Pinassen sind größere Beiboote
22,1 m		Dickenschwund des Schweizer Gries Gletschers seit 1977	Im Gletscherdurchschnitt
22,12 m		Wellenlänge für Signale beim RFID Proximity Coupling kontaktloser Chipkarten	Entspricht 13,56 MHz, lesbar bis 15 cm
22,12 m		Wellenlänge für Signale beim RFID Vicinity Coupling kontaktloser Chipkarten	Entspricht 13,56 MHz, lesbar bis 1,5 m
22,3 m		Dickenschwund des französischen Saint-Sorlin Gletschers seit 1977	Im Gletscherdurchschnitt
23 m	30 m	Mindestbreite von Start- und Landebahnen gemäß Codezahl 2	Für neue Flughäfen - nach ICAO
23,2 m		Spannweite von Flugzeugen der Marke Bombardier CRJ 700	Modell Deutsche Lufthansa
23,5 m		Kuppelhöhe des Berliner Reichstages	
23,7 m		Maximale Wassertiefe des Tiefseehafens Saldanha von Kapstadt	Über ihn wird Eisenerz exportiert
23,77 m		Spielfeldlänge beim Tennis	
24 m		Maximale Tauchtiefe von Tauchern der Bundesmarine mit Nitrox B	60 Prozent Sauerstoffanteil
24 m		Maximale Wassertiefe des Tiefseehafens Europoort von Rotterdam/Niederlande	Anlandung von Erdöl und Erzen
> 24 m		Yachten dieser Länge benötigen einen internationalen Schiffsmessbrief	
24,1 m		Höhe der Flugzeuge Airbus 380-800	Modell Deutsche Lufthansa
24,5 m	28,4 m	Windstrecke pro Sekunde bei schwerem Sturm (entwurzelte Bäume)	Windstärke 10
24,9 m		Spannweite von Flugzeugen der Marke Bombardier CRJ 900	Modell Deutsche Lufthansa
25 m		Mindestabstand genveränderter zu konventionellen Pflanzen in Holland	Für Mais
25 m		Kuppel Innendurchmesser der St. Isaaks Kathedrale in St. Petersburg/Russland	
25 m		Wuchshöhe von Rotbuchen *Fagus sylvatica* im Alter von 80 Jahren	
25 m		Länge von Schwimmbecken bei Kurzbahn-Wettkämpfen	Viele Schwimmbecken sind daher 25 m lang
25 m		Ankertiefe von Offshore Windrädern im Meer	

Ausdehnung		Begriffliche Erfassbarkeit	Erläuterungen
von	bis		
25 m	30 m	Wuchshöhe von Spitzahorn *Acer platanoides* Bäumen	
25 m	200 m	Wassertiefe der südostasiatischen Meerenge Straße von Malakka	Wird von 90.000 Schiffen pro Jahr durchfahren
25,91 m		Spielfeldbreite beim Eishockey	In der nordamerikanischen NHL
26 m		Kuppel Innendurchmesser des Pariser Invalidendoms	In Frankreich
26 m		Kuppel Innendurchmesser der Moskauer Christ Erlöser Kathedrale	In Russland
26 m		Maximale Wassertiefe des Tiefseehafens Maasvlakte in Rotterdam/Niederlande	Anlandung von Erzen
26 m	30 m	Spielfeldbreite beim Eishockey	In der Deutschen Eishockey Liga
26 m	35 m	Wuchshöhe von Hainbuchen *Carpinus betulus*	Diverse Quellangaben
26,15 m		Kuppel Außendurchmesser der Frauenkirche zu Dresden	In Sachsen
26,461 m		Jahresniederschlag Wassersäule in Cherrapunji/Indien zwischen August 1860 und Juli 1861	Niederschlagsrekord für 12 Monate
27 m		Länge von global verbreiteten Finnwalen	76.000 kg schwer, die global zweitlängsten Wale
27 m		Länge der ausgestorbenen Dinosaurier *Brachiosaurus*	15 Meter Höhe, 50.000 kg schwer
27,43 m		Kantenlänge von Innenfeld Spielfeldern (Infields) beim Baseball	
27,9 m		Dickenschwund des US-amerikanischen South Cascade Gletschers seit 1977	Im Gletscherdurchschnitt
28 m		Strecke, die man bei Tempo 100 km/h in 1 Sekunde fährt	
28 m		Lebenszuwachs von Fingernägeln bei Menschen	
28 m		Kuppeldurchmesser der Hazrat Sultan Moschee im kasachischen Astana	In Zentralasien
28 m		Spielfeldlänge beim Basketball	
28 m		Länge der ausgestorbenen Dinosaurier *Diplodocus*	40.000 kg schwer
28 m	36 m	Länge von Fleuten im 17. Jahrhundert	Fleuten waren dreimastige Handelsschiffe
28 m	1,08 km	Wassertiefe in der Meerenge Magellanstraße	Sie trennt Feuerland von Patagonien
28,5 m		Maximale Wassertiefe im alten Fjord Eckernförder Bucht	In Schleswig-Holstein
28,5 m	32,6 m	Windstrecke pro Sekunde bei orkanartigem Sturm (schwere Zerstörungen)	Windstärke 11
28,7 m		Spannweite von Flugzeugen der Marke Embraer 195 und 190	Modelle Deutsche Lufthansa
28,9 m		Spannweite von Flugzeugen der Marke Boing 737-300 und 737-500	Modelle Deutsche Lufthansa
29 m		Kuppel Innendurchmesser des Kapitols in Washington D.C.	Das Parlament der USA
29,25 m		Spannweite von Flugzeugen der Marke JU52	Modell Deutsche Lufthansa
< 30 m		Größe von Weltraumobjekten die noch in bzw. an der Atmosphäre der Erde zerplatzen	Kein Aufprall auf der Erdoberfläche
< 30 m		Fluchtdistanz von Zuchtrindern die in Bergregionen aufgezogen werden	Bei Annäherung < ... reagieren Tiere mit Flucht

Ausdehnung		Begriffliche Erfassbarkeit	Erläuterungen
von	bis		
< 30 m		Tiefen von Gletscherspalten	
< 30 m		Mächtigkeit von Deckschichten im tagesnahen Bergbau - per Definition	Erdbereich zwischen Oberfläche und Lagerstätte
< 30 m	100 m	Fluchtdistanz von Weißstörchen	Bei Annäherung < ... reagieren Tiere mit Flucht
30 m		Vorkommen von Festgestein in Tropen - oft erst ab einer Tiefe von ...	
30 m		Gängige Tauchtiefe von Walrossen	Sie leben gerne auf arktischem Treibeis
30 m		Detailgenauigkeit von Landsat Satellitenbildern bei Erdvermessungen	Kantenlänge 30 m x 30 m pro Pixel
30 m		Detailgenauigkeit von SRTM Satellitenbildern bei der Fernerkundung Nordamerikas	Außerhalb Nordamerikas sind es 90 m
30 m		Absprunghöhe beim niedrigsten Fallschirmsprung - von der Christusstatue in Rio de Janeiro	
30 m		Darmlänge von Pferden	
30 m		Wuchshöhe von Schwarzpappeln *Populus nigra*	
30 m		Heutiger Meeresspiegel liegt ... niedriger als im Tertiär vor 30 Millionen Jahren	Weniger Eis wegen höherer Erdtemperatur
30 m		Wuchshöhe von Feldulmen *Ulmus minor*	
30 m		Detailgenauigkeit von CORINE Satellitenbildern	EU Programm für Ermittlung der Bodenbedeckung
30 m	45 m	Mindestbreite von Start- und Landebahnen gemäß Codezahl 3	Für neue Flughäfen - nach ICAO
30 m	50 m	Fluchtdistanz von Goldregenpfeifer Vögeln	Bei Annäherung < ... reagieren Tiere mit Flucht
30 m	50 m	Fluchtdistanz von Wachteln und Wachtelkönig Vögeln	Bei Annäherung < ... reagieren Tiere mit Flucht
30 m	60 m	Fluchtdistanz von Grünspecht Vögeln	Bei Annäherung < ... reagieren Tiere mit Flucht
30 m	100 m	Fluchtdistanz von Alpenstrandläufer, Flussuferläufer, Hohltauben und Kiebitz Vögeln	Bei Annäherung < ... reagieren Tiere mit Flucht
30 m	100 m	Fluchtdistanz von Turmfalken außerhalb von Städten	Bei Annäherung < ... reagieren Tiere mit Flucht
30 m	> 100 m	Fluchtdistanz von Säbelschnäbler Vögeln	Bei Annäherung < ... reagieren Tiere mit Flucht
30 m	150 m	Gletscher Vorstoß Strecken pro Jahr	In den östlichen Alpen
30 m	200 m	Fördertiefen von Grundwasser in Deutschland	
30 m	2,4 km	Wellenlänge für Signale beim RFID Close Coupling kontaktloser Chipkarten	Entspricht 125 KHz bis 10 MHz, sendet ab < 1 cm
30 m	150 km	Weglänge von Tornados	Rotierende Luftwirbel
> 30 m		Länge von fleischfressenden Schnurwürmern *Lineus longissimus*	Eine der längsten Tierarten auf der Erde
> 30 m		Mächtigkeit von Deckschichten im oberflächennahen Bergbau - per Definition	Erdbereich zwischen Oberfläche und Lagerstätte
30,8 m		Dickenschwund des französischen Sarennes Gletschers seit 1977	Im Gletscherdurchschnitt
30,8 m		Kuppel Innendurchmesser der St Paul's Kathedrale zu London	In England
30,87624 m		Betrag einer geographischen Sekunde am Äquator	3.600 Sekunden = 1 Grad Länge oder Breite

Ausdehnung		Begriffliche Erfassbarkeit	Erläuterungen
von	bis		
31 m		Darmlänge von Schafen	
31 m		Kuppel Innendurchmesser der Frederikskirche in Kopenhagen	In Dänemark
31 m		Länge von Flugzeugen der Marke Boing 737-500	Modell Deutsche Lufthansa
31 m	33 m	Maximale Länge von global verbreiteten Blauwalen	200.000 kg schwer, diverse Quellangaben
31,5 m		Globale Niederschlagsrekord Schneemenge für die Messdauer über 12 Monate	Als Schneesäule auf Mount Rainier/USA
31,87 m		Kuppel Innendurchmesser der Kirchmoschee Hagia Sophia in Istanbul	In der Türkei, sie thront oberhalb des Bosporus
32 m		Maximale Tiefe der Wasserstraße Bosporus	In der Türkei
32 m		Darmlänge von Ziegen	
32 m		Kuppel Innendurchmesser des Kapitols von Havanna/Kuba	
32,5 m		Höchste natürliche Landerhebung in Bremen	Im Friedehorstpark
32,5 m		Länge von Flugzeugen der Marke Bombardier CRJ 700	Modell Deutsche Lufthansa
> 32,6 m		Windstrecke pro Sekunde bei Orkan (verwüstende Wirkungen)	Windstärke 12
33 m		Kontinentalplattenhebung in den letzten 10.000 Jahren bei Kopenhagen/Dänemark	Glazialisostasierender Faktor
33 m		Kuppel Innendurchmesser der Basilika San Francisco el Grande in Madrid/Spanien	
33 m		Kuppel Innendurchmesser des Berliner Doms	
33 m		Länge der ausgestorbenen Haifische *Carcharodon megalodon*	Sie wogen geschätzte 125.000 kg
33,4 m		Länge von Flugzeugen der Marke Boing 737-300	Modell Deutsche Lufthansa
33,6 m		Dickenschwund des kanadischen Place Gletschers seit 1977	Im Gletscherdurchschnitt
33,8 m		Länge von Flugzeugen der Marke Airbus 319-100	Modell Deutsche Lufthansa
34 m		Höchste je gemessene Monsterwelle auf offener See	Gemäß USS Ramapo Daten im Jahre 1933
34,1 m		Länge von Flugzeugen der Marke 321-100 und 321-200	Modelle Deutsche Lufthansa
34,1 m		Spannweite von Flugzeugen der Marke Airbus 319-100	Modell Deutsche Lufthansa
35 m		Maximale Wuchshöhe von Ginkgobäumen *Ginkgo biloba*	Ginkgos gelten als lebendes Fossil
35 m	40 m	Wuchshöhe von Bergahorn Bäumen *Acer pseudoplatanus*	Im Gebirge 40 m
35 m		Wuchshöhe von Edelkastanien Bäumen *Castanea sativa*	Normalerweise 20 m bis 25 m
35,5 m		Dickenschwund des italienischen Careser Gletschers seit 1977	Im Gletscherdurchschnitt
35,52 m		Länge der alten römischen Maßeinheit 1 Actus bzw. Arpent	Entspricht 12 Perticae bzw. Ruten
35,8 m		Spannweite von Flugzeugen der Marke Boing 737-800 IGW	Modell Deutsche Lufthansa
36 m		Mindestabstand auf Autobahnen bei 120 km/h auf eigenem Tacho	Gemäß deutscher Straßenverkehrsordnung

Ausdehnung		Begriffliche Erfassbarkeit	Erläuterungen
von	bis		
36,2 m		Länge von Flugzeugen der Marke Embraer 190	Modell Deutsche Lufthansa
36,4 m		Länge von Flugzeugen der Marke Bombardier CRJ 900	Modell Deutsche Lufthansa
37,6 m		Länge von Flugzeugen der Marke Airbus 320-200	Modell Deutsche Lufthansa
38 m		Kuppeldurchmesser des Berliner Reichstages	
38,7 m		Länge von Flugzeugen der Marke Embraer 195	Modell Deutsche Lufthansa
39,5 m		Länge von Flugzeugen der Marke Boing 737-800 IGW	Modell Deutsche Lufthansa
< 40 m		Dicke von Guano Ablagerungen auf Vogelfelsen	Guano Vogelkot ist eine beliebte Phosphorquelle
40 m		Wuchshöhe von Gemeinen Eschen *Fraxinus excelsior*	Gehört zu den höchsten Laubbäumen in Europa
40 m		Kuppeldurchmesser der Bibi Chanum Moschee im usbekischen Samarkand	In Zentralasien
40 m		Tauchtiefe von Haubentauchern, Sturmtauchern und Kormoran Vögeln	Sturmtaucher suchen nach Krill
40 m		Fluchtdistanz von Wisenten	Bei Annäherung < ... reagieren Tiere mit Flucht
40 m		Wuchshöhe von Traubeneichen *Quercus petraea* und Stieleichen *Quercus robur*	Normalerweise 20 m bis 30 m
40 m		Wuchshöhe von Sommerlinden *Tilia platyphyllos*	Manche Exemplare werden > 1.000 Jahre alt
40 m		Typische Höhe von Fraktioniertürmen für die Destillation von Rohöl zu Kraftstoffen	
40 m		Spannweite von Kampfdrohnen der Marke Euro Hawk	
40 m		Wuchshöhe von asiatischen Kampferbäumen *Camphora*	Nutzung in Arzneien als Analeptikum
40 m	80 m	Strommastenhöhe für klassische Stromtrassen in Deutschland	Im Abstand von 500 Metern
40 m	80 m	Fluchtdistanz von Kampfläufer Vögeln	Bei Annäherung < ... reagieren Tiere mit Flucht
40 m	90 m	Nervenbahn Leitungsstrecke pro Sekunde nach Berührung der Haut	Beim Muskelfasertyp A-beta
40 m	100 m	Fluchtdistanz von Trauerseeschwalben	Bei Annäherung < ... reagieren Tiere mit Flucht
40,5 m		Maximale Sichttiefe im sibirischen Baikal See	Im Jahre 1931
41,6 m		Maximale Sichttiefe im japanischen Mashu See	Im Jahre 1931
42 m		Darmlänge von Kamelen	
42 m		Maximale Tauchtiefe von Tauchern der Bundesmarine mit Nitrox C	40 Prozent Sauerstoffanteil
42,3 m		Kuppel Innendurchmesser des Petersdoms in Rom/Italien	Tempel zur Verehrung eines Gottes
43,4 m		Kuppel Innendurchmesser des Pantheons in Rom/Italien	Tempel zur Verehrung mehrerer Götter
44 m		Darmlänge von Seekühen	
44 m		Gesamte Jahressonnenwärme auf der Erde könnte eine ... dicke Eisdecke schmelzen	Hätte die Erde erdumspannenden Eispanzer
44,5 m		Länge von Flugzeugen der Marke Airbus 321-100 und 321-200	Modelle Deutsche Lufthansa

Ausdehnung		Begriffliche Erfassbarkeit	Erläuterungen
von	bis		
45 m		Wuchshöhen von Rotbuchen und ahornblättrigen Platanen	Norm bei Rotbuchen ist eher bis 30 m
45 m		Höhenunterschied zwischen den beiden Lotte World Towers in Seoul und Busan/Korea	Der Turm in Busan ist 45 m niedriger
45 m		Fallhöhe des leistungsstärksten Wasserfalles der Erde	Der Dettifoss in Island ist 100 m breit
45 m		Treffgenauigkeit Entfernung von Armbrustpistolen Bear Hunter	
45 m		Kuppel Innendurchmesser der Kathedrale von Florenz/Italien	
45 m	60 m	Mindestbreite von Start- und Landebahnen auf neuen Flughäfen gemäß Codezahl 4	Gemäß ICAO
45 m	60 m	Mindestbreite von Start- und Landebahnen auf Flughäfen für den Airbus 380	45 m nur in Ausnahmefällen
45 m	90 m	Spielfeldbreite beim Fußball	Allgemeines Richtmaß
45,6 m		Höhe des großen Minaretts von Buchara/Usbekistan	Am Gebäudekomplex Po-i-Kalan, in Zentralasien
46 m		Höhe der mexikanischen Mondpyramide in Teotihuacán	
46 m		Maximale Wuchshöhe von Waldkiefern *Pinus sylvestris*	Normal 23 bis 27 Meter
46 m		Länge des großen Seenotkreuzers Hermann Marwede	Fährt in der Nordsee
48,76 cm		Spielfeldbreite beim American Football	
48,9 m		Länge bzw. Höhe des Space Shuttles	Raumfähre für bemannte Raumflüge
49 m		Höchste unnatürliche Landerhebung in Bremen liegt ... über N.N.	Es ist eine Müllkippe
< 50 m		Mächtigkeit roter verwitterter Ferralsol Böden in Afrika	Im tropischen Afrika
< 50 m	> 150 m	Fluchtdistanz von Graureihern	Bei Annäherung < ... reagieren Tiere mit Flucht

So lässt sich Architektur bemessen

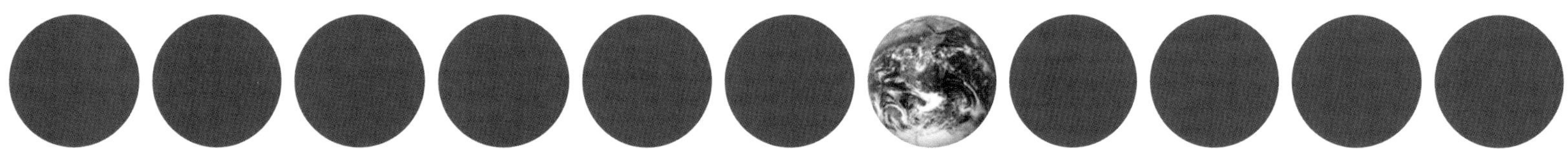

Von 50 Meter bis 900 Meter

Ausdehnung		Begriffliche Erfassbarkeit	Erläuterungen
von	bis		
50 m		Maximale Wuchshöhe von Schwarzkiefern bzw. Schwarzföhren *Pinus nigra*	Die Norm liegt eher bei 20 m bis 40 m
50 m		Spielfeldseitenlängen des Anstoß-Quadrats beim Australian Football	Centre square
50 m		Durchschnittliche Windverdriftungsdistanz von Schadstoffen auf Verkehrsstraßen	Drift = gerichtete Verteilung kleinster Partikel
50 m		Tauchtiefe von Buckelwalen für den Nahrungserwerb	
50 m		Größe von Asteroiden mit der Fähigkeit Städte zu zerstören	Global schlagen *Citykiller* alle 50 bis 100 Jahre ein
50 m		Maximale Fallstrecke pro Sekunde von Menschen - ohne Fallschirm	Bei 180 km/h Fallgeschwindigkeit
50 m		Größe von Riesenalgen bzw. Kelp bzw. Birnentang *Macrocystis pyrifera*	Wachstum bis 36 cm pro Tag
50 m		Maximale Wuchshöhe von Nordmann Tannen *Abies nordmanniana*	
50 m		Maximale Eindringtiefe von rotem Licht in Ozeane	
50 m		Küstenabbruch am Kap Arkona auf der Ostsee Insel Rügen in den letzten 150 Jahren	Derzeit rund 30 cm Landverlust pro Jahr
50 m		Gesamter Kopfhaarwuchs während eines Menschenlebens	Im Durchschnitt
50 m		Länge von Schwimmbecken	Standard für Langbahn Wettkämpfe
50 m		Tauchtiefe von Seeottern	
50 m	60 m	Tauchtiefe von Eisenten *Clangula hyemalis*	
50 m	60 m	Grundmaß für 1 Tagewerk (50 m x 50 m = 2.500m^2 bis 60 m x 60 m = 3.600 m^2)	Altes deutsches Flächenmaß
50 m	60 m	Wurfhöhe des Geysirs in Andernach/Rheinland-Pfalz	Er ist der höchste Kaltwassergeysir auf der Erde
50 m	60 m	Darmlänge von Rindern	
50 m	80 m	Mittlere Fluchtdistanz von Uferschnepfen	Bei Annäherung < ... reagieren Tiere mit Flucht
50 m	100 m	Mittlere Fluchtdistanz von Rebhühnern, Tafelenten, Steinkäuzen und Sumpfohreulen	Bei Annäherung < ... reagieren Tiere mit Flucht
50 m	100 m	Mittlere Fluchtdistanz von Vögeln Zwergtaucher, Bruchwasserläufer und Schellenten	Bei Annäherung < ... reagieren Tiere mit Flucht
50 m	120 m	Übliche Schussweiten im Einsatzbereich polizeilicher Präzisionsschützen	
50 m	150 m	Mittlere Fluchtdistanz von Sperber Vögeln	Bei Annäherung < ... reagieren Tiere mit Flucht
50 m	300 m	Mittlere Fluchtdistanz von Brandgänsen	Bei Annäherung < ... reagieren Tiere mit Flucht
> 50 m		Mittlere Fluchtdistanz von Rohrdommel Vögeln	Bei Annäherung < ... reagieren Tiere mit Flucht
> 50 m		Mittlere Fluchtdistanz von Reiherenten außerhalb von Parks	Bei Annäherung < ... reagieren Tiere mit Flucht
> 50 m	150 m	Mittlere Fluchtdistanz von Raubwürger Vögeln	Bei Annäherung < ... reagieren Tiere mit Flucht
> 50 m	200 m	Mittlere Fluchtdistanz von Baumfalken und Habichten	Bei Annäherung < ... reagieren Tiere mit Flucht
54 m		Maximale Wuchshöhe europäischer Lärchen *Larix decidua*	
54 m		Maximale Tauchtiefe von Tauchern der Bundesmarine mit Nitrox D	32,5 Prozent Sauerstoffanteil

Ausdehnung		Begriffliche Erfassbarkeit	Erläuterungen
von	bis		
55 m		Typischer Bremsweg von landenden Kampfjets auf Flugzeugträgern	
56 m		Meeresspiegelanstieg bei dem Nordamerika und Südamerika zwei Kontinente werden	Laut Modellrechnungen
56 m	61 m	Spielfeldlänge beim Eishockey	In der Deutschen Eishockey Liga
57,6 m		Brennweite des seit 1990 auf Erdumlaufbahn befindlichen Hubble Teleskops	Brennweite von Spiegelreflexkameras: 5 cm
60 m		Wind mit Stärke 4 bewegt Wasser bis in Tiefen von ...	
60 m	63,25 m	Grundmaß für 1 Joch (60 m x 60 m bis 63,25 m x 63,25 m = 4.000 m^2)	Altes deutsches Flächenmaß
60 m	120 m	Gletschereis Dicke bis zu der Gletscher über Fels fließen	Plastische Eigenschaft von Gletschern
60 m	120 m	Nervenbahn Reizleitungsstrecke pro Sekunde zu Skelettmuskeln (extrafusal)	Muskelfasertyp A-alpha
60,3 m		Spannweite von Flugzeugen der Marken Airbus 340-300 und 330-300	Modelle Deutsche Lufthansa
60,96 m		Spielfeldlänge beim Eishockey	In der nordamerikanischen NHL
61,1 m		Globaler Meeresspiegel Anstieg im Falle der Schmelze von allem Antarktiseis	Im Durchschnitt über alle Meere
62 m		Maximale Wuchshöhe gemeiner Fichten *Picea abies*	Normalerweise bis 40 m
63 m		Fallhöhe der Niagara Wasserfälle	An der Grenze von Kanada zu den USA
63,5 m		Spannweite von Flugzeugen der Marke Airbus 340-600	Modell Deutsche Lufthansa
63,62 m		Grundmaß für 1 Acre (63,62 m x 63,62 m = 4.047 m^2)	In England und den USA
63,7 m		Längen von Flugzeugen der Marken Airbus 340-300 und 330-300	Modelle Deutsche Lufthansa
64 m		Höchste Höhe der Stufentempel im guatemaltekischen Tikal	Tempelanlage der Mayas in Zentralamerika
64,4 m		Spannweite von Flugzeugen der Marke Boing 747-400	Modell Deutsche Lufthansa
65 m		Maximale Wuchshöhe von Weißtannen *Abies alba*	Keine Baumart in Europa wächst höher
65 m		Höhe der Sonnenpyramide im mexikanischen Teotihuacán	Die Azteken fanden die Anlage als Ruine vor
65 m		Höhe des Wormser Doms	Am Rhein in Rheinland-Pfalz
66 m		Heutige Höhe der mexikanischen Cholula Pyramide	Sie war einmal die global höchste Pyramide
67 m		Länge des berühmten Foucault'schen Pendels vom 26. März 1851 in Paris	Hier bewies Foucault dass sich die Erde dreht
68 m		Spielfeldbreite beim Fußball	Vorschrift für Länderspiele
68 m	70 m	Spielfeldbreite beim Rugby	
68,4 m		Spannweite von Flugzeugen der Marke Boing 747-800	Modell Deutsche Lufthansa
70 m		Höhe moderner Hochöfen für die Eisengewinnung	Täglich: 12.000 Tonnen Roheisen
70 m	100 m	Maximale durchschnittliche Abstandsstrecke von Grundwasser in kiesigen Böden - pro Tag	Strecke pro Zeit = Abstandsgeschwindigkeit
70 m	200 m	Mittlere Fluchtdistanz von Großen Brachvögeln	Bei Annäherung < ... reagieren Tiere mit Flucht

Ausdehnung		Begriffliche Erfassbarkeit	Erläuterungen
von	bis		
70,7 m		Länge von Flugzeugen der Marke Boing 747-400	Modell Deutsche Lufthansa
71,2 m		Turmhöhe des Doms zu Speyer	In Rheinland-Pfalz
72 m		Turmhöhe der Karlskirche in Wien/Österreich	
72,7 m		Länge von Flugzeugen der Marke Airbus 380-800	Modell Deutsche Lufthansa
74 m		Turmhöhe des Aachener Doms und des St. Patrokli Doms zu Soest	
75 m		Turmhöhe der Leipziger Nikolaikirche und der Nürnberger St. Sebald Kirche	
75,3 m		Länge von Flugzeugen der Marke Airbus 340-600	Modell Deutsche Lufthansa
76 m		Turmhöhe der Döme von Trier und Bamberg	
76 m		Turmhöhe der Kathedrale im spanischen Santiago de Compostela	Pilgerort im Nordwesten von Spanien
76,3 m		Länge von Flugzeugen der Marke Boing 747-800	Modell Deutsche Lufthansa
77 m		Turmhöhe des Doms zu Siena in Italien	
78,97 m		Turmhöhe der St. Salvator Kathedrale im belgischen Brügge	
79 m		Höhe des Artländer Doms im niedersächsischen Ankum und der Prager St. Nikolaus Kirche	
79,8 m		Spannweite von Flugzeugen der Marke Airbus 380-800	Modell Deutsche Lufthansa
80 m		Geschwindigkeit von pazifisch-kalifornischem Auftriebswasser pro Monat	30 Mikrometer pro Sekunde
80 m		Abstand des letzten Hinweisschildes bzw. einer Bake vor dem nächsten Bahnübergang	In Deutschland & Österreich, Schild mit 1 Balken
80 m		Waldschneisenbreite für klassische Stromtrassen	In Deutschland
80 m		Kuppelhöhe des argentinischen Parlamentsgebäudes	Palacio del Congreso de la Nación Argentina
80 m		Der Meeresspiegel des Indischen Ozeans ist bei Neuguinea ... höher als im Durchschnitt	Grund: Ein weniger dichter Erdmantel untertage
80 m	90 m	Spielfeldbreite beim Gaelic Football	Eine irische Sportart
80 m	150 m	Heutiger Meeresspiegel liegt 80 m höher als vor 12.000 Jahren während der Eiszeit	Eis hatte Wasser gebunden
80 m	180 m	Maximale Tauchtiefe von Walrossen	180 m eher die Ausnahme
81 m		Turmhöhe der St. Lorenz Kirche in Nürnberg/Bayern und des Doms zu Salzburg/Österreich	
81,5 m		Turmhöhe der Altstädter Nicolaikirche in Bielefeld	
81,7 m		Turmhöhe der Marburger Elisabethkirche	
82 m		Turmhöhe des Bonner Münsters und der St. Étienne Kirche im französischen Caen	
82 m		Tiefe des tiefsten je in Basalt getriebenen Burgbrunnens	Auf der Burg Stolpen/Sachsen
82 m		Maximale Fallhöhe der Wasserfälle von Iguacu an der Grenze von Argentinien und Brasilien	Die meisten Fälle sind 64 m hoch
82 m		Turmhöhe der Marienkirche zu Danzig/Polen	Weltweit größte Backsteinkirche

Ausdehnung		Begriffliche Erfassbarkeit	Erläuterungen
von	bis		
82 m		Turmhöhe der Belgrader St. Sava Kirche	Der höchste Kirchturm auf dem Balkan
82,6 m	160 m	Turmhöhe der Lincoln Kathedrale in England	Heute 82,6 m, bis 1549 war sie 160 m hoch
83 m		Turmhöhe der Notre-Dame Kirche im belgischen Tournai	
84 m		Turmhöhe der Sacré-Cœur Kirche in Paris	
84 m		Turmhöhe der Dreifaltigkeitskirche in Tiflis/Georgien	
85,3 m		Länge von Flugzeugen des russischen Modells Antonow AN 225	Längstes je gebaute Flugzeug
85,45 m		Turmhöhe des Doms zu Mainz am Rhein	
86 m		Lagetiefe der namibischen Höhle *Drachenhauchloch* unter der Erdoberfläche	Darin befindlicher See: Größter unterirdischer See
88 m		Bodentiefe für Vorkommen ölfressender Mikroorganismen	In Deutschland nachgewiesenes Maximum
89 m		Kontinentalplattenhebung in den letzten 10.000 Jahren bei Helsinki/Finnland	Glazialisostasierender Faktor
90 m		Detailgenauigkeit von satellitengestützten SRTM-Erddaten	Weltweit außer Nordamerika
90 m		Tägliche Wanderung des magnetischen Pols im arktischen Kanada	Richtung Nord-Nordwest
90 m		Meeresspiegel bei Australien ist bis zu ... höher als im globalen Durchschnitt	
90 m	120 m	Spielfeldlänge beim Fußball	Allgemeines Richtmaß
90 m	120 m	Länge der Seitenauslinien (Foul Lines) auf Baseball Spielfeldern	
90 m	1 km	Reichweite von Konvektion II im Alpha Klima der mikroskaligen Meteorologie	Horizontale Wirksamkeit
91,23 m		Höhe der Frauenkirche in Dresden	Nach Angaben der Kirchenverwaltung
91,44 m		Schiffsmasthöhe der Superjacht M5 des texanischen Öl- und Gasmultis Rodney R. Lewis	Der höchste Schiffsmast weltweit
91,44 m		Höhe des Central Towers im britischen Parlamentsgebäude Westminster Palace	In London
92 m		Kuppelhöhe des Kapitols von Havanna/Kuba	
94 m	> 100 m	Abstand der beiden Try-lines auf Rugby Spielfeldern	
96,32 m		Höhe des Uhrenturmes Big Ben vom britischen Parlamentsgebäude Westminster Palace	In London
97,2 m		Höhe des Wohnturms Asinelli im italienischen Bologna	Einst Europas höchster Profanbau
97,9 m		Länge der transnationalen Raumstation ISS	International Space Station
98 m		Länge des ersten komplett aus Stahl bestehenden Ozeankreuzers SS Great Britain	Im Jahre 1845, Schiff mit Propellerantrieb
98,45 m		Höhe des Victoria Towers im britischen Parlamentsgebäude Westminster Palace	In London
98,57 m		Turmhöhe der Münchner Frauenkirche	
98,87 m		Turmhöhe des Berliner Doms	
99 m		Turmhöhe der St. Nikomedes Kirche in Steinfurt	Nordwestlich von Münster in NRW

Ausdehnung		Begriffliche Erfassbarkeit	Erläuterungen
von	bis		
99 m		Turmhöhe der Wiener Votivkirche und der Johanniskirche im polnischen Stargard	
99,29 m		Turmhöhe des Ludgerus Doms im nordrhein-westfälischen Billerbeck	
99,6 m		Stammhöhe des Centurion Eukalyptusbaumes auf der australischen Insel Tasmanien	Stand 2021
99,9 m		Turmhöhe des Doms St. Nikolai in Greifswald	In Mecklenburg-Vorpommern
< 100 m		Flugradius von Stechmücken	Wollen sie weiter fliegen, brauchen sie eine Pause
< 100 m		Mindestlänge von Start- und Landebahnen für Ultraleichtflugzeuge	
< 100 m		Kampfdistanz von Scharfschützen in Ortschaften bei der Schlacht um Stalingrad/Russland	1942 bis 1943
10^2 m		100 Meter = 100 m = 1 Hektometer	
100 m		Abstand des letzten Hinweisschildes bzw. einer Bake vor der nächsten Autobahnausfahrt	In Deutschland, Schild mit einem Balken
100 m		Höhe der Basilika im ungarischen Esztergom und der belgischen Vincentius Kirche in Eeklo	
100 m		Höhe der bodennahen Hindernisschicht über dem Boden	Obergrenze der klimatologischen Prandtl Schicht
100 m		Höhe von Eruptionswolken bei hawaianischen Vulkanausbrüchen	Beispiel: Kilauea auf Hawai'i/USA
100 m		Orkane bewegen Wasser bis in Tiefen von ...	
100 m		Wassertiefe der euphotischen Gewässerzone - hier dringt reichlich Licht in Wasserkörper ein	Photosynthese kann nur hier stattfinden
100 m		Maximale Teufe bzw. Tiefe im oberflächennahen Bergbau	Per Definition
100 m		Mittlere Fluchtdistanz von Krickenten	Bei Annäherung < ... reagieren Tiere mit Flucht
100 m		Je ... Wassertiefe sinkt die Wassertemperatur um 0,1° Celsius bzw. Kelvin	Bei einer Oberflächentemperatur von 4° C
100 m		Maximale Meerestiefe in dem latenter Luft/Wasser Wärmetransport stattfindet	Wärmestrom ins Meer
100 m		Maximale Tauchtiefe von See-Elefanten	Circa-Wert
100 m		Verbreitungszirkel von Samen der Robinienbäume *Robinia pseudoacacia*	
100 m		Mittlere Fluchtdistanz von Mäusebussard Greifvögeln außerhalb von Städten	Bei Annäherung < ... reagieren Tiere mit Flucht
100 m		Je ... Höhenzunahme nimmt die Lufttemperatur um 1° Celsius bzw. Kelvin ab	Trockenadiabatischer Lufttemperaturgradient
100 m		Je ... Höhenzunahme nimmt die Lufttemperatur um 0,5° Celsius bzw. Kelvin ab	Bei wasserdampfgesättigter Luft
100 m		Je ... Tiefenzunahme nimmt die Bodentemperatur um 0,3° bis 0,5° Celsius bzw. Kelvin ab	In Böden
100 m^2		Fläche der Maßeinheit 1 Ar	Dementsprechend sind 100 m x 100 m = 1 Hektar
100 m	182 m	Wellenlänge von Grenzwellen für Funksprüche wie Küstenfunk	Entspricht 1.650 bis 3.000 kHz
100 m	200 m	Mittlere Fluchtdistanz von Aaskrähen, Schnatterenten und Wanderfalken	Bei Annäherung < ... reagieren Tiere mit Flucht
100 m	250 m	Mittlere Fluchtdistanz von Waldwasserläufern und Wespenbussarden	Bei Annäherung < ... reagieren Tiere mit Flucht
100 m	300 m	Länge von Säbel- bzw. Seifdünen	Formentstehung: Parallel zur Windrichtung

Ausdehnung		Begriffliche Erfassbarkeit	Erläuterungen
von	bis		
100 m	300 m	Mittlere Fluchtdistanz von Rot-und Schwarzmilanen, Singschwänen und Zwergschwänen	Bei Annäherung < ... reagieren Tiere mit Flucht
100 m	1 km	Meereswassertiefe der dysphotischen bzw. lichtarmen Zone	Meist bis 400 m
100 m	1 km	Detailgenauigkeit polarumlaufender Wettersatelliten	
100 m	5 km	Mindestabstand von Lichtquelle zu Spektrometer bei der DOAS Spektroskopie	Differenzielle optische Absorptionsspektroskopie
> 100 m		Mittlere Fluchtdistanz von nicht bejagten Kormoran Raubvögeln	Bei Annäherung < ... reagieren Tiere mit Flucht
> 100 m		Maximale Wuchshöhe der Gelben Merantibäume *Shorea faguetiana*	In Südostasien
> 100 m		Typische Einschussentfernungen bei der Jagd	
> 100 m		Mittlere Fluchtdistanz von Kornweihe Greifvögeln	Bei Annäherung < ... reagieren Tiere mit Flucht
> 100 m		Größe von Asteroiden die geschätzte 100.000 mal pro Jahr die Erdbahn kreuzen	NASA-Schätzwert
> 100 m		Mittlere Fluchtdistanz von Knäkenten, Löffelenten und Pfeifenten	Bei Annäherung < ... reagieren Tiere mit Flucht
> 100 m		Teufe bzw. Tiefe im *tiefen* Bergbau	Per Definition
> 100 m	> 200 m	Mittlere Fluchtdistanz von Graugänsen	Bei Annäherung < ... reagieren Tiere mit Flucht
> 100 m	300 m	Mittlere Fluchtdistanz von Gänsesäger Enten und Rohrweihe Greifvögeln	Bei Annäherung < ... reagieren Tiere mit Flucht
100,06 m		Turmhöhe des Campanile San Marco in Venedig/Italien	
100,3 m		Turmhöhe der Basilica in Washington D.C.	Der Hauptstadt der USA
100,5 m		Turmhöhe der St. Patrick's Kathedrale in New York City/USA	
100,6 m		Turmhöhe des Berner Münsters	Höchster Kirchturm in der Schweiz
100,65 m		Turmhöhe des Wenzelsdoms im tschechischen Olmütz	
100,8 m		Turmhöhe der anglikanischen Kathedrale von Liverpool/England	
101 m		Turmhöhe der Giralda Kirche in Sevilla/Spanien	
101,1 m		Höhe der Snofru Knickpyramide in Ägypten	
101,5 m		Turmhöhe der Isaakskathedrale in St. Petersburg/Russland	
101,9 m		Turmhöhe des Doms Santa Sofia im italienischen Lendinara	
102 m		Höhe des Palazzo Publico im italienischen Siena	
102,3 m		Turmhöhe der St. Bartholomäus Kathedrale zu Pilsen/Tschechien	Höchster Kirchturm in Tschechien
102,52 m		Turmhöhe der St. Antonius Basilika im nordrhein-westfälischen Rheine	
102,6 m		Turmhöhe der St. Nikolai Kirche in Stralsund und der Marienkirche im polnischen Chojna	
103 m		Turmhöhe der Kathedrale St. Stanislaus und Wenzel im polnischen Świdnica	
104,28 m		Turmhöhe des Magdeburger Doms	In Sachsen-Anhalt

Ausdehnung		Begriffliche Erfassbarkeit	Erläuterungen
von	bis		
104,6 m		Turmhöhe des Regensburger Doms	In Bayern
105 m		Höhe der roten Snofru Pyramide in Ägypten	
105 m		Meeresspiegel des Indischen Ozeans ist bei Sri Lanka ... niedriger als im Durchschnitt	Der Grund: Ein dichterer Erdmantel untertage
105 m		Spielfeldlänge beim Fußball	Standard für Länderspiele
106 m		Turmhöhe der Wallfahrtskirche Unserer Lieben Frau im argentinischen Luján	Der zweithöchste Kirchturm in Argentinien
107 m		Turmhöhe des Doms im schwedischen Linköping	
107,1 m		Höhe von vier Minaretten der Camlica Moschee in Istanbul/Türkei	
107,2 m		Turmhöhe der Peter-und-Paul Kirche in Mostar	Der höchste Kirchturm in Bosnien-Herzegowina
107,5 m		Turmhöhe der Kirche Unserer Lieben Frau von Guadalupe in Zamora di Hidalgo	Der höchste Kirchturm in Mexico
108,5 m		Turmhöhe des Doms zu Mailand/Italien	
109 m		Spannweite der transnationalen Raumstation ISS	International Space Station
109 m		Turmhöhe der brasilianischen Basílika Unserer Lieben Frau der Erschienenen Empfängnis	Sie gilt als die größte Kathedrale der Welt
109,73 m		Spielfeldlänge beim American Football	120 yards
110 m		Länge der Westminster Kathedrale in London/Großbritannien	
110 m	155 m	Spielfeldbreite beim Australian Football	
> 110 m		Maximale Wuchshöhe der Küstenmammutbäume *Sequoia sempervirens*	An der Pazifikküste der USA
110,6 m		Höhe der US-amerikanischen Saturn V Raketen	9 Raketen brachten 24 Astronauten zum Mond
111,11 m		Achilles wird das Rennen gegen die Schildkröte gewinnen, sofern der Kurs länger ist als ...	Lösung des paradoxen Rechenspiels von Zenon
111,21 m		Turmhöhe des Schleswiger Doms	In Schleswig-Holstein
111,3 m		Kuppelhöhe der St Paul's Kathedrale zu London	In Großbritannien
112 m		Turmhöhe der Kathedrale von La Plata	Der höchste Kirchturm in Argentinien
112,27 m		Turmhöhe des Doms im italienischen Cremona	
112,32 m		Turmhöhe des Utrechter Doms	Der höchste Kirchturm in den Niederlanden
112,7 m		Turmhöhe der Kathedrale im französischen Amiens	
114,5 m		Turmhöhe des Florenzer Doms und der St. Andreas Kirche in Hildesheim	In der Toskana/Italien bzw. in Niedersachsen
114,67 m		Turmhöhe des Lübecker Doms	In Schleswig-Holstein
114,7 m		Höhe über N.N. des Großen Müggelbergs - es ist die höchste Erhebung von Berlin	Müggelberge
115 m		Turmhöhe der Kathedrale Sagrada Família in Barcelona im Jahre 2013	Das Ziel lautet 172,5 m
115,9 m		Stammhöhe des Hyperion Küstenmammutbaumes im kalifornischen Redwood Nationalpark	Der Standort wird geheim gehalten

Ausdehnung		Begriffliche Erfassbarkeit	Erläuterungen
von	bis		
116,04 m		Turmhöhe des Freiburger Münsters	In Baden-Württemberg
116,2 m		Höhe über N.N. der Hasselbrack Höhe - es ist die höchste Erhebung in Hamburg	Harburger Berge nahe des Stadtteils Harburg
117,5 m		Turmhöhe des Schweriner Doms	In Mecklenburg-Vorpommern
118,7 m		Turmhöhe des Doms zu Uppsala	Der höchste Kirchturm Schwedens
119,8 m		Turmhöhe der Riverside Kirche in New York City	Der höchste Kirchturm in den USA
120 m		Darmlänge von Blauwalen	
120 m		Durchschnittliche Wassertiefe der kanadischen Hudson Bucht	
120 m		Höchste Fallhöhe der Victoria Falls in Simbabwe	In Afrika
120 m		Typische Halbwertsdicke von Luft bei einer Gammastrahlung von 2 Megaelektronenvolt	120 m Luft halbiert Strahlung auf die Hälfte
120 m		Jährliche Wachstumsrate europäischer Gletscher während der letzten Eiszeit	Vor 12.000 Jahren
121 m		Plattformlänge der US-amerikanischen Ölförderplattform *Deepwater Horizon*	Schwere Havarie im Golf von Mexico (2010)
122,5 m		Turmhöhe der Peter-und-Paul Kathedrale zu St. Petersburg	Der höchste Kirchturm Russlands
123 m		Turmhöhe der Liebfrauenkathedrale im belgischen Antwerpen	
123,14 m		Turmhöhe der Kathedrale von Salisbury	Der höchste Kirchturm in England
123,25 m		Turmhöhe der Petrikirche im lettischen Riga	
123,7 m		Turmhöhe der Olaikirche in Tallinn	Der höchste Kirchturm in Estland
124 m		Turmhöhe der südbrasilianischen Kathedrale von Maringá	Der höchste Kirchturm in Südamerika
124,95 m		Turmhöhe der St. Marien Kirche in Lübeck	In Schleswig-Holstein
125 m	2 km	Flugweite von Flügelsamen des Bergahorns	Bis zu 2 km bei starkem Wind
126 m		Turmhöhe der Basilika San Gaudenzio im italienischen Novara	
127,2 m		Länge des US-amerikanischen Kriegstrimaran Schiffes USS Independence (LCS-2)	Trimaran = 3 Rümpfe, Katamaran = 2 Rümpfe
130 m		Maximale Wassertiefe für den Einsatz von Hub Bohrinseln	Ölförderung
130 m		Reichweite für volle Signalstärke an kostenlosen WLAN Hotspots in Schleswig-Holstein	Stand 2022, 130 m für viele Umgebungen
130 m		Wasserfontänenhöhe des Steamboat Geysirs im Yellowstone Nationalpark/USA	Niemals wurde eine höhere Fontäne gemessen
130 m	145 m	Spielfeldlänge beim Gaelic Football	Eine irische Sportart
> 130 m		Maximale Wuchshöhe von Rieseneukalyptus Bäumen *Eucalyptus regnans*	In Australien
130,6 m		Turmhöhe der St. Martin Kirche im bayerischen Landshut	Einer der höchsten Kirchtürme in Deutschland
132,14 m		Turmhöhe der St. Michaelis Kirche in Hamburg	
132,2 m		Turmhöhe der St. Petri Kirche in Hamburg	

Ausdehnung		Begriffliche Erfassbarkeit	Erläuterungen
von	bis		
132,5 m	136,6 m	Kuppelhöhe des Petersdoms in Rom/Italien	Verschiedene Quellangaben
133,7 m		Länge des global drittlängsten Segelschiffes	Der in Danzig gebaute *Royal Clipper*
134,8 m		Turmhöhe des neuen Doms zu Linz in Österreich	
135 m		Länge der Kathedrale im englischen Salisbury	
135 m	185 m	Spielfeldlänge beim Australian Football	
135,36 m		Höhe des Riesenrades London Eye in London/Großbritannien	Es ist das höchste Riesenrad Europas
136,4 m		Heutige Höhe der ägyptischen Chephren Pyramide	Sie ist die zweithöchste Pyramide in Gizeh
136,44 m		Turmhöhe des Wiener Stephansdoms	Der höchste Kirchturm in Österreich
138,75 m		Heutige Höhe der ägyptischen Cheops Pyramide	Sie ist die höchste Pyramide in Gizeh
< 140 m		Mächtigkeit bzw. Dicke von Lößschichten in Deutschland	
140 m		Wasserstrahlhöhe des Jet d'eau in Genf/Schweiz	Ein künstlicher Springbrunnen
141,5 m		Turmhöhe der Basilika der Muttergottes von Licheń	Der höchste Kirchturm Polens
142 m		Turmhöhe des Münsters im französischen Straßburg	
142,3 m		Höhe von vier Minaretten der Sultan Salahuddin Abdul Aziz Moschee in Malaysia	
142,81 m		Länge des hypermodernen Segelbootes Sailing A	Russische(r) Eigner wurde 2022 enteignet
143,87 m		Ursprüngliche Höhe der ägyptischen Chephren Pyramide	Sie ist heute die zweithöchste Pyramide in Gizeh
144 m		Spielfeldlänge von Rugbyfeldern	
144,5 m		Länge des Kölner Doms	In Nordrhein-Westfalen
145,72 m		Länge der Megayacht El Mahrousa - sie ist die älteste Yacht der Welt (1865)	Eigner war der Herrscher von Ägypten
146 m		Maximale Fortbewegungsstrecke pro Stunde von Faultieren	Sie leben in den Tropen Lateinamerikas
146 m		Maximal beobachtete Tauchtiefe von Kegelrobben	
146,5 m		Länge der Windjammer France - sie war die größte je gebaute Windjammer	Einsatz als Frachtsegler
146,59 m		Ursprüngliche Höhe der ägyptischen Cheops Pyramide	Sie ist die höchste Pyramide in Gizeh
147 m		Länge der Megayacht Prince Abdulaziz	In Helsingør/Dänemark erbaut
147 m		Länge der Kathedrale im englischen Lincoln	
147,25 m		Länge der Megayacht A+ bzw. früher Topaz - sie hat einen Tennisplatz und Heliport	In Bremen erbaut
147,88 m		Turmhöhe der St. Nikolai Kirche in Hamburg	Zwischen 1874 & 1877 global höchstes Gebäude
149,35 m		Länge der Bevölkerungstrennungsmauer im tschechischen Aussig bzw. Usti nad Labem	Für Trennung von Romas und Tschechen (1998)
< 150 m		Höhenlage der planaren Zone in deutschen Mittelgebirgen	Flachlandstufe

Ausdehnung		Begriffliche Erfassbarkeit	Erläuterungen
von	bis		
< 150 m		Tauchtiefe von menschlichen Freitauchern	Freitaucher verfügen über Luft eines Atemzugs
150 m		Tiefe des Burgbrunnens auf der hessischen Hohenburg	In Homberg/Efze
150 m		Maximale Eindringtiefe von grünem Licht in Ozeane	Bei ruhigem Wasserspiegel
150 m		Häufige Länge von Fabrikschiffen in der weltweiten Fischerei	Gewicht 9.500 Tonnen
150 m		Mittlere Fluchtdistanz von Seeadlern	Bei Annäherung < ... reagieren Tiere mit Flucht
150 m		Mindestabstand von genveränderten Pflanzen zu konventionellen Pflanzen	Gilt für Maisanbau auf deutschen Äckern
150 m	160 m	Abstand vom Grundwasser zu Pflanzen mit permanentem Welkepunkt (pF-Wert 4,2)	Pflanze kann kein Wasser mehr ansaugen
150 m	300 m	Höhenlage der kollinen Zone in deutschen Mittelgebirgen	Hügellandstufe
150 m	300 m	Mittlere Fluchtdistanz von Wiesenweihe Greifvögeln	Bei Annäherung < ... reagieren Tiere mit Flucht
150 m	1 km	Flugweiten von Waldkiefernsamen	
151 m		Turmhöhe der Kathedrale von Rouen	Der höchste Kirchturm Frankreichs
151 m		Frühere Turmhöhe der St. Marien Kirche in Stralsund/Mecklenburg-Vorpommern	Bis 1647 das höchste Gebäude der Welt
152 m		Tiefe des Burgbrunnens auf der Festung Königstein in Sachsen	
152,4 m		Höhe des Gedenkkreuzes Santa Cruz del Valle de los Caidos	Im spanischen San Lorenzo de El Escorial
153 m		Frühere Turmhöhe der Kathedrale im französischen Beauvais	1573 stürzte der hohe Turm ein
153 m	173 m	Tiefe unter N.N. des Assalsees in Dschibuti - es ist das salzhaltigste Gewässer auf der Erde	In Nordostafrika, Meterzahl je nach Quelle
154 m		Kontinentalplattenhebung beim finnischen Ort Jyväskülä in den letzten 10.000 Jahren	Glazialisostasierender Faktor
155 m		Länge der Megayacht Al Said - sie hat eine bis zu 150 Mann starke Besatzung	Eigner (Stand 2021): Sultanat von Oman
156 m		Länge der sehr voluminösen Megayacht Dilbar bzw. früher Project Omar	Russische(r) Eigner wurde 2022 enteignet
157,18 m		Höhe des Nordturmes vom Dom zu Köln	Heinrich Böll: Türme sind "geschichtlicher Irrtum"
157,22 m		Höhe des Südturmes vom Dom zu Köln	Heinrich Böll Zitat: "Peinliche Perfektgotik"
158 m		Länge der St. Pauls Kathedrale im englischen London	
158,1 m		Kuppelhöhe der Basilika Notre-Dame de la Paix in Yamoussoukro	In der Hauptstadt der Elfenbeinküste
159,6 m		Länge des russischen Atomeisbrechers 50 Let Pobedy - er bricht 3 m dickes Eis	
159,9 m		Länge des Münsters in der englischen Stadt York	
160 m		Abstand des vorletzten Hinweisschildes bzw. einer Bake vor dem nächsten Bahnübergang	In Deutschland & Österreich, Schild mit 2 Balken
160 m		Höhe des höchsten Fahnenmastes weltweit	Er steht in Nordkorea
160 m		Höhe des Riesenrades Stern von Nanchang im östlichen China	Das global zweithöchste Riesenrad
160 m		Länge der Kathedrale im englischen Canterbury	Ein Weltkulturerbe

Ausdehnung		Begriffliche Erfassbarkeit	Erläuterungen
von	bis		
160 m		Durchmesser des Mondes Dimorphos vom Asteroiden Didymos	
160 m	250 m	Kiel Tiefe des antarktischen Eisbergs B 15 im Jahre 2000 unter Wasser	
161 m		Höhenunterschied des Wasserspiegels der Mosel innerhalb von 28 Staustufen	
161,53 m		Turmhöhe des Münsters zu Ulm in Baden-Württemberg	Weltweit höchstes Bauwerk bis 1894
162 m		Länge der Megayacht Dubai - sie beinhaltet drei Aufzüge und einen Helikopter	Eigner wurde wegen Entführung/Folter verurteilt
162 m		Fallhöhe der Triberger Wasserfälle im Schwarzwald/Baden-Württemberg	In sieben Stufen
162,1 m		Länge des global längsten Segelschiffes	Die nahe Split/Kroatien gebaute *Golden Horizon*
162,5 m		Länge der Megayacht Eclipse - sie beinhaltet je ein U-Boot und ein Raketenabwehrsystem	Eigner: Öl-Tycoon Abramovich (Stand 2022)
164 m		Kontinentalplattenhebung beim norwegischen Oslo in den letzten 10.000 Jahren	Glazialisostasierender Faktor
165 m		Höhe des Riesenrades Singapore Flyer in Singapur/Südostasien	Es ist das höchste Riesenrad weltweit
168 m		Höhe über N.N. des Bungsberges - es ist die höchste Erhebung in Schleswig-Holstein	Ein wallförmiger Endmoränenzug
169,3 m		Höhe des Washington Monuments	In Washington D.C./USA
170 m	620 m	Tauchtiefe von Tümmlern *Tursiops truncatus*	Diverse Quellangaben
171 m		Maximale Rotorlänge von Offshore Windkraft Anlagen	Stand 2022
172 m		Höhe über N.N. des Coloane Alto in Macau/China	Es ist die höchste Erhebung von Macao
172,5 m		Geplante Turmhöhe der Kathedrale Sagrada Família in Barcelona/Spanien	Wenn sie denn einmal fertig wird
172,8 m		Länge des russischen atombetriebenen U-Bootes Akula Projekt 941	160 Besatzung
173 m		Durchschnittliche topographische Höhe in Polen	
176 m		Tiefe des Burgbrunnens auf der thüringischen Reichsburg Kyffhausen	
178 m		Länge der spanischen Kathedral-Moschee von Córdoba	
179,2 m		Höhe über N.N. der Helpter Berge	Der höchste Punkt in Mecklenburg-Vorpommern
180 m		Durchschnittliche Meerestiefe des ostchinesischen Meeres	
180 m		Die Vorderkante Australiens sank in den letzten 100 Millionen Jahren um ...	
180 m	400 m	Teilchenfortbewegungsstrecke pro Stunde beim schwelenden Abbrennen von Holz	So schnell bewegen sich die Holzmolekülteilchen
180,6 m		Länge der weltgrößten Megayacht (Stand 2022)	Die Azzam kostete rund 600 Millionen US Dollar
182 m	1 km	Wellenlänge von Mittelwellen für Funksprüche beim Schiffs-, Flug-, Rund- und Polizeifunk	Entspricht 300 bis 1.650 kHz
182,88 m		Länge der imperial angloamerikanischen Maßeinheit 1 Cable length bzw. 1 Kabellänge	Entspricht 600 Fuß bzw. 100 fathom (fm)
185 m		Länge der alten römischen Maßeinheit 1 Stadium bzw. Stadion	Entspricht 1/8 von 1.000 Doppelschritten
185,2 m		Länge der nautischen Maßeinheit 1 Kabel (engl. cable)	Maßeinheit für Segler, eine zehntel Seemeile

Ausdehnung		Begriffliche Erfassbarkeit	Erläuterungen
von	bis		
185,3184 m		Länge der britischen Maßeinheit 1 cable length	Maßeinheit für Segler, entspricht 608 Fuß
188 m		Länge der brasilianischen Basílika Unserer Lieben Frau der Erschienenen Empfängnis	Sie gilt als die größte Kathedrale der Welt
188,7 m		Länge der anglikanischen Kathedrale von Liverpool/Großbritannien	
190 m		Mächtigkeit der Muschelkalkschichten im Tethys Meeresgebiet der heutigen Pfalz/RLP	Vor 243 bis 235 Millionen Jahren
192 m		Höhe der Europabrücke bei Innsbruck/Österreich	Sie gilt als als weltweit höchste Balkenbrücke
200 m		Maximale Tiefe von vulkanischen Maaren wie dem Laacher Maar in Rheinland-Pfalz	Kraterbildung in nicht-vulkanische Oberflächen
200 m		Abstand des vorletzten Hinweisschildes bzw. einer Bake vor nächster Autobahnausfahrt	In Deutschland, Schild mit zwei Balken
200 m		Höhengrenze von Waldkiefern auf der nordfinnischen Halbinsel Kola	In höheren Lagen wachsen sie nicht mehr
200 m		Ausbreitungsstrecke pro Sekunde von Tsunamiwellen - entspricht 720 km/h	Wasserelemente nur 2 mm pro Sekunde
200 m		Meerestiefe im Gebiet von Rheinland-Pfalz vor 400 Millionen Jahren	Nur 25 Prozent Land und 75 Prozent Meer
200 m		Gitternetzabstand in Kartenblättern der Deutschen Grundkarte	Entspricht 4 cm im Kartenmaß
200 m		Maximale Länge von Tunnelbohrmaschinen	Bohrung von Straßentunneln & Bahnschächten
200 m		Gitterweite des Digitalen Geländemodells DGM 200	Ein geographisches Informationssystem
200 m		Maximale Wassertiefe des uferfernen Freiwasserbereiches Epipelagial	Bereich 0 bis 200 m, Zone der Primärproduktion
200 m		Schelfeisdicke des antarktischen Larsen C Eisschelf Eisberges A-68	Löste sich 2017 vom Schelfeis & schmolz bis 2022
200 m		Maximale Tiefe unter dem Meeresspiegel von ozeanischen Schelfgebieten	Schelf = Ausläufer von Kontinenten unter Wasser
200 m		Tauchtiefe von Blauwalen	
200 m		Übliche Säulenhöhe von Anhäufungen sich paarender Büschelmücken	Über dem Malawi-See Afrikas
200 m		Bevorzugte Fresstiefe von Kabeljau Fischen	Unter dem Meeresspiegel
200 m		Je ... Höhenzunahme nimmt die Lufttemperatur um 1° Celsius bzw. Kelvin ab	Bei feuchten Verhältnissen
200 m	300 m	Wanderungsstrecke von Rotbuchen pro Jahr von Süd nach Nord	Seit dem Holozän verbreiten sich Buchen stetig
200 m	300 m	Mittlere Fluchtdistanz von Spießenten	Bei Annäherung < ... reagieren Tiere mit Flucht
200 m	300 m	Abstand über Grund bodennaher Inversionswetterlagen	Meterzahl je nach Definition
200 m	500 m	Mittlere Fluchtdistanz von Kranich Vögeln	Bei Annäherung < ... reagieren Tiere mit Flucht
200 m	1 km	Eindringtiefe von Licht in Ozeane - bei 400 m ist eigentlich Schluss	Restlicht bis 1.000 m Tiefe
200 m	1 km	Übliche Mächtigkeit bzw. Dicke von Schelfeis - vornehmlich in der Antarktis	Schelf = Ausläufer von Kontinenten unter Wasser
200 m	1 km	Wassertiefenbereich des uferfernen Freiwasserbereiches Mesopelagial	Die Dämmerzone von Meeren und Seen
200 m	2 km	Maximale Höhe über N.N. der planetarischen Grenzschicht *Peplopause*	Darunter wirkt Bodenreibung auf die Luftmassen
200 m	17 km	Menschliche Schreie werden gehört bis zu einer Distanz von ...	17 km bei günstigen windarmen Bedingungen

Ausdehnung		Begriffliche Erfassbarkeit	Erläuterungen
von	bis		
> 200 m		Mittlere Fluchtdistanz von wilden Höckerschwänen	Bei Annäherung < ... reagieren Tiere mit Flucht
200,7 m		Höhe über N.N. des Kutschenberges	Es ist die höchste Erhebung in Brandenburg
201,168 m		Länge der alten landwirtschaftlichen Maßeinheit 1 Furchenlänge bzw. Furlong	Pferde Rennstrecke von Ascot = 20 Furlong
201,6 m		Länge des weltweit eingesetzten Schwimmkrans SSCV Thialf	Verwendung für Offshore Installationen
202 m		Höhe der Kühltürme des Kraftwerks Kalisindh im indischen Jhalawar	Sie sind die höchsten Kühltürme weltweit (2021)
204 m		Größter Höhenunterschied innerhalb der Strecke einer U-Bahnlinie in Deutschland	U3 von Frankfurt nach Oberursel
208 m		Kontinentalplattenhebung bei Oulu/Finnland in den letzten 10.000 Jahren	Glazialisostasierender Faktor
210 m		Höhe des Minaretts der Hassan II. Moschee in Casablanca/Marokko	Weltweit zweithöchstes Minarett (Stand 2022)
210 m		Höhe der Windkraftanlagen im polnischen Windpark Nowy Tomyśl	2013 waren sie die höchsten Windräder weltweit
212 m		Maximale Tiefe unter dem Meeresspiegel vom Ufer des israelischen Sees Genezareth	Sie gilt als die zweittiefste Landsenke weltweit
215,29 m		Seitenlänge der ägyptischen Chephren-Pyramide	Sie ist die zweithöchste Pyramide in Gizeh
219,456 m		Länge der US-amerikanischen Maßeinheit 1 cable length	Altes Maß für Segler, entspricht 720 Fuß & 120 fm
220 m		Schelfeisdicke des antarktischen Larsen B Eisschelf Eisberges	Löste sich 2002 vom Schelfeis und schmolz
220 m		Länge des vatikanischen Petersdoms	Umgeben von der italienischen Stadt Rom
220 m		Gesamthöhe der Offshore Windkraftanlage MHI Vestas V164 in der Nordsee	2014 waren sie die höchsten Windräder weltweit
223,75 m		Länge der Passagier- und Fahrzeugfähre Color Magic	Einsatz zwischen Oslo und Kiel
224,8 m		Länge des Dockschiffes Blue Marlin - Einsatz beim Tranport von Ölbohrplattformen	Ihre Fracht kann bis 30.000 Tonnen wiegen
227 m		Pfeilerhöhe der Golden Gate Brücke in San Francisco/USA	
229 m		Gesamthöhe der Offshore Windkraftanlage MHI Vestas V150 in der Nordsee	
230 m		Seitenlänge der ägyptischen Cheops-Pyramide	Sie ist die höchste Pyramide in Gizeh
240 m		Abstand des drittletzten Hinweisschildes bzw. einer Bake vor dem nächsten Bahnübergang	In Deutschland & Österreich, Schild mit 3 Balken
243 m		Maximale Dicke der Eiskappe auf dem Gipfel des Mount Vinson	Der Schneeriese ist der höchste Berg der Antarktis
250 m		Maximale Tiefe des Bodensees	
250 m		Übliche Länge von grasigen Start- und Landebahnen auf Ultraleichtfluggeländen	
254 m		Länge der Passagier- und Fahrzeugfähren Cruise Barcelona und Cruise Roma	Einsatz durch italienische Grimaldi Lines
260 m		Tauchtiefe von Adéliepinguinen *Pygoscelis adeliae*	
260 m		Ausbreitungsstrecke pro Sekunde von Schall in Kohlendioxidgas	Pro Sekunde und bei 0° C
261 m		Gesamthöhe der Offshore Windkraftanlage Siemens-Gamesa SG 14-222 DD in der Nordsee	2022 waren sie die höchsten Windräder weltweit
263 m		Länge der japanischen Schlachtschiffe Yamato und Musashi	Die Yamato wurde 1945 von den USA versenkt

Ausdehnung		Begriffliche Erfassbarkeit	Erläuterungen
von	bis		
265 m		Länge des Autotransporterschiffes Tønsberg - es trägt rund 6.000 Autos	Eigner: W. Wilhelmsen aus Tønsberg/Norwegen
265 m		Höhe des Minaretts der Djamaa el Djazair Moschee im algerischen Algier	Das höchste Bauwerk in Afrika (Stand 2022)
268 m		Rotalgenvorkommen bis zu einer Wassertiefe von ... - keine Alge lebt in tieferem Wasser	Photosynthese mit schwach kurzwelligem Licht
269,04 m		Länge des ehemaligen Kreuzfahrtschiffes RMS Titanic	Sie sank 1912 nach Kollision mit einem Eisberg
274 m		Höhe des Fernsehturms von Tiflis/Georgien	190 m höher als die Dreifaltigkeitskirche in Tiflis
275 m		Kontinentalplattenhebung beim schwedischen Ort Hudiksvall in den letzten 10.000 Jahren	Glazialisostasierender Faktor
275 m		Länge des rumänischen Parlamentsgebäudes in Bukarest	Mit 480 Kronleuchtern in 5.100 Räumen
284 m		Länge der beiden britischen Queen Elizabeth Flugzeugträger	2017 kosteten beide zusammen 9 Milliarden Euro
286 m		Länge des ungarischen Parlamentsgebäudes in Budapest	
288 m		Darmlänge von Pottwalen	Ein Rekord im Tierreich
< 300 m		Höhenlage der planaren Zone in den Alpen	Flachlandstufe
300 m		Abstand des drittletzten Hinweisschildes bzw. einer Bake vor nächster Autobahnausfahrt	In Deutschland, Schild mit drei Balken
300 m		Auflösungsvermögen bzw. Detailgenauigkeit von Arc Globe Weltraumbildern	300 m x 300 m
300 m		Tiefe des ehemaligen Maares in der heutigen Grube Messel bei Darmstadt/Hessen	Entstehung vor 47 Millionen Jahren
300 m		Fallhöhe von Fallschirmspringern innerhalb der ersten 10 Sekunden	Bei klassischer Freifallhaltung
300 m		Je ... Höhenzunahme steigt die Intensität von UV-Licht um 4 Prozent	In der Atmosphäre
300 m		Je ... Höhenzunahme nimmt der Wassersiedepunkt um 1° Celsius bzw. Kelvin ab	Durch abnehmenden Luftdruck
300 m		Überflutungstiefe von globalem Festland vor 90 Millionen Jahren	Maximalwert wurde z. B. in der Sahara erreicht
300 m		Höhe des Commerzbank Towers in Frankfurt/Main	
300 m		Entfernung des Eisbergs bei Erstanblick durch die Besatzung der RMS Titanic	Das Schiff rammte den Eisberg und ging unter
300 m		Länge des Bundeshauses in der Schweizer Hauptstadt Bern	
300 m		Gesetzlicher Radius von Bannmeilen rund um österreichische Parlamente	Gilt für Versammlungen unter freiem Himmel
300 m		Maximale Höhe der Tafelberge im Monument Valley von Arizona/USA	Höhe über der Ebene
300 m		Höhe über der Gründungssohle der Nurek Staudammmauer in Tadschikistan/Zentralasien	Es ist die höchste Staudammmauer weltweit
300 m		Kaminhöhen der Kohlekraftwerke Herne und Duisburg Walsum	In Nordrhein-Westfalen
300 m	450 m	Höhenlage der submontanen Zone in deutschen Mittelgebirgen	Mittelgebirgsstufe
300 m	600 m	Durchmesser von Cumuluswolken - ihr Wassergehalt beträgt < 100 Liter	Flauschige sommerliche Wolken
300 m	600 m	Detonations- bzw. Zersetzungsstrecke pro Sekunde von Schwarzpulver	Strecke pro Zeit = Detonationsgeschwindigkeit
300 m	700 m	Flughöhe von Zugvögeln - tagsüber	Blickweite 90 km

Ausdehnung		Begriffliche Erfassbarkeit	Erläuterungen
von	bis		
300 m	800 m	Höhenlage der kollinen Zone in den Alpen	Hügellandstufe
302 m		Schornsteinhöhe vom Kraftwerk Scholven in Gelsenkirchen/NRW	
310,74 m		Länge des Kreuzfahrtschiffes RMS Queen Mary	
312 m		Wasserfontänenhöhe des King Fahd's Fountain in Jeddah/Saudi-Arabien	Sie ist die höchste Wasserfontäne weltweit
313 m		Länge des "schönsten jemals gebauten Schiffes der Welt"	Jungfernfahrt der SS Normandie im Jahre 1935
319 m		Höhe des Chrysler Buildings in New York City/USA	
322,4 m		Höhe über N.N. der höchsten Erhebung vom Kernland der Niederlande	Der Vaalser Berg
324 m		Höhe des Pariser Eiffelturmes	Inklusive Antenne
325 m		Dünenhöhe der Düne Big Daddy in der Namibwüste rund um die Sossusvlei	In Namibia/Südwestafrika
325 m		Höhe des Amazonian Tall Tower Observatories (ATTO) in Brasilien	Welthöchster Messturm für Klimadaten
325 m		Maximale Dünenhöhe in der iranischen Dasht-e-Lut Wüste	
325,4 m		Ausbreitungsstrecke pro Sekunde von Schall in der Luft bei -10° C	1.171,4 km/h
328,5 m		Ausbreitungsstrecke pro Sekunde von Schall in der Luft bei -5° C	1.182,6 km/h
330 m		Maximale Fortbewegungsstrecke pro Stunde von Riesenschildkröten	
330 m		Fortbewegungsstrecke pro Sekunde von seismischen Primärwellen	Nach Erdbeben, durch die Luft
330 m		Maximale Tauchtiefe von Königspinguinen	In der Antarktis
331,5 m		Ausbreitungsstrecke pro Sekunde von Schall in der Luft bei 0° C	1.193,4 km/h
334,5 m		Ausbreitungsstrecke pro Sekunde von Schall in der Luft bei 5° C	1.204,2 km/h
337,5 m		Ausbreitungsstrecke pro Sekunde von Schall in der Luft bei 10° C	1.215 km/h
337,5 m		Höhe des Europaturms in Frankfurt/Main	
340 m		Länge der Landesgrenze zwischen China und seiner Sonderverwaltungszone Macau	
340,5 m		Ausbreitungsstrecke pro Sekunde von Schall in der Luft bei 15° C	1.225,8 km/h
342,3 m		Länge des US-amerikanischen Flugzeugträgers USS Enterprise	110 Flugzeuge, 5.230 Besatzung
343,4 m		Ausbreitungsstrecke pro Sekunde von Schall in der Luft bei 20° C	1.236,2 km/h
343 m		Höhe des Brückenpfeilers der südfranzösischen Schrägseilbrücke Viaduc de Millau	Höchster Brückenpfeiler weltweit
345,03 m		Länge des Kreuzfahrtschiffes RMS Queen Mary 2	
346 m		Maximale Tiefe des norditalienischen Gardasees	
346,3 m		Ausbreitungsstrecke pro Sekunde von Schall in der Luft bei 25° C	1.246,7 km/h
346,5 m		Tragmasthöhe der Yangtse Freileitungskreuzung in Jiangyin/China	Sie gelten als die höchsten Freileitungsmasten

Ausdehnung		Begriffliche Erfassbarkeit	Erläuterungen
von	bis		
348 m		Höhe des australischen Inselbergs Ayers Rocks am höchsten Punkt	Er ragt aus der Wüstenebene heraus
349,2 m		Ausbreitungsstrecke pro Sekunde von Schall in der Luft bei 30° C	1.257,1 km/h
361,8 m		Länge des Kreuzfahrtsschiffes Allure of the Seas	900 Millionen Euro Baukosten, in Turku gebaut
362 m		Länge des Schüttgutfrachterschiffes Vale Brasil	Transportiert Eisenerz von Brasilien nach Asien
363 m		Höhe von Deutschlandfunk Sendetürmen im Neckar-Odenwald-Kreis	2018 wurden sie abgespannt
368 m		Höhe des Berliner Fernsehturms	
376 m		Mittlere Teilchenbewegungsstrecke pro Sekunde von Kohlendioxidgas (CO_2)	Entspricht 1,1 Mach
380 m		Länge des doppelwandigen Öltankers Hellespont Alhambra	Vier Schiffseinheiten à 513.683 Liter Erdöl
385 m		Höhe des Fernsehturms von Kiew als weltweit höchster freistehender Stahlturm	In Kiew/Ukraine
387 m		Ausbreitungsstrecke pro Sekunde von Schall in Luft bei 100° C	1.394 km/h
390 m		Ausdehnung des Universums ... wäre die Galaxie Milchstraße 1 mm lang	
394 m		Mittlere Teilchenbewegungsstrecke pro Sekunde von Argongas	Entspricht 1,2 Mach
396 m		Höhe des Berges Zuckerhut in Rio de Janeiro	In Brasilien/Südamerika
397 m		Länge des Containerschiffes Emma-Mærsk	Es gibt acht Schiffe derselben Klasse
< 400 m		Höhe der vegetations-ökologischen Höhenstufe *Eumediterrane Hochlage*	Vegetation mit starker Hitze- & Trockenresistenz
< 400 m		Kampfdistanz von Scharfschützen im offenen Waldgelände bei der Schlacht um Stalingrad	1942 bis 1943 in Russland
< 400 m		Reichweite von baumschädigendem Ammoniakgas (NH_3) aus Viehställen	Laut Studie des ATB-Instituts 2012
400 m		Mittlere Fluchtdistanz von Blässgänsen	Bei Annäherung < ... reagieren Tiere mit Flucht
400 m		Mindestabstand zwischen genveränderten und konventionellen Pflanzen in Ungarn	Gilt für den Maisanbau
400 m		Maximale Fortbewegungsstrecke am Stück von Wolfsspinnen	Wollen sie weiter laufen, brauchen sie eine Pause
400 m		Maximale Ausdehnung des Stadtgebietes der norditalienischen Stadt Glorenza	400 m x 150 m misst die kleinste Stadt Italiens
400 m		Ausbreitungsstrecke pro Sekunde von Schall in Erdgas bei 0° C	Erdgas = Methangas (CH_4)
400 m		Mindestfallhöhe bei Fallschirmsprüngen für den reinen Öffnungsvorgang des Fallschirms	
400 m		Gesamtlänge aller Pilzfäden von summierten Pilzen in einem Gramm Boden	
400 m		Im Jahre 1960 lösten sich Kalkschalen von Meerestieren ... tiefer auf als im Jahre 2010	1960 sank CO_2 aus der Luft noch nicht so tief
400 m	600 m	Höhe der Seitenwände im Ngorongoro-Krater von Tansania	In Ostafrika
400 m	600 m	Mittlere Fluchtdistanz von Fischadlern Pandion haliaetus	Bei Annäherung < ... reagieren Tiere mit Flucht
400 m	1,1 km	Höhe der vegetations-ökologischen Höhenstufe *Supramediterrane Hochlage*	Kastanien, Eichen, Hainbuchen
> 400 m		Breite der Wasserfälle von Tisissat in Äthiopien	In Nordostafrika

Ausdehnung		Begriffliche Erfassbarkeit	Erläuterungen
von	bis		
> 400 m		Mittlere Fluchtdistanz von bejagten Kormoranen	Bei Annäherung < ... reagieren Tiere mit Flucht
401 m		Höhenverlust des Vulkanes St. Helens in Washington/USA nach der Explosion im Jahre 1980	Seine Höhe sank von 2.950 m auf 2.549 m
406 m		Höhe über N.N des höchsten Punktes vom europäischen Wasserstraßennetz	Teils des Main-Donau-Kanals
410 m		Wassersäulenhöhe über Deutschland, stapelte man hier Ägyptens Grundwasservorräte	357.592 km^2 Fläche x 410 m Höhe Wasser
414,23 m		Länge des größten jemals an einem Stück gebaute Schiff - der Rohöltanker Pierre Guillaumat	2003 wurde der abgewrackt
416,66 m		Länge der alten kastilischen Maßeinheit 1 Légua juridica	Bis 1650
420 m		Höhe unter N.N. des Toten Meeres unterhalb Meeresspiegel	Tiefste Landsenke der Erde
422 m		Kaminhöhe des Kohlekraftwerkes Ekibastus in Kasachstan/Zentralasien	Er gilt als der höchste Schornstein weltweit
< 430 m		Dünenhöhe in der peruanischen Sechura Wüste	In Südamerika
430 m		Maximale Höhe von Sterndünen	Zum Beispiel in der algerischen Sahara
441,8 m		Höhe des Kingkey 100 Towers in Shenzhen/China	
443 m		Höhe des Empire State Buildungs in New York City	Höhenangabe beinhaltet die Antenne
450 m		Abbautiefe von Braunkohle im Revier der Niederrheinischen Bucht	Zwischen Köln, Aachen und Mönchengladbach
450 m	650 m	Höhenlage tiefmontaner Zonen in deutschen Mittelgebirgen	Unterste Gebirgsstufe
452 m		Höhe des Petronas Towers in Kuala Lumpur/Malaysia	In Südostasien
457 m		Höhe des John Hancock Centers in Chicago/USA	
458,45 m		Länge des Öltankers Viking	2010 wurde er abgewrackt
459 m		Ausbreitungsstrecke pro Sekunde von Schall in Luft bei 250° C	1.652 km/h
460 m		Wurfhöhe des Neuseeländischen Waimangu-Geysirs zwischen 1900 und 1904	
461 m		Mittlere Teilchenbewegungsstrecke pro Sekunde von Sauerstoffgas (O_2)	Entspricht 1,4 Mach
463 m		Mittlere Teilchenbewegungsstrecke pro Sekunde von Luftmolekülen (O_2, N_2, Argon, CO_2)	Entspricht 1,4 Mach
470 m		Höhe des Wasserfalls Röthbachfall am Königssee im Berchtesgadener Land	Deutsche Alpen
471 m		Mittlere Teilchenbewegungsstrecke pro Sekunde von Stickstoffgas (N_2)	Entspricht 1,4 Mach
472 m		Höhe der höchsten jemals gebauten Ölförderplattform namens *Sea Troll*	Vom Sockelboden bis zum Gasfackelmast
472 m		Lichte Höhe der Siduhe Brücke in Südwestchina	Höchste Brücke weltweit
472 m		Höhe des Central Park Towers in New York City/USA	Stand 2022
478 m		Fortbewegungsstrecke von Schall pro Sekunde in Wasserdampf	Bei 0° C
480 m		Größter Höhenunterschied der U-Bahnlinie 1 im iranischen Teheran	Die Stadt liegt im Vorgebirge des Elbursberges
480 m		Uferlänge der Donau des Staates Republik Moldau	

Ausdehnung		Begriffliche Erfassbarkeit	Erläuterungen
von	bis		
484 m		Höhe des International Commerce Centres in Hong Kong	
488 m		Länge der Klagemauer in Jerusalem/Israel	In Asien
490 m		Durchschnittliche Meerestiefe des Roten Meeres	
492 m		Höhe des Greenland Square Zifeng Towers in Nanjing/China	Metropol-Nanjing hat 9,5 Millionen Einwohner
492 m		Höhe des World Financial Centers in Schanghai/China	Metropol-Schanghai hat 40 Millionen Einwohner
< 500 m		Ankertiefe von Ölbohrplattformen auf dem Meeresboden	
< 500 m		Entfernung von Trennungsmauern in der 2/3 aller Bürgerkriegstoten ihr Leben verloren	Während des Bürgerkrieges in Nordirland
500 m		Detailgenauigkeit von MODIS Satellitenbildern für GIS Erdvermessungen	Kantenlänge 500 m x 500 m pro Pixel
500 m		Höhe der höchsten je gemessenen Tsunamiwelle	In Alaska
500 m		Mittlere Bewegungsstrecke pro Sekunde von Atomen und Molekülen in Gasen	1.800 km/h
500 m		Tauchtiefe von Schnabelwalen	
500 m		Durchmesser von Asteroiden - mit der Fähigkeit ganze Länder zu zerstören	Einschlag alle 10.000 Jahre
500 m		Mächtigkeit von durch Sandablagerungen entstandenen Gesteinsschichten in der Pfalz/RLP	Vor 251 bis 243 Millionen Jahren
500 m	1,5 km	Jährliche Vorstoßstrecke von Gletschern im asiatischen Gebirge Himalaya	Sofern sie noch wachsen
500 m	2 km	Meerestiefen Lebensraum von Riesenkalmar Tintenfischen	Tiefe unter der Meeresoberfläche
500 m	2,5 km	Durchmesser von Schlackenvulkanen	Sie entstehen nach schwachen Eruptionen
> 500 m		Durchmesser von Asteroiden, die geschätzte 20.000 mal pro Jahr die Erdbahn kreuzen	NASA-Schätzwert
508 m		Höhe des Taipei 101 Towers	In Taipei auf dem Inselsaat Taiwan
510,1 m		Höhe des Lotte World Towers in Busan	Busan ist die zweitgrößte Stadt in Südkorea
519 m		Höhe über N.N. der Homert Höhe - es ist die höchste Erhebung im Oberbergischen Land	In Nordrhein-Westfalen
520 m		Fallhöhe der Serenbachfälle in der Schweiz	
527,3 m		Höhe des Willis Towers in Chicago/USA	Bis 2009 hieß das Hochhaus noch Sears Tower
533 m		Höhe des WTVM-WRBL Fernsehsendemastes in Georgia/USA	Rundfunk: WTVM gehört ABC, WRBL gehört CBS
534 m		Höhe des WIMZ-FM Sendemastes in Tennessee/USA	Funk: WIMZ-FM gehört Midwest Communications
535 m		Maximal gemessene Tauchtiefe von Kaiserpinguinen	In der Antarktis
540 m		Höhe des Ostankino Fernsehturmes in Moskau/Russland	Er ist der vierthöchste Fernsehturm weltweit
541 m		Höhe des One World Trade Centers in New York City/USA	
549 m		Länge der Ausleger-Fachwerkbrücke Pont de Québec in Kanada	
550 m		Maximale Tiefe des Fish River Canyons im südwestafrikanischen Namibia	Einer der großartigen Canyons auf der Erde

Ausdehnung		Begriffliche Erfassbarkeit	Erläuterungen
von	bis		
553 m		Höhe des CN Towers in Toronto/Kanada	
555 m		Höhe des Lotte World Towers in Seoul/Korea	Der Lotte World Tower in Busan ist 45 m niedriger
566 m		Schussweitenrekord beim Curling	Curling = über Eisflächen geschobene Rundsteine
575,5 m		Länge des chinesischen Längenmaßes 1 Li	
579 m		Fallhöhe der Sutherland Falls auf der Südinsel Neuseelands	Über 3 Stufen, nahe des Milford Sounds
587 m		Mittlere Teilchenbewegungsstrecke pro Sekunde von Wasserdampf	Entspricht 1,8 Mach
597 m		Höhe des Hochhauses Goldin Finance 117 in Tianjin/China	Stand 2022
599 m		Höhe des Ping An Finance Centres in Shenzen/China	
< 600 m		Zieleinsatzbereich militärischer Zielfernrohrschützen	
< 600 m		Operationelle Tauchtiefe militärischer U-Boote	Titan-U-Boote tauchen tiefer
600 m		Tauchtiefe von Weddellrobben	Robbenart der Antarktis
600 m		Durchschnittliche Ausdehnung in Polrichtung pro Jahr von Landtierhabitaten	Aufgrund wärmerer Temperaturen, Stand 2021
600 m		Durchschnittliche Hüpfstrecke von Erdkröten - pro Tag	
600 m	700 m	Höhengrenze von Spitzahorn im Erzgebirge	An der Grenze von Deutschland und Tschechien
> 600 m	800 m	Einsatzreichweite militärischer Scharfschützen	
601 m		Höhe des Hotel Hochhauses Abraj Al-Bait Clock Tower in Mekka/Saudi-Arabien	
628,8 m		Höhe des KVLY Rundfunkmastes in North Dakota/USA	Die Fernsehstation KVLY-TV gehört zu NBC
632 m		Höhe des Shanghai Towers	In Schanghai/Ostchina
634 m		Höhe des Fernseh- und Rundfunksendeturmes Sky Tree	In Tokio/Japan
640 m		Fallhöhe des Wasserfalls Cascade Blanche auf der französischen Insel Réunion	Die Insel liegt im Indischen Ozean
645 m		Fallhöhe des Wasserfalls Mardalsfossen in Norwegen	
650 m	800 m	Höhenlage mittel- oder obermontaner Zonen in deutschen Mittelgebirgen	Andere Montanstufen: Sub -- Unter -- Tief -- Hoch
655 m		Lagertiefe von nuklear-verseuchtem Material im WIPP Endlager für radioaktive Abfälle	Waste Isolation Pilot Plant in New Mexico/USA
657,3 m		Höhe über N.N. des erloschenen Vulkanes Fuchskaute	Der Berg ist die höchste Erhebung im Westerwald
695,4 m		Höhe über N.N. des Dollbergs	Er ist die höchste Erhebung im Saarland
698 m		Geringste Breite der türkischen Meerenge Bosporus	In Istanbul trennt sie Europa von Asien
700 m		Näherungsdistanz französischer Rekruten an Atomexplosionsherd in Algerien (25.04.1961)	300 militärmedizinische "Versuchskaninchen"
700 m	980 m	Mittlere Höhe des Hochlandes in Island	
700 m	1 km	Höhengrenze von Hainbuchen in Mitteleuropa	In höheren Lagen wachsen sie nicht mehr

Ausdehnung		Begriffliche Erfassbarkeit	Erläuterungen
von	bis		
700 m	1,5 km	Fallschirm Öffnung erfolgt meist in einer Höhe von ...	Bei Fallschirmsprüngen
739 m		Wasserfallhöhe der Yosemite Falls in Kalifornien/USA	
750 m		Unterste Sohlentiefe in Schachtanlage und Atommüllager Asse	In Niedersachsen nahe Hannover
760 m		Fallhöhe der Wasserfälle Mutarazi Falls in Simbabwe	In Südostafrika
771 m		Fallhöhe des Wasserfalls Catarata Gocta	In Nordperu
774 m		Fallhöhe des Mongefossen Wasserfalls in Norwegen	
< 800 m		Bezugs Startbahnlänge für Startbahnen mit der Codezahl 1 gemäß ICAO-Annex 14	Für Flughäfen
800 m		Abstand zweier Windmühlen in Offshore Windparks	
800 m		Nächtliche Wanderstrecke von meeresbewohnenden Salpentieren	In Richtung Meeresoberfläche
800 m		Tauchtiefen vom australischen Kopffüßer Molluskentieres *Nautilus macromphalus*	Trotz 1 mm dünner Schale
800 m		Länge der Rassentrennungsmauer in Detroit/USA	Erbaut 1941, eine Gedenkmauer 2022
800 m		Durchmesser vom Hauptkörper des Doppelasteroiden Didymos	Am 27.09.22 veränderte die NASA seine Bewegung
800 m		Fallhöhe des Utigard Wasserfalls in Norwegen	
800 m	850 m	Teufe bzw. Tiefe des geplanten Schweizer Atommüll Endlagers	Planungsstand 2022
800 m	900 m	Höhengrenze für Bergahornbäume in Harz, Böhmerwald und Bayerischem Wald	In höheren Lagen wachsen sie nicht mehr
800 m	1,2 km	Startbahnlänge für Startbahnen mit der Codezahl 2 gemäß ICAO-Annex 14	Für Flughäfen
800 m	1,2 km	Höhenlage der ökologischen Tiefmontanzone in den Alpen	Andere Montanstufen: Unter -- Tief -- Hoch
800 m	1,5 km	Höhenlage der ökologischen Hochmontanzonen in deutschen Mittelgebirgen	Andere Montanstufen: Unter -- Tief -- Sub
> 800 m		Abbautiefe von Erzen in Kitzbüheler Bergwerken der Fugger im 16. Jahrhundert	Kitzbühel in Österreich
816 m		Höhe über N.N. des Berges Erbeskopf im rheinland-pfälzischen Hunsrückgebirge	Höchster deutscher linksrheinischer Berg
830 m		Höhe des Hochhauses Burj Khalifa in Dubai	Er überragt > 300 Hochhäuser mit > 150 m Höhe
840 m		Durchschnittliche Meerestiefe des "rein-russischen" Ochotskischen Meeres	Das Meer begrenzt Chabarowsk und Kamtschatka
840 m		Durchschnittliche Landhöhe auf der Erde	
843,2 m		Höhe über N.N. des Langenberges im Rothaargebirge	Die höchste Erhebung in Nordrhein-Westfalen
850 m		Höhengrenze für Waldkiefern im Erzgebirge	In höheren Lagen wachsen sie nicht mehr
873 m		Höhe über N.N. von Deutschlandfunk Sendetürmen im Neckar-Odenwald-Kreis (Stand 2018)	Berghöhe 510 m + Masthöhe 363 m
900 m		Höhengrenze für Waldkiefern im Bayerischen Wald	In höheren Lagen wachsen sie nicht mehr

Von Baumgrenzen bis zum Ende der Troposphäre

Von 900 Meter bis 11 Kilometer

Ausdehnung von	bis	Begriffliche Erfassbarkeit	Erläuterungen
900 m		Baumgrenze für Rotbuchen im Harz und Thüringer Wald	In höheren Lagen wachsen sie nicht mehr
900 m	1 km	Eispanzerdicke des isländischen Vatnajökull Gletschers	Der größte Gletscher Europas: > 8.000 km²
900 m	1,2 km	Entfernung des Sabbatweges im biblischen Sinne	Schätzwert u.a. gemäß Apostelgeschichte 1,12
920 m		Maximale Anbauhöhe von Obst im norditalienischen Vinschgautal	Beim Ort Schluderns bzw. Sluderno
948 m		Fallhöhe der Tugela Falls in Südafrika	Sie sind die zweithöchsten Wasserfälle der Erde
> 950 m		50 Prozent der Landesfläche der Region Berg-Karabach liegt in einer Höhe von ...	Die Region liegt innerhalb von Aserbaidschan
950,2 m		Höhe über N.N. des Berges Wasserkuppe im Mittelgebirge Rhön	Es ist die höchste Erhebung in Hessen
964 m		Fortbewegungsstrecke pro Sekunde von Schall in Heliumgas - bei 0° C	Helium macht eine hohe Stimme
971 m		Höhe des Wurmberges im Harzgebirge	Es ist die höchste Erhebung in Niedersachsen
979 m		Fallhöhe des Wasserfalls Salto Angel in Venezuela/Südamerika	Der höchste Wasserfall der Erde
982,9 m		Höhe über N.N. des Großen Beerberges im Thüringer Wald	Es ist die höchste Erhebung in Thüringen
< 1 km		Höhe über N.N. der natürlichen Baumgrenze im Harzgebirge	
< 1 km		Maximale horizontale Sichtweite bei Nebel	Bei Tröpfchengröße von 10 bis 40 Mikrometer
< 1 km		Bis 1.000 m Höhe sinkt der Luftdruck alle 8 m um 1 Hektopascal (hPa)	Auf der Erde
< 1 km		75 Prozent der Bewohner aller Pazifikinseln leben ... von der Küste entfernt	In Melanesien, Polynesien und Mikronesien
< 1 km		Rennpisten Länge von Feldhasen über Äcker	
0 km	2 km	Durchmesser von tiefen Wolken (bis 12° C sind Wasserpartikel flüssig)	Stratowolken der Abkürzungen cu, sc, st, ns, cb
0 km	3 km	Dicke der Erdkruste in der oberen Lithosphärenschicht - bestehend aus Sial (Si, Al, O)	In Europa und Asien
0 km	3 km	Durchmesser von vertikalen Wolken in polaren gemäßigten Breiten und in den Tropen	Nimbowolken genannt
0 km	100 km	Höhe der Neutrosphäre über dem Erdboden - Teilchen sind hier elektrisch neutral	Messgröße: Die Ionisierung von Luftmolekülen
0 km	120 km	Höhe der Homosphäre über dem Erdboden - homogene Atmosphäre beständiger Gase	Messgröße: Zusammensetzung der Atmosphäre
10^3 m		Ein Kilometer = 1 km = 1.000 Meter	
1 km		Absinkstrecke pro Tag von Salpen Planktontierchen Exkrementen in Ozeanen & Meeren	Indirekte Bindung atmosphärischen Kohlenstoffs
1 km		Flughöhe von Zugvögeln - in der Nacht	Tagsüber fliegen sie tiefer
1 km		Maximale Signalreichweite von UMTS Mobilfunk Antennenanlagen	Ein Richtwert für UMTS bzw. 3 G
1 km		Räumliche Auflösung des GIS Höhenmodells Global 30 Arc Second Elevation (GTOPO 30)	Digitales Höhenmodell zur 3D Abbildung der Erde
1 km		Sichtweite von Chamäleon Schuppenechsen	
1 km		Höhe von Eruptionswolken bei strombolianischen Vulkanausbrüchen	Heftigkeit wie beim italienischen Stromboli Vulkan
1 km		Präzisionsfähigkeitsentfernung des Scharfschützengewehrs G 22	In England hergestelltes Gewehr der Bundeswehr

Ausdehnung		Begriffliche Erfassbarkeit	Erläuterungen
von	bis		
1 km		Maximale Schussweite von Steyr HS Gewehren zur Durchschlagskraft einer 1 cm Stahlwand	Ein Präzisionsmaschinengewehr
1 km		Fördertiefe russischen Erdgases, welches durch die Pipeline Nord Stream transportiert wird	Förderung in der arktischen Barents See
1 km		Teilchenfortbewegungsstrecke pro Sekunde von Molekülen im gasförmigen Zustand	
1 km		Häufige Tiefe von Fjorden	Das tiefste bekannte Fjord: 1,93 km in Antarktis
1 km		Strecke, die man bei Tempo 100 km/h in 36 Sekunden fährt	
1 km		Hubhöhe der Grabenränder des Pfälzer Waldes durch tektonische Prozesse	Vor etwa 35 Millionen Jahren, im heutigen RLP
1 km		Tauchtiefe von Grönlandwalen	
1 km		Breite der Feuerungszone entlang der israelischen Eisenmauer zum Gazastreifen	Israel schießt auf jedermann innerhalb der Zone
1 km		Mittlere Höhe über N.N. der planetarischen Grenzschicht - unserer Erde	Wärmetransport erfährt hier einen Flaschenhals
1 km		Nächtliche Wanderstrecke von Zooplankton	In Richtung Meeresoberfläche
1 km		Maximale Fortbewegungsstrecke pro Stunde von Tausendfüßern *Lithobius*	
1 km		Durchmesser von Asteroiden die alle 100.000 bis 333.000 Jahre auf der Erde einschlagen	Ein Schätzwert der NASA
1 km^2		Ausbreitung vom Pilzmyzel eines (!) Hallimasch Pilzes	Diese Pilze können sehr alt werden
1 km^2		Räumliche Auflösung der Erde bei GIS Klima Layern (Grids) der Plattform *WorldClim*	www worldclim org
1 km^3		Volumen einer Gigatonne Eis in Grönland	
1 km	1,205 km	Baumgrenze für Spitzahorn Bäumen in den Bayerischen Alpen	In höheren Lagen wachsen sie nicht mehr
1 km	1,4 km	Höhenlage der ökologischen ober- bzw. mittelmontanen Zone in den Alpen	Montan = Biowissenschaftler Slang für gebirgs-...
1 km	1,8 km	Baumgrenze für Bergahornbäume in Mitteleuropa - zum Beispiel in Oberbayern	1.000 bis 1.800 m über N.N.
1 km	2 km	Tiefe der oberen Lithosphärenschicht der Erdkruste Nordamerikas - sie besteht aus Granit	Tiefe unter dem Erdboden
1 km	4 km	Horizontale Sichtweite bei Dunst	Tröpfchengröße 0,5 bis 3 Mikrometer
1 km	4 km	Wassertiefe des Freiwasserbereiches Bathypelagial	Meeres- und Seenabschnitt fernab aller Ufer
1 km	4 km	Höhe von Tiefseebergen	
1 km	4,5 km	Absprunghöhe beim Fallschirmspringen erfolgt meist in einer Höhe über Grund von ...	
1 km	5 km	Höhe von Eruptionswolken bei strombolianisch-vulkanianischen Vulkanausbrüchen	Beispiel: Der kolumbianische Stratovulkan Galeras
1 km	10 km	Wellenlänge von Langwellen für Kontinental-Telegraphie, Rundfunk, Presse & Wetteramt	Entspricht 30 bis 300 kHz
1 km	11 km	Meerestiefe der aphotischen Zone	Lichtstrahlen erreichen diese Tiefen nicht mehr
1 km	11 km	Horizontale Wirksamkeit von Gewittern im Gamma Klima der mesoskaligen Meteorologie	Die "Breite" bzw. "Länge" eines Gewitters
1 km	50 km	Durchmesser von Kometen	Sie bestehen aus H2O, NH3, CH4 und Staub
> 1 km		Durchmesser von Asteroiden die geschätzte 1.000 mal pro Jahr die Erdbahn kreuzen	Ein Schätzwert der NASA

Ausdehnung		Begriffliche Erfassbarkeit	Erläuterungen
von	bis		
> 1 km		Lebensraumshöhe von Auerhähnen in borealen und gemäßigten Zonen	Zum Beispiel im Schwarzwald, Höhe über N.N.
> 1 km		Wanderstrecke von 45 Prozent aller Froschlurche	Studie Smith & Green 2005, Studie mit 53 Arten
> 1 km		Wanderstrecken von 16 Prozent aller Schwanzlurche	Studie Smith & Green 2005, Studie mit 37 Arten
> 1 km		Säulenhöhe der ergiebigen Ölsäule im Kashagan Ölfeld im See *Kaspisches Meer*	Ölreservoir liegt 4,5 bis 5,5 km unter dem See
1,025 km		Maximale Meerestiefe des asiatischen Sees *Kaspisches Meer*	
1,0846 km		Höhe über N.N. des Tafelberges in Kapstadt/Südafrika	
1,1 km		Durchschnittliche Meerestiefe des Schwarzen Meeres	Das Meer liegt im Übergangsbereich Asien/Europa
1,1 km		Wassertiefenlage des Neutrino Teleskops BDUNT im sibirischen Baikalsee/Russland	Baikal Deep Underwater Neutrino Telescope
1,1 km		Höhe der Trollwand über der Talsohle als höchste senkrechte Gebirgswand in Europa	In Norwegen
1,1 km	1,5 km	Effektive Schussreichweite des Präzisionsschuss Gewehres Accuracy International AWM	Kriegseinsätze in Afghanistan, Ukraine und Irak
1,1 km	2 km	Höhe der planetarischen Grenzschicht die von der festen Erdoberfläche beeinflusst wird	Messgröße: Reibung
1,114 km		Baumgrenze für Spitzahorn Bäume im Bayerischen Wald	In höheren Lagen wachsen sie nicht mehr
1,141 km		Höhe über N.N. des Berges Brocken im Harzgebirge	Es ist die höchste Erhebung in Sachsen-Anhalt
1,148 km		Höhenunterschied zwischen dem Bergpass Stilfser Joch und dem benachbarten Berg Ortler	Ortler ist 3.905 m hoch, an Grenze Schweiz/Italien
1,175 km		Durchmesser des Wendekreises des ehemaligen Kreuzfahrtschiffes RMS Titanic	
1,2 km		Baumgrenze für Spitzahorn Bäume im südosteuropäischen Karpatengebirge	
1,2 km		Länge der Landesgrenze zwischen Gibraltar und Spanien	
1,2 km		Baumgrenze für Waldkiefern in den französischen Vogesen	
1,2 km		Tauchtiefe von Lederschildkröten	Keine Schildkrötenart ist größer
1,2 km	1,8 km	Startbahnlänge für Startbahnen mit der Codezahl 3 gemäß ICAO-Annex 14	Für Flughäfen
> 1,2 km		Lebensraumhöhe der Pflanze Gelber Enzian *Gentiana lutea*	Starke Verbreitung in Europa in Vorderasien
1,205 km		Durchschnittliche Meerestiefe des Nordpolarmeeres	
1,215 km		Höhe über N.N. des Fichtelberges im Erzgebirge	Es ist die höchste Erhebung in Sachsen
1,22 km	1,83 km	Absolute Höhe der Gebirgswand *Amphitheatre* in den südafrikanischen Drakensbergen	Eine hufeisenförmige Gebirgswand
1,244 km		Höhe des Keilberges bzw. Klínovec im Erzgebirge	Der höchste Berg des tschechischen Erzgebirges
1,246 km		Mittlere Teilchenfortbewegungsstrecke pro Sekunde von Helium	Entspricht 3,7 Mach
1,25 km		Baumgrenze für Bergahorn Bäume und Hainbuchen in den Karparten	In Südosteuropa
1,258 km		Fortbewegungsstrecke pro Sekunde von Schall in Wasserstoffgas	Bei 0° C
1,28 km		Spannweite der Golden Gate Brücke in San Francisco/USA	

Ausdehnung		Begriffliche Erfassbarkeit	Erläuterungen
von	bis		
1,3 km		Baumgrenze für Hainbuchen in den Seealpen	
1,3 km		Tiefe der Tara-Schlucht in Montenegro/Südosteuropa	Im Maximum
1,3 km		Baumgrenze für Waldkiefern in Nordnorwegen am Breitengrad 60°	
1,3 km		Maximale Fortbewegungsstrecke pro Stunde von Spinnen *Tegenaria atrica*	
1,3 km	1,85 km	Höhenlage der ökologischen Hochmontanzone in den Alpen	Montan = Biowissenschaftler Slang für gebirgs- ...
1,3 km	1,5 km	Fortbewegungsstrecke pro Sekunde von Schall in Erdöl	Bei 0 ° C
1,37 km		Durchschnittliche Meerestiefe des Japanischen Meeres	
1,4 km		Baumgrenze für Spitzahornbäume im St. Gallener Oberland	In der Schweiz
1,4 km		Schelfeis Front Vorwärtsbewegung in der Antarktis pro Jahr	Seewärts
1,4 km		Maximale Flugstrecke von Stechmücken	Pro Stunde
1,429 km		Durchschnittliche Meerestiefe des Mittelmeeres	
1,435 km	1,470 km	Tiefe des Tanganjikasees am Ost afrikanischen Graben	Diverse Angaben
1,444 km		Höchster Punkt über N.N. im Verlauf der Trans Alaska Erdöl Pipeline	Von der Nordküste zur Südküste Alaskas/USA
1,449 km		Fortbewegungsstrecke pro Sekunde von Schall in Wasser	Bei 0 ° C
1,45 km		Fortbewegungsstrecke pro Sekunde von Schall in flüssigem Quecksilber	Bei 0 ° C
1,45 km		Fortbewegungsstrecke pro Sekunde von seismischen Primärwellen durch Wasser	Durch Erdbeben verursacht
1,45 km	1,7 km	Höhe der ökologischen Höhenstufe *Altimediterrane Hochlage*	Gemäß eu-mediterraner Höhenstufung
1,46 km		Fortbewegungsstrecke pro Sekunde von Schall in Wasser	Pro Sekunde und bei 15 ° C
1,467 km		Höhe des Soufrière Vulkans auf der karibischen Insel Guadeloupe	
1, 4842 km		Ursprüngliche Länge des römischen Namensgebers der Meile - 1 *Mille passus*	1.000 Doppelschritte (passus) = 5.000 Fuß
1, 4842 km		Länge der alten römischen Einheit 1 Milliarium bzw. Meilenstein	
1,486 km		Durchschnittliche Meerestiefe des Golfes von Mexiko	
1, 4866 km		Länge des alten Längenmaßes 1 sizilianische Meile *Miglio*	
1,493 km		Höhe des Feldberges im Schwarzwald	Es ist die höchste Erhebung Baden-Württembergs
1,5 km		Länge des alten Längenmaßes 1 persische Meile	
1,5 km		Maximale Permafrosttiefe in der nordostrussischen Teilrepublik Jakutien bzw. Sascha	Gilt für 23 Prozent der globalen Kontinentalfläche
1,5 km		Maximale Dicke des Eispanzers in der Antarktis rund um Nunatak Berge	Über der Oberfläche der dort aufragenden Berge
1,5 km		Entfernung einer Meile im biblischen Sinne	Schätzwert gemäß Matthäus 5,41
1,5 km		Schwimmstrecke bei Olympischen Triathlon Spielen	

Ausdehnung		Begriffliche Erfassbarkeit	Erläuterungen
von	bis		
1,5 km		Durchschnittliche Höhe über N.N. des Colorado Plateaus	Hochplateau in den USA
1,5 km		Baumgrenze für Rotbuchen im Schwarzwald und in den Nordalpen	In höheren Lagen wachsen sie nicht mehr
1,5 km		Meerestiefe des Öllecks an der US-amerikanischen Förderplattform Deepwater Horizon	Im Jahre 2010 im Golf von Mexico
1,5 km		Erdumfassende Schichtdicke allen Luftsauerstoffs in der 1.000 km dicken Erdatmosphäre	Bei 0 °C und 1 bar, O2 = 1,5 km, O3 = 3 mm
1,5 km	2,456 km	Höhenlage der ökologischen Dornpolster Felsheide auf der Insel Kreta/Griechenland	Eine arid trockene mediterrane Höhenstufe
1,5 km	2,3 km	Effektive Schussreichweite des Präzisionsschuss Gewehres Denel NTW 20	Verwendung durch die Länder Südafrika & Indien
1,5 km	2,5 km	Höhenlage der ökologischen Höhenlage *Subalpine Zone* in den Alpen	Unterste Hochgebirgsstufe
1,5 km	3 km	Maximale Ozeantiefen in der die thermohaline Zirkulation stattfindet	Salz und Wärme treiben Meeresströmungen an
> 1,5 km		Höhenlage der ökologischen Höhenlage *Subalpine Zone* in deutschen Mittelgebirgen	Über Waldgrenze die 1. Vegetationshöhenstufe
1,524 km		Länge der alten Maßeinheit 1 London Mile	
1,525 km		Maximale Dicke des Eispanzers auf der Insel Grönland	
1,547 km		Durchschnittliche Meerestiefe der Beringsee	Im Dreieck Alaska, Sibirien & Aleuteninseln
1,569 km		Höhe des Mount Waialeale auf der hawaiianischen Pazifikinsel Kauai/USA	Er ist der regenreichste Berg weltweit: 11.680 mm
1,58 km		Pipelinelänge der Moorleitung im schleswig-holsteinischen Bad Schwartau	Moortransport für Moorbäder
1,6 km		Baumgrenze für Waldkiefern im französischen Mittelgebirge Massif Central	
1,6 km		Baumgrenze für Waldkiefern in den Bayerischen Alpen	
1,6 km	3,2 km	Habitathöhe über N.N. von Alpen Steinböcken	Habitat = Lebensraum inkl. Umweltbedingungen
1,602 km		Tiefe der Reseau Jean Bernard Höhle in Frankreich	
1,604 km		Höhe über N.N. des Berges Schneekoppe an der Grenze von Polen und Tschechien	Es ist der höchste Berg des Riesengebirges
1,6093426 km		Länge der alten Maßeinheit 1 englische Landvermessermeile *statute mile*	Von 1592 bis 1959
1,609344 km		Länge der Maßeinheit 1 Meile	Die aktuell international gültige Meile
1,6093472 km		Länge der Maßeinheit 1 US Landvermessermeile *statute mile*	Entspricht 1.760 yards
1,62 km		Baumgrenze für Spitzahorn Bäume im schweizerischen Unterwallis	Im südlichen Kanton Wallis
1,642 km	1,741 km	Tiefe des Baikalsees in Russland	Diverse Angaben
1,65 km	> 1,8 km	Wandhöhe der Eiger Nordwand am schweizer Alpenberg Eiger	Der Eiger ist 3.967 m hoch, diverse Quellangaben
1,652 km		Durchschnittliche Meerestiefe des südchinesischen Meeres	
1,683 km		Höhe des pyramindenartigen Mitre Peaks im neuseeländischen Milford Sound	Dramatisch gelegener Fjordberg
1,7 km		Höhe über N.N. des Ngorongoro Kraters in Tansania/Ostafrika	Hier leben zigtausende Wildtiere
1,7 km	1,9 km	Höhe der ökologischen Höhenstufe *Kryomediterrane Hochlage*	Eu-mediterrane Höhenstufung, kryo = kalt

Ausdehnung		Begriffliche Erfassbarkeit	Erläuterungen
von	bis		
1,7 km	2,7 km	Höhenlage der ökologischen Dornpolster Felsheide im türkischen Taurus Gebirge	Eine arid trockene mediterrane Höhenstufe
1,708 km		Breite der afrikanischen Wasserfälle Victoria Falls	An der Grenze von Sambia und Simbabwe
1,722 km		Höhendifferenz zwischen dem Brennerpass & dem benachbarten Berg Pflerscher Tribulaun	Der Pflerscher Tribulaun ist 3.097 m hoch
1,75 km		Baumgrenze für Waldkiefern im nordasiatischen Altai-Gebirge auf Breitengrad 51°	
1,762 km		Teilchenfortbewegungsstrecke pro Sekunde von Wasserstoffgas (H2)	Entspricht 5,3 Mach
1,786 km		Tana See in Äthiopien - Höhe über Meeresspiegel	Höchstgelegener See Afrikas
1,8 km		Baumgrenze für Rotbuchen in den Südalpen und im italienischen Apenningebirge	
1,8 km		Maximale Tiefe des Grand Canyons in den USA	
1,8 km		Maximale Fortbewegungsstrecke pro Stunde von Gelbrandkäfern	Europäischer Schwimmkäfer
1,8 km		Effektive Schussreichweite des Präzisionsschuss Gewehres McMillan TAC 50	Kriegseinsätze in Afghanistan, Bosnien und Irak
1,8 km		Effektive Schussreichweite des Präzisionsschuss Gewehres M2 Browning	Kriegseinsätze in Syrien, Korea, Ukraine, Falkland
1,8 km		Jahresdurchschnittliche Fließstrecke pro Stunde des Rheins	
> 1,8 km		Startbahnlänge für Startbahnen mit der Codezahl 4 gemäß ICAO-Annex 14	Für Flughäfen
1,82 km		Länge der alten Maßeinheit 1 italienische Meile	
1,85185 km		Länge der alten Maßeinheit 1 kastilische Seemeile *Milla maritima* = *Milla legal*	Alte gesetzliche Meile
1,852 km		Länge der Maßeinheit 1 Seemeile	
1,8523 km		Länge einer geographischen Minute (60 Minuten = 1 Grad) = 1 Meridianminute	1 Knoten = 1 Seemeile pro h
1,853181 km		Länge der Maßeinheit 1 türkische Seemeile	
1,8554 km		Länge einer geographischen Äquatorminute (60 Minuten = 1 Grad)	
1,86 km		Baumgrenze für Waldkiefern im Gebirge Hohe Tatra	Teil der Grenze zwischen Polen und der Slowakei
1,9 km		Baumgrenze für Bergahorn Bäume in den Zentralalpen und im Kanton Wallis	Der Kanton Wallis liegt in der Südschweiz
< 2 km		Meerestiefe in der organische Stoffwechselprodukte gestreut werden	Flächeneffekt, Produkte von Meeresorganismen
< 2 km		Pottwale verbringen den Großteil ihres Lebens in einer Tiefe von ...	
2 km		Weitverbreitete Dicke des Eispanzers während der letzten Eiszeit über Europa	
2 km		Entfernung zwischen den Konzentrationslagern Auschwitz I und Auschwitz-Birkenau/Polen	Die Nazis töteten hier > 1 Million Menschen
2 km		Präzisionsfähigkeitsentfernung von Steyr HS Gewehren	Präzisions Maschinengewehr
2 km		Baumgrenze für Hainbuchen im Kaukasus	Das Gebirge trennt Osteuropa von Vorderasien
2 km		Höhe über dem Erdboden der freien Atmosphäre	Ohne Reibungseffekte von Land und Ozeanen
2 km		Einsinktiefe von robotischen Argo Treibbojen in Ozeanen	Für die Beobachtung von Tsunamis

Ausdehnung		Begriffliche Erfassbarkeit	Erläuterungen
von	bis		
2 km	3 km	Atmosphärische Höhe in der sich Blitze ereignen	
2 km	3 km	Maximale Signalreichweite von LTE Mobilfunk Antennenanlagen	Ein Richtwert für LTE bzw. 4 G bei 2.100 MHz
2 km	3 km	Dicke der sedimentösen Kalkschicht über dem mexikanischen Chicxulub Einschlagkrater	Der Krater entstand vor 64.980.000 Jahren
2 km	3 km	Sinktiefe von Eiern des Antarktischen Krills *Euphausia superba*	Die Krebstierchen legen Eier oberflächennah ab
2 km	3 km	Höhenlage der ökologischen *Alpinen Zone* in den Alpen	Darüber liegt nur noch die nivale Schneestufe
2 km	4 km	Sinktiefe von Meeres Schnee Produkten des Krebstierchens Antarktischer Krill	Wenn Krill unverdaute Algen ausspeit
2 km	5 km	Dicke der dichten Sima Basalt Erdkruste unterhalb nordamerikanischer Ozeanböden	Sima = aus Silikaten und Magnesium bestehend
2 km	6 km	Höhe der Lavasäule des hawaiianischen Kilauea Sockels unter Wasser	Sie hat ein Volumen von 5 bis 10 Kubikkilometern
2 km	8 km	Durchmesser mittelhoher (Eis / Wasser / Misch) Wolken	Polar bis 4, gemäßigte Breiten bis 7, Tropen bis 8
2 km	8 km	Fortbewegungsstrecke pro Sekunde von seismischen Wellen in der Erdkruste	Bei Erdbeben
2 km	20 km	Arbeitsbereich in der mesoskaligen Gamma Meteorologie	Geländeströmungen und Gewitterkonvektionen
2 km	50 km	Tiefen von vulkanischen Magmaherden	Hier sammelt sich zähplastisches Magma
2 km	200 km	Ausdehnung von riesigen *Draa* Binnendünen	Die roten Riesendünen von Algerien und Namibia
> 2 km		Baumgrenze für Winterlinden im Kaukasus	Das Gebirge trennt Osteuropa von Vorderasien
2,033 km		Höhendifferenz zwischen dem Valle d'Ampezzo & dem benachbarten Berg Tofana di Mezzo	Der italienische Tofana di Mezzo ist 3.244 m hoch
2,065 km		Länge der alten Maßeinheit 1 portugiesische Meile	
2,094 km		Höhe über N.N. des Bergpasses Jaufenpass in den Alpen	Die kürzeste Verbindung von Meran zum Brenner
2,1 km		Baumgrenze für Waldkiefern im südspanischen Gebirge Sierra Nevada	
2,16 km		Durchschnittliche Dicke des Eispanzers in der Antarktis	
2,16 km		Fortbewegungsstrecke pro Sekunde von Schall durch Blei	
2,16 km	2,88 km	Spitzen Fortbewegungsstrecke pro Stunde von Krillkrebsen	Entspricht 60 bis 80 m pro Sekunde
2,164 km		Tiefe der Voronya Höhle bzw. Krubera-Höhle in Georgien	Tiefste bekannte Höhle der Erde
2,183 km		Höhe über N.N des Südtiroler Berges Monte Rite	Oben steht ein Messner Mountain Museum
2,2 km		Maximale Flugbewegungsstrecke pro Stunde von Florfliegen	
2,2 km		Maximale Wassertiefe für den Einsatz von Tension Leg Platform (TLP) Bohrinseln	Ölförderung
2,226 km		Länge der alten gallo-römischen Maßeinheit 1 Leuga bzw. Leuge	Entspricht 1,5 Mille passum bzw. 7.500 Fuß
2,228 km		Höhe über N.N. des Mount Kosciuszko	Er ist der höchste Berg Australiens
2,239 km		Höhe über N.N. des höchsten Punktes der großen Dolomitenstraße in den Alpen	Die Gegend führt durch UNESCO Weltnaturerbe
2,25 km		Baumgrenze für Rotbuchen in Sizilien/Italien	

Ausdehnung		Begriffliche Erfassbarkeit	Erläuterungen
von	bis		
2,25 km		Bohrtiefe des stromerzeugenden Geothermie Kraftwerks in Neustadt-Glewe	In Mecklenburg-Vorpommern
2,27 km	5,17 km	Wellenlänge von akustomagnetischen RFID Signalen für Artikelsicherungssysteme (EAS)	Entspricht 58 bis 132 kHz
2,3 km		Baumgrenze für Hainbuchen im iranischen Elburs Gebirge	
2,344 km		Höhe über N.N. der Quelle des Flusses Rhein	Im Tomasee von Graubünden/Schweiz
2,351 km		Höhe über N.N. des höchsten freistehenden Berges in Europa	Der Grimming in Österreich
2,388 km		Maximale Tauchtiefe von See Elefanten	Quelle: Census of Marine Life
2,4 km		Signal Wellenlänge des implantierten RFID Mikrochip in der Hand von Herrn Amal Graafstra	125 KHz, 2005 ließ er sich den Chip implantieren
2,4 km		Baumgrenze für Waldkiefern in den Schweizer Alpen	
2,4 km		Höhe der Ostwand am italienischen Alpenberg Monte Rosa	Höhe des Monte Rosa beträgt 4.634 m
2,4 km	3,5 km	Höhenlage der ökologischen Dornpolster Felsheide im Hohen Atlas Gebirge	Mediterrane Felsheide in Marokko
2,45 km		Maximale Fördertiefe für Erdöl bei Tiefseebohrungen	Im Perdidofeld am Golf von Mexiko
2,467 km		Durchschnittliche Meerestiefe des Karibischen Meeres	
2,47 km		Länge des alten Längenmaßes 1 Sardinien und Piemont Meile	
2,475 km		Maximale Reichweite für tödlichen Präzisionsschuss unter Kampfbedingungen (Stand 2009)	Schuss durch Craig Harrison in Afghanistan 2009
2,5 km		Baumgrenze für Waldkiefern in Anatolien	In der Türkei
2,5 km		Länge der mittelalterlichen Stadtmauer in Soest (Stand 2022)	In NRW, entspricht 75 % der Ursprungslänge
2,5 km		Länge der mittelalterlichen Stadtmauer in Hainburg an der Donau (Stand 2022)	In Österreich, Mauer aus dem 13. Jahrhundert
2,5 km		Ozeantiefe entlang derer kein Anrainerstaat Ansprüche stellen darf	Die 2.500 Meter Wassertiefenlinie
2,5 km		Baumgrenze für Waldkiefern im Kaukasusgebirge	Nur für Bäume in geschlossenen Beständen
2,5 km		Bohrtiefe des Geothermie Kraftwerks im baden-württembergischen Bruchsal	Vor allem für Erzeugung von Strom
2,5 km		Detonations- bzw. Zersetzungsstrecke pro Sekunde von Ammoniumnitrat (NH4NO3)	Strecke pro Zeit = Detonationsgeschwindigkeit
2,5 km		Dicke des Eispanzers in der Westantarktis - unter Wasser	Maximalwert
2,5 km		Durchmesser des Gipfelkraters auf dem Kilimanjaro	In Tansania/Afrika
2,5 km		Bohrtiefe für Sensoren des IceCube Neutrino Observatoriums im Eis der Antarktis	Ein Hochenergie Neutrino Observatorium
2,5 km		Mindestlänge von Start- und Landebahnen für große Transportflugzeuge	
2,5 km	9 km	Detonations- bzw. Zersetzungsstrecke pro Sekunde von Nitroglycerin (C3H5N3O9)	Strecke pro Zeit = Detonationsgeschwindigkeit
2,501 km		Höhe über N.N. des Bergpasses Umbrail in den schweiz-italienischen Alpen	Er liegt nahe der Passanhöhe Stilfser Joch
2,504 km		Höhe über N.N. des höchsten Punktes der Großglockner Hochalpenstraße	Die höchste befestigte Passstraße in Österreich
2,509 km		Höhe über N.N. des Bergpasses Timmelsjoch in den Alpen	An der Grenze von Österreich und Italien

Ausdehnung		Begriffliche Erfassbarkeit	Erläuterungen
von	bis		
2,6 km		Länge des Salang Tunnels nördlich von Kabul/Afghanistan in Richtung Tadschikistan	Er war ein strategisches Geschenk der Russen
2,6 km		Oberhalb von ... über N.N. fällt in den Alpen der Niederschlag immer als Schnee	Auch im Sommer
2,622 km		Länge des alten Längenmaßes 1 schottische Meile	
2,655 km		Höhe über N.N. der slowakischen Gerlsdorfer Spitze bzw. Vysoké Tatry	Es ist der höchste Berg der Hohen Tatra
2,7 km		Baumgrenze für latschenartige Waldkiefern im Kaukasus	Das Gebirge trennt Osteuropa von Vorderasien
2,7 km		Ausdehnung der Iguazú Wasserfälle an der Grenze von Brasilien und Argentinien	
2,7 km		Höhe der Südwand am chilenisch-argentinischen Andenberg Aconcagua	Die Höhe des Aconcagua beträgt 6.962 m
2,7 km		Fortbewegungsstrecke pro Sekunde von seismischen Rayleigh Wellen durch Granit	Diese Erdbebenwellen entstehen an Oberfläche
2,7 km	4 km	Höhe über N.N. von Sommerhabitaten der Pandabären in den Bergen Chinas	Weiter unten ist es ihnen zu warm
2,715 km		Höhe über N.N. des Bergpasses Col de la Bonette in den französischen Alpen	Er ist der vierthöchstgelegene Alpenpass
2,746 km		Höhe über N.N. des Bergpasses Col Agnel in den Alpen - Frankreich und Italien verbindend	Er ist der dritthöchstgelegene Alpenpass
2,758 km		Höhe über N.N. des Bergpasses Stilfser Joch in den Alpen - Schweiz und Italien verbindend	Er ist der zweithöchstgelegene Alpenpass
2,761 km		Höhe über N.N. des eisbedeckten Mount Français auf der antarktischen Insel Anvers	Anvers = Antwerpen, Eisbedeckung ab N.N.
2,764 km		Höhe über N.N. des Bergpasses Col de l'Iseran in den französischen Alpen	Er ist der höchstgelegene befahrbare Alpenpass
2,8 km		Fortbewegungsstrecke pro Sekunde von seismischen Love Wellen durch Granit	Diese Erdbebenwellen entstehen an Oberfläche
2,815 km		Maximale Reichweite für tödlichen Präzisionsschuss unter Kampfbedingungen (Stand 2012)	Australischer Präzisionsschütze in Afghanistan
2,82 km		Detonations- bzw. Zersetzungsstrecke pro Sekunde von Knallgas	Detonationsgeschwindigkeit von H2O und O2
2,88 km		Länge des alten Längenmaßes 1 irische Meile	
2,9 km		Maximale Schwimm Fortbewegungsstrecke pro Stunde von Ringelnatter Schlangen	Man nennt sie auch Schwimmnattern
2,95 km		Höhe des aktiven Vulkans Mount St. Helens vor seiner Explosion im Jahre 1980 - in den USA	Durch den Ausbruch verlor er 401 m an Höhe
2,962 km		Höhe über N.N. der Zugspitze in den nördlichen Kalkalpen	Es ist die höchste Erhebung in Deutschland
3 km		Fortbewegungsstrecke pro Sekunde seismischer Sekundärwellen durch Granit	Bei Erdbeben
3 km		Länge der Landesgrenze zwischen den Staaten Vatikanstadt und Italien	
3 km		Flughöhe von Zugvögeln über der Wüste Sahara	Idealtemperatur 10° C
3 km		Detonations- bzw. Zersetzungsstrecke pro Sekunde von ANC Gesteinssprengstoffen	Strecke pro Zeit = Detonationsgeschwindigkeit
3 km		Maximale Flughöhe des Flugzeugs JU 52	Modell Deutsche Lufthansa
3 km		Bohrtiefe für Erdöl im nordamerikanischen North Dakota durch Fracking	
3 km		Aufstiegshöhe über N.N. von Natriumchlorid Kristallit Aerosolen	Aerosolsäule vom Meer in die Luft
3 km		Mögliche Schussweite von Laserwaffen des bayerischen Produzenten MBDA Deutschland	Diverse Quellen

Ausdehnung		Begriffliche Erfassbarkeit	Erläuterungen
von	**bis**		
3 km		Maximale Dicke von Lavaschichten in den äthiopischen Simien Mountains	In Nordostafrika
3 km		Schwimmstrecke bei Langdistanz Triathlons der International Triathlon Union	Double Olympic
3 km		Maximale Tiefe der Biosphäre - unterhalb der Erdoberflächen	Tiefer leben keine Organismen mehr
3 km		Maximale Dicke des Eispanzers über Europa und Nordamerika vor 12.000 Jahren	
3 km		Maximale Dicke des Eispanzers in Grönland	Stand 2022
3 km		Wasser siedet bei 90° C auf einer Höhe über N.N. von ...	Hier Nutzung eines Schnellkochtopfes für 100° C
3 km	4 km	Häufige Gebirgshöhe auf Ozeanböden	Bei Island schauen sie aus dem Wasser
3 km	4,5 km	Bruthöhe von Andenkondoren *Vultur gryphus*	Geierart in den Anden/Südamerika
3 km	5 km	Dicke der dichten Sima Basalt Erdkruste unterhalb europäischer Meeresböden	Sima = aus Silikaten und Magnesium bestehend
3 km	5 km	Dicke der dichten Sima Basalt Erdkruste unterhalb asiatischer Ozeanböden	Sima = aus Silikaten und Magnesium bestehend
3 km	8 km	Breite der Wasserstraße von Messina zwischen dem Festland von Italien und Sizilien	
3 km	18 km	Durchmesser hoher Wolken (ab -40° C sind es nur Eiswolken)	Polar bis 8, gemäßigte Breiten bis 13, Tropen - 18
3 km	450 km	Tiefenreichweite der Lithosphäre in die Erde	Lithosphäre = Erdkruste + äußerster Erdmantel
> 3 km		Höhenlage der ökologischen nivalen Zone in den Alpen	Hier gibt es mehr Schnee als Schmelze
> 3 km		Messdatenentnahme von Klimadaten ... über dem Erdboden durch den Satelliten Ibuki	Japans Messungen von CO2 und CH4 (Methan)
3,1 km		Fortbewegungsstrecke pro Sekunde von Schall durch Beton	
3,1 km		Höhe über N.N. der höchstgelegenen Diamantmine der Welt	In Lesotho im südlichen Afrika
3,2 km		Tiefe des Colca Canyons in Peru/Südamerika	Im Maximum
3,2 km		Breite des Tafelberg Mesas von Kapstadt/Südafrika	
3,323 km		Höhe über N.N. des sizilianischen Vulkans Ätna - im Jahre 2013	Die Höhe aktiver Vulkane variiert
3,4 km		Bohrtiefe des Geothermie Kraftwerks im rheinland-pfälzischen Landau	Energieabschöpfung aus 160°C heißem Wasser
3,5 km		Durchmesser des Meteoritenkraters Steinheimer Becken	Beim heutigen Steinheim auf Schwäbischer Alb
3,5 km		Maximale Wassertiefe für den Einsatz von Halbtaucherbohrinseln	Ölförderung
3,5 km		Entfernung zwischen Vernichtungslager Majdanek zur Innenstadt von Lublin/Polen	Die Nazis töteten hier zigtausende Menschen
3,5 km		Schmalste Stelle der Feuerland und Patagonien trennenden Meerenge Magellanstraße	Im südlichsten Südamerika
3,5 km	3,7 km	Der Mount Everest ragt ... über dem Relief seiner Umgebung heraus	Das umgebende Relief liegt > 5 km hoch
3,528 km		Höhe über N.N. des Gebirgspasses Zoji in den indischen Gebirgen Himalaya und Karakorum	Der Straßenpass verbindet Ladakh und Kaschmir
3,54 km		Maximale Reichweite für tödlichen Präzisionsschuss unter Kampfbedingungen (Stand 2017)	Kanadischer Präzisionsschütze im Irak 2017
3,58 km		Bohrtiefe des Geothermie Kraftwerks Unterhaching in Bayern	Energieabschöpfung für Fernwärme

Ausdehnung		Begriffliche Erfassbarkeit	Erläuterungen
von	bis		
3,585 km		Teufe der Goldmine East Rand Proprietary bei Johannesburg	In Südafrika, Teufe = Bergwerkstiefe
3,6 km		Fortbewegungsstrecke pro Stunde bei einer Geschwindigkeit von 1 Meter pro Sekunde	Zum Beispiel in einem PKW
3,6 km		Maximale Schwimm Fortbewegungsstrecke pro Stunde von Seeschlangen	
3,6 km		Maximale Breite der türkischen Meerenge Bosporus	In Istanbul trennt sie Europa von Asien
3,6 km		Maximale Laufstrecke pro Stunde von Wüstenameisen	
3,6 km		Maximale Laufstrecke pro Stunde von Strandkrabben	
3,6 km	4,4 km	Mittlere Höhe des Faltengebirges Pamir	In Tadschikistan/Zentralasien
3,67 km		Höhe über N.N. der peruanischen Andenstadt Huancavelica	In Südamerika
3,7 km		Baumgrenze im Pamir Gebirge	In Tadschikistan/Zentralasien
3,7 km	4 km	Tiefe des Wostoksees unterhalb der Eisoberfläche der Antarktis	Diverse Angaben
3,71 km		Gesetzliche Länge einer bayerischen Wegstunde	Verwendung im 19. Jahrhundert
3,726 km		Höhe über N.N. des aktiven Vulkans Rinjani auf der indonesischen Insel Lombok	Der weltweit achthöchste Berg auf einer Insel
3,776 km		Höhe über N.N. des Vulkans Fujisan auf der japanischen Insel Honschu	Der weltweit siebthöchste Berg auf einer Insel
3,78 km		Länge des alten Längenmaßes 1 Flandern Meile	
3,794 km		Höhe über N.N. des Antarktisvulkans Mount Erebus	Hieran zerschellte Flug NZ 901 am 28.11.1979
3,8 km		Fortbewegungsstrecke pro Sekunde von Schall durch weiches Holz	Der Schall wandert längs der Fasern
3,8 km		Fördertiefe von lithiumhaltigem Wasser in Insheim/Pfalz (Stand 2022)	Förderprojekt für Elektroautoindustrie
3,8 km		Sinktiefe des Schiffes RMS Titanic nach der Kollision mit einem Eisberg im Nordatlantik	Unfall vom 15. April 1912
3,808 km		Durchschnittliche Meerestiefe weltweit	
3,862 km		Schwimmstrecke bei Ironman Triathlon Wettbewerben	
3,862 km	154,497 km	Schwimmstrecke bei Ultra Triathlons	
3,878 km		Höhe über N.N. des strategisch wichtigen Salang Passes nördlich von Kabul/Afghanistan	Der Pass ist ein Tor in Richtung Russland & China
3,898 km		Länge der alten Maßeinheit 1 französische Lieue bzw. Postleuge	Entspricht 2.000 Körperlängen
3,9 km		GPS-Satelliten umkreisen die Erde mit einer Strecke pro Sekunde von ...	
3,9 km		Teufe der alten TauTona Goldmine in Südafrika	Im Großraum von Pretoria und Johannesburg
3,926 km		Durchschnittliche Meerestiefe des Atlantischen Ozeans	
3,952 km		Höhe über N.N. des Berges Yushan auf der Insel Taiwan/Südasien	Der weltweit vierthöchste Berg auf einer Insel
3,963 km		Durchschnittliche Meerestiefe des Indischen Ozeans	
< 4 km		Luftdruck sinkt von 1.000 m bis ... Höhe alle 13 m um 1 Hektopascal (hPa)	

Ausdehnung		Begriffliche Erfassbarkeit	Erläuterungen
von	bis		
4 km		Tiefseegräben fallen ab bis zu einer Tiefe von ...	
4 km		Maximale Kriechstrecke pro Stunde von Klapperschlangen	
4 km		Länge der alten Maßeinheit 1 metrische Leuge	Im Frankreich des 19. Jahrhunderts
4 km		Tiefe des Hamza Grundwasserleiters unterhalb des südamerikanischen Flusses Amazonas	In wissenschaftlicher Diskussion befindlich
4 km		Schwimmstrecke bei ITU Langdistanz Triathlons	Triple Olympic
4 km		Maximale Höhe über N.N. von Stratuswolken	Sie bringen oft anhaltende Niederschläge
4 km		Länge einer Stichprobenfläche bei der Bundeswaldinventur in Deutschland	Rastergröße: 4 km x 4 km
4 km		Länge der alten Maßeinheit 1 guatemaltekische Leuge bzw. Legua	Synonym für eine Wegstunde in Guatemala
4 km		Tägliche Ausdehnung von Antarktis Eis beim Übergang vom Herbst in den Winter	
4 km		Eindringtiefe von Wilddieben in dichten mexikanischen Dschungel	Studie Conche und Colchero
4 km		Maximale Laufstrecke pro Stunde von Maulwürfen	
4 km	5 km	Kalkschalen von Meerestieren lösen sich auf in Meerstiefen von ...	In sogenannten Carbonat Kompensationstiefen
4 km	5 km	Durchschnittliche Gehwegstrecke von Fußgängern - pro Stunde	Daher der Name: Wegstunde
4 km	5 km	Maximale Tiefe von alpinen Opalinus Tonschichten für geplantes Atommüll Endlager	In der Schweiz, Stand 2022
4 km	6 km	Wassertiefe des Freiwasserbereiches Abyssopelagial	Meeres- und Seenabschnitt fernab aller Ufer
4 km	6 km	Maximale Höhenregion in der Yak Hochlandrinder leben	
4,02 km		Höhe über N.N. des Karakul Meteoritenkraters in Tadschikistan	In Zentralasien
4,028 km		Durchschnittliche Meerestiefe des Pazifischen Ozeans	
4,087 km	4,261 km	Ozeantiefe am geographischen Nordpol	Je nach Messung
4,095 km		Höhe über N.N. des Berges Mount Kinabalu auf der südostasiatischen Insel Borneo	Der weltweit dritthöchste Berg auf einer Insel
4,1 km		Teufe der Mponeng Goldmine in Südafrika	Es ist das tiefste Bergwerk auf der Erde
4,1 km		Küstenlänge des Zwergstaates Monacos	Laut UNO 1 von 194 souveränen Staaten
4,16 km		Gesetzliche Länge einer Courosame bzw. Wegstunde im französisch-kolonialen Ostindien	
4,19 km		Länge des alten Längenmaßes 1 mexikanische Legua	Synonym für eine Wegstunde
4,207 km		Höhe über N.N. des Vulkans Mauna Kea auf der Insel Hawai'i/USA	Der weltweit zweithöchste Berg auf einer Insel
4,25 km		Höhe über N.N. des Kyzyl Art Bergpasses an der Grenze von Tadschikistan und Kirgisistan	Schmuggelroute für Opium aus Afghanistan
4,288 km		Höhe der Wickersham Wand am Berg Denali in Alaska zwischen Nordspitze & Peters Glacier	Die Höhe der Denali Nordspitze beträgt 5.934 m
4,4 km		Grenzlänge zwischen Monaco und Frankreich	Laut UNO 2 von 194 souveränen Staaten
4,4444 km		Gesetzliche Länge einer Wegstunde im Großherzogtum Baden	Verwendung im 19. Jahrhundert

Ausdehnung		Begriffliche Erfassbarkeit	Erläuterungen
von	bis		
4,4448 km		Länge der alten preußischen Maßeinheit 1 Landleuge	Entspricht 1/25° eines Längenkreises
4,5 km		Fördertiefe von Erdöl im Kashagan Ölfeld im See *Kaspisches Meer*	Der Nordteil des Sees gehört zu Europa
4,5 km		Sedimentierung kalkiger Mikroorganismen geschieht bis in Ozeantiefen von ...	< 4,5 km werden sie durch Kohlendioxid aufgelöst
4,5 km	5 km	Höhe der Schneegrenze in tropischen Bergen	
4,4522 km		Länge der alten Maßeinheit 1 französische Lieue commune	
4,513 km		Länge der alten Maßeinheit 1 chilenische Legua	Synonym für eine Wegstunde in Chile
4,528 km		Höhe über N.N. des Mount Kirkpatricks in der Antarktis	Berg in der Königin Alexandra Kette
4,53 km		Gesetzliche Länge einer sächsischen Wegstunde	Verwendung bis ins 19. Jahrhundert
4,55 km		Höhe über N.N. des iranischen Berges Zard Kuh	Es ist der höchste Berg des Zagros Gebirges
4,6 km		Höhe der Rupalwand in Pakistans Himalaya als höchste Steilwand aller Berge weltweit	Gebirgswand am Nanga Parbat (8.125 m)
4,63 km		Detonations- bzw. Zersetzungsstrecke pro Sekunde von Bleiazid (Pb(N3)2)	Strecke pro Zeit = Detonationsgeschwindigkeit
4,7 km		Höhe der nordöstlichen Steilflanke des iranischen Vulkans Damavand	... ragt er über Relief seiner Umgebung heraus
4,776 km		Maximale Dicke des antarktischen Eispanzers	In der Nähe des Unzugänglichkeitspols
4,8 km		Länge aller Flure im britischen Parlamentsgebäude Westminster Palace	In London
4,8 km	4,9 km	Länge des alten Längenmaßes 1 germanische Rasta bzw. Doppelleuge	
4,808 km		Gesetzliche Länge einer Schweizer Wegstunde	Galt bis 1876, entspricht 16.000 Fuß
4,808 km		Länge des alten Längenmaßes 1 schweizerische Meile	
4,81 km		Höhe über N.N. des Berges Mont Blanc als Grenzberg zwischen Frankreich und Italien	Er ist der höchste Berg der europäischen Alpen
4,818 km		Höhe über N.N. des Gebirgspasses Ticlio in den peruanischen Anden	Der Straßenpass verbindet Lima und Huancayo
4,828 km		Länge des alten Längenmaßes 1 englische Land league bzw. Landleuge	Längenmaß für 3 Meilen
4,866 km		Höhe über N.N. der peruanischen Gold- und Silbermine Santa Rosa	Eigner der Mine: Firma Comarsa
4,895 km		Höhe über N.N. des Berges Puncak Jaya auf der Insel Neuguinea	Der weltweit höchste Berg auf einer Insel
4,897 km		Höhe über N.N. des Berges Mount Vinson - er ist der höchste Berg in der Antarktis	Höhe ohne sein 243 Meter dicke Eiskappe
4,929 km		Höhe über N.N. der seit 2014 geschlossenen peruanischen Goldmine Ares	Eigner der Mine: Firma Minera Ares
4,949 km		Höhe über N.N. der peruanischen Goldmine Acumulación Mariela	Eigner der Mine: Firma Apumayo
4,958 km		Höhe über N.N. der bolivianischen Blei-, Zinn-, Zink- und Silbermine Bolivar	Eigner der Mine: Firma Compañía Minera Bolívar
4,991 km		Höhe über N.N. der chilenischen Kupfermine Aguilucho	Eigner der Mine: Firma Grupo Cenizas
5 km		Fortbewegungsstrecke pro Sekunde seismischer Primärwellen durch Granit	Bei Erdbeben
5 km		Durchschnittliche Fortbewegungsstrecke pro Stunde von Menschen beim Gehen	

Ausdehnung		Begriffliche Erfassbarkeit	Erläuterungen
von	bis		
5 km		Maximale Rollstrecke pro Stunde von Goldenen Radspinnen *Carparachne aureoflavaR*	Riesenkrabbenspinne in der Wüste Namibias
5 km		Maximale Beobachtungstiefe des DART Tsunami Warnsystems	Beobachtet Veränderungen des Meeresbodens
5 km		Längenverlust des südneuseeländischen Tasman Gletschers seit 1976	34 cm pro Tag
5 km		Länge der alten Maßeinheit 1 portugiesische Legua nova	Synonym für eine Wegstunde
5 km		Typische Reisestrecke pro Stunde von Kutschen	Vor dem 19. Jahrhundert
5 km		Entfernung zwischen Vernichtungslager Sobibor und Grenze Polen-Weißrussland-Ukraine	Die Nazis töteten hier bis zu 250.000 Menschen
5 km		Jährliche Auswanderstrecke tropischer Fische - sich vom Äquator entfernend	Studie Daniel Pauly
5 km		Flugweite von Pollen bei Rapspflanzen	
5 km		Maximale Aufwirbelungshöhe von Sahara Wüstenstaub	Wüstenstürme bis 250.000 km²
5 km		Maximale Tauchstrecke pro Stunde von Pottwalen	
5 km	10 km	Lebensraum Radius von Bienen	
5 km	10 km	Dicke der dichten Sima Basalt Erdkruste unterhalb weltweiter Ozeanböden	Im Durchschnitt, bei Nordamerika ist sie dünner
5 km	10 km	Horizontale Sichtweite bei diesigem Wetter	
5 km	20 km	Höhe von Eruptionssäulen bei *vulkanianischen* Vulkanausbrüchen	Beispielhaft: Kolumbiens Vulkan Nevado del Ruiz
5 km	80 km	Breite von Einsturzkesseln bei Calderavulkanen	Der US-Yellowstone Vulkankessel ist 50 km breit
5 km	640 km	Wurzellängenaufbau pro Tag von Winterroggen	In Trockenperioden
> 5 km		Tiefe unter N.N. unterirdischer Erkaltungen von Tiefengestein bzw. Plutoniten	Über 90 % aller Plutonite sind Granite
> 5 km		Bohrungstiefe bei übertiefen Bohrungen in die Erdkruste	Zum Beispiel für Untersuchungen der Erdkruste
5,14 km		Höhe über N.N. des Berges Mount Vinson - er ist der höchste Berg in der Antarktis	Höhe inklusive seiner 243 Meter dicken Eiskappe
5,152 km	5,572 km	Länge des alten Längenmaßes 1 argentinische Legua argentina	Unterschiedliche Quellangaben
5,154 km		Länge des alten Längenmaßes 1 Uruguay Legua	Synonym für eine Wegstunde
5,17 km		Fortbewegungsstrecke pro Sekunde von Schall durch stab-artigen Stahl	Bei 0 ° C
5,196 km		Länge des alten Längenmaßes 1 bolivianische Legua	Entspricht 40 Ladres
5,199 km		Höhe über N.N. des kenianischen und zweithöchsten Gipfel Afrikas Mount Kenya	Einer der 7 zweithöchsten Gipfel auf der Erde
5,2 km		Ankertiefe des Observatoriums Kiel 276 zwischen den Inseln Maderia und Azoren	1.300 kg schweres Ankergewicht, Klimaforschung
5,2 km		Wuchshöhe über N.N. des C4 Grases *Orinus thoroldii* in Tibet/Zentralasien	Bei Photosynthese entsteht 4-C-atomiger Zucker
5,201 km		Höhe des Berges Schchara im Kaukasus Georgiens/Vorderasien	Er ist der höchste Berg in Georgien
5,298 km		Höchste Stelle über N.N. der Passstraße zur peruanischen Goldmine Acumulación Mariela	Die Straße ist nicht geteert (Stand 2020)
5,359 km		Höchste Stelle über N.N. des Gebirgspasses Khardung im indischen Himalaya	

Ausdehnung		Begriffliche Erfassbarkeit	Erläuterungen
von	bis		
5,37 km		Länge des alten Längenmaßes 1 venezuelanische Legua	Synonym für eine Wegstunde
5,376 km		Spannweite der Strom Freileitung über den grönländischen Ameralik Fjord	
5,4 km		Maximale Sichtweite von Menschen - in einer Ebene	Mensch mit gerechneter Augenhöhe von 2 m
5,430 km		Lage über N.N. des Gebirgssees Gurudongmar im indischen Himalaya	In Sikkim nahe der Grenze zu China
5,489 km		Höhe über N.N. des Vulkans Mount St. Elias in Alaska/USA	Größte Höhendifferenz vom Meer zum Gipfel
5,5 km		Länge der mittelalterlichen Stadtmauer in kroatischer Ortschaft Ston (Stand 2022)	In Dalmatien, rund 70 Prozent sind erhalten
5,5 km		Fortbewegungsstrecke pro Sekunde von Schall durch Glas	
5,5 km		Höhe der Steilflanke des Berges Denali/Alaska - als Höhe vom Fuß des Berges bis zum Gipfel	... ragt er über Relief seiner Umgebung heraus
5,5 km		Atmosphärische Höhe bei der Wärme ins All abgestrahlt wird	Im Durchschnitt
5,5 km		Länge der alten Maßeinheit 1 portugiesische Legua	Synonym für eine Wegstunde
5,5 km		Länge der weltweit längsten Start- und Landebahn in der zivilen Luftfahrt	Im tibetanisch-asiatischen Bangda
5,540 km	5,575 km	Lage über N.N. des Gebirgspasses Karakorum Pass an der indisch-chinesischen Grenze	Diverse Quellen mit unterschiedlichen Angaben
5,551 km		Länge der alten Maßeinheit 1 ecuadorianische Legua	Synonym für eine Wegstunde
5,55325 km		Länge der alten Maßeinheit 1 preußische Landleuge	Synonym für eine Wegstunde
5,554 km		Länge der alten Maßeinheit 1 Honduras Legua	Synonym für eine Wegstunde
5,556 km		Reichweite der Dreimeilenzone vom Land aufs Meer hinaus	
5,556 km		Ungefähre Weite eines alten Kanonenschusses	"Wo die Kraft der Waffen endet"
5,556 km		Länge des alten Längenmaßes 1 Seeleuge bzw. Legua legale	Entsprach drei Seemeilen
5,556 km		Länge von 3 nautischen Meilen	1/20° eines Längenkreises
5,5572 km		Länge des alten Längenmaßes 1 kolumbianische Legua	Synonym für eine Wegstunde
5,55727 km		Länge des alten Längenmaßes 1 kastilische Legua legal antigua bzw. Wegstunde	Längenmaß bis 1760
5,55727 km		Länge des alten Längenmaßes 1 peruanische Legua	Synonym für eine Wegstunde
5,582 km		Höchste Stelle über N.N. des Gebirgspasses Marsimik im indischen Himalaya	
5,59 km		Länge des alten Längenmaßes 1 brasilianische Legua	Synonym für eine Wegstunde
5,610 km		Höchste Stelle über N.N. des Gebirgspasses Dungri im indischen Himalaya	An der Grenze von Indien und China
5,621 km		Höhe über N.N. des Berges Elbrus im Kaukasus	Er ist der höchste Berg Europas
5,67 km		Höhe über N.N. des Vulkans Damavand im Iran	Er ist der höchste Berg des Mittleren Ostens
5,7 km		Schmalste Stelle der Meerenge Straße von Tiran	Sie verbindet Golf von Aqaba und Rotes Meer
5,8 km		Fortbewegungsstrecke pro Sekunde von Schall durch Stahl	Mittelwert unabhängig von der Form des Stahls

Ausdehnung		Begriffliche Erfassbarkeit	Erläuterungen
von	bis		
5,84 km		Länge des alten Längenmaßes 1 holländische Meile	
5,882 km		Höchste Stelle über N.N. des Gebirgspasses Umling im indischen Himalaya	Der weltweit höchste befahrbare Straßenpass
5,895 km		Höhe über N.N. des tansanischen Vulkans Kilimanjaro	Er ist der höchste Berg Afrikas
5,942 km		Höhe über N.N. des Gebirgspasses Kalindi im indischen Himalaya	Der Trekkingpass verbindet Gangotri & Ghastoli
5,959 km		Höhe über N.N. des kanadischen und zweithöchsten Gipfel Nordamerikas Mount Logan	Einer der 7 zweithöchsten Gipfel auf der Erde
5,97 km		Fortbewegungsstrecke pro Sekunde von Schall durch flächigen Stahl	Bei 0 ° C
5,98 km		Höhe der Nordwand Steilflanke des pakistanischen Berges Rakaposhi	... ragt er über Relief seiner Umgebung heraus
< 6 km		Luftdruck sinkt von 4.000 m bis ... Höhe alle 17 m um 1 Hektopascal (hPa)	
6 km		Maximale Tiefe des Baikalgrabens in Sibirien/Russland	Dennoch ist er mit Sedimenten gefüllt
6 km		Maximale Fortbewegungsstrecke pro Stunde pflanzenfressender Dinosaurier	Sie lebten 170 MJ lang, Aussterben vor 66 MJ
6 km		Länge aller Wasserstraßen in Griechenland	Stand 2012
6 km		Beförderungsweg pro Stunde von Erdöl durch die Trans Alaska Erdöl Pipeline	
6 km		Maximale Lebensraum Höhe über N.N. von Schneeleoparden	In den Gebirgen Asiens
6 km		Maximal mögliche Höhe über N.N. für dauerhaftes Siedeln von Menschen	Laut Respiratory Physiology, Williams & Williams
6 km	10 km	Bildungshöhe über N.N. von Cirruswolken	Faserige Eiswolken in oberer Troposphäre
6 km	11 km	Wassertiefe des Freiwasserbereiches Hadopelagial	Meeres- und Seenabschnitt fernab aller Ufer
6 km	18 km	Höhe der Tropopause über dem Erdboden - breitenabhängige Höhe & je nach Breitengrad	Sie verhindert den vertikalen Luftaustausch
6,1 km		Maximal mögliche Höhe über N.N. für dauerhaftes Siedeln von Menschen	Laut N. Jensen, Clinical Arterial Blood Gas Analysis
6,194 km		Höhe über N.N. des Berges Denali bzw. Mount Mc Kinley in Alaska	Er ist der höchste Berg Nordamerikas
6,197 km		Länge des alten Längenmaßes 1 portugiesische Legua Antiga	Synonym für eine Wegstunde
6,277 km		Länge des alten Längenmaßes 1 luxemburgische Meile	
6,28 km		Länge des alten Längenmaßes 1 flämische Meile	
6,368 km		Höhe über N.N. des Sees Lhagba Pool in Tibet/Zentralasien	Er ist der höchstgelegene See auf der Erde
6,5 km		Höhe der Schneegrenze in trockenen Kontinentalgebieten	Transhimalaya/Asien und Anden/Südamerika
6,5 km		Streckenlänge der von Maultieren gezogenen Straßenbahn im brasilianischen Cuiabá	Im Jahre 1911
6,68724 km		Länge des alten Längenmaßes 1 spanische Legua Nueva bzw. Straßenwegstunde	Längenmaß ab 1760
6,797 km		Länge des alten Längenmaßes 1 sächsische Landvermessermeile	
6,893 km		Höhe über N.N. des Vulkans Ojos del Salado als Grenzberg von Chile und Argentinien	Er ist der höchste Vulkan auf der Erde
6,961 km		Höhe über N.N. des Berges Aconcagua im westlichen Argentinien/Südamerika	Es ist der höchste Berg außerhalb von Asien

Ausdehnung		Begriffliche Erfassbarkeit	Erläuterungen
von	bis		
7 km		Höhe der aus dem Relief herausragenden Steilflanke des Berges Nanga Parbat bzw. Diamir	7 km Flanke über 27 km, Nordost-Pakistan
7 km		Maximale Schwimmstrecke pro Stunde von Menschen	
7 km		Ausdehnung der Todeszone für Pflanzen um die Stadt Tschernobyl	Nach der Atomkatastrophe im Jahre 1986
7 km		Entfernung des Konzentrationslagers Buchenwald von der Innenstadt Weimars	Die Nazis töteten hier zigtausende Menschen
7 km		Bahnumfang des Super Protonen Synchrotron Teilchenbeschleunigers	Im CERN nahe Genf werden Protonen hergestellt
7 km		Tiefe des Schluchtensystems Valles Marineris auf dem Planeten Mars	Länge 4.000 km
7 km	8 km	Höhe der Alpen nach der erster Gebirgsbildung	Beginn der Gebirgsbildung vor rund 130 MJ
7 km	8 km	Maximale Höhe der Troposhäre an den Erdpolen - hier befindet sich 75 Prozent der Luft ...	.. in 1 Prozent der 1000 km dicken Erdatmosphäre
7 km	10 km	Jährliche räumliche Ausdehnung der Wüste Sahara an ihrem Südrand	
> 7 km	> 8 km	Höhe über N.N. der Todeszone für Höhen Bergsteiger	Der Sauerstoff Partialdruck liegt bei ≤ 35 mm Hg
7,2 km		Jährliche durchschnittliche Habitaterweiterung diverser Populationen in Fauna und Flora	In Polrichtung, wegen Erderwärmungstendenzen
7,4 km		Länge des alten Längenmaßes 1 niederländische Meile	
7,4 km		Geschätzte maximale Schussreichweite des Präzisionsschuss Gewehres M2 Browning	Kriegseinsätze in Syrien, Korea, Ukraine, Falkland
7,409 km		Länge von 4 geographischen Meridianminuten	Ein Erdvermessungsmaß
7,4192 km		Länge des alten Längenmaßes 1 königlich hannoveranische Meile	
7,4194 km		Länge des alten Längenmaßes 1 herzöglich braunschweigische Meile	
7,4204 km	7,4149 km	Länge des alten Längenmaßes 1 bayerische Meile	
7,420439 km		Länge einer geographischen Meile	Entspricht 1/15 Äquatorialgrad
7,4216 km		Länge von 4 geographischen Äquatorminuten	Ein Erdvermessungsmaß
7,439 km		Höhe über N.N. des zentralasiatisch-kirgisischen Berges Dschengisch Tschokusu	Es ist der höchste Berg im Gebirge Tian Shan
7,4487 km		Länge des alten Längenmaßes 1 württembergische Meile	
7,45 km		Länge des alten Längenmaßes 1 hohenzollern'sche Meile	
7,4676 km		Länge des alten Längenmaßes 1 russische Meile	
7,48 km		Länge des alten Längenmaßes 1 böhmische Meile	
7,5 km		Länge des alten Längenmaßes 1 kleine sächsische Postmeile	Längenmaß bis 1840
7,5 km		Maximale Schwimm Fortbewegungsstrecke pro Stunde von Grauwalen	
7,5 km	8 km	Gehweglänge nach erfolgten 10.000 Schritten	Ein Gesundheitsmaß für viele Schrittzähler
7,5325 km		Länge des alten Längenmaßes 1 deutsche Landmeile	Sie galt im alten Preußen und in Dänemark
7,57 km		Höhe über N.N. des Berges Gangkhar Puensum	Grenzberg zwischen Bhutan und China

Ausdehnung		Begriffliche Erfassbarkeit	Erläuterungen
von	bis		
7,5859 km		Länge des alten Längenmaßes 1 Postmeile	Sie galt im alten Österreich-Ungarn
7,591 km		Höhe über N.N. des nepalesischen Berges Shantishikhar	Unweit des Mount Everests
7,7 km		Geschätzte maximale Schussreichweite des Präzisionsschuss Gewehres McMillan TAC 50	Kriegseinsätze in Afghanistan, Bosnien und Irak
7,708 km		Höhe über N.N. des Berges Tirich Mir in Afghanistan	Er ist der höchste Berg des Hindukuschs
7,822 km		Tiefster Punkt unter N.N. des nordpazifischen Aleutengrabens	Die Vulkane der Aleuten steigen bis fast 3 km an
7,844 km		Orbitalstrecke pro Sekunde der Wostok 1 beim Weltraumausstieg von Juri Gagarin	Raumschiffaktion der UdSSR im Jahre 1961
7,85 km		Länge des alten Längenmaßes 1 rumänische Meile	
7,85 km		Orbitalstrecke pro Sekunde der Mercury Atlas 8 beim Weltraumausstieg von W. Schirra	Raumschiffaktion der USA im Jahre 1962
7,892 km		Orbitalstrecke pro Sekunde der Woschod 2 beim Weltraumausstieg Pawel I. Beljajews	Raumschiffaktion der UdSSR im Jahre 1965
7,9 km		Strecke pro Sekunde bei der ersten kosmischen Geschwindigkeit	Damit Satelliten die Kreisbahn der Erde erreichen
8 km		Maximale Fortbewegungsstrecke pro Stunde von Feldmäusen	
8 km		Orbitalstrecke pro Sekunde von Raumstationen um die Erde	680.000 km am Tag
8 km		Erdumfassende Schichtdicke aller Luftgase - vor allem Sauerstoff (O_2) und Stickstoff (N_2)	Bei 0 ° C, 1 bar, de facto sind Gase ungleich verteilt
8 km		Maximale Fortbewegungsstrecke pro Stunde von Sandlaufkäfern	Global gibt es rund 2.500 verschiedene Arten
8 km		Gängiger Abstand zwischen großen Geschütztürmen auf dem römischen Hadrianswall	Zwischen England und Schottland
8 km		Straßenlänge im Pazifikstaat Tuvalu - gepflastert und ungepflastert	Länderrang 222, Stand 2002
8 km		Maximale dauerhafte Fortbewegungsstrecke pro Stunde von Menschen	
8 km	50 km	Höhe der Stratosphäre über dem Erdboden - ab 8 km an Polen und 18 km am Äquator	Temperaturen: Tropen -80° C, Außertropen -60° C
8,003 km		Orbitalstrecke pro Sekunde der Gemini 11 beim Weltraumausstieg Charles Conrads	Raumschiffaktion im Jahre 1966
8,027 km		Höhe über N.N. des Berges Shishapangma in Tibet/China - 5 km zur Grenze von Nepal	Er ist der vierzehnthöchste Berg auf der Erde
8,035 km		Höhe über N.N. des Berggipfels Gasherbrum 2 im Grenzgebiet von Pakistan, China & Indien	Er ist der dreizehnthöchste Berg auf der Erde
8,051 km		Höhe über N.N. des Berges Broad Peak im Grenzgebiet von Pakistan, China & Indien	Er ist der zwölfthöchste Berg auf der Erde
8,080 km		Höhe über N.N. des Berggipfels Gasherbrum 1 im Grenzgebiet von Pakistan, China & Indien	Er ist der elfthöchste Berg auf der Erde
8,091 km		Höhe über N.N. des Berggipfels Annapurna 1 in Nepal/Asien	Er ist der zehnthöchste Berg auf der Erde
8,126 km		Höhe über N.N. des Berges Nanga Parbat in Pakistan/Asien	Er ist der neunthöchste Berg auf der Erde
8,163 km		Höhe über N.N. des Berges Manaslu in Nepal/Asien	Er ist der achthöchste Berg auf der Erde
8,167 km		Höhe über N.N. des Berges Dhaulagiri in Nepal/Asien	Er ist der siebthöchste Berg auf der Erde
8,188 km		Höhe über N.N. des Berges Cho Oyu als Grenzberg zwischen Nepal und China	Er ist der sechsthöchste Berg auf der Erde
8,2 km		Maximale Flugstrecke pro Stunde von Stubenfliegen	

Ausdehnung		Begriffliche Erfassbarkeit	Erläuterungen
von	bis		
8,485 km		Höhe über N.N. des Berges Makalu als Grenzberg zwischen Nepal und China	Er ist der fünfthöchste Berg auf der Erde
8,5 km		Skalenhöhe in der Erdatmosphäre - als NASA Rechenwert	Pro Höhenanstieg ... Druckabfall mit Faktor 2,71
8,5 km		Hypothetische Höhe der gesamten Atmosphäre bei 1 bar Druck	De facto reicht Atmosphäre bis in 1.000 km Höhe
8,516 km		Höhe über N.N. des Berges Lhotse als Grenzberg zwischen Nepal und China	Er ist der vierthöchste Berg auf der Erde
8,586 km		Höhe über N.N. des Berges Kangchendzönga als Grenzberg zwischen Nepal und Indien	Er ist der dritthöchste Berg auf der Erde
8,611 km		Höhe über N.N. des Berges K2 im Grenzgebiet von Pakistan, China & Indien	Er ist der zweithöchste Berg auf der Erde
8,8 km		Länge des alten Längenmaßes 1 holsteinische Meile	
8,850 km		Höhe über N.N. des Berges Mount Everest als Grenzberg zwischen Nepal und China	Er ist der höchste Berg auf der Erde
8,88 km		Länge des alten Längenmaßes 1 badensische Meile	In Baden/Südwestdeutschland
9 km		Flughöhe von Streifengänsen *Anser indicus* bei der Himalayaüberquerung	Ein Höhenrekord in der Tierwelt
9 km		Typischer Bremsweg von Supertankern bei Notbremsungen - bei 15 Knoten	Schiffe mit einer Tragfähigkeit von > 250.000 TDW
9 km	11 km	Vorkommen von Jetstreams in Höhen von ...	Hier maximale Windgeschwindigkeit = 500 km/h
9,062 km		Länge des alten Längenmaßes 1 sächsische Polizeimeile	Längenmaß bis 1722
9,2063 km		Länge des alten Längenmaßes 1 kurfürstlich hessische Meile	
9,25 km		Fortbewegungsstrecke pro Stunde des ersten kommerziellen Dampfschiffes Clermont	Im Jahre 1807 auf dem Hudson River in den USA
9,2614 km		Länge von 5 geographischen Meridianminuten	Ein Erdvermessungsmaß
9,275 km		Bohrtiefe des aktuell tiefsten Ölbohrloches in Deutschland	Bohrplatz Dieksand, Stand 2021
9,277 km		Länge von 5 geographischen Äquatorminuten	Ein Erdvermessungsmaß
9,323 km	9,347 km	Länge des alten Längenmaßes 1 Hannoveraner Landmeile	Längenmaß bis 1836
9,6 km		Maximale Fortbewegungsstrecke pro Stunde von Ratten	
9,8696 km		Länge des alten Längenmaßes 1 Oldenburger Meile	
< 10 km		Atmosphärische Höhe von Stickstoffdioxid (NO2) Photolysen in der Troposphäre	NO2 ist hier leicht dissoziierbar bzw. löslich
10^4 m		10.000 Meter = zehn Kilometer = 10 km	
10 km		Vertikale Wirksamkeit von Land- und Seewinden, Gewittern, Fronten sowie Zyklonen	Einen Zyklon findet man nicht auf 12 km Höhe
10 km		Länge eines Myriameters	Entspricht 1 skandinavischen metrischen Meile
10 km		Maximale Schwimm Fortbewegungsstrecke pro Stunde von Ohrenquallen	
10 km		Reise Fortbewegungsstrecke in 10 Sekunden von Jets bzw. Flugzeugen	
10 km		Entfernung zwischen dem Exekutionsort Ponary und der Innenstadt von Vilnius/Litauen	Die Nazis töteten hier > 100.000 Menschen
10 km		Übliche Schwimmstrecke von Triathlons bei Olympischen Spielen	

Ausdehnung		Begriffliche Erfassbarkeit	Erläuterungen
von	bis		
10 km		Durchmesser von Asteroiden die alle 50 bis 100 Millionen Jahre auf der Erde einschlagen	NASA Schätzwert
10 km		Übliche Schwimmstrecke bei Ultraman Triathlons	Unter anderem beim Ultraman auf Hawai'i/USA
10 km		Maximale Schwimm Fortbewegungsstrecke pro Stunde von Eisbären	
10 km	11 km	Maximale Höhe der Troposhäre in den mittleren Breiten - hier hat es 75 Prozent der Luft	1 Prozent der 1.000 km Erdatmosphäre
10 km	12 km	Wasser existiert in atmosphärischen Höhen von bis zu ...	
10 km	15 km	Maximale Signalreichweite von LTE Mobilfunk Antennenanlagen	Ein Richtwert für LTE bzw. 4 G bei 800 MHz
10 km	25 km	Höhe von Eruptionssäulen bei *vulkanianisch plinianischen* Vulkanausbrüchen	Beispiel: Vulkan Galunggung auf Java/Indonesien
10 km	50 km	Höhe der Ozonosphäre über dem Erdboden - in diesem Teil der Atmosphäre wird O2 zu O3	An den Polen ist sie nur 10 km hoch
10 km	70 km	Dicke der silizium- und aluminiumreichen Sial Erdkruste unter den Kontinenten	Erdkruste aus Sedimenten, Graniten, Gneisen, ...
10 km	100 km	Wellenlänge von Niederfrequenzwellen (engl. very low frequency VLF)	Nutzung für U-Boot Kommunikation und Funk
10 km	150 km	Atmosphärische Höhe in der Photoionisation und Photolyseprozesse stattfinden	Hier Absorption von Wellenlängen > 100 nm
10 km	10.000 km	Wellenlänge von Wechselströmen (hoch-, mittel-, niederfrequent)	Nutzung in der Telefon Kommunikation
> 10 km		Sedimentschicht Dicke in der südafrikanischen Halbwüste Karoo	Bildung in den Zeitaltern Karbon bis Jura
> 10 km		Übliche Wanderstrecke von 7 Prozent aller Froschlurche (Studie: 53 Arten)	Studie Smith & Green 2005
> 10 km		Übliche Wanderstrecke von 2 Prozent aller Schwanzlurche (Studie: 37 Arten)	Studie Smith & Green 2005
10,044 km		Länge des alten Längenmaßes 1 große westfälische Meile	
10,047 km		Maximale Meerestiefe im Kermadecgraben zwischen Neuseeland und der Insel Fiji	
10,205 km		Höhe des hawaiianischen Vulkans Mauna Kea - vom Fuß am Meersboden bis zum Gipfel	Daher der eigentlich höchste Berg auf der Erde
10,540 km		Maximale Meerestiefe am Philippinengraben östlich der Philippinen	Grenze Südostasien/Westpazifik
10,542 km		Maximale Meerestiefe am Kurilen Kamtschatka Graben - im Nordwestpazifik	Hier versinkt die Pazifische Platte
10,554 km		Maximale Meerestiefe am pazifischen Japangraben	Vor der japanischen Hauptinsel Honschu
10,6 km		Wellenlänge einer Tsunamiwelle bei 10 m Wassertiefe	Geschwindigkeit 36 km/h
10,67 km		Länge des alten Längenmaßes 1 finnische Meile	
10,685 km		Maximale Bohrtiefe für Öl- und Gasförderung der alten Bohrinsel *Deepwater Horizon*	Golf von Mexico, BP (British Petroleum) förderte
10,68854 km		Länge des alten Längenmaßes 1 schwedische Meile *mil*	Längenmaß bis 1889
10,807 km		Orbitalstrecke pro Sekunde der Apollo 8 beim Weltraumausstieg von Frank Borman/USA	Erster bemannter Flug zum Mond (1968)
10,882 km		Maximale Meerestiefe des pazifischen Tongagraben	Hier sinkt Pazifische unter Australische Platte
10,959 km	11,034 km	Maximale Meerestiefe des pazifischen Marianengrabens - diverse Messungen & ± Bereiche	Hier sinkt Pazifische unter Philippinische Platte

Das vielleicht spannendste Kapitel

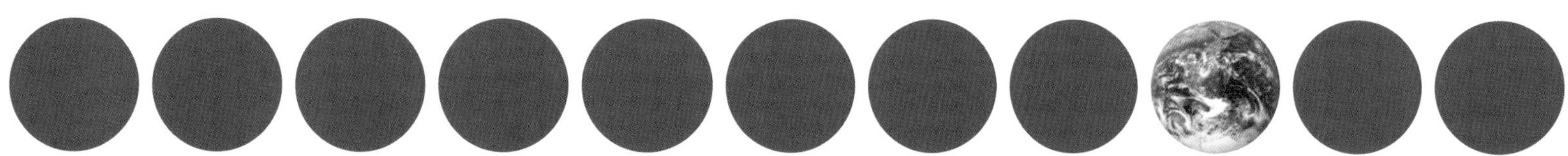

Von 11 Kilometer bis 539 Kilometer

Ausdehnung		Begriffliche Erfassbarkeit	Erläuterungen
von	bis		
11 km		Anzahl der Baustellenkilometer auf Autobahnen in Mecklenburg-Vorpommern	Im Juli und August 2009
11 km		Maximale Flugstrecke pro Stunde von Maikäfern und Schmeißfliegen	
11 km		Maximale Schwimm Fortbewegungsstrecke pro Stunde von Buckelwalen	Durchschnittlich 2 bis 5 km/h
11 km	110 km	Horizontale Wirksamkeit von Landwinden im Beta Klima der mesoskaligen Meteorologie	Auch im Bezug von Seewinden
> 11 km		Maximale Höhe des Variszischen Gebirges	Entstehung 400 MJ bis 260 MJ vor heute
11,1 km		Atmosphärische Skalenhöhe auf dem Planeten Mars	Physikalische Skalen ändern sich mit Faktor 2,71
11,107 km		Umlaufstrecke pro Sekunde der Apollo 10 beim Weltraumausstieg von Thomas Stafford	Mondlandevorbereitungen für Apollo 11 (1969)
11,1137 km		Länge von 6 geographischen Meridianminuten	
11,1324 km		Länge von 6 geographischen Äquatorminuten	
11,2 km		Weg pro Sekunde bei der zweiten kosmischen Geschwindigkeit - optimal ist 10,7 km/s	Zum Verlassen des Schwerefeldes der Erde
11,2 km		Minimale Fluchtstrecke pro Sekunde von Gasmolekülen damit sie Erde verlassen können	Minimale Fluchtgeschwindigkeit
11,2 km		Durchschnittliche Entfernung von sieben der acht WM Stadien zum Stadtzentrum Dohas	Fußballweltmeisterschaft 2022 in Katar
11,299 km		Länge der alten Maßeinheit 1 norwegische Meile *mil*	
11,3 km		Maximale Kriechstrecke pro Stunde der Schlangenart Grüne Mamba	
11,3 km		Maximale Flughöhe der Flugzeuge Boing 737-300 und 737-500	Modelle Deutsche Lufthansa
11,9 km		Maximale Flughöhe des Flugzeugs Airbus 319-100	Modell Deutsche Lufthansa
12 km		90 Prozent des Gewichts der Erdatmosphäre befinden sich auf den ersten ...	Über dem Erdboden
12 km		Höhenabschnitt der Tropopause bei der konstante Temperatur von minus 60° C herrscht	Hier kondensiert fast aller Wasserdampf
12 km		Entfernung zwischen Vernichtungslager Maly Trostinez und der Stadt Minsk/Weißrussland	Die Nazis töteten hier > 100.000 Menschen
12 km		Maximale Fortbewegungsstrecke pro Stunde von Aalen und Hausmäusen	
12 km	20 km	Maximale Fortbewegungsstrecke pro Stunde von Pferden	Gemessen für eine Distanz von 160 km
12,1 km		Maximale Flughöhe der Flugzeuge Airbus 321-100 und 321-200	Modelle Deutsche Lufthansa
12,262 km		Bohrtiefe des bis 1989 global tiefsten Ölbohrloches auf der russischen Kola Halbinsel	Bohrdauer 19 Jahre, in 10 km Tiefe: 180° C
12,376 km		Bohrtiefe des tiefsten Ölbohrloches im russischen Sachalin Ölfeld 1	Vor der Küste Kamtschatkas
12,5 km		Entfernung zwischen dem Exekutionsort Rumbula zur Innenstadt von Riga/Lettland	Die Nazis töteten hier > 20.000 Menschen
12,5 km		Maximale Flughöhe des Flugzeugs Boing 737-800	Modell Deutsche Lufthansa
12,5 km		Maximale Flughöhe der Flugzeuge Airbus 340-600, 340-300 und 330-300	Modelle Deutsche Lufthansa
12,5 km		Maximale Flughöhe der Flugzeuge Embraer 195 und 190	Modelle Deutsche Lufthansa
12,5 km		Maximale Flughöhe der Flugzeuge Bombardier CRJ 900 und CRJ 700	Modelle Deutsche Lufthansa

Ausdehnung		Begriffliche Erfassbarkeit	Erläuterungen
von	bis		
12,9 km		Maximale Flughöhe des Flugzeugs Airbus 320-200	Modell Deutsche Lufthansa
13 km		Fortbewegungsstrecke pro Sekunde von seismischen Wellen im Erdmantel	Wenn Erdbeben Wellen hervorrufen
13 km		Durchmesser des Marsmondes Deimos	Er ist unregelmäßig geformt
13,1 km		Maximale Flughöhe der Flugzeuge Airbus 380-800 und Boing 747-800	Modelle Deutsche Lufthansa
13,5 km		Maximale Fortbewegungsstrecke pro Stunde von trabenden Pferden	
13,7 km		Maximale Flughöhe des Flugzeugs Boing 747-400	Modell Deutsche Lufthansa
14 km		Jährliche durchschnittliche Habitaterweiterung von Zooplankton	In Polrichtung, wegen Erwärmungstendenzen
14 km		Maximale Flugstrecke pro Stunde von Kohlweißling Schmetterlingen	
14 km		Länge der Grenze zwischen dem Gazastreifen und Ägypten	2022 baut Ägypten an einer Grenzmauer
14 km	44 km	Breite der Wasserstraße von Gibraltar	Zwischen Spanien und Marokko
14 km	72 km	Genutzte Bewegungsstrecken pro Stunde von Windrädern	Windgeschwindigkeit bei der Energieerzeugung
14,7 km		Durchschnittliche Entfernung aller acht WM Stadien zum Stadtzentrum Dohas	Fußballweltmeisterschaft 2022 in Katar
15 km		Reichweite von Seewinden ins Landesinnere von gemäßigten Breiten	Auf bis zu 200 m Höhe
15 km		Grenzlänge zwischen dem französischen St. Martin und dem holländischen St. Maarten	Sie liegen auf derselben karibischen Insel
15 km		Maximale Fortbewegungsstrecke pro Stunde von Kamelen	
15 km		Durchmesser des Jupitermondes Leda	
15 km		Breite des afrikanischen Grünstreifens Green Wall zur Aufhaltung der Wüste Sahara	Durch 12 Länder von Senegal bis Dschibuti
15 km	20 km	Maximale Signalreichweite von 5 G Mobilfunk Antennenanlagen - bei 700 MHz Band	Vergleich: Im GHz-Band nur < 700 m
15 km	300 km	Höhe über N.N. der atmospährischen Chemosphäre	
15,9 km		Atmosphärische Skalenhöhe auf dem Planeten Venus	Physikalische Skalen ändern sich mit Faktor 2,71
16 km		Größter Höhenunterschied auf dem Erdenmond	Auch andere Planeten haben Monde
16 km		Maximale Flugstrecke pro Stunde von Wanderheuschrecken	
16,5 km		Maximale Laufstrecke pro Stunde von Raub Dinsoauriern	
17 km		Maximale Höhe über N.N. der atmosphärischen Troposhäre am Äquator	1 Prozent der 1.000 km mächtigen Erdatmosphäre
17 km		Länge der Fjorde *Kieler Förde* und *Eckernförder Bucht* in Norddeutschland	Sie schließen die Halbinsel Dänischer Wohld ein
17 km		Entfernung des Konzentrationslagers Dachau zur Innenstadt von München/Bayern	Die Nazis töteten hier zigtausende Menschen
17 km	21 km	Durchmesser des tansanischen Ngorongoro Kraters	In Ostafrika
17,5 km	18,2 km	Geschätzte Höhe des Berges Boösaule Montes Süd auf dem Jupitermond Io	
17,6 km		Maximale Kriechstrecke pro Stunde der Schlangenart Schwarze Mamba	

Ausdehnung		Begriffliche Erfassbarkeit	Erläuterungen
von	bis		
18 km		Maximale Flugstrecke pro Stunde von Hummeln	
18 km		Maximale Flugstrecke pro Stunde von Taubenschwanz Schmetterlingen	
18 km		Gesamte Länge aller Arkadengänge in Turin/Norditalien	
18 km		Maximale Schwimmstrecke pro Stunde von Lachsen in unbewegtem Flusswasser	
18 km		Minimale Wegstrecke von Wind pro Stunde für den Betrieb von Windkraftanlagen	Windgeschwindigkeit
18 km	36 km	Maximale Schwimmstrecke pro Stunde von Krill	Wale fressen Milliarden dieser Krebstierchen
18 km	30 km	Das meiste Ozon (O3) auf der Erde befindet sich in einer Höhe von ...	Vor allem in Ozonschicht auf 23 bis 25 km Höhe
18 km	40 km	Teilchenfortbewegungsstrecke pro Stunde beim verpuffenden Abbrennen von Holz	So schnell bewegen sich die Holzmolekülteilchen
> 18 km		Geschätzte Höhe des höchsten Tharsis Monte Vulkans auf dem Planeten Mars	
19 km		Länge der Krim-Brücke zwischen der Oblast Cherson und der Schwarzmeer Halbinsel Krim	Sie ist die längste Brücke in Europa
19 km		Entfernung des Konzentrationslagers Bergen-Belsen vom Zentrum der Stadt Celle	Die Nazis töteten hier zigtausende Menschen
19,1 km	20,3 km	Atmosphärische Skalenhöhe auf dem Planeten Neptun	Physikalische Skalen ändern sich mit Faktor 2,71
20 km		Alles Leben auf der Erde spielt sich innerhalb von vertikalen ... ab	Von 10 km Tiefe bis in 10 km Höhe ab N.N.
20 km		Durchmesser des Jupitermondes Adrastea und des Saturnmondes Pan	
20 km		Ausdehnung von Schwärmen der Krebstierchen Krill	Bis 100 km^2, Krille = die bevorzugte Walnahrung
20 km		Luftlinien Entfernung zwischen den Hauptstädten der beiden Kongorepubliken in Afrika	Der Fluss Kongo trennt Kinshasa und Brazzaville
20 km		Laufstrecke bei Double Olympic Langdistanz Triathlons	Standard der International Triathlon Union (ITU)
20 km		Geschätzte Höhe der großen äquatorialen Bergkette auf dem Saturnmond Iapetus	
20 km	25 km	Geschätzte Höhe des Berges Rheasilvia auf dem Asteroiden Vesta	Der Berg steht in einem Einschlagkrater
20 km	32 km	Häufige Länge von Talgletschern im asiatischen Gebirge Himalaya	Stand 2015
20 km	40 km	Minimale Bewegungsstrecke pro Stunde so dass Vögel abheben können	Mindestgeschwindigkeit
20 km	200 km	Reichweite von Ultrakurzwellen	UKW
20 km	200 km	Arbeitsbereich der mesoskaligen Beta Meteorologie	Schneestürme mit Effekt auf Seen & Meeresbrisen
21 km		90 Prozent aller Atmosphärenmasse befindet sich innerhalb der ersten ...	Oberhalb des Erdbodens
21 km		Atmosphärische Skalenhöhe auf dem Saturnmond Titan	Physikalische Skalen ändern sich mit Faktor 2,71
21 km		Entfernung des Konzentrationslagers Neuengamme zur Innenstadt von Hamburg	Die Nazis töteten hier zigtausende Menschen
21,9 km		Expansionsrate des Universums - pro Sekunde und Million Lichtjahre	Gemäß Hubble-Konstante, nach Edwin P. Hubble
21,9 km		1 Million Lichtjahre entfernte Objekte bewegen sich pro Sekunde ... von der Erde weg	Gemäß Hubble-Konstante, nach Edwin P. Hubble
21,9 km		Höhe des Vulkans Olympus Mons auf dem Planeten Mars	Schildvulkan mit 600 km Durchmesser

Ausdehnung		Begriffliche Erfassbarkeit	Erläuterungen
von	bis		
22 km		Durchmesser des Marsmondes Phobos und der Saturnmonde Tethys und Phoebe	
22 km		Maximale Flugstrecke pro Stunde von Hornissen und Rinderbremsen	Rinderbremsen sind eine Fliegenart
22 km	29 km	Höhe polarer Stratosphärenwolken während der Polarnacht	Die Polarnacht dauert länger als eine Nacht
22,2 km		Maximale dauerhafte Fortbewegungsstrecke pro Stunde von Menschen	Beim 10.000 Meter Lauf
22,224 km		Maximale Breite von staatlichen Küstenmeeren (12 Meilen Zone)	Hoheitsgewässer gemäß Seerechtsabkommen
23 km		Wellenlänge von Tsunamiwellen bei 50 m Wassertiefe	Geschwindigkeit 79 km/h
23 km		Durchmesser des Schwarzen Lochs XTE J1650-500	Im Weltall
23 km	25 km	Atmosphärische Höhe über N.N. der Ozonschicht	Es gibt auch Bodenozon
23,4 km		Maximale Laufsstrecke pro Stunde von Eskimohunden	
24 km		Länge des längsten Alpengletschers Aletsch in der Schweiz	Bis 100 m dick
24 km		Durchmesser des Meteoritenkraters Nördlinger Ries/Süddeutschland	Durch Asteroideneinschlag vor rund 15 MJ
24 km		Durchmesser des Saturnmondes Calypso	Er ist unregelmäßig geformt
24 km	29 km	Dicke der Mohorovicic Diskontinuität (Moho) im südlichen Oberrheingraben	Sie bildet die Grenze von Erdkruste & Erdmantel
24 km		Maximale Flugstrecke pro Stunde von Wegekuckucken	Bekannt geworden als Comicfigur Roadrunner
24 km		Straßenlänge im Pazifikstaat Nauru - gepflastert und ungepflastert	Stand 2002, Länderrang 220
24 km		Küstenlänge von Bosnien-Herzegowina/Südeuropa	
24,385 km		Dienstgipfelhöhe des Düsenflugzeugs Lockheed SR 71	
< 25 km		Maximale Strecke für Kutschen auf Tagesreisen auf norddeutschen Straßen	In den Jahren 1720 bis 1730
25 km		Maximale Strecke für Kutschen auf Tagesreisen auf süddeutschen Straßen	In den Jahren 1720 bis 1730
25 km		Theoretisch maximale Höhe der Biosphäre	In solchen Höhen können Organismen leben
25 km		Differenz zweier Längengrade mit der Zeitverschiebung von einer geographischen Minute	
25 km		Durchmesser des Jupitermondes Ananke	
25 km	40 km	Dicke der Erdkruste unter dem spanischen Gebirge Sierra Nevada	Dick genug damit Gebirge nicht versinkt
25 km	40 km	Meßhöhe von Wetterballons	
25 km	50 km	Grabenbruch Breite des Mittelatlantischen Rückens	Gebirgskette liegt unterhalb des Meeresspiegels
> 25 km		Höhe von Eruptionswolken bei (ultra-) plinianischen Vulkanausbrüchen	Beispiele: Vulkane Tambora & Pinatubo in Asien
25,929 km		Flughöhe der Lockheed SR 71 bei ihrem Höhenrekord für Düsenflugzeuge	Rekord im Horizontalflug
26 km		Durchmesser des Uranusmondes Cordelia	
26 km		Minimale Breite der Meerenge Bab al-Mandab zwischen dem Jemen und Dschibuti/Afrika	Verbindet Rotes Meer mit dem Golf von Aden

Ausdehnung		Begriffliche Erfassbarkeit	Erläuterungen
von	bis		
27 km		Küstenlänge von Jordanien/Vorderasien	Inklusive der saudi-arabischen Schenkungen
27 km		Atmosphärische Skalenhöhe auf dem Planeten Jupiter	Physikalische Skalen ändern sich mit Faktor 2,71
27 km		Länge des Ringtunnels vom CERN Large Electron Positron Collider (Teilchenbeschleuniger)	Wo Elektronen auf Positronen stoßen
27,7 km		Atmosphärische Skalenhöhe auf dem Planeten Uranus	Physikalische Skalen ändern sich mit Faktor 2,71
28 km		Jährliche durchschnittliche Habitaterweiterung von Aalen und Thunfischen	In Polrichtung, wegen Erwärmungstendenzen
28 km		Ausweitung des längsten Autobahnstaus in Nordrhein-Westfalen im Jahre 2019	Quelle: ADAC, am 31. Oktober auf der A 3
28 km		Entfernung der 3 Konzentrationslager von Auschwitz zur Innenstadt von Kattowitz/Polen	Die Nazis töteten hier > 1 Million Menschen
29 km		Maximale Flugstrecke pro Stunde von Bienen	
29 km		Straßenlänge in Gibraltar (Stand 2007) - gepflastert und ungepflastert	Britische Kolonie in Südspanien
29 km		Grenzlänge zwischen dem Land Kuba und der US-amerikanischen Enklave Guantanamo Bay	Die USA eroberten die Bucht mit Waffengewalt
29 km		Entfernung des Konzentrationslagers Sachsenhausen zur Innenstadt von Berlin	Die Nazis töteten hier zigtausende Menschen
29 km		Maximale Laufsstrecke pro Stunde von Smaragdeidechsen	
29,76 km		Drehbewegungsstrecke pro Sekunde der Erde um die Sonne	Entspricht 107.218 km/h
29,8 km		Länge der türkischen Meerenge Bosporus	In Istanbul trennt sie Europa von Asien
30 km		In dieser Höhe über dem Erdboden "fliegen" Meteore	
30 km		Länge der Landesgrenze zwischen der britischen Enklave Hong Kong und China	Im Jahre 1996
30 km		Fließstrecke pro Stunde von Lava aus auseinanderdriftenden Meeresrücken	Am Meeresboden wachsende Gebirge
30 km		Umsteige-Rhythmus für Kutschengäste im Taxisystem des Baron von Liliens - alle ...	Im frühen 18. Jahrhundert in Deutschland
30 km		Maximale vertikale Dicke des submarinen Ontong Java Plateaus im Westpazifik	Größtes Vulkanereignis der letzten 200 MJ
30 km		Radius der Todeszone um den Atomunfallort Tschernobyl	Zone mit gefährlich hoher radioaktiver Strahlung
30 km		Laufstrecke bei ITU Langdistanz Triathlons	Triple Olympic
30 km		Maximale Flugstrecke pro Stunde von Libellen	Großlibellen heißen auf englisch "Drachenfliegen"
30 km	31 km	Mohorovicic (Moho) Dicke im westlichen und östlichen Oberrheingraben	Sie bildet die Grenze von Erdkruste & Erdmantel
30 km	33 km	Höchster Beitrag von Stickoxiden (NOx) zum Ozonabbau in atmosphärischen Höhen von ...	
30 km	40 km	Jährliche Wanderung des magnetischen Pols im arktischen Kanada	In Richtung Nord-Nordwest, Stand 2018
30 km	50 km	Dicke der dichten Sima Erdkruste unterhalb kontinentaler Böden	Sima = basaltische Silikate, Magnesium & Gabbro
30 km	100 km	Reichweite von kurzwelligen Bodenwellen - je nach Frequenz und Sendeleistung	Bodenradiowellen folgen der Erdkrümmung
31 km		Durchmesser des Saturnmondes Atlas	Er ist unregelmäßig geformt
31,33 km		Absprunghöhe beim historisch höchsten Fallschirmsprung	US Air Force Captain J. Kittinger im Jahre 1960

Ausdehnung		Begriffliche Erfassbarkeit	Erläuterungen
von	bis		
31,8 km		Ausdehnung der längsten rein unterirdisch verlaufenden U-Bahn Linie weltweit	Die Linie 7 in Berlin
32 km		Maximale Schwimm Fortbewegungsstrecke pro Stunde von Ringelrobben	
32 km		Breite der Meerenge *Straße von Dover* bzw. des Ärmelkanals an der schmalsten Stelle	Der Channel verbindet Atlantik und Nordsee
32 km		Durchmesser des Saturnmondes Helene und des Uranusmondes Ophelia	
> 34 km		Länge aller nordirischen Grenzmauern zur Trennung von Katholiken und Protestanten	Stand 2017, man nennt sie auch Friedensmauern
34,8 km		Länge des Havelkanals am Stadtrand von Berlin	
35 km		Maximale Schwimm Fortbewegungsstrecke pro Stunde von Eiderenten	
35 km		Durchmesser des Jupitermondes Lysithea	
35 km		CO2 äquivalente Auto Fahrstrecke im Vergleich zum Grillen einer Grill Einheit	Beide setzen 6,7 kg Kohlendioxid (CO2) frei
35 km		Durchmesser einer gewöhnlichen 2G GSM Funkzelle für Mobilfunknetze	GSM = Global System for Mobile Communications
35 km		Maximale Fortbewegungsstrecke pro Stunde von Forellen	
36 km		Länge der Touristenschutzmauer rund um den ägyptischen Ort Sharm el Sheik (Stand 2021)	Stacheldraht & Beton soll Terroristen fernhalten
36 km		Maximale Fortbewegungsstrecke pro Stunde von Haien und Eselspinguinen unter Wasser	
37 km		Maximale Fortbewegungsstrecke pro Stunde von Wikingerschiffen	
37,65 km		Flughöhe des Flugzeugs MiG 25 beim Höhenrekord für Düsenflugzeuge	Rekord im Parabelflug, im Jahre 1977
38 km		Brückenlänge des Lake Pontchartrain Causeways - in USA von New Orleans nach Mandeville	Es ist die längste Brücke über Wasser (Stand 2021)
38 km		Entfernung vom Atomkraftwerk Indian Point zur Stadt New York City	
38 km	43 km	Höchster Beitrag von Chloroxiden (ClOx) zum Ozonabbau in atmosphärischen Höhen von ...	
38,4 km	393 km	Breite der Meerenge Straße von Malakka zwischen Sumatra und der malayischen Halbinsel	Wird von 90.000 Schiffen pro Jahr durchfahren
39 km		Maximale Fortbewegungsstrecke pro Stunde von Lachsen	
39 km		Länge der Landesgrenze zwischen den Staaten San Marino und Italien	
39 km		Maximale Fortbewegungsstrecke pro Stunde von Afrikanischen Elefanten	
39 km		Reisestrecke pro Stunde des Passagierschiffs RMS Titanic	Entspricht 21 Knoten
39 km	96 km	Breite der Meerenge Straße von Hormus	Zwischen Iran & Vereinigten Arabischen Emiraten
39,8 km		Weiteste Entfernung eines WM Stadions zum Stadtzentrum von Doha (Al Bayt)	Fußballweltmeisterschaft 2022 in Katar
40 km		Schleuderhöhe vulkanischer Lockermassen - bis zu ...	Als vulkanische Aschen
40 km		Ganglänge der größten bekannten Eishöhle auf der Erde	Eisriesenwelt in Österreich
40 km		Übliche Flughöhe von Wetterballons	
40 km		Küstenlänge des größten Staates in Afrikas - der Demokratischen Republik Kongo	Staatsgebiet: 2.345.410 km²

Ausdehnung		Begriffliche Erfassbarkeit	Erläuterungen
von	bis		
40 km		Streckenlänge beim Marathon bei den Olympische Spielen von 1896	
40 km		Übliche Radfahrstrecke von Triathlons bei Olympischen Spielen	
40 km		Durchmesser der Jupitermonde Metis, Carme und Sinope	
40 km		Entfernung eines Tagesmarsches im biblischen Sinne	Bibel Schätzwert gemäß Buch Numeri 35,4
40 km		Maximale Reisestrecke pro Stunde beim Vogelzug von Neuntötern	
40 km		Maximale Fortbewegungsstrecke pro Stunde von Riesenkalmaren	Zehnarmige Tintenfische
40 km		Maximal theoretische Laufstrecke pro Stunde von Menschen	Beim Tempo eines 100 Meter Laufes
40,2 km		Streckenlänge beim Marathon bei den Olympische Spielen von 1912	
41 km		Küstenlänge des chinesischen Stadtstaates Macao	
41 km		Maximale Länge des Gazastreifens - von Ägypten in Richtung Jerusalem/Israel	Entlang der Mittelmeerküste
41,4 km		Maximale Reisestrecke pro Stunde beim Vogelzug von Sperber Greifvögeln	
42 km		Maximale Fortbewegungsstrecke pro Stunde von Habicht Greifvögeln	
42,1 km	42,4 km	Dritte kosmische Geschwindigkeit - pro Sekunde	Wollte Erde das Sonnengravitationsfeld verlassen
42,195 km		Streckenlänge beim Marathon bei den Olympische Spielen nach 1924	Und im Jahre 1908
42,2 km		Laufstrecke bei Ironman Triathlon Wettbewerben	
42,2 km	844 km	Laufstrecke bei Ultra Triathlons	
42,75 km		Streckenlänge beim Marathon bei den Olympische Spielen in den Jahren 1920 und 1924	
42,77 km		Differenz der zwei Erddurchmesser *Poldurchmesser* und *Äquatordurchmesser*	12 713,50 km (Nord-Süd) und 12 756,27 km (W-O)
43 km	45 km	Länge der ehemaligen Berliner Mauer zwischen Ostberlin und Westberlin	Stand 1988, diverse Quellangaben
44 km		Maximale Reisestrecke pro Stunde beim Vogelzug von Rauchschwalben	
44 km		Durchmesser des Uranusmondes Bianca	
44,445 km		Reichweite der an Küstenmeere angrenzenden Anschlusszonen	24 Seemeilen Zone gemäß Seerechtsabkommen
44,6 km		Maximale Laufsstrecke pro Stunde von Menschen - mit fliegendem Start	Beim Tempo eines 100 Meter Laufes
45 km		Maximale Reisestrecke pro Stunde beim Vogelzug von Wespenbussarden	
45 km		Maximale Flugstrecke pro Stunde von Störchen	
45 km		Maximale Flugstrecke pro Stunde von Haussperlingen und Bussarden	
46 km		Maximale Fortbewegungsstrecke pro Stunde von Delphinen	
46 km	48 km	Maximale Reisestrecke pro Stunde beim Vogelzug von Schafstelzen Vögeln	
46,6 km		Küstenlänge von Slowenien	Am Adriatischen Meer

Ausdehnung		Begriffliche Erfassbarkeit	Erläuterungen
von	bis		
47 km		Jährliche durchschnittliche Habitaterweiterung von Phytoplankton	In Polrichtung, wegen Erwärmungstendenzen
48 km		Maximale Fortbewegungsstrecke pro Stunde von Flusspferden und Hauskatzen	
49 km		Wellenlänge von Tsunamiwellen bei 200 m Wassertiefe	Geschwindigkeit 159 km/h
49,94 km		Länge des Euro Tunnels zwischen Frankreich und Großbritannien	
< 50 km		Kurzfrist Verlagerungen des magnetischen Nordpols	Bei Erdmagnetfeldstörungen
50 km		Maximale Fortbewegungsstrecke pro Stunde von Viehfliegen und Fledermäusen	
50 km		99,9 Prozent aller Atmosphärenmasse befinden sich innerhalb der ersten ...	Über dem Erdboden. Auch Luft wiegt etwas.
50 km		Höhe der Stratopause über dem Erdboden - bei überraschenden Temperaturen bei 0° C	Zwischen Strato- und Mesosphäre
50 km		28 Prozent aller Menschen weltweit leben in Küstennähe von ...	
50 km		Atmosphärische Skalenhöhe auf dem Planeten Pluto - laut NASA Datenblatt	Physikalische Skalen ändern sich mit Faktor 2,71
50 km		Maximaler Reiseweg pro Stunde beim Vogelzug von Ringeltauben und Kranichen	
50 km		Maximaler Reiseweg pro Stunde beim Vogelzug von Mantelmöwen und Nebelkrähen	
50 km		Tägliche Wanderstrecke von Karibu Rentieren durch Kanada und Alaska	Im Durchschnitt und zu gewissen Jahreszeiten
50 km		Maximale Fortbewegungsstrecke pro Stunde von Dromedaren und Höckerschwänen	Beide haben einen Höcker
50 km	60 km	Bannkreis Radius von Wandergesellen um den eigenen Heimatort	60 km bei Rolandsbrüdern
50 km	85 km	Höhe über N.N. der atmosphärischen Mesospähre	Temperatur - 90° C bis + 70° C
50 km	150 km	Von seiner Emissionsquelle verlagert sich bodennahes Ozon (O3) windabwärts ... weit	Das Maximum der Ozonkonzentration
51 km		Maximale Reisestrecke pro Stunde beim Vogelzug von Erlenzeisigen	
51 km		Maximale Fortbewegungsstrecke pro Stunde von Giraffen und Nashörnern	
51,5 km		Länge des rheinland-pfälzischen Flusses Queich	Er mündet in den Fluss Rhein
52 km		Durchmesser des Meteoritenkraters Karakul auf 3.960 m Höhe über N.N. in Tadschikistan	Folge eines Meteoriteneinschlags vor einigen MJ
52,2 km		Maximale Reisestrecke pro Stunde beim Vogelzug von Saatkrähen	
52,5 km		Maximale Reisestrecke pro Stunde beim Vogelzug von Buchfinken	
53 km		Maximale Reisestrecke pro Stunde beim Vogelzug von Wiesenpiepern	
53,9 km		Länge des Seikan Tunnels zwischen den japanischen Inseln Honschu und Hokkaido	
54 km		Maximale Flugstrecke pro Stunde von Schwärmer Schmetterlingen	
54 km		Durchmesser des Neptunmondes Naiad	
55 km		Maximale Fortbewegungsstrecke pro Stunde von Bison Wildrindern und Finnwalen	
55 km		Entfernung zwischen den Hauptstädten der Staaten Österreich und Slowakei	Luftlinie zwischen Wien und Bratislava

Ausdehnung		Begriffliche Erfassbarkeit	Erläuterungen
von	bis		
55,8 km		Ausdehnung der längsten U-Bahn Linie in Deutschland	U1 in Hamburg
56 km		Küstenlänge von Togo/Westafrika	
56 km		Waffenreichweite der Panzerhaubitze 2000 mit V-LAP-Munition	
56 km		Maximale Reisestrecke pro Stunde des Kreuzfahrtschiffes RMS Queen Mary II	Entspricht 33 Knoten
57 km		Länge der ersten Fernübertragung von Gleichstrom zwischen Miesbach und München	In Bayern im Jahre 1882
57 km		Entfernung zwischen dem Stadtzentrum von Jerewan und dem Gipfel des Vulkans Ararat	Luftlinie, Jerewan ist Armeniens Hauptstadt
57 km		Länge des Schweizer Gotthard Basis Tunnels - seit 2016	Der längste Eisenbahntunnel überhaupt
58 km		Maximale Flugstrecke pro Stunde von Eisvögeln und Sperbern	
58 km		Durchmesser der Uranusmonde Desdemona und Rosalind	
59 km		Maximale Flugstrecke pro Stunde von Rabenvögeln	
59,2 km		Maximale Reisestrecke pro Stunde beim Vogelzug von Wanderfalken	
59,5 km		Atmosphärische Skalenhöhe auf dem Planeten Saturn	Physikalische Skalen ändern sich mit Faktor 2,71
59,8 km		Maximale Reisestrecke pro Stunde beim Vogelzug von Kreuzschnäbeln	
60 km		Maximale Fortbewegungsstrecke pro Stunde von Gnu Antilopen und Wildpferden	
60 km		Durchmesser des Jupitermondes Pasiphae	
60 km		Maximale Fortbewegungsstrecke pro Stunde von Kojoten und Wölfen	
60 km		Länge der Landesgrenze von Katar	Im Nahen Osten bzw. in Vorderasien
60 km	112 km	Länge von Talgletschern im Himalaya während der letzten Eiszeit	
61 km		Maximale Flugstrecke pro Stunde von kleinen Sperlingsvögeln	
61 km		Maximale Reisestrecke pro Stunde des Kreuzfahrtschiffes RMS Queen Mary	Entspricht 33 Knoten
61 km	72 km	Maximale Reisestrecke pro Stunde beim Vogelzug von Turteltauben	
62 km		Länge des Baltoro Talgletschers im vielleicht spektakulärsten Hochgebirgstal weltweit	Im Karakorumgebirge in Nordpakistan
64 km		Länge des Antoninuswalls	Alte römische Mauer in Schottland
65 km		Länge der israelischen Eisenmauer zwischen dem Gazastreifen und Israel	140.000 Tonnen Eisen + 220.000 LKW voller Beton
65 km		Maximale Fortbewegungsstrecke pro Stunde von Schwertwalen und Schwalben	
65 km		Maximale Laufgeschwindigkeit von Eisbären und Hasen	
65 km		Maximale Laufgeschwindigkeit von Zebras und Wildeseln	
65 km	400 km	Höhe über N.N. des Auftretens von Polarlichtern	Meistens zwischen 100 und 110 km
66 km		Entfernung der havarierten Ölplattform Deepwater Horizon von der Küste Louisianas/USA	Havarie verursachte eine Ölpest im Jahre 2010

Ausdehnung		Begriffliche Erfassbarkeit	Erläuterungen
von	bis		
66 km		Durchmesser des Uranusmondes Cressida	
67 km		Maximale Fortbewegungsstrecke pro Stunde von Hirschen	
67 km		Entfernung zwischen Vernichtungslager Kulmhof zur Innenstadt von Lodsch/Polen	Die Nazis töteten hier > 150.000 Menschen
68 km		Länge der Landesgrenze zwischen Dänemark und Deutschland	Der dänische Grenzzaun von 2019 ist 70 km lang
68 km		Durchmesser des Uranusmondes Belinda	
69 km		Entfernung zwischen den Hauptstädten von Israel und Jordanien	Luftlinie zwischen Jerusalem und Amman
70 km		Durchmesser des Supervulkankraters Yellowstone im Yellowstone Nationalpark	In den USA
70 km		Durchmesser des Jupitermondes Elara	
70 km		Maximallänge von Erdkabeln für 50 Hertz Hochspannungsleitungen	
70 km		Flache Erdbeben reichen bis in Tiefen von ...	
70 km		Maximale Flugstrecke pro Stunde von Albatrossen und Kormoran Raubvögeln	
70 km		Maximale Laufsstrecke pro Stunde von Antilopen und Wapitihirschen	
70 km	300 km	Mitteltiefe Erdbeben reichen bis in Tiefen von ...	
71,687 km		Entfernung von 1° geographischer Breite am 50. Breitengrad - zum Beispiel in Stadt Mainz	Abweitung des Bessel Ellipsoid Erdmodells
72 km		Maximale Fortbewegungsstrecke pro Stunde von Pferden und Straußenvögeln	
72,3 km		Küstenlänge von Belgien	
73 km		Entfernung zwischen dem Stadtzentrum von Teheran/Iran und dem Gipfel des Damawands	Luftlinie Stadt zu Vulkangipfel
74 km		Schelfbreite im globalen Durchschnitt	Schelf = Ausläufer von Kontinenten unter Wasser
74 km		Distanz der kürzesten Ufer zu Ufer Verbindung von Albanien nach Süditalien	Die schmalste Stelle der südlichen Adria
74 km		Entfernung von Vernichtungslager Belzec zur Innenstadt von Lemberg (Lwiw) in der Ukraine	Die Nazis töteten hier bis zu 500.000 Menschen
75 km		Maximale Fortbewegungsstrecke pro Stunde von Thunfischen, Gazellen und Löwen	
75 km		Maximale Flugstrecke pro Stunde von fliegenden Fischen	
75 km		Durchschnittliche Schwimmstrecke pro Tag von Tümmlern *Tursiops truncatus*	Tümmler sind bekannt aus Film & Fernsehen
75 km		Länge des Fernwärme Rohrnetzes der 210.000 Einwohner fassenden Stadt Mainz am Rhein	Stand 2016, Landeshauptstadt in Deutschland
75 km		Weiteste Ausdehnung des Kashagan Ölfeldes im größten See der Erde	Fläche mit 75 km mal 35 km im Kaspischen Meer
76 km		Länge der Landesgrenze von Liechtenstein	Fürstentum zwischen Österreich und der Schweiz
76 km		Entfernung zwischen den Hauptstädten von Nordmazedonien und Kosovo	Luftlinie zwischen Skopje und Pristina
77 km		Länge des Kahiltna Gletschers im Denali Massiv von Alaska/USA	Er ist der zweitlängste Talgletscher weltweit
77 km		Straßenlänge in Monaco (Stand 2007) - gepflastert und ungepflastert	Laut UNO einer von 194 souveränen Staaten

Ausdehnung		Begriffliche Erfassbarkeit	Erläuterungen
von	bis		
78 km		Länge des Fedtschenko Gletschers im Pamirgebirge von Tadschikistan (Stand 2019)	Er ist der längste Talgletscher weltweit
78 km		Entfernung zwischen dem Stadtzentrum von Portland/Oregon und dem Vulkan Mt. Hood	Luftlinie, Portland hat 2,5 Millionen Einwohner
79 km		Maximale Flugstrecke pro Stunde von Falken	
< 80 km		Maximale Höhe über N.N. der atmosphärischen Neutrosphäre	Hier gibt es keine ionisierten Gase
< 80 km		Atmosphärische Höhe in der Luftgase relativ konstant zusammengesetzt sind	Vor allem Stickstoff (N2) und Sauerstoff (O2)
< 80 km		Atmosphärische Höhe mit aerodynamischer Wirksamkeit auf Weltraumflugzeuge	Darüber hinaus wirkt eine andere Physik
80 km		Dicke der Erdkruste unter jungen Hochgebirgen	
80 km		Übliche Verdampfungshöhe über N.N. von Meteoriden	
80 km		Radfahrstrecke bei ITU Langdistanz Triathlons	Double Olympic
80 km		Maximale Flugstrecke pro Stunde von Brieftauben	
80 km		Größe der Milchstraße - wäre unser Sonnensystem 1 mm groß	
80 km		Verkürzung des Flusses Rhein nach Begradigungsmaßnahmen	Im 19. Jahrhundert
80 km		Maximale Breite des Großen Afrikanischen Grabenbruchs	Great Rift Valley
80 km		Die Wintertiefsttemperatur der Mesopause von -100° C herrscht auf einer Höhe von ...	In Atmosphäre, im Sommer minus 80° C bis 85° C
80 km		Durchmesser des Neptunmondes Thalassa	
80 km		Geplante Flughöhe des geplanten Passagiertransporters SpaceLiner - über der Erde	Diverse Quellen, Reisepreis ab 145.000 Euro
80 km		Gängige Wanderstrecke von Elefanten auf Futtersuche	Innerhalb von 12 Stunden
80 km		Maximale Schwimmstrecke pro Stunde von Marlin Speerfischen	Sie leben in gemäßigt waren Ozeanen
80 km	90 km	Höhe über N.N. von leuchtenden Nachtwolken	
80 km	100 km	Beginn des Weltraums auf einer Höhe über N.N. von ...	80 km laut NASA, 100 km laut Kármán Linie
80 km	100 km	Höhe über N.N. der Mesopause als atmosphärische Grenzschicht	Zwischen Meso- und Thermosphäre
80 km	100 km	Tiefe unter dem Erdboden des oberen fließfähigen Erdmantels aus Peridotit	Peridotit besteht aus Silizium, Magnesium & Eisen
80 km	500 km	Atmosphärische Höhe der Thermosphäre über dem Erdboden	Temperaturen 225° C bis 1.700° C
> 80 km		Atmosphärische Höhe von Photoionisationsprozessen	Neutrale Moleküle werden hier elektrisch geladen
> 80 km		Radiowellen werden reflektiert in atmosphärischen Höhen von ...	In den Weltraum hinein
80,5 km		Katapultwegstrecke pro Stunde von Chamäleonzungen	Wenn sie nach einer Fliege schnappen
81 km		Maximale Flugstrecke pro Stunde von Starenvögeln	
81,6 km		Länge des Panama Kanals	Verbindet Pazifik und Atlantik
82 km		Entfernung zwischen den Hauptstädten der Staaten Estland und Finnland	Luftlinie zwischen Tallinn und Helsinki

Ausdehnung		Begriffliche Erfassbarkeit	Erläuterungen
von	bis		
82 km		Entfernung zwischen den Hauptstädten der Staaten Libanon und Syrien	Luftlinie zwischen Beirut und Damaskus
82 km		Nord-Süd-Ausdehnung des Weinanbaugebietes in der deutschen Pfalz	Im deutschen Rheinland-Pfalz
83 km		Geringster Abstand zwischen Sibirien und Alaska an der Meerenge Beringstraße	Grenzgewässer zwischen Russland und den USA
83 km		Entfernung zwischen Vernichtungslager Treblinka zur Innenstadt von Warschau/Polen	Die Nazis töteten hier > 700.000 Menschen
84 km		Durchmesser des Uranusmondes Juliet	
84 km		Laufstrecke bei Ultraman Triathlons	Unter anderem beim Ultraman Hawai'i/USA
85 km		Durchmesser des Saturnmondes Pandora	Er ist unregelmäßig geformt
85 km		Auf einer Höhe über N.N. liegt die Atmosphärentemperatur bei -90° C	
85 km		Maximale Flugstrecke pro Stunde von Rebhühnern	
85,1 km		Länge des westdeutschen Flusses Ahr	Nebenfluss des Rheins
86 km		Unterschied der Fortbewegungsstrecke pro Stunde von Schall in der Luft ...	... Differenz zwischen - 10° C und + 30° C
88 km		Straßenlänge auf den Malediven (Stand 2013) - gepflastert und ungepflastert	Der Inselstaat liegt im Indischen Ozean
90 km		Durchmesser des Einschlagskraters Acraman in Südaustralien	Einschlag vor 590.000.000 Jahre
90 km		Maximale Fortbewegungsstrecke pro Stunde von Schwertfischen	
90 km		Durchmesser des Schwarzen Loches Cygnus X-1	Im Weltall
90 km		Länge des Toten Meeres	
90 km	130 km	Höhe über N.N. der Kennelly Heaviside Schicht (E-Schicht) mit ionisierten O2 Molekülen	Hier werden Mittel- und Langwellen reflektiert
91 km		Maximale Flugstrecke pro Stunde von Gänsen	
91 km		Länge des Flusses Wutach	Nebenfluss des Rheins im Schwarzwald
94 km		Entfernung zwischen dem Stadtzentrum von Seattle und dem Gipfel des Vulkans Mt. Rainier	Luftlinie, in Seattle wohnen 4 Millionen Menschen
95 km		Entfernung zwischen Vernichtungslager Jasenovac zur Innenstadt von Zagreb/Kroatien	Ustascha Kroaten töteten hier 100.000 Menschen
95,4 km		Länge des römischen Aquädukts *Eifelwasserleitung*	Aus der Eifel nach Köln am Rhein
98,637 km		Länge des Nord-Ostsee-Kanals - von der Elbe in die Kieler Förde	Global meistbefahrene künstliche Wasserstraße
< 100 km		Ausbreitungsradius von pflanzlichem Isopren (C5H8) - aus Eichen, Birken und Weiden	Bis zum vollständigen Abbau in andere Moleküle
< 100 km		Ausbreitungsradius von pflanzlichen Terpenen (CH2-CH3-CH2) - aus Tannen und Kiefern	Terpene sorgen für den Duft von Kiefernwäldern
10^5 m		100.000 Meter = einhundert Kilometer = 100 km	
100 km		Maximale Reichweite von Föhnwinden	
100 km		Durchmesser des Jupitermondes Thebe	
100 km		Durchschnittliche Dicke von Lithosphären Platten	Lithosphäre = Erdkruste + äußerster Erdmantel

Ausdehnung		Begriffliche Erfassbarkeit	Erläuterungen
von	bis		
100 km		Höhe über N.N. der Kármán Trennlinie - zwischen Erdatmosphäre und Weltall	Luftfahrt < 100 km und Raumfahrt > 100 km
100 km		Gängige Eisbären Schwimmstreckenentfernung von Küsten	Wenn sie sich auf Nahrungssuche begeben
100 km		Durchmesser des Einschlagskraters Manicouagan in der Provinz Québec/Kanada	Einschlag vor 214.000.000 Jahren
100 km	150 km	Durchmesser magmatischer Hot Spot Säulen in Ozeanen	Hot Spots treiben die Erdplattenbewegungen an
100 km	200 km	Maximale Wellenlängen bei Tsunamis	
100 km	200 km	Mögliche Verschiebungrate globaler Klimazonen in Richtung Norden	Pro Grad Celsius durchschnittlicher Erwärmung
100 km	300 km	Atmosphärische Höhe der plasmaartigen Ionosphäre	Tags 700° C bis 1.700° C, nachts 300° C bis 1.200° C
100 km	400 km	Tiefe des oberen fließfähigen Erdmantels - mit ultrabasischen Gesteinen	Asthenosphäre, fließt 1 bis 10 cm pro Jahr
100 km	1.000 km	Wanderstrecken von Flatback Schildkröten nach der Nestlegung	Migration zu Futtergründen
100 km	1.000 km	Wellenlänge bei ultra niedrigen Niederfrequenzen (ULF)	Bei 300 bis 3.000 Hertz
100 km	1.000 km	Atmosphärische Höhe der Heterosphäre - hier trennen sich Gase nach spezifischer Dichte	Wasserstoff und Helium driften in den Weltraum
> 100 km		Gesteine schmelzen zu Magma in einer Tiefe von ...	Bei 1.000 bis 1.300 Grad Celsius
> 100 km		Ausbreitungsgebiet von pazifischen Walrossen zur Paarungszeit	Entlang von Küstenstreifen
> 100 km		Telefondistanz bis zu der Herztöne via Phonokardiographie hörbar gemacht wurden	Kooperation von S.G. Brown mit Ärzten - vor 1910
102 km		Durchmesser des Saturnmondes Prometheus	Er ist unregelmäßig geformt
102 km		Entfernung zwischen dem Stadtzentrum von Tokio und dem Gipfel des Vulkans Fuji	Luftlinie, Tokio ist Japans Hauptstadt
106 km		Maximale Flugstrecke pro Stunde von Stockenten	
110 km		Maximale Fortbewegungsstrecke pro Stunde von Windhunden	
110 km		Reisestrecke pro Sekunde der Andromeda Galaxie in Richtung Milchstraße	
110 km		Durchmesser des Uranusmondes Portia	
110 km	1.100 km	Horizontale Wirksamkeit von Fronten im Alpha Klima der mesoskaligen Meteorologie	Fronten = wenn 2 Luftmassen aufeinandertreffen
111,307 km		Entfernung von 1 Grad geographischer Breite am Äquator	Abweitung des Bessel Ellipsoids
111,32 km		Abstand zweier ganzzahliger Breitengrade am Äquator	Exakt 60 Seemeilen
117 km		Durchmesser des Saturnmondes Epimetheus	
117,5 km		Länge des römischen Hadrians Walls	Mauer in Nordengland
118 km		Entfernung zwischen den Hauptstädten von Kroatien und Slowenien	Luftlinie zwischen Zagreb und Ljubljana
120 km		Länge der Landesgrenze vom Pyrenäenstaat Andorra	Fläche: Andorra = 468 km², Stadt Köln = 405 km²
120 km		Maximale Fortbewegungsstrecke pro Stunde von Geparden	
120 km		Radfahrstrecke bei ITU Langdistanz Triathlons	Triple Olympic

Ausdehnung		Begriffliche Erfassbarkeit	Erläuterungen
von	bis		
120 km	130 km	Durchmesser des größten jemals beobachteten Kometen	Komet C2014 UN271 oder Bernardinelli Bernstein
129 km		Maximale Flugstrecke pro Stunde von Gänsesäger Enten	
130 km		Länge des kalifornischen Wüstenkanals All American Canal	
135 km		Naheste Entfernung zwischen der Insel Lampedusa/Italien und dem Festland von Tunesien	Flüchtlinge fahren die Strecke mit Schlauchbooten
136 km		Entfernung zwischen den Hauptstädten der Staaten Belgien und Niederlande	Luftlinie zwischen Brüssel und Den Haag
137 km		Entfernung zwischen den Hauptstädten der Staaten Sierra Leone und Guinea	Luftlinie zwischen Freetown und Conakry
140 km		Straßenlänge auf der australischen Weihnachtsinsel - gepflastert und ungepflastert	Wegen Lage sollte Insel zu Indonesien gehören
141 km		Fallstrecke pro Stunde von einem 99,4 m hohen Gebäude	Theoretische Fallgeschwindigkeit von Menschen
141 km		Entfernung zwischen den Hauptstädten der Staaten Bahrain und Katar	Luftlinie zwischen Manama und Doha
144 km		Länge des U-Bahn Streckennetzes von Berlin (Stand 2019)	Stadtfläche 891,85 km², ohne S-Bahnen
144 km		Geplante Länge der türkischen Grenzmauer zwischen dem Iran und der Türkei (Stand 2017)	Zeitungsquelle: Yeni Safak
< 150 km		Reichweite von Gefechtsfeld Kurzstreckenraketen	Battlefield Short Range Ballistic Missiles (BSRBM)
150 km		Gesamte Krabbelstrecke von Babies bis zum 2. Lebensjahr	
150 km		Durchmesser des Neptunmondes Galatea	
150 km		Länge aller neuerkundeten Höhlensysteme durch Höhlenforscher	Pro Jahr und global
150 km		Ausdehnung des Schwarzwalds in Richtung Nord-Süd	Gebirge in Südwestdeutschland
150 km		Breite der Sahelzone im Bereich des Roten Meeres	Im Durchschnitt ist sie 600 km breit
150 km		Fortbewegungsstrecke pro Stunde von Aufwinden und Abwinden in Gewittern	
150 km	220 km	Höhe über N.N. der nur tagsüber vorhandenen atmosphärischen F1 Appleton Schicht	O2+ O+ und NO- Ionen liegen hier tagsüber vor
150 km	300 km	Reichweite von Stratovulkanausbrüchen landeinwärts	Bei einer Breite von 10 bis 50 km
150 km	1.000 km	Reichweite von Kurzstreckenraketen	Short Range Ballistic Missiles (SRBM)
151 km		Wellenlänge von Tsunamiwellen in 2.000 m Wassertiefe	Geschwindigkeit 504 km/h
154 km		Durchmesser des Uranusmondes Puck	
154 km		Entfernung zwischen den Hauptstädten von Nordmazedonien und Albanien	Luftlinie zwischen Skopje und Tirana
155 km		Länge des Erdgas Transportnetzes der Rhein-Main-Stadt Mainz (Stand 2016)	Bei 210.000 Einwohnern im Jahre 2016
155 km		Länge des SH 43 Forgotten World Highways auf der Nordinsel Neuseelands	Von Stratford nach Taumarunui
159 km		Entfernung zwischen den Hauptstädten der Staaten Montenegro und Kosovo	Luftlinie zwischen Podgorica und Pristina
159 km		Maximale Flughöhe des weltraumtouristischen Raumflugzeugs Space Ships Two	Eigner ist Richard Bransons Virgin Galactic
160 km		Entfernung zwischen der Insel Taiwan und dem Festland China	

Ausdehnung		Begriffliche Erfassbarkeit	Erläuterungen
von	bis		
160 km		Maximale Fußmarsch Länge von Graugänsen	Über 10 Tage lang
160 km	300 km	Reichweite von tropischen Seewinden ins Landesinnere	Auf bis zu 1.200 m Höhe
162,25 km		Länge des Suez Kanals vom Roten Meer ins Mittelmeer	Ohne Zufahrtskanäle
163 km		Entfernung zwischen den ostafrikanischen Hauptstädten der Staaten Burundi und Ruanda	Luftlinie zwischen Gitega und Kigali
163 km		Entfernung zwischen den beiden größten Städten Großbritanniens	Luftlinie zwischen London und Birmingham
164,8 km		Länge der großen Brücke zwischen den chinesischen Städten Danyang und Kunshan	Sie gilt als längste Brücke weltweit
165 km	168 km	Länge der ehemaligen Grenzanlagen rund um Westberlin - vor dem Fall der Mauer	Stand 1988, diverse Quellangaben
167 km		Entfernung zwischen den westafrikanischen Hauptstädten von Togo und Ghana	Luftlinie zwischen Lomé und Accra
168 km		Länge des baden-württembergischen Flusses Kocher	Er ist ein Nebenfluss des Neckars
169 km		Entfernung zwischen den westafrikanischen Hauptstädten von Senegal und Gambia	Luftlinie zwischen Dakar und Banjul
170 km		Durchmesser des Jupitermondes Himalia	
170 km	335 km	Maximale Flugstrecke pro Stunde von Stachelschwanzsegler Vögeln	Diverse Studienangaben
170 km		Erreichbarer Durchmesser von 2G GSM 400 Funkzellen für Mobilfunknetze	GSM = Global System for Mobile Communications
171 km		Länge des Main Donau Kanals	Von mainnahen Bamberg bis Kelheim/Donau
173 km		Entfernung zwischen den Hauptstädten von Bulgarien und Nordmazedonien	Luftlinie zwischen Sofia und Skopje
174 km		Luftlinien Entfernung zwischen den Hauptstädten von Guatemala und El Salvador	Guatemala City und San Salvador
176 km		Länge der ersten Fernübertragung von Dreiphasenwechselstrom	1876 von Lauffen/Neckar nach Frankfurt/Main
177 km		Maximale Flugstrecke pro Stunde von Brieftauben mit Rückenwind	
179 km		Länge der geplanten Grenzmauer im Kaschmir zwischen Indien und Pakistan (Stand 2013)	Laut Al Jazeera will Indien diese Mauer bauen
180 km		Durchmesser des Einschlagskraters Chicxulub auf der mexikanischen Halbinsel Yucatán	Meteoriteneinschlag vor 64.980.000 Jahren
180 km		Durchmesser des Neptunmondes Despina	
180 km		Maximale Flugstrecke pro Stunde von Mauersegler Vögeln	
180 km		Radfahrstrecke bei Ironman Triathlon Wettbewerben	
180 km	3.600 km	Radfahrstrecke bei Ultra Triathlons	
180 km		Fallstrecke pro Stunde von Fallschirmspringern liegt in der Endgeschwindigkeit meist bei ...	
186 km		Länge der polnischen Grenzmauer zwischen den Staaten Polen und Weißrussland	Stand 2022, Betonwall soll Flüchtlinge fernhalten
188 km		Durchmesser des Saturnmondes Janus	Er ist unregelmäßig geformt
192 km		Länge des Grenzzauns zwischen den Nahost-Staaten Irak und Kuwait	Erbaut vom UNO Sicherheitsrat
192 km		Durchmesser des Neptunmondes Larissa	

Ausdehnung		Begriffliche Erfassbarkeit	Erläuterungen
von	bis		
193,3 km		Länge des Suez Kanals vom Roten Meer ins Mittelmeer	Inklusive Zufahrtskanäle
197 km		Entfernung zwischen den Hauptstädten der Staaten Nordkorea und Südkorea	Luftlinie zwischen Pjöngjang und Seoul
198 km		Fallstrecke pro Stunde von Fallschirmspringern liegt in der Endgeschwindigkeit bei ...	Schneller als 55 m/sek fällt kein Fallschirmspringer
198 km		Grenzlänge zwischen Norwegen und Russland	
< 200 km		Über 50 Prozent aller Menschen weltweit leben in Küstennähe von ...	
< 200 km		Tiefe von Kimberlit Schloten - hier Förderung von 1 Prozent aller Diamanten	Gesteine magmatischen Ursprungs
200 km		Durchmesser des Jupitermondes Amalthea	
200 km		Maximale landeinwärtige Wanderstrecke von Kaiserpinguinen	Auf dem Weg zu den Brutplätzen
200 km	650 km	Bewegungsstrecke pro Stunde des polaren Strahlstroms bzw. Jetstreams	Im Kernstrom
200 km	1.500 km	Flughöhe über der Erde von Low Earth Orbit (LEO) Satelliten	
200 km	2.000 km	Arbeitsbereich der mesoskaligen Alpha Meteorologie	Sturmböen, Fronten, Tropenstürme
> 200 km		Kraton Reichweiten im Erdmantel	Kernschichten der Kontinente
204 km		Entfernung zwischen den südamerikanischen Hauptstädten von Uruguay und Argentinien	Luftlinie zwischen Montevideo und Buenos Aires
205 km		Länge der Lechuguilla Höhle in New Mexico/USA	Sie gilt als siebtlängste vermessene Höhle
208 km		Länge des mecklenburgischen Flusses Elde	Er ist ein Nebenfluss der Elbe
210 km		Naheste Entfernung zwischen den italienischen Inseln Lampedusa und Sizilien	
212 km		Länge des U-Bahn Streckennetzes von Paris	Metropolfläche 2.845 km²
213 km		Wellenlänge von Tsunamiwellen bei 4.000 m Wassertiefe	Geschwindigkeit 713km/h
214 km		Kürzeste Entfernung zwischen den Ländern Syrien und Iran	Luftlinie über den Nordirak hinweg
215 km		Gesamte Baustellenkilometer auf den Autobahnen im Bundesland Niedersachsen	Im Juli und August 2009
217 km		Entfernung zwischen den schiitisch dominierten Städten Buchara und Samarkand	Luftlinie, beide Städte liegen in Usbekistan
218 km		Länge des größtenteils hessischen Flusses Fulda	Ab Hannoversch Münden: Fulda + Werra = Weser
218 km		Maximale Fortbewegungsstrecke pro Stunde vom PKW Passat 1,4 110kW TSI	Quelle: Auto Motor Sport, Stand 2015
219 km		Länge des nordrhein-westfälischen Flusses Ruhr	Er fließt durchs Ruhrgebiet
220 km		Länge der deutschen Flüsse Altmühl und Lippe	In Bayern und Nordrhein-Westfalen
220 km	800 km	Höhe über N.N. der kurzwellige Funksignale reflektierenden F2 Appleton Schicht	O2+ O+ und NO+ Ionen liegen hier ganztägig vor
223,45 km		Länge des Dortmund Ems Kanals	Durch Nordrhein-Westfalen & Niedersachsen
224 km		Länge der Staudamm Mauer der Talsperre Chapetón in Argentinien	Die global längste Staudamm Mauer
225 km	260 km	Flughöhe über der Erde des Spaceshuttles Endeavour - in den Jahren 1981 bis 2011	Raumfähre der NASA für bemannte Raumflüge

Ausdehnung		Begriffliche Erfassbarkeit	Erläuterungen
von	bis		
226 km		Länge des U-Bahn Streckennetzes von Madrid	Stadtfläche 605,77 km²
226 km		Länge des österreichisch-deutschen Flusses Salzach	Er ist ein Nebenfluss des Flusses Inn
227 km		Länge des französisch-deutschen Flusses Saar	Er ist ein Nebenfluss des Flusses Mosel
228 km		Länge der Landesgrenze vom Staat Osttimor	Grenze zum indonesischen Westteil der Insel
235 km	255 km	Orbitalhöhe des Forschungssatelliten GOCE bis zu seinem Verglühen im Jahre 2013	Messung Beschleunigung durch die Erdanziehung
237 km		Entfernung zwischen den Hauptstädten der Staaten Israel und Libanon	Luftlinie zwischen Jerusalem und Beirut
238 km		Länge des Bus Streckennetzes der Verkehrsbetriebe in der Rhein-Main-Stadt Mainz	Stadtfläche 97,8 km², diverse Quellen, Stand 2015
238 km		Länge der Landesgrenze von Südkorea/Nordostasien	
240 km		Länge des Wasserstoff Rohrleitungsnetzes des Gaseherstellers Air Liquide in Rhein/Ruhr	In der Metropolregion
246 km		Länge des nordrhein-westfälisch-hessischen Flusses Lahn	Er mündet in den Rhein
250 km		Durchmesser des kanadischen Meteoritenkraters Sudbury in Ontario	Im Vergleich dazu das Nördlinger Ries: 24 km
250 km		Maximale Fortbewegungsstrecke pro Stunde von Hurrikans	
250 km		Maximale Fortbewegungsstrecke pro Stunde von JU 52 Flugzeugen	Modell Deutsche Lufthansa
250 km	300 km	Differenz zwischen der Landesgrenze Israels und der Länge des West Bank Trennungswalls	Je nach Länge bei Fertigstellung
250 km	300 km	Minimale Abhebe Fortbewegungsstrecke pro Stunde moderner Düsenflugzeuge	
254 km		Länge des polnisch-deutschen Grenzflusses Lausitzer Neiße	Er mündet in den Fluss Oder
256 km		Entfernung zwischen den beiden größten Städten Deutschlands	Luftlinie zwischen Berlin und Hamburg
257 km		Länge des tschechisch-deutschen Flusses Weiße Elster	Er mündet in den Fluss Saale
260 km		Länge des sachsen-anhaltisch-niedersächsischen Flusses Aller	Er mündet in den Fluss Weser
264 km		Länge des österreichisch-deutschen Flusses Lech	Er mündet in den Fluss Donau
264 km		Entfernung zwischen den osteuropäischen Hauptstädten der Staaten Lettland und Litauen	Luftlinie zwischen Riga und Vilnius
270 km		Nächste Entfernung zwischen der Insel Lampedusa/Italien und dem Festland von Libyen	Flüchtlinge fahren die Strecke mit Schlauchbooten
277 km		Entfernung zwischen den Hauptstädten der Staaten Lettland und Estland	Luftlinie zwischen Riga und Tallinn
280 km		Naheste Entfernung zwischen den Küsten Islands und Grönlands	
281 km		Länge des thüringisch-niedersächischen Flusses Leine	Er mündet in den Fluss Aller
282 km		Wellenlänge von Tsunamiwellen bei 7.000 m Wassertiefe	Geschwindigkeit 943 km/h
286 km		Durchmesser des Saturnmondes Hyperion	Er ist unregelmäßig geformt
286 km		Länge des österreichisch-deutschen Flusses Isar	Er mündet in den Fluss Donau
286 km		Länge des U-Bahn Streckennetzes von Seoul/Südkorea	Metropolfläche 605,5 km²

Ausdehnung		Begriffliche Erfassbarkeit	Erläuterungen
von	bis		
289 km		Länge des Nimrod Lennox King Gletschers in der Antarktis	
290 km		Maximale Sturzflugstrecke pro Stunde von Wanderfalken	Als Sturzfluggeschwindigkeit
290 km		Länge des sächsischen Flusses Mulde	Er mündet in den Fluss Elbe
292 km		Straßenlänge von San Marino (Stand 2006) - gepflastert und ungepflastert	Laut UNO einer von 194 souveränen Staaten
292 km		Straßenlänge von Andorra (Stand 2008) - gepflastert und ungepflastert	Andorra ist fast achtmal größer als San Marino
292 km		Länge des thüringisch-hessisch-niedersächsischen Flusses Werra	Ab Hannoversch Münden: Fulda + Werra = Weser
295 km		Länge des Eisbergs B15 im Jahre 2000 - bei 40 km Breite - inzwischen längst geschmolzen	Ein Abkömmling antarktischen Schelfeises
300 km		Durchmesser des südafrikanischen Einschlagskraters Vredefort	Einschlag vor 2.023.000.000 Jahren
300 km		Orbitalhöhe der Weltraum Transitstation Space Station V	Im Kinofilm 2001: Odyssee im Weltraum
300 km		Ausdehnung des Jura Faltengebirges in Richtung Südwest-Nordost	Entlang der Grenze Frankreich/Schweiz
300 km		Länge der türkischen Grenzmauer zwischen Nordzypern und Südzypern	Angrenzend mit einer Pufferzone der UNO
300 km		Länge der Qutang-, Wuxia- und Xiling-Schlucht in China	Drei-Schluchten-System
300 km		Das Ladungsmaximum der atmosphärischen Ionosphäre existiert in Höhen über N.N. von ...	
300 km		Maximale Fortbewegungsstrecke pro Stunde von Staublawinen	
300 km	700 km	Tiefe in der sich Tiefbeben ereignen	
302 km		Länge der peruanischen Antamina Pipeline für Kupererzkonzentrat	Bergwerkgesellschaft Antamina
302 km		Länge des U-Bahn Streckennetzes von Moskau	Metropolfläche 2.510 km²
304 km		Entfernung zwischen den Hauptstädten von Katar & den Vereinigten Arabischen Emiraten	Luftlinie zwischen Doha und Abu Dhabi
316 km		Länge des tschechisch-deutschen Flusses Eger	Er mündet in den Fluss Elbe
316 km		Länge des U-Bahn Streckennetzes von Tokio/Japan - inklusive S-Bahnen	Metropolfläche 13.572 km²
320 km		Fortbewegungsstrecke pro Sekunde bei der vierten kosmischen Geschwindigkeit	Man braucht sie zum Verlassen der Galaxis
320 km		Maximale Reisestrecke für Wagen auf Tagesreisen auf römischen Straßen	Im Jahre 200 nach Christus
320 km		Länge des Tiefseegrabens *Neuhebridengraben*	Nordöstlich von Australien in Richtung Nordwest
321 km		Entfernung zwischen der estnischen Hauptstadt Tallinn und St. Petersburg/Russland	
325 km		Länge des mecklenburgisch-brandenburgisch-berliner-sachsen-anhaltischen Flusses Havel	Er mündet in den Fluss Elbe
325,3 km		Länge des Mittellandkanals	Die längste deutsche künstliche Wasserstraße
335 km		Länge des größten jemals gesichteten Eisbergs im Jahre 1956 - bei 97 km Breite	Der Eisberg war so groß wie Belgien + London
340 km	450 km	Orbitalhöhe der chinesischen Raumstation Tiangong	Umkreist die Erde seit 2021
342 km		Entfernung zwischen den Hauptstädten von Frankreich und Großbritannien	Luftlinie zwischen Paris und London

Ausdehnung		Begriffliche Erfassbarkeit	Erläuterungen
von	bis		
350 km		Fortbewegungsstrecke pro Stunde von Kometen der Oort Wolke	Die Kometenwolke umkreist die Sonne
350 km		Ausdehnung des Oberrheins als geographische Einheit zwischen Basel und Bingen	
350 km		Maximale Ausdehnung des Faltengebirges Himalaya in Richtung Nord-Süd	
350 km		Regelmäßige Reisestrecke von Mitgliedern des Europäischen Parlaments	Im *EU-Shuttle* von Straßburg nach Brüssel
355 km		Orbitalhöhe der chinesischen Raumstation Tiangong 1	Umkreiste die Erde bis 2018
358 km		Nächste Entfernung zwischen Deutschland und Russland	Luftlinie
359 km		Länge der Landesgrenze vom Staat Luxemburg	
359 km		Entfernung zwischen den Hauptstädten der Staaten Sierra Leone und Liberia in Westafrika	Luftlinie zwischen Freetown und Monrovia
360 km		Länge der Landesgrenze zwischen Großbritannien und Irland	Entlang der Grenze von Nordirland und Irland
360 km		Länge der Landesgrenze zwischen Haiti und der Dominikanischen Republik	
362 km		Länge des antarktischen Arctic Institute Gletschers	Stand 2015
363 km		Kürzeste Entfernung zwischen der Enklave Oblast Kaliningrad und dem russischem Kernland	Luftlinie über Litauen und Lettland
364 km		Länge des mexikanischen Unterwasser Höhlensystems Sac Actun	Größte bekannte Unterwasserhöhle
367 km		Länge des baden-württembergischen Flusses Neckar	Er mündet in den Fluss Rhein
370 km		Orbitalhöhe der chinesischen Raumstation Tiangong 2	Umkreiste die Erde bis 2019
370 km	420 km	Durchschnittliche Orbitalhöhe der Raumstation ISS - von NASA, ESA, CSA, JAXA, Roscosmos	Ein Besuch kostet bis zu 30.000.000 Euro
370,4 km		Reichweite der Ausschließlichen Wirtschaftszone (AWZ) bzw. 200 Meilen Zone auf See	Gemäß Seerechtsabkommen
370,4 km	648,2 km	Juristische Reichweite des Festlandsockels auf See	Bis 350 Seemeilen
371 km		Höchste aufgezeichnete Wegstrecke pro Stunde von Wind	
371 km		Länge des nordrhein-westfälisch-niedersächsischen Flusses Ems	Er mündet in die Nordsee
380 km		Straßenlänge in Liechtenstein (Stand 2010) - gepflastert und ungepflastert	Laut UNO einer von 194 souveränen Staaten
381 km		Länge der Landesgrenze vom südostasiatischen Sultanat Staates Brunei	Grenze zu Malaysia innerhalb der Insel Borneo
382 km		Länge des tschechisch-deutschen Flusses Spree	Er mündet in den Fluss Havel
384 km		Länge des Flusssystems Neckar/Württembergische Eschach	
387,69 km		Beschiffbare Länge des Flusses Main	Von Mainz bis Hallstadt bei Bamberg
396 km		Länge der brasilianischen Samarco Eisenerz Pipeline von Germano nach Ponta Ubu	Quelle: Deutsche Welle, Stand 2016
397 km		Durchmesser des Saturnmondes Mimas	
398 km		Länge des U-Bahn Streckennetzes der New York City Subway	Stadtfläche 1.214,4 km²
400 km		Aktionsradius von Pinguinen bei der Nahrungssuche	

Ausdehnung		Begriffliche Erfassbarkeit	Erläuterungen
von	bis		
400 km		Maximale Verdriftungsreichweite von Pestiziden über den Wind	
400 km		Maximale Breite des Grundwasserleiters unterhalb des Amazonas	In wissenschaftlicher Diskussion
400 km		Installierte Radarreichweite vom Funkhöhenmesser PRW 13	NATO-Code: Odd Pair
400 km	700 km	Oberer fester oder plastischer Erdmantel - in Tiefe von ...	Aus Druckoxiden
400 km	1.000 km	Höhe über N.N. der atmosphärischen Exosphäre	Je nach Gasdichte
403 km		Entfernung zwischen den beiden größten Städten Japans	Luftlinie zwischen Tokio und Osaka
408 km		U-Bahn Streckennetz Länge der London Underground	Stadtfläche 1.572 km²
413 km		Straßenlänge im chinesischen Stadtstaat Macao (Stand 2009)	Gepflastert und ungepflastert
413 km		Länge des Flusses Saale	Ab Sachsen-Anhalt, Mündung in den Main
415 km		Maximale Tiefe des Erdmantelabschnitts *Asthenosphäre*	Auf ihr liegen die Lithosphärenplatten
416 km		Durchmesser des Neptunmondes Proteus	
> 417 km		Maximale Fortbewegungsstrecke pro Stunde von Tornados	Meßinstrumente reichen bis maximal 417 km/h
418 km		Länge des Novaja Semlja Gletschers auf der russischen Sewerny Insel	Stand 2016
420 km		Länge des U-Bahn Streckennetzes von Schanghai/China	Stadtfläche 6.340,5 km², Stand 2014
421 km		Radfahrstrecke bei Ultraman Triathlons	Unter anderem beim Ultraman Hawai'i
430 km		Länge des tschechischen Flusses Moldau	Sein Wasser nährt die Elbe
430 km		Ausdehnung des Faltengebirges Pyrenäen in Richtung West-Ost	
440 km		Straßenlänge auf den Falkland Inseln (Stand 2008) - gepflastert und ungepflastert	Südatlantische Kolonie von Großbritannien
443 km		Naheste Entfernung zwischen den Küsten Islands und der Färöer Inseln	
446 km		Länge des Grand Canyons in USA	
450 km		Installierte Reichweite des international genutzten Luftverteidigungsradargerätes K 66	NATO-Code: Back Net
452 km		Länge des niedersächsisch-bremerischen Flusses Weser	Er mündet in die Nordsee
454 km		Länge der Landesgrenze vom Libanon	Im Nahen Osten
462 km		Länge der Landesgrenze von Kuwait	Im Nahen Osten
463 km		Installierte Reichweite des international genutzten Luftverteidigungsradargeräts RRP 117	
470 km		Länge der Königsstraße zwischen Turku/Finnland und St. Petersburg/Russland	
472 km		Durchmesser des Uranusmondes Miranda	
473 km		Entfernung zwischen den beiden größten Städten Italiens	Luftlinie zwischen Rom und Mailand
476 km		Länge des U-Bahn Streckennetzes von Berlin - inklusive S-Bahnen	Stadtfläche 891,85 km²

Ausdehnung		Begriffliche Erfassbarkeit	Erläuterungen
von	bis		
483 km		Bewegungsstrecke pro Stunde von Informationsreizen zum menschlichen Gehirn	Auf Nervenbahnen
498 km		Durchmesser des Saturnmondes Enceladus	
500 km		Fortbewegungsstrecke pro Sekunde von Sonnenwinden in Richtung Erde	Entspricht 1,8 Millionen km/h
500 km		Straßenlänge auf der Isle of Man (Stand 2008) in der Irischen See	Gepflastert und ungepflastert
508 km		Straßenlänge im Inselstaat Seychellen (Stand 2008) - gepflastert und ungepflastert	Die Inselrepublik umfasst über 100 Inseln
509 km		Entfernung zwischen den beiden größten Städten Spaniens	Luftlinie zwischen Madrid und Barcelona
515 km		Länge des antarktischen Lambert Fischer Gletschers	
516 km		Länge der Landesgrenzen von Belize und Dschibuti	In Zentralamerika und Nordostafrika
517 km		Länge des schweizerisch-österreichische-deutschen Flusses Inn	Er mündet in den Fluss Donau
520 km		Entfernung zwischen den schiitisch dominierten Hauptstädten Täbriz und Teheran	Luftlinie, beide Städte liegen im Iran
523 km		Entfernung zwischen den Hauptstädten von Großbritannien und Nordirland	Luftlinie zwischen London und Belfast
524 km		Länge des Flusssystems Main/Regnitz/Rednitz/Fränkischer Rezat	
525 km		Durchmesser des zweitgrößten Asteroiden im Asteroidengürtel unseres Sonnensystems	Er heißt Vesta
535 km		Länge der Landesgrenze vom Staat Eswatini/Südostafrika	Bis 2018 hieß der Staat *Swasiland*
539 km		Länge des Stikine Rivers durch Kanada und Alaska/USA	
539 km		Länge der Landesgrenze vom Staat Äquatorialguinea/Afrika	Angrenzend an Gabun und Kamerun

Ganz viel Geographie

Von 540 Kilometer bis 20.000 Kilometer

Ausdehnung		Begriffliche Erfassbarkeit	Erläuterungen
von	bis		
540 km		Flughöhe über N.N. des Weltraumteleskops Hubble bei Umrundung der Erde	Seit 1990 auf Erdumlaufbahn
542 km		Länge des nordostdeutschen Flusssystems Havel/Spree	
545 km		Länge des französisch-luxemburgisch-deutschen Flusses Mosel	Die Mosel mündet in Koblenz in den Fluss Rhein
545 km		Länge der Landesgrenze von El Salvador/Zentralamerika	
548 km		Länge des römischen Grenzwalls *Limes* - angrenzend an Germania Superior und Raetia	900 Wachtürme zwischen Koblenz und Neustadt
550 km		Mindestabstand vom Äquator damit sich Hurrikane entwickeln können	Ab hier wirkt eine starke Corioliskraft
555 km		Länge der Landesgrenze von Panama	Zentralamerika
560 km		Länge des Tiefseegrabens *Yap-Graben*	Westlicher Pazifik
560 km		Länge des Kuiseb Riviers in Namibia/Südwestafrika	Riviere sind Flüsse die oft komplett austrocknen
592 km		Länge der Landesgrenze von Palästina	Von Westjordanland und Gaza
600 km		Typische Fortbewegungsstrecke pro Sekunde von Galaxien	
600 km		Die Küstenlinie der Nordsee lag einmal ... nördlicher als heute	Name der Landmasse: Doggerland
600 km		Installierte Radarreichweite vom mobilen Funkhöhenmesser PRW 17	NATO Code für das Sowjet-Gerät: Odd Group
600 km		Ausdehnung des Faltengebirges Balkan in Richtung Nordwest-Ost	In Südosteuropa
611 km		Länge der südamerikanischen Meerenge *Magellanstraße*	Sie trennt Feuerland von Patagonien
627 km		Kartierte Ausdehnung der Mammoth Höhle in Kentucky/USA	Die weitläufigste Höhle auf der Erde
630 km		Länge des ehemaligen Westwalls zwischen Kleve/Niederrhein und Basel/Schweiz	Nazi-Bau an deutscher Westgrenze
633 km		Länge der Landesgrenze von Estland	Osteuropa
633 km		Entfernung zwischen den beiden größten Städten Russlands	Luftlinie zwischen Moskau und St. Petersburg
639 km		Länge der Landesgrenze von Costa Rica	Zentralamerika
640 km		Länge des pazifischen Tiefseegrabens *Salomongraben*	
650 km		Kettenlänge von zwei Millionen Menschen am 23. August 1989 - von Vilnius nach Tallin	Im Bezug zum Molotow Ribbentrop Abkommen
650 km		Länge des Gebirgszugs Sierra Nevada in Kalifornien	
660 km		Weiteste Küstenentfernung im Nordpolarmeer	Nordpol der Unzugänglichkeit
662 km		Entfernung zwischen den beiden größten Städten Frankreichs	Luftlinie zwischen Paris und Marseille
666 km		Umlaufhöhe des japanischen Satelliten Ibuki über der Erde	Messung von Kohlendioxid und Methan
667,92 km		Zonenlänge in der geographischen Universal Transverse Mercator (UTM) Projektion	Entspricht 6 Längengraden, Landvermessung
670 km		Länge des russischen Baikal Sees	
676 km		Länge des Tanganjika Sees an der Grenze von Sambia, Tansania, Burundi und der DR Kongo	DR Kongo = Demokratische Republik = alt: Zaire
678 km		Länge der westafrikanischen Erdgasleitung vom Nigerdelta in Nigeria bis nach Ghana	Die Leitung verläuft durch den Golf von Guinea

Ausdehnung		Begriffliche Erfassbarkeit	Erläuterungen
von	bis		
688 km		Länge der türkischen Grenzmauer zwischen Syrien und der Türkei (Stand 2017)	Zeitungsquelle: Yeni Safak
< 700 km		Tiefe von Erdbebenherden in unterirdischen Wadati Benioff Zonen	
700 km		Jährliche Zugstrecke von Starenvögeln gen Süden	Pro Strecke
700 km		Minimale Flughöhe von ERS 1 Satelliten	Sonnensynchron
700 km		Minimale Flughöhe vom NASA Erdbeobachtungssatelliten TERRA	15 Jahre Nutzungsdauer
700 km		Viele Gesteine wandeln sich in andere Mineralien um in einer Erdtiefe von ...	Bei Temperaturen mehrerer 100° C
700 km		Geplante Länge der iranischen Grenzmauer aus Beton zwischen Pakistan und dem Iran	Stand 2017, diverse Quellangaben
700 km	2.900 km	Tiefenbereich des unteren Erdmantels	Oxide: Magnesiumoxid und Siliziumdioxid
> 700 km		Geplante Länge des israelischen Trennungswalls zwischen Israel und der West Bank	Bei Fertigstellung sollen es bis zu 750 km sein
710 km		Küstenlänge von Bangladesch	Das Land grenzt an den Indischen Ozean
720 km		Länge der Landesgrenze von Albanien/Südosteuropa	
720 km		Entfernung zwischen den beiden größten Städten Australiens	Luftlinie zwischen Sydney und Melbourne
724 km		Länge der Landesgrenze von Guinea Bissau	In Westafrika zwischen dem Senegal und Guinea
724 km		Gesamte Länge aller Skipisten in den Bayerischen Alpen	Stand 2017
730 km		Viereckskantenlänge einer gedachten Solaranlage zur Deckung des globalen Strombedarfes	730 km x 730 km, bei Wirkungsgrad = 15 Prozent
740 km		Länge der Landesgrenze von Gambia	In Westafrika
744 km		Länge des deutschen Flusssystems Weser/Werra	
748 km		Länge der Landesgrenze von Mazedonien	In Südosteuropa
780 km		Orbitalhöhe des Telekom Satelliten Iridium	Reisegeschwindigkeit 27.000 km/h
787 km		Länge des Niederdruckgas Transportnetzes der Stadt Mainz/Deutschland	Stand 2016, die Stadt mit 210.000 Einwohnern
795 km		Maximale Fortbewegungsstrecke pro Stunde von Boing 737-300 und 737-500 Flugzeugen	Modelle Deutsche Lufthansa
800 km		Reichweite von Hurrikan Wirbelstürmen	
800 km		Flughöhe von polarumlaufenden Wettersatelliten	
800 km		Auf ... Höhe über N.N. liegt die Gasmoleküldichte bei 1 Gasmolekül pro Kubikmeter Luft	
800 km		Länge des Tiefseegrabens *Puerto Rico Graben*	Der westatlantische Graben ist bis zu 9,2 km tief
800 km		Maximale Breitenausdehnung der Sahelzone	Im Senegal/Westafrika
800 km		Minimale Flughöhe des NASA Satelliten SEA SAT	Sonnensynchroner Meeressatellit
800 km	900 km	Minimale Flughöhe vom transnationalen NOAA Satelliten	Sonnensynchroner Wettersatellit
800 km	950 km	Maximaler Fortpflanzungsweg pro Stunde von Tsunamis	In tiefen Wasserschichten, diverse Quellen

Ausdehnung		Begriffliche Erfassbarkeit	Erläuterungen
von	bis		
800 km	5.500 km	Reichweite von Mittelstreckenraketen	Medium und Intermediate Range Ballistic Missiles
> 800 km		Atmosphärenhöhe ab der Heliumgas (He) im Luftgemisch überwiegt	
808 km		Länge des polnischen Flusses Warta	Er mündet in den Fluss Oder
817 km		Entfernung vom Nordpol zum nächsten ständig bewohnten Platz	Ins kanadische Alert/Qikiqtaaluk
820 km		Maximale Fortbewegungsstrecke pro Stunde der Flugzeuge Bombardier CRJ 900 und 700	Modelle Deutsche Lufthansa
820 km		Länge der Landesgrenze von Papua-Neuguinea	Zugehörig zum Kontinent Australien
825 km		Maximale Reichweite von JU 52 Flugzeugen	Modelle Deutsche Lufthansa
832 km		Minimale Flughöhe für den Arbeitsbeginn von SPOT Erderforschungssatelliten	Sonnensynchron
840 km		Maximale Fortbewegungsstrecke pro Stunde der Flugzeuge Embraer 195 und 190	Modelle Deutsche Lufthansa
840 km		Maximale Fortbewegungsstrecke pro Stunde der Flugzeuge Airbus 320-200 und 319-100	Modelle Deutsche Lufthansa
840 km		Maximale Fortbewegungsstrecke pro Stunde der Flugzeuge Airbus 321-100 und 321-200	Modelle Deutsche Lufthansa
840 km		Maximale Fortbewegungsstrecke pro Stunde von Boing 737-800 Flugzeugen	Modell Deutsche Lufthansa
850 km		Länge des Trinkwasser Rohrnetzes der Stadt Mainz/Deutschland	Stand 2016, Mainz mit 210.000 Einwohnern
866 km		Länge des tschechisch-polnisch-deutschen Flusses Oder	Er mündet in die Ostsee
867 km		Länge der Landesgrenze der Vereinigten Arabischen Emirate	
875 km		Maximale Fortbewegungsstrecke pro Stunde von Airbus 340-300 Flugzeugen	Modell Deutsche Lufthansa
880 km		Atmosphärendicke des Saturnmondes Titan	
890 km		Maximale Fortbewegungsstrecke pro Stunde von Airbus 340-600 Flugzeugen	Modell Deutsche Lufthansa
893 km		Länge der Landesgrenze von Ruanda/Ostafrika	
900 km		Länge der nordanatolischen tektonischen Verwerfung (Gesteinsbruchstelle)	In der Türkei
900 km	920 km	Minimale Flughöhe der NASA Erderforschungssatelliten LANDSAT	Sonnensynchron
906 km	960 km	Durchmesser des Zwergplaneten Ceres	Ceres = keine Kugel = abgeplattetes Ellipsoid
907 km		Maximale Fortbewegungsstrecke pro Stunde von Airbus 380-800 Flugzeugen	Modell Deutsche Lufthansa
907 km		Maximale Fortbewegungsstrecke pro Stunde von Boing 747-400 Flugzeugen	Modell Deutsche Lufthansa
909 km		Länge der Landesgrenze des Staates Lesotho	Lesotho ist komplett von Südafrika umgeben
920 km		Gefahrene Eisenbahnkilometer in Deutschland im Jahre 2004	Im Durchschnitt pro Person
920 km		Maximale Fortbewegungsstrecke pro Stunde von Boing 747-800 Flugzeugen	Modell Deutsche Lufthansa
930 km		Länge der Meerenge *Straße von Malakka* zwischen Malaysia und Indonesien	Wird von 90.000 Schiffen pro Jahr durchfahren
958 km		Länge der Landesgrenze von Sierra Leone/Westafrika	

Ausdehnung		Begriffliche Erfassbarkeit	Erläuterungen
von	bis		
962 km		Gefahrene Eisenbahnkilometer in Deutschland im Jahre 2007	Im Durchschnitt pro Person
965 km		Länge des südwestatlantischen Tiefseegrabens *Süd Sandwich Graben*	Seine tiefste Stelle liegt 8,265 km tief
974 km		Länge der Landesgrenze von Burundi/Ostafrika	
975 km		Äquatordurchmesser des größten Planetoiden im Sonnensystem	Der Zwergplanet Ceres zwischen Mars und Jupiter
998 km		Naheste Entfernung zwischen den Küsten Islands und Norwegens	Besiedelung Islands von Norwegern im Mittelalter
10^6 m		Eine Million Meter = 1.000.000 Meter = 1.000 km = eintausend Kilometer	
1.000 km		1 Megameter (1 Mm)	
1.000 km		Fortbewegungsstrecke pro Sekunde der 31 Millionen LJ entfernten Sombrero Galaxie	Das Hubble Teleskop schoss ein tolles Bild von ihr
1.000 km		Heuschrecken Schwärme fliegen zu neuen Punktregen bis zu ... weit	Punktregen sind von kleinräumiger Natur
1.000 km		Rotationsweg der Erde pro Stunde von West nach Ost	Erdumdrehung in Paris liegt bei 1.000 km/h
1.000 km		Jährliche Flugstrecke von Großen Abendsegler Fledermäusen	Zwischen Polen und Frankreich
1.000 km		Flugweite von 50 Prozent radioaktiver Partikel nach Atomkatastrophen	Über Niederschläge → in Böden
1.000 km	2.000 km	Höhe über N.N. der Protonosphäre	Hier liegen nur noch protonierte H Teilchen vor
1.000 km	10.000 km	Wellenlänge beim Niederfrequenzfunk in der U Boot Kommunikation	Anderer Name: Super Low Frequency (SLF)
> 1.000 km		Personenkilometer auf innerstaatlichen Schienennetzen in Dänemark und Schweden	Im Jahre 2009, im Durchschnitt pro Person
> 1.000 km		Heutige Nomaden wandern jährlich eine Strecke von bis zu ...	Global gibt es noch sehr viele Nomadenvölker
> 1.000 km		Plasmasphäre - minimale Höhe über dem Normalnullpunkt der Erde (N.N.)	Hier liegt Plasma aus niederer Energie vor
1.006 km		Länge der Landesgrenze von Israel	
1.027 km		Länge der Landesgrenze der Niederlande	
1.045 km		Länge des polnischen Flusssystems Oder/Warthe	
1.047 km		Länge des polnischen Flusses Weichsel	
1.048 km		Länge des schweizerisch-französisch-deutsch-niederländischen Flusses Rhein	
1.050 km		Durchmesser des Saturnmondes Tethys	Der Saturn hat mehr als 83 Monde & Minimonde
1.065 km		Entfernung zwischen den beiden größten Städten Chinas	Luftlinie zwischen Peking und Schanghai
1.075 km		Länge der Landesgrenze vom Himalayastaat Bhutan	Grenzt an Indien und Tibet
1.080 km	2.150 km	Fortbewegungsstrecke pro Stunde von Teilchen bei Detonationen durch Schwarzpulver	So schnell zersetzt sich dieser Sprengstoff
1.094 km		Länge des tschechisch-deutschen Flusses Elbe	Der Fluss mündet bei Hamburg in die Nordsee
1.100 km	10.000 km	Horizontale Wirksamkeit von Zyklonen im Beta Klima der makroskaligen Meteorologie	Makro Beta ist kleinräumiger als Makro Alpha
1.118 km		Durchmesser des Saturnmondes Dione	Der Saturn hat mehr als 83 Monde & Minimonde

Ausdehnung		Begriffliche Erfassbarkeit	Erläuterungen
von	bis		
1.150 km		Länge der Landesgrenze von Lettland/Nordosteuropa	
1.158 km		Durchmesser des Uranusmondes Ariel	Einer von 27 Monden des Uranus
1.163 km		Gesamte Länge aller Skipisten in den Südtiroler Alpen	Stand 2017
1.169 km		Durchmesser des Uranusmondes Umbriel	Vergleich Erdenmond = 3.474 km
1.170 km		Länge des nordsibirisch antiklinen Werchojansker Gebirges	Antiklinal = sattelförmig gewölbte Gebirgsfaltung
1.183 km		Länge der Landesgrenze von Französisch Guyana / Südamerika	
1.199 km		Nord Süd Ausdehnung des Kaspischen Meeres	In Asien
1.200 km		Ausdehnung des Faltengebirges Kaukasus in Richtung Nordwest-Südost	Grenzgebirge des südwestlichen Russlands
1.200 km		Ausdehnung des Faltengebirges Alpen in Richtung Südwest-Nordost	
1.200 km		Ausdehnung des Faltengebirges Hindukusch in Richtung Ost-West	In Afghanistan, Tadschikistan, Pakistan und China
1.200 km		Ausdehnung der Atacama Wüste von Nord nach Süd	In Südamerika
1.200 km		Durchmesser des Plutomondes Charon	Einer von 5 Monden des Pluto
1.214 km		Länge der Landesgrenze von Portugal	
1.224 km		Länge der Gaspipeline Nord Stream 1	Durch die Ostsee von Russland nach Deutschland
1.227, 985 km		Fortbewegungsstrecke pro Stunde von Thrust SSC Überschallfahrzeugen	Rekordhalter für kurzfristige Fahrten über Land
1.228 km		Länge der Landesgrenze von Griechenland	
1.230 km		Luftlinien Entfernung zwischen Indonesiens alter und neuer Hauptstadt	Jakarta und Nusantara (Eröffnung 2024)
1.231 km		Länge der Landesgrenze von Nicaragua/Zentralamerika	
1.234,8 km		Fortbewegungsstrecke pro Stunde von Schall - durch Luft	Schall- (wellen) Geschwindigkeit
1.236 km		Länge des Flusssystems Rhein/Maighelserrhein	Maighelserrhein ist eine Hauptquelle des Rheins
1.252 km		Länge des Flusssystems Elbe/Moldau	In Tschechien und Deutschland
1.254 km		Länge der Landesgrenze von Armenien	Armenien gehört zu Asien
1.263 km		Entfernung zwischen den beiden größten Städten Südafrikas	Luftlinie zwischen Johannesburg und Kapstadt
1.273 km		Länge der Landesgrenze von Litauen/Nordosteuropa	
1.287 km		Länge der Trans Alaska Erdöl Pipeline	Prudhoe Bay/Nordalaska bis Valdez/Südalaska
1.300 km		Reichweite von Wetterfronten auf der Erde	
1.300 km		Länge des Karakorum Highways durch Pakistan und China	Die vielleicht spektakulärste Straße der Welt
1.300 km		Ausdehnung des osteuropäischen Faltengebirges Karpaten in Richtung Nordwest-Südost	Gebirge erstreckt sich über acht Länder
1.300 km		Jährliche Zugstrecke von Singdrosseln gen Süden	Pro Strecke

Ausdehnung		Begriffliche Erfassbarkeit	Erläuterungen
von	bis		
1.300 km		Reichweite von Wasserteilchenschwingungen bei weitreichender Dünung	Dünungen in windstillen Gebieten
1.325 km		Länge des westpazifischen Philippinengrabens	Die Tiefseerinne grenzt an vulkanische Hotspots
1.334 km		Länge der Landesgrenze von Slowenien	Teil von Österreich-Ungarn über Jahrhunderte
1.345 km		Länge der Landesgrenze zwischen Tadschikistan und Afghanistan	In Asien
1.355 km		Länge der Landesgrenze der Slowakei	
1.374 km		Länge der Landesgrenze vom Oman	Auf der arabischen Halbinsel
1.378 km		Länge der ehemaligen Landesgrenze zwischen der DDR und Westdeutschland	DDR = Deutsche Demokratische Republik
1.385 km		Länge der Landesgrenze von Belgien	
1.389 km		Länge der Landesgrenze von Moldawien/Osteuropa	
1.400 km		Durchmesser eines gedachten Wasserballes - wäre alles Wasser der Erde darin	
1.424 km		Länge der Landesgrenze von Tunesien/Nordafrika	
1.436 km		Saturnmond Iapetus Durchmesser	Ein Gebirge auf Iapetus ist rund 13 km hoch
1.459 km		Länge der Landesgrenze von Bosnien-Herzegowina/Südosteuropa	
1.461 km		Länge der Landesgrenze der ehemaligen Sowjetrepublik Georgien	Georgien gehört zu Asien
1.500 km		Seewärtige Ausdehnung des größten Schelfes: Sibirischer Schelf	Schelf = Ausläufer von Kontinenten unter Wasser
1.500 km		Plasmawolken Geschwindigkeit nach Sonneneruption - pro Sekunde	Von Sonne Richtung Erde
1.500 km		Ausdehnung pro Sekunde des Supernovaüberrests Krebsnebel	Rund 6.000 Lichtjahre von der Erde entfernt
1.500 km		Appenin Faltengebirge in Italien Ausdehnung Nord-Süd	
1.500 km		Zagros Faltengebirge im Iran Ausdehnung Nordwest-Südost	
1.500 km		Jährliche Zugstrecke von Regenpfeifervögeln der Art Kiebitz gen Süden	Pro Strecke
1.520 km		Länge der Landesgrenze von Honduras/Zentralamerika	
1.523 km		Durchmesser des Uranusmondes Oberon	Einer von 27 Monden des Uranus
1.528 km		Durchmesser des Saturnmondes Rhea	Der Saturn hat mehr als 83 Monde & Minimonde
1.564 km		Länge der Landesgrenze von Uruguay/Südamerika	
1.578 km		Durchmesser des Uranusmondes Titania	Der Uranus hat 27 Monde
1.584 km		Zugstrecke des Blue Trains von Johannesburg bis Kapstadt	990 Meilen
1.585 km		Länge der Landesgrenze von Liberia/Westafrika	
1.600 km		Innerster Erdkern aus 5.000°C heißem Eisen - Dicke	
1.600 km		Importdistanz für Brennholz ins antike Rom - maximal ...	

Ausdehnung		Begriffliche Erfassbarkeit	Erläuterungen
von	bis		
1.600 km		Länge der Tiefseegräben Japan Graben und Baikal Graben	Der Baikalgraben liegt unter dem Baikalsee
1.600 km		Länge der unterseeisch-tektonischen Andaman Verwerfung im Indischen Ozean	Erdkrustenbruch mit gegenläufiger Verschiebung
1.602 km		Länge der von Fahnen flankierten Antarktisstraße *Südpol Traverse*	Hindernisse wie Gletscherspalten sind planiert
1.619 km		Länge der Landesgrenze von Jordanien/Vorderasien	
1.626 km		Länge der Landesgrenze von Eritrea/Nordostafrika	
1.647 km		Länge der Landesgrenze von Togo/Westafrika	
1.670 km		Rotationsweg der Erde pro Stunde von West nach Ost	1670 km/h am Äquator
1.673 km		Länge der Landesgrenze von Nordkorea/Nordostasien	
1.687 km		Länge der Landesgrenze von Guatemala/Zentralamerika	
1.700 km		Ausdehnung des skandinavischen Skanden Faltengebirges in Richtung Südwest-Nordost	
1.700 km		Länge der Strom Überlandleitung der HGÜ Inga Shaba in Demokratischer Republik Kongo	Längste Strom Überlandleitung weltweit
1.700 km		Länge des angolanisch-namibianisch-botswanischen Flusses Okavango	Er mündet in Halbwüste im Norden Botswanas
1.700 km		Streckenlänge der Venice Simplon Orient Express Eisenbahn	Von London nach Venedig, Stand 2013
1.707 km		Länge der Landesgrenze von Surinam/Südamerika	
1.738 km		Länge der intakten Anteile der chinesischen Mauer	
1.746 km		Länge der Landesgrenze vom Jemen	Auf der arabischen Halbinsel
1.768 km		Länge der Erdölleitung Baku–Tbilisi–Ceyhan (BTC)	Vom Kaspischen Meer ans Mittelmeer
1.771 km		Länge der Küstenlinie des Karibikstaates Haiti	
1.777 km		Entfernung von Moskau nach Sibirien - entlang des Weges der Transsibirischen Eisenbahn	1.777 km östlich von Moskau beginnt Asien
1.783 km		Länge des Blauen Nils in Äthiopien und Sudan	
1.800 km		Mittlere Fortbewegungsstrecke pro Stunde von Atomen und Molekülen in Gasen	Entspricht 500 m pro Sekunde
1.808 km		Länge der Landesgrenze von Bulgarien/Südosteuropa	
1.814 km		Länge der Erdgasleitung Turkmenistan-Afghanistan-Pakistan-Indien-Pipeline (TAPI)	Baubeginn war 2015
1.820 km		Dicke des äußeren Erdkerns	Eine 3.700 bis 4.600°C heiße Nickel Eisen Schmelze
1.830 km		Ausbreitung des mittelozeanischen Gakkel Gebirgsrückens im Nordpolarmeer	
1.852 km		Länge der Landesgrenze der Schweiz	
1.881 km		Länge der Landesgrenze von Tschechien	
1.918 km		Länge der Landesgrenze von Spanien	
1.932 km		Länge der Landesgrenze von Italien	

Ausdehnung		Begriffliche Erfassbarkeit	Erläuterungen
von	bis		
1.933 km		Luftlinien Entfernung zwischen Brasiliens Hauptstadt Brasilia & der Dschungelstadt Manaus	Manaus liegt im nördlichen Brasilien
1.933 km		Luftlinien Entfernung zwischen den Städten Wiesbaden/Deutschland und Istanbul/Türkei	
1.950 km		Maximale Reichweite von Boing 737-500 Flugzeugen	Modell Deutsche Lufthansa
1.964 km		Straßenlänge im Kosovo (Stand 2009) - gepflastert und ungepflastert	Kosovo ist eine Zwergrepublik in Südosteuropa
1.989 km		Länge der Landesgrenze von Benin/Westafrika	
2.000 km		Maximale Reichweite von Boing 737-300 Flugzeugen	Modell Deutsche Lufthansa
2.000 km		Gewässerlänge in Rheinland-Pfalz mit der Hochwasserrisikostufe I	
2.000 km		Länge der tektonischen Mittelmeer Mjösen Verwerfung (Gesteinsbruchstelle)	Von Norwegen bis Mittelmeer
2.000 km	7.000 km	Staub Transport Reichweiten in der Luft	Staubpartikel sind leicht und fliegen weit
2.000 km	8.000 km	Länge von atmosphärischen planetarischen Rossbywellen	Erdrotation macht Ozean- & Atmosphärenwellen
> 2.000 km		Flugweite von 25 Prozent aller radioaktiven Partikel nach Atomkatastrophen	Partikel gelangen mit Niederschlägen in die Böden
> 2.000 km		Nord Süd Ausdehnung des Great Barrier Riffs vor Australiens Küste	2022 mit stärktem Korallenwachstum seit 1986
2.010 km		Länge der Landesgrenze von Ecuador/Südamerika	
2.013 km		Länge der Landesgrenze von Aserbaidschan	Aserbaidschan gehört zu Asien
2.017 km		Länge der Landesgrenze von Marokko	
2.030 km		Streckenlänge der aktuellen Eastern & Oriental Express Eisenbahn	Von Bangkok nach Singapur
2.046 km		Länge der Landesgrenze der West-Sahara	Der Staat Westsahara ist von Marokko besetzt
2.094 km		Länge der Landesgrenze von Ghana/Westafrika	
2.100 km		Ausdehnung des zentralasiatischen Faltengebirges Altai	
2.110 km		Luftlinien Entfernung zwischen dem nördlichsten und südlichsten Punkt von Myanmar	Von der Grenze Thailands zur Grenze Chinas
2.125 km		Uferlänge des sibirischen Baikalsees	In Russland
2.160 km		Länge des Flusses Oranje in Südafrika	
2.170 km		Länge des Flusses Irrawaddy in Myanmar/Südasien	Myanmar hieß früher Burma
2.171 km		Länge der Landesgrenze von Ungarn	
2.185 km		Länge der Landesgrenze von Kroatien	
2.205 km		Länge der Landesgrenze von Schweden	
2.240 km		Länge des Flusssytems Columbia River/Snake River in den USA	
2.250 km		Länge des nordostasiatischen Tiefseegrabens *Kurilen Kamtschatka Graben*	
2.253 km		Länge der Landesgrenze von Syrien	

Ausdehnung		Begriffliche Erfassbarkeit	Erläuterungen
von	bis		
2.260 km		Maximale Reichweite von Bombardier CRJ 900 Flugzeugen	Modell Deutsche Lufthansa
2.285 km		Länge des russischen Flusses Dnepr	Er mündet ins Schwarze Meer
2.300 km		Ausdehnung des Faltengebirges Atlas in Marokko	
2.310 km		Maximale Reichweite von Bombardier CRJ 700 Flugzeugen	Modell Deutsche Lufthansa
2.333 km		Länge des US-amerikanisch-mexikanischen Flusses Colorado River	
2.366 km		Länge der Landesgrenze von Somalia/Nordostafrika	
2.389 km		Küstenlänge Deutschlands	
2.390 km		Durchmesser des Zwergplaneten Pluto	Der Pluto liegt am Rande unseres Sonnensystems
2.400 km		Ausdehnung der Faltengebirge Appalachen und Ural	In den USA und in Russland
2.400 km		Länge des zweitlängsten Nebenflusses der Welt	Der Rio Negro im Amazonasbecken
2.400 km		Länge der Hauptmauer der "Chinesischen Mauer"	
2.400 km		Unterirdisches Streckennetz der chilenischen Kupfererzmine El Teniente	In Chile/Südamerika
2.421 km		Länge des nordamerikanischen Flusssystems Sankt Lorenz Strom/North River	
2.450 km		Maximale Reichweite von Embraer 195 Flugzeugen	Modell Deutsche Lufthansa
2.462 km		Länge der Landesgrenze von Guyana/Südamerika	
2.500 km		Ausdehnung des zentralasiatischen Faltengebirges Tian Shan in Richtung West-Ost	Ein eindrucksvolles Seidenstraßengebirge
2.500 km		Länge des westpazifischen Tiefseegrabens Marianengraben	Nirgendwo ist ein Ozean tiefer als hier: rund 11 km
2.500 km		Jährliche Zugstrecke von Wachtelvögeln gen Süden	Pro Strecke
2.500 km		Atmosphärenhöhe über der Erde ab der Wasserstoff überwiegt	Zu Lasten von Sauerstoff
2.500 km		Jährliche Zugstrecke von Grönlandsteinschmätzer Vögeln	Pro Strecke
2.500 km		Jährliche Zugstrecke von Japanischen Bekassinen Vögeln	Pro Strecke
2.500 km		Länge der Nord Stream 1 Zuliefer Gaspipeline von der Barentssee nach Wyborg/Russland	Pipeline liegt komplett in Russlands Territorium
2.508 km		Länge der Landesgrenze von Rumänien	
2.511 km		Länge des Flusses Ganges in Indien und Bangladesch	
2.544 km		Länge der Landesgrenze von Norwegen	
2.551 km		Länge der Landesgrenze von Gabun	Ölreicher Staat im äquatorialen Afrika
2.562 km		Länge der Landesgrenze von Österreich	
2.572 km		Länge der Landesgrenze von Kambodscha/Südostasien	
2.574 km		Länge des Flusses Sambesi in Sambia, Angola, Namibia, Botswana, Simbabwe & Mosambik	Er mündet in den Indischen Ozean

Ausdehnung		Begriffliche Erfassbarkeit	Erläuterungen
von	bis		
2.575 km		Länge des pazifischen Tiefseegrabens *Tonga Kermadec Graben*	
2.602 km		Länge der Landesgrenze von Indonesien/Südostasien	
2.627 km		Länge der Landesgrenze der Türkei	
2.628 km		Länge der Landesgrenze von Finnland	
2.640 km		Länge der Landesgrenze vom Senegal/Westafrika	
2.669 km		Länge der Landesgrenze von Malaysia/Südostasien	
2.689 km		Länge der Landesgrenze von Ägypten	
2.700 km		Ausdehnung des Faltengebirges Himalaya von Pakistan bis Myanmar	Der gebogenen Form des Gebirgszuges folgend
2.700 km		Länge der marokkanischen Grenzmauer aus Sand innerhalb des Staates Westsahara	Stand 2021, Marokko hat Grenzstreifen vermint
2.705 km		Durchmesser des Neptunmondes Triton	
2.729 km		Länge der Landesgrenze von Uganda/Ostafrika	
2.743 km		Länge des afghan-tadschik-turkmen-usbekischen Flusssystems Amudarja/Pandsch	In Zentralasien
2.811 km		Länge des Flusses Donau	Er mündet ins Schwarze Meer
2.826 km		Länge des Ölversorgungsnetzes in Deutschland	Stand 2013
2.857 km		Länge des Flusssystems Donau-Breg durch zehn Staaten Europas	Breg = wasserreichster Quellfluss der Donau
2.865 km		Länge der Landesgrenze von Polen	
2.881 km		Länge der Landesgrenze von Malawi/Ostafrika	
2.892 km		Länge der Landesgrenze von Frankreich	
2.900 km		Länge der Landesgrenze von Weißrussland	
2.900 km	5.150 km	Tiefe des äußeren flüssigen metallischen Erdkerns aus Eisen, Nickel und Silizium	Ursache für das Erdmagnetfeld
2.926 km		Länge der Landesgrenze von Nepal	Nepal grenzt ausschließlich an Indien und China
3.000 km		Jährliche Zugstrecke von Klappergrasmücken Vögeln	Pro Strecke
3.000 km		Aufstiegshöhe von Gaswolken nach dem Kometeneinschlag SL 9 auf dem Jupiter	1994: Einschlag des Kometen Shoemaker-Levy 9
3.000 km		Maximale jährliche Wanderstrecke von Gnu Antilopen durch Ostafrika	Insbesondere durch die Serengeti
3.000 km		Jährliche Wanderstrecke von Lachsen in Richtung Grönland	Aus Europa und Kanada kommend
3.000 km		Aktionsradius von grünen Meeresschildkröten auf Nahrungssuche	Entlang Brasiliens Küste
3.000 km	5.000 km	Sommerliche Wanderstrecke von Karibu Rentieren durch Kanada	Längste Säugetierwanderungen
3.005 km		Durchmesser des Neptunmondes Nereid	Umlaufbahn um Neptun ist höchst elliptisch
3.010 km		Länge des südamerikanischen Flusssystems Orinoco/Guaviare	Der Guaviare ist die Hauptquelle des Orinocos

Ausdehnung		Begriffliche Erfassbarkeit	Erläuterungen
von	bis		
3.019 km		Länge des zentralasiatischen Flusssystems Syrdarja/Naryn	Naryn = wichtiger Quellfluss des Syrdarjas
3.020 km		Maximale Reichweite von Airbus 320-200 Flugzeugen	Modell Deutsche Lufthansa
3.025 km		Küstenlänge Somalias/Nordostafrika	Vergleich zur Länge der Landesgrenze: 2.366 km
3.034 km		Länge des US-amerikanisch-mexikanischen Flusses Rio Grande	Er mündet in den Golf von Mexico
3.066 km		Länge der Landesgrenze von Simbabwe	Im südlichen Afrika
3.096 km		Straßenlänge des Mittelmeerstaates Malta (Stand 2005)	Gepflastert und ungepflastert
3.100 km		Länge des chinesisch-indisch-bangladeschischen Flusses Brahmaputra	Am Unterlauf vereint er sich mit dem Fluss Ganges
3.110 km		Länge der Landesgrenze der Elfenbeinküste/Westafrika	
3.138 km		Durchmesser des Jupitermondes Europa	334 km weniger als beim Erdenmond
3.150 km		Länge des Europäischen Fernwanderweges E 5	Von der Bretagne/Frankreich bis Verona/Italien
3.169 km		Länge der Grenzmauer zwischen Mexico und den USA	Teils erbaut unter US Präsident Donald Trump
3.170 km		Länge der Landesgrenze zwischen Mexico und den USA	
3.180 km		Länge des pakistanischen Flusses Indus	Er mündet ins Arabische Meer
3.185 km		Länge des Flusssystem Nisutlin/Teslin/Yukon in Alaska/USA	
3.186 km		Einstige Streckenlänge der Orient Express Eisenbahn	Von Paris nach Istanbul
3.192 km		Länge der Landesgrenze von Burkina Faso/Westafrika	
3.200 km		Kürzeste Distanz zwischen Afrika und Südamerika	
3.208 km		Küstenlänge Kolumbiens	In Südamerika
3.218 km		Küstenlänge von Schweden	
3.219 km		Küstenlänge von Thailand	In Südostasien
3.250 km		Jährliche Zugstrecke von Kranich Vögeln	Pro Strecke
3.260 km		Maximale Reichweite von Airbus 319-100 Flugzeugen	Modell Deutsche Lufthansa
3.302 km		Kugelwegstrecke pro Stunde (Kugelgeschwindigkeit) aus Schnellfeuergewehren	
3.356 km		Straßenlänge von Singapur/Südostasien	Gepflastert und ungepflastert, Stand 2009
3.380 km		Länge des brasilianischen Flusssystems Río Madeira/Mamoré/Grande	Der Madeira ist der längste Nebenfluss der Welt
3.390 km		Maximale Reichweite von Embraer 190 Flugzeugen	Modell Deutsche Lufthansa
3.399 km		Länge der Landesgrenze von Guinea/Westafrika	
3.402 km		Länge der Landesgrenze von Tansania/Ostafrika	
3.427 km		Küstenlänge von Frankreich	

Ausdehnung		Begriffliche Erfassbarkeit	Erläuterungen
von	bis		
3.443 km		Entfernung zwischen zwei wichtigen Stadtzentren Australiens im Südwesten & Nordosten	Luftlinie zwischen Perth und Cairns
3.444 km		Küstenlänge von Vietnam/Südostasien	
3.446 km		Länge der Landesgrenze von Kenia/Ostafrika	
3.472 km		Pol Durchmesser des Mondes vom Planeten Erde	Die Erde hat nur einen Mond
3.474,2 km		Mittlerer Durchmesser des Mondes vom Planeten Erde	Als volumengleiche Kugel
3.476,2 km		Mittlerer Äquatordurchmesser des Mondes vom Planeten Erde	
3.480 km		Länge des US-amerikanischen Wanderpfades *Appalachian Trail*	2.175 Meilen von New England nach Georgia
3.500 km		Streckenlänge des Radfahrwettbewerbs Tour de France	Ein Richtwert
> 3.500 km		Ausdehnung des Großen ostaustralischen Scheidegebirges *Great Dividing Range*	
3.512 km		Kürzeste Entfernung zwischen den pazifischen Osterinseln und dem Festland von Chile	Die Inseln gehören zu Chile/Südamerika
3.530 km		Länge des russischen Flusses Wolga	Er mündet ins Kaspische Meer
3.542 km		Küstenlänge des westatlantischen Inselstaates Bahamas	Der Staat umfasst viele kleine Inseln
3.550 km		Ausdehnung des Transantarktischen Gebirges	Teilt die kleinere Westantarktis & Ostantarktis
3.584 km		Luftlinien Entfernung zwischen dem nördlichsten und südlichsten Punkt von Indien	Von Nikobaren-Inseln bis zum Siachen Gletscher
3.587 km		Küstenlänge der norwegischen Inselgruppe Spitzbergen bzw. Svalbard	Liegt im europäischen Teil der arktischen See
3.596 km		Länge des türkisch-syrisch-irakisch-iranischen Flusssystems Schatt al-Arab/Euphrat	Inklusive dem Fluss Murat
3.600 km		Übliche Wanderstrecke von Monarchfaltern von Mexiko nach Nordamerika	Orange schwarze Schmetterlingsart
3.600 km		Jährliche Flugstrecke der Wanderregenpfeifer Vögeln von Alaska nach Hawai'i/USA	250.000 Flügelschläge, 90 km/h
3.642 km		Durchmesser des Jupitermondes Io	168 km mehr als der Erdenmond
3.650 km		Länge der Landesgrenze vom Irak	
3.651 km		Länge der Landesgrenze von Tadschikistan/Zentralasien	
3.672 km		Länge des Flusssystems Murray/Darling in Australien	Zusammen mit Culgoa/Balonne/Condamine
3.680 km		Maximale Nord-Süd-Ausdehnung des Festlands von Australien	Ohne die im Süden liegende Insel Tasmanien
3.735 km		Küstenlänge der Karibikinsel Kuba	
3.736 km		Länge der Landesgrenze von Turkmenistan/Zentralasien	
3.744 km		Umlaufstrecke pro Stunde des Mondes um die Erde	
3.790 km		Länge der Landesgrenze von Deutschland	
3.794 km		Küstenlänge von Estland/Nordosteuropa	
3.819 km		Streckenlänge der russischen Eisenbahnteilstrecke Baikal-Amur-Magistrale	Sie ist ein Teil der Transsibirischen Eisenbahn

Ausdehnung		Begriffliche Erfassbarkeit	Erläuterungen
von	bis		
3.824 km		Länge der Landesgrenze von Namibia/Südwestafrika	
3.878 km		Länge der Landesgrenze von Kirgisistan/Zentralasien	
3.893 km		Geplante Länge der Erdgasleitung Nabucco von Erzurum/Türkei nach Österreich	Das Gasprojekt wurde 2013 eingestampft
3.920 km		Länge der Landesgrenze von Paraguay/Südamerika	
3.946 km		Entfernung zwischen den beiden größten Städten der USA	Luftlinie zwischen New York und Los Angeles
3.960 km		Flucht Fortbewegungsstrecke pro Stunde auf dem Zwergplaneten Pluto	Fluchtgeschwindigkeit am Pluto-Äquator
3.998 km		Länge des Flusssystems Paraná/Grande in Südamerika	Fast durchgängig mit Staustufen versehen
4.000 km		Maximale Ost-West-Ausdehnung des Festlands von Australien	
4.000 km		Wanderstrecke von Eisbären pro Jahr	Über Packeis und Treibeis oder schwimmend
4.000 km		Länge des Schluchtensystems Valles Marineris auf dem Mars	Bis 7 km Tiefe
4.013 km		Länge der Landesgrenze von Botswana	Im südlichen Afrika
4.047 km		Länge der Landesgrenze von Nigeria	In Westafrika
4.093km		Länge der Landesgrenze von Bangladesch	In Südasien
4.150 km		Länge der Jamal Erdgaspipeline von der arktischen Samojeden Halbinsel nach Brandenburg	Unterschiedliche Quellangaben
4.184 km		Länge des Flusses Niger durch Westafrika	Quelle Loma Mountains in Sierra Leone
4.200 km		Flucht- bzw. Abhebestrecke pro Stunde des geplanten Space Ships Two von Virgin Galactic	Angebotener Fahrpreis: Fast 160.000 Euro
4.210 km		Luftlinien Entfernung zwischen der Südwestspitze Portugals und Nordfinnland	Weiteste Festland Entfernung innerhalb der EU
4.260 km		Länge des Flusses Mackenzie in Alaska/USA	Zusammen mit Flüssen Peace und Finlay
4.350 km		Maximale Reichweite von Airbus 321-100 und 321-200 Flugzeugen	Modelle Deutsche Lufthansa
4.350 km		Luftlinien Entfernung zwischen dem nördlichsten und südlichsten Punkt Brasiliens	Von der Grenze Uruguays zur Grenze Guayanas
4.352 km		Routenlänge der australischen Indian Pacific Express Eisenbahn	Von Osten nach Westen
4.383 km		Länge der Landesgrenze von Libyen/Nordafrika	
4.400 km		Länge des Flusses Lena in Nordsibirien	Vom Baikalgebirge in die arktische Laptewsee
4.400 km		Ausdehnung des Faltengebirgskomplexes Himalaya-Karakorum-Hindukusch	Der mächtige asiatische Gebirgskomplex
4.415 km		Länge der Landesgrenze von Saudi-Arabien	
4.479 km		Länge des Pipelinenetzes für Raffinerieprodukte in Deutschland	Stand 2013
4.500 km		Länge des Flusses Mekong durch China, Myanmar, Laos, Thailand, Kambodscha & Vietnam	Er mündet ins Südchinesische Meer
4.500 km		Jährliche Wanderstrecke von Flamingo Vögeln von Ostafrika nach Indien	Mit Hilfe der Winde des Südwest Monsums
4.500 km	5.000 km	Ausdehnung des Faltengebirges Rocky Mountains durch Kanada und die USA	Länge je nach Definition

Ausdehnung		Begriffliche Erfassbarkeit	Erläuterungen
von	bis		
4.538 km		Länge der Landesgrenze von Mexiko	
4.571 km		Länge der Landesgrenze von Mosambik/Südostafrika	
4.591 km		Länge der Landesgrenze von Kamerun	Im äquatorialen Afrika
4.600 km	6.250 km	Laufleistung durchschnittlicher Auto Sommerreifen - pro cm Profiltiefe	Maximal 40.000 km für 6,4 cm, diverse Quellen
4.639 km		Länge der Landesgrenze von Vietnam/Südostasien	
4.663 km		Länge der Landesgrenze der Ukraine	
4.675 km		Küstenlänge von Malaysia/Südostasien	
4.700 km		Länge des Europäischen Fernwanderweges E 11	Von Scheveningen/NL bis Tallinn/Estland
4.750 km		Jährliche Zugstrecke von Kuckuck Vögeln	Pro Strecke
4.750 km		Länge der Landesgrenze von Südafrika	
4.800 km		Durchmesser des Jupitermondes Callisto	1.326 km mehr als beim Erdenmond
4.828 km		Küstenlänge von Madagaskar	Inselstaat im Indischen Ozean
4.835 km		Länge des sambisch-kongolesischen Flusssystems Kongo/Luvua	Zusammen mit Flüssen Luapula und Chambeshi
4.850 km		Länge des Europäischen Fernwanderweges E 2	Von Galway/Irland bis Nizza/Frankreich
4.863 km		Länge der Landesgrenze von Thailand	
4.878 km		Durchmesser des Planeten Merkur	Kein Planet ist der Erde und der Sonne näher
4.964 km		Küstenlänge Spaniens	
4.970 km		Küstenlänge des norwesteuropäischen Staates Island	
4.989 km		Küstenlänge Argentiniens	Im südlichen Südamerika
4.993 km		Länge der Landesgrenze von Venezuela	In nördlichen Südamerika
5.000 km		Frühjährliche Wanderstrecke von Lederschildkröten	Aus den Tropen in gemäßigte Gewässer
5.000 km		Jährliche Wanderstrecke von grünen Meeresschildkröten - hin und zurück	Zwischen Brasilien und der Ascension Insel
5.000 km		Jährliche Zugstrecke von Rauchschwalben und Störchen	Pro Strecke
5.000 km		Wanderstrecke von Grauwalen pro Jahr	Aus nördlichem Eismeer kommend
5.000 km		Jährliche Wanderstrecke von Aalen in Richtung der westatlantischen Sargassosee	Die Sargassosee liegt nahe Florida/USA
5.000 km		Jährliche Zugstrecke von Amur Rotfußfalken	Pro Strecke
5.000 km		Länge des Europäischen Fernwanderweges E 7	Von den kanarischen Inseln bis zur Ukraine
5.000 km		Länge des Europäischen Fernwanderweges E 9	Vom spanischen Tarifa bis Narva-Jõesuu/Estland
5.000 km		Jährliche Zugstrecke von Schneegänsen von Mexiko nach Kanada	3 Monate lange Wanderung

Ausdehnung		Begriffliche Erfassbarkeit	Erläuterungen
von	bis		
5.052 km		Länge des chinesisch-mongolisch-russischen Flussystems Amur/Argun	Inklusive dem Fluss Kherlen
5.074 km		Länge der Landesgrenze von Mauretanien/Westafrika	
5.083 km		Länge der Landesgrenze von Laos/Südostasien	
5.150 km		Küstenlänge von Chile/Südamerika	
5.150 km		Durchmesser des Saturnmondes Titan	1.676 km mehr als beim Erdenmond
5.150 km	6.371 km	Tiefenbereich des inneren Erdkerns aus festem Material	Tiefenentfernung ab Erdoberfläche
5.152 km		Küstenlänge von Papua-Neuguinea/Südostasien	
5.198 km		Länge der Landesgrenze von Angola/Südwestafrika	
5.200 km		Länge des Europäischen Fernwanderweges E 6	Von Kilpisjärvi/Finnland bis zu den Dardanellen
5.203 km		Länge der Landesgrenze der Zentralafrikanischen Republik	
5.230 km		Ost-West-Ausdehnung Chinas vor der Landnahme 2011 in Tadschikistan	
5.239 km		Ost-West-Ausdehnung Chinas nach der Landnahme 2011	Tadschikistan verlor Land an China
5.245 km		Luftlinien Entfernung zwischen der Nordwestspitze Sumatras und Irian Jayas Ostgrenze	Weiteste Entfernung innerhalb Indonesiens
5.262 km		Durchmesser des Jupitermondes Ganymed	1.790 km mehr als beim Erdenmond
5.284 km		Kürzeste Luftlinien Entfernung zwischen der Stadt Aachen und dem Festland der USA	Aachen ist die westlichste Stadt Deutschlands
5.313 km		Küstenlänge des westpazifischen Inselstaates Solomonen	
5.328 km		Länge der Landesgrenze von Äthiopien/Nordostafrika	
5.410 km		Länge des chinesisch-kasachisch-russischen Flussystems Ob/Irtysch	Quellgebiet liegt im Mongolischen Altai Gebirge
5.440 km		Länge der Landesgrenze vom Iran	
5.464 km		Länge des Gelben Flusses *Huang Ho* in China	
5.497 km	5.540 km	Länge des russischen Flussystems Jenissei/Angara	Zusammen mit Selenga und Ider, diverse Quellen
5.500 km	15.000 km	Reichweite von Interkontinentalraketen	Intercontinental Ballistic Missiles (ICBM)
5.502 km		Maximale Nord Süd Ausdehnung Chinas	
5.504 km		Länge der Landesgrenze der Republik Kongo	Nicht der Demokratischen Republik Kongo
5.529 km		Länge der Landesgrenze von Afghanistan/Zentralasien	
5.536 km		Länge der Landesgrenze von Peru/Südamerika	
5.664 km		Länge der Landesgrenze von Sambia	Im südlichen Afrika
5.697 km		Länge der Landesgrenze vom Staat Niger	Im nördlichen Afrika
> 5.800 km		Maximal erfasste Ausdehnung der global größten Ameisenkolonie *Linepithema humile*	Ameisenkolonie von Italien bis Nordwestspanien

Ausdehnung		Begriffliche Erfassbarkeit	Erläuterungen
von	bis		
5.835 km		Küstenlänge Kroatiens	
5.876 km		Länge der Landesgrenze von Myanmar/Südasien	Das ehemalige Burma
5.900 km		Länge des ostpazifischen Tiefseegrabens *Peru Chile Graben*	Maximale Tiefe 8,1 km
5.968 km		Länge der Landesgrenze des Tschads	Im nördlichen Afrika
6.000 km		Jährliche Zugstrecke von Mornellregenpfeifervögeln	Pro Strecke
6.000 km		Länge des großen afrikanischen Grabenbruchs (Great Rift Valley)	Von Syrien bis Mosambik/Südostafrika
6.000 km		Wellenlänge von Wechelstromwellen für die Energieversorgung	Entspricht 50 Hertz
6.000 km		Länge des Hamza Grundwasserleiters unterhalb des Flusses Amazonas	Fortlaufend in wissenschaftlicher Diskussion
6.051 km		Länge des US-amerikanischen Flussystems Mississippi/Missouri	Inklusive dem Red Rock River
6.100 km		Ausdehnung der vulkanischen Hawai'i Imperator Kette	Von Hawai'i/USA bis Japan
6.112 km		Küstenlänge des westpazifischen Inselstaates Mikronesien	Grenzt an Phillipinen und Insel Neuguinea
6.171 km		Länge der Landesgrenze von Chile	Im südwestlichen Südamerika
6.210 km		Gesamte Autobahnlänge in Deutschland	Stand 1975
6.221 km		Länge der Landesgrenze Usbekistans	In Zentralasien
6.343 km		Länge der Landesgrenze Algeriens	In Nordafrika
6.371 km		Mittlerer Radius der Erde	
6.380 km		Länge des chinesischen Flusses Jangtsekiang - inklusive dem Tongtian He	2.800 Kilometer sind schiffbar
6.384,552 km		Höhe des peruanischen Vulkans Nevado Huascarán	Global zweithöchster Berg ab Erdmittelpunkt
6.384,557 km		Höhe des ecuadorianischen Vulkans Chimborazo	Global höchster Berg ab Erdmittelpunkt
6.400 km		Entfernung zwischen Berlin und New York	Luftlinie
6.400 km		Gesamte Länge vom Google Unterseekabel DUNANT von den USA nach Frankreich	Die Firma SubCom LLC hat das Kabel verlegt
6.448 km		Länge des brasilianischen Flusses Amazonas	Inklusive Ucayali und Apurímac
6.605 km		Gesamte Länge vom Facebook (Meta) Unterseekabel MAREA von den USA nach Spanien	Die Firma SubCom LLC hat das Kabel verlegt
6.743 km		Länge der Landesgrenze Boliviens	In Südamerika
6.774 km		Länge der Landesgrenze Pakistans	In Südasien
6.792 km		Länge des Internet Unterseekabels AMITIE von Microsoft, Facebook (Meta) und Vodafone	Von den USA nach Frankreich und England
6.794 km		Durchmesser des Planeten Mars	
6.852 km		Länge des Flusses Nil durch Burundi, Ruanda, Tansania, Uganda, Süd-(Sudan), Ägypten	Inklusive Kagera Nil
6.888 km		Gesamte Staulängen auf Thüringens Autobahnen im Jahre 2019	Quelle: ADAC, 0,5 Prozent aller deutschen Staus

Ausdehnung		Begriffliche Erfassbarkeit	Erläuterungen
von	bis		
6.950 km		Länge des Europäischen Fernwanderweges E 3	Santiago de Compostela bis Nesebar/Bulgarien
7.000 km		Flucht Fortbewegungsstrecke pro Stunde von Wasserstoff Molekülen	Sofern sie von Erde in Weltraum flüchten wollten
7.000 km		Küstenlänge Indiens	
7.001 km		Länge des Internet Unterseekabels YELLOW vom Unternehmen Lumen Technologies	Anlandung in Bude/Cornwall/England
7.061 km		Gesamte Länge aller Skipisten in den Schweizer Alpen	Stand 2017
7.100 km		Länge der Clarion Clipperton Bruchzone unterhalb des östlichen Zentralpazifiks	Tiefseebergbau für Kupfer/Mangan/Kobalt/Nickel
7.191 km		Länge des Google Unterseekabels GRACE HOPPER von den USA nach Europa	Anlandungen in Bude/Cornwall und Bilbao
7.200 km		Küstenlänge der Türkei	
7.200 km		Gesamte Staulängen auf Saarlands Autobahnen im Jahre 2019	Quelle: ADAC, 0,5 Prozent aller deutschen Staus
7.210 km		Gesamte Länge aller Skipisten in den Alpen Österreichs	Stand 2017
7.243 km		Länge der Landesgrenze vom nordwestafrikanischen Staat Mali	
7.314 km		Küstenlänge Dänemarks	Im nördlichen Europa
7.350 km		Ausdehnung des Faltengebirges Anden in Richtung Nord-Süd	Mit Abstand die längste Gebirgskette der Erde
7.408 km		Länge der Landesgrenze Kolumbiens	Im nördlichen Südamerika
7.467 km		Wasserstraßen Länge in Deutschland (Stand 2012)	Länderrang 19
7.491 km		Küstenlänge Brasiliens	
7.500 km		Jährliche Zugstrecke von Amerikanischen Goldregenpfeifervögeln	Pro Strecke
7.500 km		Länge des Europäischen Fernwanderweges E 8	Vom irischen Dursey Head bis Istanbul/Türkei
7.600 km		Küstenlänge Italiens	
7.600 km		Länge der längsten durchgehenden Landesgrenze zwischen zwei Ländern	Zwischen Kasachstan und Russland
7.620 km		Luftlinien Entfernung zwischen dem Nordkaukasus und der Beringstraße	Weiteste Entfernung innerhalb Russlands
7.650 km		Länge des Internet Unterseekabels AEC-2 von Google, Facebook (Meta) und Aqua Comms	Von USA nach Irland, Frankreich und England
7.687 km		Länge der Landesgrenze vom Staat Sudan	In Nordostafrika
7.821 km		Länge des Trans Canada Highways vom Atlantik an den Pazifik	In Kanada auf einer Achse West-Ost
8.000 km		Maximale Wanderstrecke von Buckelwalen in die Antarktis	
8.000 km		Länge des Europäischen Fernwanderweges E 1	Vom Nordkap/Norwegen bis Sizilien/Italien
8.000 km		Länge des afrikanischen Grünstreifens Green Wall zur Aufhaltung der Wüste Sahara	Durch 12 Länder von Senegal bis Dschibuti
8.100 km		Luftlinien Entfernung zwischen der Nordwestspitze Marokkos und Kapstadt/Südafrika	Weiteste Entfernung innerhalb Afrikas
8.220 km		Länge der Landesgrenze der Mongolei/Nordasien	Grenzkilometer Länderrang 10

Ausdehnung		Begriffliche Erfassbarkeit	Erläuterungen
von	bis		
8.519 km		Gesamte Länge aller Skipisten in den Alpen Frankreichs	Stand 2017
8.568 km		Flucht Fortbewegungsstrecke pro Stunde um den Mond verlassen zu können	Fluchtgeschwindigkeit
8.640 km		Fortbewegungsstrecke pro Stunde von Teilchen bei Detonationen durch Ethin und O2	So schnell zersetzt sich dieser Sprengstoff
8.750 km		Jährliche Zugstrecke von Kurzschwanzsturmtaucher Vögeln	Pro Strecke
8.778 km		Länge der längsten Europastraße	E 40 von Calais/La France nach Ridder/Kasachstan
8.841 km		Gesamte Staulängen auf Bremens Autobahnen im Jahre 2019	Quelle: ADAC, 0,6 Prozent aller deutschen Staus
8.851,8 km		Länge des Ming Dynastie Anteils beim Bau der chinesischen Mauer	
8.893 km		Länge der Landesgrenze Kanadas	Grenzkilometer Länderrang 9
9.000 km		Fortbewegungsstrecke pro Stunde von Teilchen bei Detonationen durch Ammoniumnitrat	So schnell zersetzt sich dieser Sprengstoff
9.140 km		Maximale Reichweite von Boing 737-800 Flugzeugen	Modell Deutsche Lufthansa
9.266 km		Gesamte Staulängen auf Mecklenburg-Vorpommerns Autobahnen im Jahre 2019	Quelle: ADAC, 0,7 Prozent aller deutschen Staus
9.288 km		Länge des Streckennetzes der Transsibirischen Eisenbahn	Von Moskau ins ostsibirische Wladiwostok
9.330 km		Küstenlänge Mexikos	
9.400 km		Radius des Exoplaneten PSR 1257+12 c	Kreist um Pulsar PSR 1257+12
9.517,58 km		Maximaler Abstand des Planeten Mars zu seinem Mond Phobos	Vergleich: Erde zu Mond = 405.450 km
9.861 km		Länge der Landesgrenze Argentiniens	Grenzkilometer Länderrang 8
10^7 m		Zehn Millionen Meter = 10.000.000 Meter = 10.000 km = zehntausend Kilometer	
10.000 km		Maximale Reichweite von Airbus 330-300 Flugzeugen	Modell Deutsche Lufthansa
10.000 km		Jährliche Zugstrecke von Graubruststrandläufer Vögeln	Pro Strecke
10.000 km		Jährliche Zugstrecke von Küstenseeschwalben	Pro Strecke
10.000 km	21.000 km	Fortbewegungsstrecke pro Sekunde beim Austritt von Helium Atomkernen aus Masse	Bei der Alphastrahlung
10.000 km	100.000 km	Wellenlänge von Niederfrequenzen beim Betrieb von elektrischen Eisenbahnen	Exremely Low Frequencies (ELF)
10.000 km	220.000 km	Höhe über N.N. der Exopause als Grenze zwischen Atmosphäre und interplanetarem Raum	Je nach Rechenmodell
> 10.000 km		Länge des Europäischen Fernwanderweges E 4	Von Tarifa Andalusia/Spanien bis Zypern
10.152 km		Fortbewegungsstrecke pro Sekunde von Teilchen bei Knallgas Detonationen	Wenn Wasserstoff (H2) auf Sauerstoff (O2) trifft
10.730 km		Länge der Landesgrenze der Demokratischen Republik Kongo/Zentralafrika	Grenzkilometer Länderrang 7
10.800 km		Fortbewegungsstrecke pro Stunde von Teilchen bei Detonationen durch ANC-Sprengstoff	So schnell zersetzten sich diese Sprengstoffe
10.945 km		Weiteste Luftlinien Entfernung innerhalb Asiens	Zwischen der Beringstraße und Bab al-Mandab
11.000 km		Gesamte Länge des Unterseekabels BRUSA von Brasilien in die USA	Quelle: www telxius com

Ausdehnung		Begriffliche Erfassbarkeit	Erläuterungen
von	bis		
11.070 km		Fortbewegungsstrecke pro Stunde geostationärer Satelliten	Bahnneigung gleich Null
12.000 km		Maximale Reichweite von Airbus 380-800 Flugzeugen	Modell Deutsche Lufthansa
12.034 km		Länge der Landesgrenze der Vereinigten Staaten von Amerika (USA)	Grenzkilometer Länderrang 6
12.104 km		Durchmesser des Planeten Venus	
12.185 km		Länge der Landesgrenze von Kasachstan/Zentralasien	Grenzkilometer Länderrang 5
12.200 km		Maximale Reichweite von Airbus 340-600 Flugzeugen	Modell Deutsche Lufthansa
12.360 km		Gesamte Länge aller Autobahnen in Deutschland im Jahre 2006	Ein Vergleich: Waldweglänge lag bei 1.200.000 km
12.429 km		Küstenlänge Großbritanniens	
12.485 km		Kürzeste Entfernung zwischen den Falkland Inseln und dem Festland Großbritanniens	Die Inseln werden von Großbritannien verteidigt
12.500 km		Maximale Reichweite von Boing 747-400 Flugzeugen	Modell Deutsche Lufthansa
12.700 km		Maximale Reichweite von Airbus 340-300 Flugzeugen	Modell Deutsche Lufthansa
12.712,7 km		Länge der Rechengröße 500 Millionen Pyramidenzoll = 500 Millionen mal 2,54 cm (≈ 1 Zoll)	Erddurchmesser = 500 Millionen Pyramidenzoll
12.713,55 km		Durchmesser der Erde von Pol zu Pol	Erdachse
12.756,32 km		Durchmesser der Erde am Äquator	
13.000 km		Gesamte Länge der beiden Vodafone Unterseekabel APOLLO von den USA nach Europa	Anlandungen in Cornwall/England und Bretagne
13.000 km		Länge der beiden Internet Unterseekabel TGA-Atlantic der indischen Tata Communications	Anlandungen in Somerset/Großbritannien
13.100 km		Maximale Reichweite von Boing 747-800 Flugzeugen	Modell Deutsche Lufthansa
13.676 km		Küstenlänge Griechenlands	Griechenland hat über 3.000 Inseln & Inselchen
14.103 km		Länge der Landesgrenze Indiens	Grenzkilometer Länderrang 4
14.301 km		Gesamte Länge der beiden Internet Unterseekabel AC-1 von Lumen Technologies/USA	Anlandungen: Niederlande, Wales, Insel Sylt
14.500 km		Küstenlänge Chinas	
14.500 km		Länge des Global Cloud Xchange Unterseekabels FA-1 von den USA nach Europa	Anlandungen in Cornwall und in der Bretagne
15.000 km		Ausdehnung des längsten Faltengebirges auf der Erde - von Alaska bis Feuerland	Trotz Unterbrechungen in Zentralamerika
15.000 km		Ausdehnung des Sturmes auf der Nordhalbkugel des Planeten Saturn	Seit 2010, auf einer Fläche von 5 Milliarden km²
15.000 km		Entfernung der Erde zum sonnennächsten Stern Proxima Centauri wäre die Erde erbsengroß	In der Realität ist er 4,3 Lichtjahre entfernt
15.134 km		Küstenlänge Neuseelands	
15.480 km		Flucht Fortbewegungsstrecke pro Stunde auf dem Planeten Merkur	Damit man den Merkur verlassen könnte
16.670 km		Fortbewegungsstrecke pro Stunde von Teilchen bei Detonationen durch Bleiazid	So schnell zersetzt sich dieser Sprengstoff
16.885 km		Länge der Landesgrenze Brasiliens	Grenzkilometer Länderrang 3

Ausdehnung		Begriffliche Erfassbarkeit	Erläuterungen
von	bis		
17.702 km		Wasserstraßen Länge in Vietnam (Stand 2011)	Länderrang 7
17.968 km		Küstenlänge der Antarktis	
18.000 km		Fortbewegungsstrecke pro Stunde von seismischen Primärwellen durch Granit	Die zuerst wahrgenommenen Erdbebenwellen
18.000 km		Wellenlänge von Wechelstromwellen elektrischer Bahnen	Entspricht 16,66 Hertz
18.000 km		Flucht Fortbewegungsstrecke pro Stunde auf dem Planeten Mars	Damit man den Mars verlassen könnte
19.924 km		Küstenlänge der USA	
19.990 km	20.241,5 km	Länge der Landesgrenze von Russland	Diverse Angaben, Grenzkilometer Länderrang 2
20.000 km		Länge des Mittelatlantischen Rückens - der global längste unterseeische Rücken	Gebirge unterhalb Meeresspiegel

Vom Irdischen zum Außerirdischen

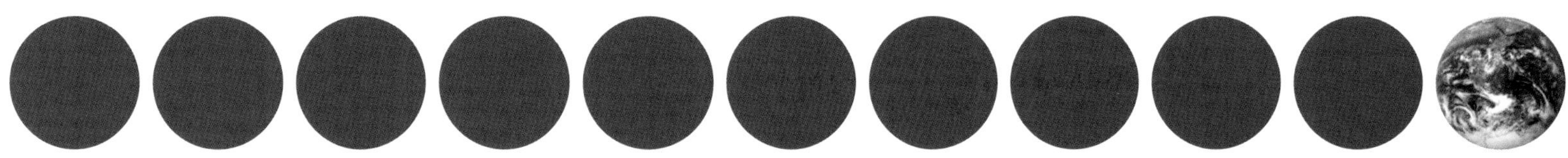

Von 20.000 Kilometer bis 93 Milliarden Lichtjahre

Ausdehnung		Begriffliche Erfassbarkeit	Erläuterungen
von	bis		
20.000 km		Maximale Fortbewegungsstrecke von Telekommunikationssignalen in 67 Millisekunden	Informationen reisen in 0,067 sek um die Welt
20.003,93 km		Länge von geographischen Meridianen auf Landvermesssungs-Referenzellipsoid WGS 84	Längengrad Strecke Nordpol-Südpol
20.183 km		Flughöhe über der Erde der mehr als 20 GPS Satelliten	Umrundung der Erde in 12 Stunden
20.850 km		Gesamte Staulängen auf Sachsen-Anhalts Autobahnen im Jahre 2019	Quelle: ADAC, 1,5 Prozent aller deutschen Staus
21.196,18 km		Länge der chinesischen Mauer - inklusive Naturbarrieren wie Berge	43.721 Einzelobjekte und Standorte
21.579 km		Gesamtlänge aller Wasserstraßen in Indonesien (Stand 2011)	Länderrang 6
21.600 km		Fortbewegungsstrecke pro Stunde einer NASA Sonde vor Aufprall auf Asteroid Didymos	Im Jahre 2022
21.925 km		Küstenlänge Norwegens	
22.000 km		Menschen gehen in ihrem Leben insgesamt ...	
22.117 km		Länge der Landesgrenze von China	Grenzkilometer Länderrang 1
22.680 km		Fortbewegungsstrecke pro Stunde von Teilchen bei Detonationen durch Zellulosenitrat	So schnell zersetzt sich dieser Sprengstoff
23.000 km		Flugreichweite der Kampfdrohne Euro Hawk	Eigner: Deutsche Bundeswehr
23.467 km		Maximaler Abstand zwischen dem Planeten Mars und seinem Mond Deimos	Vergleich: Erde zu Mond = 405.450 km
24.100 km	25.300 km	Fortbewegungsstrecke pro Stunde von Teilchen bei Detonationen durch TNT	So schnell zersetzt sich dieser Sprengstoff
24.150 km		Gesamtlänge aller Kunstschnee Spuren in den Alpen (Stand 2019)	Bei 30 m Breite und 50 cm Höhe
24.725 km		Gesamtlänge aller Wasserstraßen in Kolumbien (Stand 2012)	Länderrang 5
25.000 km		Gesamte Länge des Unterseekabels AAE 1 - von China nach Frankreich	Eigner: Rund 20 Telekommunikationsfirmen
25.160 km		Fortbewegungsstrecke pro Stunde von Teilchen bei Detonationen durch Pikrinsäure (TNP)	So schnell zersetzt sich dieser Sprengstoff
25.750 km		Ausdehnung der Straße Panamericana in Richtung Nord-Süd	Von Alaska bis Südchile
26.099 km		Gesamte Staulängen auf Sachsens Autobahnen im Jahre 2019	1,9 Prozent aller deutschen Staus, Quelle: ADAC
26.640 km		Fortbewegungsstrecke pro Stunde von Teilchen bei Detonationen durch Semtex H	So schnell zersetzt sich dieser Plastiksprengstoff
27.360 km		Fortbewegungsstrecke pro Stunde von Teilchen bei Detonationen durch TATB	So schnell zersetzt sich Triaminotrinitrobenzol
28.000 km		Bahnstrecke pro Stunde vom Hubble Teleskop und der Raumstation ISS um die Erde	
28.695 km		Gesamtlänge des Wassernetzes für Fernwärme und Fernkälte in Deutschland (Stand 2020)	Quelle: BDEW
29.100 km		Gesamtlänge des Wassernetzes für Fernwärme und Fernkälte in Deutschland (Stand 2021)	Quelle: BDEW
29.669 km		Gesamte Staulängen auf Schleswig-Holsteins Autobahnen im Jahre 2019	2,1 Prozent aller deutschen Staus, Quelle: ADAC
29.751 km		Küstenlänge von Japan	
30.000 km		Erdumfang gemäß der Schätzung des Entdeckers Christoph Kolumbus im 15. Jahrhundert	Kolumbus hätte 10.000 km drauf legen müssen
30.000 km	∞	Wellenlänge von Niederfrequenzwellen für induktives Heizen und Regeltechnik	Entspricht 0 bis 10 kHz

Ausdehnung		Begriffliche Erfassbarkeit	Erläuterungen
von	bis		
30.240 km		Fortbewegungsstrecke pro Stunde von Teilchen bei Detonationen durch Hexogen	So schnell zersetzt sich dieser Sprengstoff
30.331 km		Gesamte Straßenlänge in Mosambik/Südostafrika (Stand 2000)	Gepflastert und ungepflastert
30.388 km		Gesamte Staulängen auf Hamburgs Autobahnen im Jahre 2019	2,2 Prozent aller deutschen Staus, Quelle: ADAC
32.196 km		Gesamte Staulänge auf der A 1 zwischen Köln und Dortmund im Jahre 2019	Die belastetste deutsche Strecke, Quelle: ADAC
32.796 km		Fortbewegungsstrecke pro Stunde von Teilchen bei Detonationen durch Octogen (HMX)	So schnell zersetzt sich dieser Sprengstoff
33.765 km		Fortbewegungsstrecke pro Stunde von Teilchen bei Detonationen durch HNIW (CL 20)	So schnell zersetzt sich Hexanitroisowurtzitan
34.000 km		Gesamte Straßenlänge in Kirgisistan/Zentralasien (Stand 2003)	Gepflastert und ungepflastert
34.218 km		Küstenlänge Australiens	Viele verschiedene Quellen
34.377 km		Gesamte Straßenlänge in Myanmar/Asien (Stand 2010)	Ehemaliges Burma, gepflastert und ungepflastert
34.928 km		Gesamte Staulängen auf Berlins Autobahnen im Jahre 2019	2,5 Prozent aller deutschen Staus, Quelle: ADAC
35.000 km		Jährliche Wanderstrecke von Millionen Sturmtaucher Vögeln in Australien	Mit Abreise 15.04. und Ankunft 26.09./27.09.
35.708 km		Gesamtlänge des Höchstspannungsstromnetzes in Deutschland (Stand 2013)	
35.786 km		Flughöhe vom geostationären Satelliten METEOSAT	Über dem Äquator 35.800 km, bei 9.360 km/h
36.389 km		Küstenlänge der Philippinen	Fünftlängste Küstenlinie
36.720 km		Minimale Fluchtstrecke pro Stunde (Fluchtgeschwindigkeit) auf dem Planeten Venus	Damit man die Venus verlassen könnte
37.081 km		Gesamtlänge des Höchstspannungsstromnetzes in Deutschland (Stand 2020)	Quelle: BDEW
37.255 km		Gesamtlänge des Höchstspannungsstromnetzes in Deutschland (Stand 2021)	Quelle: BDEW
37.653 km		Küstenlänge Russlands	Viertlängste Küstenlinie
38.850 km		Gesamte Staulängen auf rheinland-pfälzischen Autobahnen im Jahre 2019	2,8 % aller deutschen Staus in RLP, Quelle: ADAC
38.925 km		Gesamte Straßenlänge in Slowenien (Stand 2008)	Gepflastert und ungepflastert
39.897 km		Fortbewegungsstrecke pro Stunde des US-amerikanischen Raumschiffs Apollo 10	Im Jahre 1969
40.000 km		Länge des Pazifischen Feuerrings	Anreihung von Vulkanen rund um den Pazifik
40.075 km		Umfang der Erde am Äquator	
40.212 km		Flugstrecke des NASA Experiment Flugzeugs Voyager	Im Jahre 1986
40.320 km		Minimale Fluchtstrecke pro Stunde (Fluchtgeschwindigkeit) von Gasmolekülen auf der Erde	Damit die Moleküle die Erde verlassen könnten
41.009 km		Gesamte Länge aller Wasserstraßen in den USA (Stand 2012)	Länderrang 4
41.981 km		Schienennetz Länge in Deutschland (Stand 2008)	Länderrang 6
42.000 km		Pro Sekunde entfernen sich Galaxien ... voneinander	Seit dem Urknall gehts immer weiter auseinander
42.157 km		Bahnradius geostationärer Satelliten - maximale Länge	Geostationär = konstante Position über der Erde

Ausdehnung		Begriffliche Erfassbarkeit	Erläuterungen
von	bis		
44.087 km		Küstenlänge Grönlands	Drittlängste Küstenlinie
> 45.000 km	54.000 km	Gesamte Länge der Schiffahrtsrouten in Europa - Flüsse, Seen, Kanäle & Binnengewässer	Die Angaben variieren erheblich
46.000 km		Gesamte Länge der Wallhecken bzw. Knicks in Schleswig-Holstein	Stand 2012
46.552 km		Länge des Schienennetzes in Kanada (Stand 2008)	Länderrang 5
48.246 km		Maximaler Abstand des Planeten Neptun zu seinem nahesten Mond Naiad	Der Neptun hat 14 Monde
49.248 km		Durchmesser des Planeten Neptun	
49.508 km		Gesamte Staulängen auf Brandenburgs Autobahnen im Jahre 2019	3,5 Prozent aller deutschen Staus, Quelle: ADAC
49.700 km		Maximaler Abstand des Planeten Uranus zu seinem Mond Cordelia	Vergleich: Erde zu Mond = 405.450 km
50.000 km		Jährliche Wanderstrecke von Küstenseeschwalben - dem Sommer folgend	Strecke Grönland → um Antarktis → Grönland
50.000 km		Maximaler Abstand des Planeten Neptun zu seinem Mond Thalassa	Vergleich: Erde zu Mond = 405.450 km
50.000 km		Gesamtlänge aller Wasserstraßen in Brasilien (Stand 2012)	Länderrang 3
50.486 km		Fahrstrecke der Fregatte Rheinland-Pfalz (F 209) auf ihrer letzten Reise im Jahre 2012	27.260,1 Seemeilen, Schiff der Deutschen Marine
51.118 km		Durchmesser des Planeten Uranus	
52.500 km		Maximaler Abstand des Planeten Neptun zu seinem Mond Despina	Einer von 14 Monden des Neptun
53.800 km		Maximaler Abstand des Planeten Uranus zu seinem Mond Ophelia	Einer von 27 Monden des Uranus
54.000 km	80.000 km	Durchschnittliche Fortbewegungsstrecke pro Stunde beim Aufprall von Meteoriten	Aufprall auf die Erdoberfläche
54.716 km		Küstenlänge Indonesiens	Zweitlängste Küstenlinie
57.000 km		Fortbewegungsstrecke pro Stunde der US-amerikanischen Raumsonden Voyager I und II	Im Jahre 1977
58.000 km		Länge des Glasfaser Netzes von Vodafone Deutschland (Stand 2013)	17 Prozent des deutschen Netzes
59.200 km		Maximaler Abstand des Planeten Uranus zu seinem Mond Bianca	Einer von 27 Monden des Uranus
61.800 km		Maximaler Abstand des Planeten Uranus zu seinem Mond Cressida	Einer von 27 Monden des Uranus
62.000 km		Gesamte Fuß-, Rad- und Reitweglänge in Deutschlands Wäldern	Laut Bundeswaldinventur 2012
62.000 km		Maximaler Abstand des Planeten Neptun zu seinem Mond Galatea	Einer von 14 Monden des Neptun
62.700 km		Maximaler Abstand des Planeten Uranus zu seinem Mond Desdemona	Einer von 27 Monden des Uranus
63.974 km		Länge des Schienennetzes in Indien (Stand 2009)	Länderrang 4
64.000 km		Sonnenwind trifft auf Erdmagnetfeld in Erdabstand von mindestens ...	Er bewirkt die Stauchung der Magnetosphäre
64.000 km	300.000 km	Radius der Magnetosphäre der Erde	Magnetosphäre = Magnetfeld
64.400 km		Maximaler Abstand des Planeten Uranus zu seinem Mond Juliet	Einer von 27 Monden des Uranus
66.100 km		Maximaler Abstand des Planeten Uranus zu seinem Mond Portia	Vergleich: Erde zu Mond = 405.450 km

Ausdehnung		Begriffliche Erfassbarkeit	Erläuterungen
von	bis		
69.900 km		Maximaler Abstand des Planeten Uranus zu seinem Mond Rosalind	Einer von 27 Monden des Uranus
70.000 km		Kilometerlänge aller mittelozeanischen Gebirgsrücken	In allen Ozeanen weltweit
70.746 km		Gesamte Straßenlänge in Uganda/Ostafrika (Stand 2003)	Gepflastert und ungepflastert
71.300 km		Gesamte Straßenlänge im Jemen (Stand 2005)	Gepflastert und ungepflastert
71.454 km		Gesamte Straßenlänge in der Schweiz (Stand 2010)	Gepflastert und ungepflastert
73.074 km		Gesamte Straßenlänge in Lettland (Stand 2010)	Gepflastert und ungepflastert
73.600 km		Maximaler Abstand des Planeten Neptun zu seinem Mond Larissa	Einer von 14 Monden des Neptun
75.300 km		Maximaler Abstand des Planeten Uranus zu seinem Mond Belinda	Vergleich: Erde zu Mond = 405.450 km
76.279 km		Gesamtlänge des Hochspannungsstromnetzes in Deutschland (Stand 2013)	
76.680 km		Minimale Fluchtstrecke pro Stunde (Fluchtgeschwindigkeit) auf dem Planeten Uranus	Damit man den Uranus verlassen könnte
77.732 km		Gesamte Straßenlänge in Uruguay/Südamerika (Stand 2010)	Gepflastert und ungepflastert
77.764 km		Gesamte Straßenlänge in Chile/Südamerika (Stand 2010)	Gepflastert und ungepflastert
78.000 km		Gesamte Straßenlänge in Finnland (Stand 2012)	Gepflastert und ungepflastert
80.488 km		Gesamte Straßenlänge in Bolivien/Südamerika (Stand 2010)	Gepflastert und ungepflastert
81.996 km		Gesamte Straßenlänge in der Elfenbeinküste/Westafrika (Stand 2007)	Gepflastert und ungepflastert
82.900 km		Gesamte Straßenlänge in Portugal (Stand 2008)	Gepflastert und ungepflastert
83.880 km		Minimale Fluchtstrecke pro Stunde (Fluchtgeschwindigkeit) auf dem Planeten Neptun	Damit man den Neptun verlassen könnte
85.000 km		Länge des Glasfasernetzes der europäischen Initiative Euro One	Stand 2013, diverse Quellen
86.000 km		Maximaler Abstand des Planeten Uranus zu seinem Mond Puck	4 bis 5 mal weniger als der Abstand Erde-Mond
86.000 km		Länge des Schienennetzes in China (Stand 2008)	Länderrang 3
86.392 km		Gesamte Straßenlänge in Weißrussland (Stand 2010)	Gepflastert und ungepflastert
87.157 km		Länge des Schienennetzes in Russland (Stand 2006)	Länderrang 2
91.049 km		Gesamte Straßenlänge in Tansania/Ostafrika (Stand 2007)	Gepflastert und ungepflastert
93.911 km		Gesamte Straßenlänge in Neuseeland (Stand 2009)	Gepflastert und ungepflastert
94.621 km		Gesamtlänge des Hochspannungsstromnetzes in Deutschland (Stand 2020)	Quelle: BDEW
94.650 km		Gesamtlänge des Hochspannungsstromnetzes in Deutschland (Stand 2021)	Quelle: BDEW
96.155 km		Straßenlänge von Venezuela/Südamerika (Stand 2002)	Gepflastert und ungepflastert
97.267 km		Straßenlänge von Simbabwe/Afrika (Stand 2002)	Gepflastert und ungepflastert
98.721 km		Straßenlänge von Malaysia/Südostasien (Stand 2004)	Gepflastert und ungepflastert

Ausdehnung		Begriffliche Erfassbarkeit	Erläuterungen
von	bis		
10^8 m		Einhunderttausend Kilometer = 100.000 km	10^5 km = 10^8 m
102.000 km		Länge aller Wasserstraßen in Russland (Stand 2009)	Länderrang 2
107.208 km		Fortbewegungsstrecke pro Stunde der Erde bei ihrem Umlauf um die Sonne	Einmal um die Sonne = 940 Millionen km
108.000 km	250.000 km	Durchschnittliche Fortbewegungsstrecke pro Stunde von 1 mm großen Meteoren	Vor dem Verglühen in der Atmosphäre
110.000 km		Länge aller Wasserstraßen in China (Stand 2011)	Länderrang 1
112.304 km		Gesamte Staulängen auf Hessens Autobahnen im Jahre 2019	Quelle: ADAC
117.600 km		Maximaler Abstand des Planeten Neptun zu seinem Mond Proteus	Vergleich: Erde zu Mond = 405.450 km
120.536 km		Durchmesser des Planeten Saturn	
127.800 km		Minimale Fluchtstrecke pro Stunde (Fluchtgeschwindigkeit) auf dem Planeten Saturn	Damit man den Saturn verlassen könnte
128.000 km		Maximaler Abstand des Planeten Jupiter zu seinem Mond Metis	Vergleich: Erde zu Mond = 405.450 km
129.000 km		Maximaler Abstand des Planeten Jupiter zu seinem Mond Adrastea	Der Jupiter hat mehr als 92 Monde & Minimonde
129.800 km		Maximaler Abstand des Planeten Uranus zu seinem Mond Miranda	Vergleich: Erde zu Mond = 405.450 km
133.600 km		Maximaler Abstand des Planeten Saturn zu seinem Mond Pan	Der Saturn hat mehr als 83 Monde & Minimonde
136.864 km		Gesamte Staulängen auf Niedersachsens Autobahnen im Jahre 2019	Quelle: ADAC
137.700 km		Maximaler Abstand des Planeten Saturn zu seinem Mond Atlas	Der Saturn hat mehr als 83 Monde & Minimonde
139.400 km		Maximaler Abstand des Planeten Saturn zu seinem Mond Prometheus	Prometheus gilt als Wächtermond
141.700 km		Maximaler Abstand des Planeten Saturn zu seinem Mond Pandora	Wie Prometheus stabilisiert Pandora den Saturn
142.984 km		Durchmesser des Planeten Jupiter	
151.400 km		Maximaler Abstand des Planeten Saturn zu seinem Mond Epimetheus	Er gilt als Nr. 11 von 83 Saturnmonden
151.500 km		Maximaler Abstand des Planeten Saturn zu seinem Mond Janus	Vergleich: Erde zu Mond = 405.450 km
160.000 km		Fortbewegungsstrecke pro Sekunde von Licht in Gläsern mit hoher optischer Dichte	Das Glas verlangsamt Licht um 47 Prozent
160.000 km		Gesamtlänge aller Blutkapillaren eines Menschen - legte man sie hintereinander	Oberfläche 6.000 bis 7.000 m²
160.000 km		Gesetzliche Mindestlaufleistung für Autokatalysatoren in den USA	Gemäß der Richtlinie Clean Air Act
172.248 km		Fortbewegungsstrecke pro Stunde des Merkurs bei seinem Umlauf um die Sonne	
180.549 km		Gesamte Straßenlänge in Vietnam - gepflastert und ungepflastert	Länderrang 27, Stand 2008
181.300 km		Maximaler Abstand des Planeten Jupiter zu seinem Mond Adrastea	Vergleich: Erde zu Mond = 405.450 km
186.000 km		Maximaler Abstand des Planeten Saturn zu seinem Mond Mimas	Ein Eismond mit einem riesigen Krater
191.200 km		Maximaler Abstand des Planeten Uranus zu seinem Mond Ariel	Vergleich: Erde zu Mond = 405.450 km
191.461 km		Gesamte Staulängen auf Baden-Württembergs Autobahnen im Jahre 2019	Quelle: ADAC

Ausdehnung		Begriffliche Erfassbarkeit	Erläuterungen
von	bis		
193.200 km		Gesamte Straßenlänge in Nigeria/Westafrika (Stand 2004) - gepflastert und ungepflastert	Länderrang 26
198.866 km		Gesamte Straßenlänge im Iran (Stand 2010) - gepflastert und ungepflastert	Länderrang 25
199.567 km		Gesamte Straßenlänge in Ungarn (Stand 2010) - gepflastert und ungepflastert	Länderrang 24
200.000 km		Fortbewegungsstrecke pro Sekunde elektrischer Signale über Kupferleitungen	Beim Transport von Telefonsignalen und "Strom"
200.000 km		Länge des Glasfasernetzes im Großraum Berlin (Stand 2013)	60 Prozent des deutschen Netzes
> 200.000 km		Maximale Ausdehnung von *Sonnenflecken* auf der Sonne	
202.080 km		Küstenlänge Kanadas	
210.000 km		Gesamtlänge des Internetkabel Netzwerks der indischen Tata Communications	Über Land, laut TATA Angaben
213.151 km		Straßenlänge der Philippinen (Stand 2009) - gepflastert und ungepflastert	Länderrang 23
214.473 km		Durchmesser des Sterns Proxima Centauri	Der Sonne am nächsten gelegene Stern
214.560 km		Minimale Fluchtstrecke pro Stunde (Fluchtgeschwindigkeit) auf dem Planeten Jupiter	Damit man den Jupiter verlassen könnte
216.000 km		Fortbewegungsstrecke pro Stunde des Kometen Shoemaker Levy 9 beim Aufprall (1994)	Auprall von Bruchstücken auf dem Jupiter
218.000 km		Länge des Glasfasernetzes der Deutschen Telekom (Stand 2013)	64 Prozent des deutschen Netzes
221.372 km		Gesamte Straßenlänge in Saudi Arabien (Stand 2006) - gepflastert und ungepflastert	Länderrang 22
221.900 km		Maximaler Abstand des Planeten Jupiter zu seinem Mond Thebe	Vergleich: Erde zu Mond = 405.450 km
224.792 km		Länge des Schienennetzes in den USA (Stand 2007)	Länderrang 1
225.000 km		Fortbewegungsstrecke pro Sekunde von Licht durch Wasser	Das Wasser verlangsamt Licht um 25 Prozent
230.735 km		Gesamte überörtliche Straßenlänge in Deutschland im Jahre 2000	
231.182 km		Gesamte überörtliche Straßenlänge in Deutschland im Jahre 2008	
231.374 km		Gesamte Straßenlänge in Argentinien (Stand 2004) - gepflastert und ungepflastert	Länderrang 21
238.000 km		Maximaler Abstand des Planeten Saturn zu seinem Mond Enceladus	Vergleich: Erde zu Mond = 405.450 km
240.631 km		Gesamte Länge aller Flüsse in Großbritannien	Quelle: Environmental Agency Bristol
260.760 km		Gesamte Straßenlänge in Pakistan (Stand 2007) - gepflastert und ungepflastert	Länderrang 20
266.000 km		Maximaler Abstand des Planeten Uranus zu seinem Mond Umbriel	Vergleich: Erde zu Mond = 405.450 km
266.869 km		Gesamte Staulängen auf Bayerns Autobahnen im Jahre 2019	Quelle: ADAC
270.000 km		Fortbewegungsstrecke pro Sekunde elektrischer Signale über Lichtwellenleiter	Lichtwellenleiter verlangsamen Licht kaum
295.000 km		Maximaler Abstand des Planeten Saturn zu seinen Monden Tethys, Telesto und Calypso	Vergleich: Erde zu Mond = 405.450 km
299.650,058 km		Fortbewegungsstrecke pro Sekunde von subatomaren Myon Elementarteilchen	0,9998 fache Lichtgeschwindigkeit
299.710 km		Fortbewegungsstrecke pro Sekunde von Licht durch bodennahe Luft	Bodennahe Luft verlangsamt Licht um 28 Promille

Ausdehnung		Begriffliche Erfassbarkeit	Erläuterungen
von	bis		
299.710 km		Fortbewegungsstrecke pro Sekunde bei der Ausbreitung von Gammastrahlen	Höchstes Durchdringungsvermögen
299.792,458 km		Fortbewegungsstrecke pro Sekunde von Licht im Vakuum (c0)	Standard Rechengröße für Lichtgeschwindigkeit
300.000 km		Fortbewegungsstrecke pro Sekunde von Licht im Vakuum (c0)	Allgemeine Rechengröße für Lichtgeschwindigkeit
340.000 km		Länge des Glasfasernetzes in Deutschland (Stand 2013)	Für Internet, Telefon, TV - aber keinen "Strom"
340.000 km		Fortbewegungsstrecke pro Stunde des Rings der Wagenrad Galaxie	Sich vom Zentrum wegbewegend
352.046 km		Straßenlänge der Türkei (Stand 2008) - gepflastert und ungepflastert	Länderrang 19
354.800 km		Maximaler Abstand des Planeten Neptun zu seinem Mond Triton	Vergleich: Erde zu Mond = 405.450 km
356.000 km		Summenkilometer aller Küstenlinien weltweit	
356.400 km		Nahestmögliche Entfernung des Mondes zur Erde	Der *Supermond* erscheint dann größer als normal
362.099 km		Gesamte Straßenlänge in Südafrika (Stand 2002) - gepflastert und ungepflastert	Länderrang 18
362.825 km		Erwartete Entfernung des Mondes zur Erde im November 2022 - Mond im Perigäum	Der *Supermond* erscheint dann größer als normal
366.095 km		Gesamte Straßenlänge in Mexiko (Stand 2008) - gepflastert und ungepflastert	Länderrang 17
377.000 km		Maximaler Abstand des Planeten Saturn zu seinen Monden Dione und Helene	Vergleich: Erde zu Mond = 405.450 km
384.400 km		Durchschnittliche Entfernung der Erde zum Mond	Entspricht 55 Prozent des Sonnenradius
384.400 km		Ehemals geplante Reiseentfernung mit privater Raumfähre *Excalibur Almaz*	Mondflug Angebot für 125.000.000 Euro
394.428 km		Gesamte Straßenlänge in Großbritannien (Stand 2009) - gepflastert und ungepflastert	Länderrang 16
401.056 km		Weiteste Entfernung die Menschen je im Weltraum zurücklegten (Stand 10/2022)	NASA Besatzung von Apollo 13 im Jahre 1970
405.867 km		Erwartete Entfernung des Mondes zur Erde im Dezember 2022 - Mond im Apogäum	Der *Minimond* erscheint dann kleiner als normal
406.700 km		Maximale Entfernung des Mondes zur Erde	Alle Sonnensystemplaneten passten dazwischen
421.800 km		Maximaler Abstand des Planeten Jupiter zu seinem Mond Io	Vergleich: Erde zu Mond = 405.450 km
423.997 km		Gesamte Straßenlänge in Polen (Stand 2008) - gepflastert und ungepflastert	Länderrang 15
435.900 km		Maximaler Abstand des Planeten Uranus zu seinem Mond Titania	Vergleich: Erde zu Mond = 405.450 km
452.744 km		Gesamte Staulängen auf Nordrhein-Westfalens Autobahnen im Jahre 2019	Quelle: ADAC
486.000 km		Gesamte Staulängen auf Nordrhein-Westfalens Autobahnen im Jahre 2018	Quelle: ADAC
487.700 km		Gesamte Straßenlänge in Italien (Stand 2007) - gepflastert und ungepflastert	Länderrang 14
496.607 km		Gesamte Straßenlänge in Indonesien (Stand 2011) - gepflastert und ungepflastert	Länderrang 13
500.000 km		Hochgerechnete Lebensreisestrecke von Pottwalen	
500.000 km		Gesamte Länge des Unterseekabel Netzwerks der indischen Tata Communications	Größtes Internet Seekabelnetzwerk weltweit
507.210 km		Gesamtlänge des Mittelspannungsstromnetzes in Deutschland (Stand 2013)	

Ausdehnung		Begriffliche Erfassbarkeit	Erläuterungen
von	bis		
512.000 km		Befestigte Fahrweglänge in Deutschlands Wäldern	Laut Bundeswaldinventur 2012
514.000 km		Maximaler Abstand des Planeten Neptun zu seinem Mond Nereid	Vergleich: Erde zu Mond = 405.450 km
527.000 km		Maximaler Abstand des Planeten Saturn zu seinem Mond Rhea	Vergleich: Erde zu Mond = 405.450 km
528.009 km		Gesamtlänge des Mittelspannungsstromnetzes in Deutschland (Stand 2020)	Quelle: BDEW
529.600 km		Gesamtlänge des Mittelspannungsstromnetzes in Deutschland (Stand 2021)	Quelle: BDEW
530.000 km		Länge des Trinkwassernetzes in Deutschland	Stand 2019
572.900 km		Gesamte Straßenlänge in Schweden (Stand 2009) - gepflastert und ungepflastert	Länderrang 12
582.600 km		Maximaler Abstand des Planeten Uranus zu seinem Mond Oberon	Vergleich: Erde zu Mond = 405.450 km
600.000 km		Sonnenwinde ziehen das Erdmagnetfeld bis auf ... auseinander	Auf sonnenabgewandter Seite
602.029 km		Gesamtlänge des Gasrohrnetzes in Deutschland (Stand 2020)	Quelle: BDEW
608.000 km		Gesamtlänge des Gasrohrnetzes in Deutschland (Stand 2021)	Quelle: BDEW
645.000 km		Gesamte Straßenlänge in Deutschland (Stand 2010) - gepflastert und ungepflastert	Länderrang 11
> 650.000 km		Länge des Glasfasernetzes der Deutschen Telekom (Stand Oktober 2022)	Bodenverlegt
> 670.000 km		Gesamte Reisestrecke von Sabine und Burkhard Koch mit Allrad Expeditionsfahrzeugen	Stand 11/2022, Quelle: pistenkuh de
670.900 km		Maximaler Abstand des Planeten Jupiter zu seinem Mond Europa	Vergleich: Erde zu Mond = 405.450 km
680.000 km		Fortbewegungsstrecke pro Tag von Raumstationen um die Erde	8 km pro Sekunde
681.298 km		Gesamte Straßenlänge in Spanien (Stand 2008) - gepflastert und ungepflastert	Länderrang 10
696.342 km		Radius der Sonne ($R_{\odot}$)	Varianz +/- 65 km
819.214 km		Durchschnittliche Strecke die ein Mensch in seinem Leben - unter anderem im Auto - fährt	Datensatz für OECD Länder
823.217 km		Gesamte Straßenlänge in Australien (Stand 2011) - gepflastert und ungepflastert	Länderrang 9
982.000 km		Gesamte Straßenlänge in Russland (Stand 2009) - gepflastert und ungepflastert	Länderrang 8
10^9 m		Eine Milliarde Meter = eine Million Kilometer = 1.000.000 km	10^6 km = 10^9 m
1.000.000 km		Ein Gigameter	
1.000.000 km	2.000.000 km	Alle menschlichen Körperzellen als Kette aneinandergereiht wären ... lang	
1.028.446 km		Gesamte Straßenlänge in Frankreich (Stand 2010) - gepflastert und ungepflastert	Länderrang 7
1.042.300 km		Gesamte Straßenlänge in Kanada (Stand 2008) - gepflastert und ungepflastert	Länderrang 6
1.070.000 km		Maximaler Abstand des Planeten Jupiter zu seinem Mond Ganymed	Vergleich: Erde zu Mond = 405.450 km
1.147.000 km		Fahrweglänge in Deutschlands Wäldern (davon sind 512.000 km befestigt)	Laut Bundeswaldinventur 2012
1.210.251 km		Gesamte Straßenlänge in Japan (Stand 2010) - gepflastert und ungepflastert	Länderrang 5

Ausdehnung		Begriffliche Erfassbarkeit	Erläuterungen
von	bis		
1.216.417 km		Gesamtlänge des Niederspannungsstromnetzes in Deutschland (Stand 2020)	Quelle: BDEW
1.222.000 km		Maximaler Abstand des Planeten Saturn zu seinem Saturnmond Titan	
1.222.100 km		Gesamtlänge des Niederspannungsstromnetzes in Deutschland (Stand 2021)	Quelle: BDEW
1.392.684 km		Äquatorialer Durchmesser der Sonne	
1.400.000 km		Gesamte Staulängen auf Deutschlands Autobahnen im Jahre 2019	Quelle: ADAC. 32 % aller deutschen Staus in NRW
1.440.000 km		Fortbewegungsstrecke pro Stunde von langsamen Sonnenwinden	400 km pro Sekunde
1.481.100 km		Maximaler Abstand des Planeten Saturn zu seinem Saturnmond Hyperion	
1.500.000 km		Anziehungskräfte zwischen Erde und Sonne heben sich auf ab ... Höhe über der Erde	Am inneren Lagrange Punkt L 1
1.580.964 km		Gesamte Straßenlänge in Brasilien (Stand 2010) - gepflastert und ungepflastert	Länderrang 4
1.704.645 km		Durchmesser des Sterns Rigil Kentaurus bzw. Alpha Centauri	
1.876.128 km		Gesamtlänge des Stromnetzes in Deutschland (Stand 2020)	Quelle: BDEW
1.880.000 km		Maximaler Abstand des Planeten Jupiter zu seinem Mond Callisto	Vergleich: Erde zu Mond = 405.450 km
1.883.605 km		Gesamtlänge des Stromnetzes in Deutschland (Stand 2021)	Quelle: BDEW
2.000.000 km		Gedachte Kettenlänge würde man die 10 bis 100 Billionen Körperzellen aneinanderreihen	Zellen in menschlichen Körpern
2.160.000 km		Fortbewegungsstrecke pro Stunde der Milchstraße in Richtung des Galaxienhaufens Virgo	
2.222.280 km		Minimale Fluchtstrecke pro Stunde (Fluchtgeschwindigkeit) auf der Sonne	Damit man die Sonne verlassen könnte
2.415.256 km		Länge einer durchschnittlichen Umlaufbahn des Mondes um die Erde	Radius von 384.400 km x 2 x π
2.880.000 km	3.240.000 km	Fortbewegungsstrecke pro Stunde von schnellen Sonnenwinden	800 km - 900 km pro Sekunde
3.561.300 km		Maximaler Abstand des Planeten Saturn zu seinem Mond Iapetus	Vergleich: Erde zu Mond = 405.450 km
4.106.387 km		Gesamte Straßenlänge in China (Stand 2011) - gepflastert und ungepflastert	Länderrang 3
4.689.842 km		Gesamte Straßenlänge in Indien (Stand 2013) - gepflastert und ungepflastert	Länderrang 2
6.000.000 km		So nah flog im Jahre 2022 der Asteroid Didymos an der Erde vorbei	Am 26.09.22 veränderte die NASA seine Bewegung
6.506.204 km		Gesamte Straßenlänge in den USA (Stand 2008) - gepflastert und ungepflastert	Länderrang 1
7.000.000 km		Fortbewegungsstrecke pro Stunde von Sonnengaswolken in Richtung Erde	Zum Beispiel am 25. Januar 2012
7.600.000 km		Jährliche Fahrstrecke aller 127 Stadtbusse im Stadtgebiet Mainz/Deutschland	Stadtfläche 97,8 km², Stand 2013
8.000.000 km		Fortbewegungsstrecke pro Stunde von Wasserstoff Elektronen um ihren Atomkern	
9.800.000 km		Jährliche Fahrstrecke aller Busse und Trams im Gebiet der Stadt Mainz/Deurtschland	Stadtfläche 97,8 km², Stand 2013
10^{10} m		Zehn Milliarden Meter = zehn Millionen Kilometer = 10.000.000 km	10^7 km = 10^{10} m
10.000.000 km		Zehn Gigameter	

Ausdehnung		Begriffliche Erfassbarkeit	Erläuterungen
von	bis		
11.000.000 km		Distanz der Erde zum Asteroidenmond Dimorphos bei Ablenkungsversuch der NASA	Flugbahn wurde 09/2022 erfolgreich geändert
11.094.000 km		Maximaler Abstand des Planeten Jupiter zu seinem Mond Leda	Vergleich: Erde zu Mond = 405.450 km
11.480.000 km		Maximaler Abstand des Planeten Jupiter zu seinem Mond Himalia	Der Jupiter hat mehr als 92 Monde & Minimonde
11.720.000 km		Maximaler Abstand des Planeten Jupiter zu seinem Mond Lysithea	Der Minimond ist nur rund 35 km breit
11.737.000 km		Maximaler Abstand des Planeten Jupiter zu seinem Mond Elara	Der Minimond ist nur rund 85 km breit
12.954.000 km		Maximaler Abstand des Planeten Saturn zu seinem Mond Phoebe	Vergleich: Erde zu Mond = 405.450 km
17.987.547 km		Fortbewegungsstrecke pro Minute von Licht	Länge einer Lichtminute
21.200.000 km		Maximaler Abstand des Planeten Jupiter zu seinem Mond Ananke	Ananke war eine Geliebte des Gottes Zeus
22.600.000 km		Maximaler Abstand des Planeten Jupiter zu seinem Mond Carme	Karmä war eine Geliebte des Gottes Zeus
23.500.000 km		Maximaler Abstand des Planeten Jupiter zu seinem Mond Pasiphae	Der Sohn der Pasiphae war der Minotaurus
23.700.000 km		Maximaler Abstand des Planeten Jupiter zu seinem Mond Sinope	Vergleich: Erde zu Mond = 405.450 km
56.000.000 km		Nahester Abstand bzw. Oppositionsabstand der Planeten Mars und Erde	Rund 145 mal die Entfernung Erde-Mond
56.000.000 km	401.000.000 km	Variable Abstände zwischen den Planeten Mars und Erde	Nur alle 16 Jahre sind es 56.000.000 km
58.000.000 km		Mittlerer Abstand des Planeten Merkur zur Sonne	Wie rund 150 mal die Entfernung Erde-Mond
60.442.485 km	62.810.048 km	Durchmesser der Milchstraßensonne Aldebaran	44 bis 45 mal größer als unsere Sonne
94.000.000 km		Jährliche Strecke die 82 Millionen Bewohner in Deutschland insgesamt zu Fuß zurücklegen	Diverse Quellen, Durchschnittswert
10^{11} m		Einhundert Milliarden Meter = Einhundert Millionen Kilometer = 100.000.000 km	10^{8} km = 10^{11} m
100.000.000 km		Hundert Gigameter	
108.000.000 km		Mittlerer Abstand des Planeten Venus zur Sonne	
147.083.346 km		Kleinster Abstand der Erde zur Sonne	Perihel, -hel für *helios* : die Sonne
149.597.870,69 km		Mittlere Entfernung der Erde von der Sonne	
149.597.870,69 km		Länge der Maßeinheit 1 astronomische Einheit (AE)	Entspricht 0,0000158 Lichtjahren
152.112.126 km		Größter Abstand der Erde zur Sonne	Aphel, -hel für helios: die Sonne
228.000.000 km		Mittlerer Abstand des Planeten Mars zur Sonne	
232.000.000 km	355.000.000	Durchmesser der Sonne in 5 bis 8 Milliarden Jahren bei Entwicklung zum "Roten Riesen"	Sehr unterschiedliche Quellangaben
299.200.000 km		Durchschnittlicher Durchmesser der elliptischen Erdumlaufbahn um die Sonne	
413.900.000 km		Mittlerer Abstand des Zwergplaneten Ceres zur Sonne	
591.000.000 km		Nahester Abstand bzw. Oppositionsabstand der Planeten Jupiter und Erde	
591.000.000 km	928.000.000 km	Variable Abstände zwischen den Planeten Jupiter und Erde	

Ausdehnung		Begriffliche Erfassbarkeit	Erläuterungen
von	bis		
778.000.000 km		Mittlerer Abstand des Planeten Jupiter zur Sonne	
940.000.000 km		Länge der elliptischen Streckenbahn der Erde um die Sonne	Innerhalb eines Jahres
977.664.168 km	1,42 Milliarde km	Durchmesser der Milchstraßensonne Beteigeuze	702 bis 1.020 mal größer als unsere Sonne
10^{12} m		1 Billion Meter = eine Milliarde Kilometer = 1.000.000.000 km	10^{9} km = 10^{12} m
1.000.000.000 km		1 Terameter	
1,079 Milliarde km		Fortbewegungsstrecke pro Stunde von Licht	Länge einer Lichtstunde
1,4 Milliarde km		Mittlerer Abstand des Planeten Saturn zur Sonne	Fast doppelt so weit entfernt wie der Jupiter
1,64 Milliarden km		Gesamte Personenkilometer auf grenzüberschreitendem Schienenverkehr von Briten	Bürger*innen Großbritanniens im Jahre 2009
> 1,7 Milliarden km		Gesamte Reisestrecke aller Reisenden in Deutschland pro Tag - mit PKWs	Stand 2016, im Durchschnitt
2,735 Milliarden km		Kürzester Abstand des Planeten Uranus zur Sonne	Perihel, -hel für helios: die Sonne
2,870 Milliarden km		Mittlerer Abstand des Planeten Uranus zur Sonne	
> 3 Milliarden km		Gesamte Reisestrecke aller Reisenden in Deutschland pro Tag - mit allen Verkehrsmitteln	Stand 2016, im Durchschnitt, 257 Millionen Wege
3,006 Milliarden km		Größter Abstand des Planeten Uranus zur Sonne	Aphel, -hel für helios: die Sonne
3,7 Milliarden km		Durchmesser des multiplen Sternensystems *Epsilon Aurigae*	Die scheinbar größte bekannte Sonne
3,9 Milliarden km		Flugstrecke des Satelliten ERS 2 auf 800 km Höhe - vor seiner Abschaltung durch die ESA	85.000 fache Erdumkreisung
3,9 Milliarden km		Gesamtfahrleistung aller Busse in Deutschland im Jahre 1991	Quelle: Umweltbundesamt
4,16 Milliarden km		Gesamte Personenkilometer auf grenzüberschreitendem Schienenverkehr von Deutschen	Staatsbürger*innen Deutschlands im Jahre 2009
4,444 Milliarden km		Kleinster Abstand des Planeten Neptun zur Sonne	Perihel, -hel für helios: die Sonne
4,545 Milliarden km		Größter Abstand des Planeten Neptun zur Sonne	Aphel, -hel für helios: die Sonne
4,6 Milliarden km	7,5 Milliarden km	Abstand des Kuipergürtels zur Sonne	Hier zirkulieren tausende Reste aus Urknallzeit
4,6 Milliarden km		Gesamtfahrleistung aller Busse in Deutschland im Jahre 2019	Quelle: Umweltbundesamt
4,436 Milliarden km		Kleinstmöglicher Abstand des Zwergplaneten Pluto zur Sonne	Perihel, -hel für helios: die Sonne
7,375 Milliarden km		Größtmöglicher Abstand des Zwergplaneten Pluto zur Sonne	Aphel, -hel für helios: die Sonne
9,98 Milliarden km		Gesamte Personenkilometer auf grenzüberschreitendem Schienenverkehr von Franzosen	Staatsbürger*innen Frankreichs im Jahre 2009
10^{13} m		Zehn Billionen Meter = zehn Milliarden Kilometer = 10.000.000.000 km	10^{10} km = 10^{13} m
10 Milliarden km		Zehn Terameter	
11 Milliarden km	14 Milliarden km	Erdentfernung zur Stoßwelle *Termination Shock* am Rand unseres Sonnensystems	Sonnenwindplasma wird vom Kosmos gestaucht
13,6 Milliarden km		Gesamtfahrleistung aller Mopeds und Motorräder in Deutschland im Jahre 1991	Quelle: Umweltbundesamt
13,8 Milliarden km		Gesamtfahrleistung aller Mopeds und Motorräder in Deutschland im Jahre 2019	Quelle: Umweltbundesamt

Ausdehnung		Begriffliche Erfassbarkeit	Erläuterungen
von	bis		
18 Milliarden km		Größe unseres Sonnensystems	Entspricht 0,002 Lichtjahren
18 Milliarden km		Entfernung zwischen Sonne und äußerstem Rand der Heliosphäre	Bis hier reichen Winde & Magnetkraft der Sonne
18,15 Milliarden km		Entfernung der Erde zur Grenze des interstellaren Mediums bzw. zur Heliopause	Die äußere Grenze unseres Sonnensystems
18,5 Milliarden km		Entfernung des US-amerikanischen Satelliten Voyager 1 von der Erde - nach 36 Jahren Flug	1977 startete er in den Weltraum
20,38 Milliarden km		Gesamte Personenkilometer auf grenzüberschreitendem Schienenverkehr in der EU	Im Jahre 2008
25,92 Milliarden km		Fortbewegungsstrecke pro Tag von Licht	Länge eines Lichttages
51,7 Milliarden km		Gesamtfahrleistung aller LKWs und Sattelzugmaschinen in Deutschland im Jahre 1991	Quelle: Umweltbundesamt
87,4 Milliarden km		Gesamtfahrleistung aller LKWs und Sattelzugmaschinen in Deutschland im Jahre 2019	Quelle: Umweltbundesamt
10^{14} m		Hundert Billionen Meter = einhundert Milliarden Kilometer = 100.000.000.000 km	10^{11} km = 10^{14} m
100 Milliarden km		Einhundert Terameter	
150 Milliarden km		Gesamtlänge von DNS Erbgutsträngen in einem einzigen menschlichen Körper	Im Durchschnitt
181,4 Milliarden km		Fortbewegungsstrecke pro Woche von Licht	Länge einer Lichtwoche
188,1 Milliarden km		Gesamte Passagierkilometer der Air China im Jahre 2017	Airline Ranking Platz 10
200,7 Milliarden km		Gesamte Passagierkilometer der amerikanischen Southwest Airlines im Jahre 2017	Airline Ranking Platz 9
206,1 Milliarden km		Gesamte Passagierkilometer der China Southern Airlines im Jahre 2017	Airline Ranking Platz 8
226,6 Milliarden km		Gesamte Passagierkilometer der Lufthansa Gruppe im Jahre 2017	LH, EW, OS, SN und LX auf Airline Ranking Platz 7
238,2 Milliarden km		Gesamte Passagierkilometer der Gruppe Air France-KLM im Jahre 2017	AF, KL + kleinere Partner auf Airline Ranking Platz 6
243,5 Milliarden km		Gesamte Passagierkilometer der International Airlines Group im Jahre 2017	BA, IB + kleinere Partner auf Airline Ranking Platz 5
270,8 Milliarden km		Gesamte Passagierkilometer der Fluggesellschaft Emirates im Jahre 2017	Airline Ranking Platz 4
300 Milliarden km	3,2 Lichtjahre	Entfernung der Oortschen Wolke von der Erde	Gürtel aus Kometen und Planetesimalen
338,2 Milliarden km		Gesamte Passagierkilometer der US Fluggesellschaft United Airlines im Jahre 2017	Airline Ranking Platz 3, UA hat fast 700 Flugzeuge
342,6 Milliarden km		Gesamte Passagierkilometer der US Fluggesellschaft Delta Airlines im Jahre 2017	Airline Ranking Platz 2, DL hat > 830 Flugzeuge
359,4 Milliarden km		Gesamte Passagierkilometer der US Fluggesellschaft American Airlines im Jahre 2017	Airline Ranking Platz 1, zusammen mit US Airways
367,2 Milliarden km		Gesamte Personenkilometer auf innerstaatlichen Schienennetzen der 27 EU-Länder	Im Jahre 2008
496,4 Milliarden km		Gesamtfahrleistung aller PKWs und Kombis in Deutschland im Jahre 1991	Quelle: Umweltbundesamt
644,8 Milliarden km		Gesamtfahrleistung aller PKWs und Kombis in Deutschland im Jahre 2019	Quelle: Umweltbundesamt
777,1 Milliarden km		Fortbewegungsstrecke pro Monat von Licht	Länge eines Lichtmonats
10^{15} m		1 Billiarde Meter = eine Billion Kilometer = 1.000.000.000.000 km	10^{12} km = 10^{15} m
1 Billion km		1 Petameter	

Ausdehnung		Begriffliche Erfassbarkeit	Erläuterungen
von	bis		
9,46 Billionen km		Länge der Maßeinheit 1 Lichtjahr	Fortbewegungsstrecke pro Jahr von Licht
9,46 Billionen km		Wegstrecke von umgerechnet 63.236 astronomischen Einheiten (AE)	1 Lichtjahr = 63.236 mal die Strecke Erde-Sonne
10^{16} m		Zehn Billiarden Meter = zehn Billionen Kilometer = 10.000.000.000.000 km	10^{13} km = 10^{16} m
10 Billionen km		10 Petameter	
1,6 Lichtjahre		Ausdehnung von 100.000 AE = 100.000 fache Entfernung von der Erde zur Sonne	Außer Reichweite vom Hubble-Teleskop
3,263 Lichtjahre		Länge der Maßeinheit 1 Parsec = durchschnittlicher Abstand zweier Sterne	30.860.000.000.000 Kilometer
4,25 Lichtjahre		Erdentfernung zum Stern Proxima Centauri	Kein anderer Stern ist unserer Sonne näher
4,35 Lichtjahre		Erdentfernung zum Stern Alpha Centauri bzw. Rigil Kentaurus	Unserer Sonne zweitnächster Stern
5,98 Lichtjahre		Erdentfernung zum Stern Barnards Pfeilstern	Unserer Sonne drittnächster Stern
7,8 Lichtjahre		Erdentfernung zum Stern Wolf 359	Unserer Sonne viertnächster Stern
8,23 Lichtjahre		Erdentfernung zum Stern Lalande 21185	Unserer Sonne fünftnächster Stern
8,57 Lichtjahre		Erdentfernung zum Stern Luyten 726-8 A/B	Unserer Sonne sechstnächster Stern
8,65 Lichtjahre		Erdentfernung zum Stern Sirius im Sternbild Großer Hund	Er ist der zweitnächste Fixtern zur Erde
10^{17} m		Einhundert Billiarden Meter = einhundert Billionen Kilometer = 100.000.000.000.000 km	10^{14} km = 10^{17} m
10^{17} m		100 Petameter	
10^{17} m		Sterne in dieser Erdentfernung scheinen sichtperspektivisch zu verschmelzen	
9,56 Lichtjahre		Erdentfernung zum Stern Ross 154	Unserer Sonne achtnächster Stern
10,33 Lichtjahre		Erdentfernung zum Stern Ross 248	Unserer Sonne neuntnächster Stern
10,67 Lichtjahre		Erdentfernung zum Stern Epsilon Eridani	Unserer Sonne zehntnächster Stern
10,83 Lichtjahre		Erdentfernung zum Stern Ross 128	Unserer Sonne elftnächster Stern
11,08 Lichtjahre		Erdentfernung zum Stern Luyten 789-6	Unserer Sonne zwölftnächster Stern
11,28 Lichtjahre		Erdentfernung zum Stern Groombridge 34 A/B im Sternbild Andromeda	
11,29 Lichtjahre		Erdentfernung zum Stern Epsilon Indi im Sternbild Indianer	
11,3 Lichtjahre		Erdentfernung zum Stern 61 Cygni A/B im Sternbild Schwan	
11,4 Lichtjahre		Erdentfernung zum Stern BD + 59° 1915 im Sternbild Drache	
11,4 Lichtjahre		Erdentfernung zum Stern Tau Ceti im Sternbild Walfisch	
11,41 Lichtjahre		Erdentfernung zum Stern Prokyon A/B im Sternbild Großer Hund	
11,47 Lichtjahre		Erdentfernung zum Stern Lacaille 9352 im Sternbild Südlicher Fisch	
11,83 Lichtjahre		Erdentfernung zum Stern Gliese Jahreiss 1111 im Sternbild Krebs	

Ausdehnung		Begriffliche Erfassbarkeit	Erläuterungen
von	bis		
12,06 Lichtjahre		Erdentfernung zum Stern Gliese Jahreiss 1061 im Sternbild Pendeluhr	
12,2 Lichtjahre		Erdentfernung zum Stern Luyten 725-32 im Sternbild Walfisch	
12,34 Lichtjahre		Erdentfernung zum Stern BD + 05° 1668 im Sternbild Kleiner Hund	
12,61 Lichtjahre		Erdentfernung zum Stern Lacaille 8760 im Sternbild Mikroskop	
12,63 Lichtjahre		Erdentfernung zum Stern Kapteyns im Sternbild Maler	
12,95 Lichtjahre		Erdentfernung zum Stern Krüger 60 A/B im Sternbild Kepheus	
13,1 Lichtjahre		Erdentfernung zum Stern Ross 614 im Sternbild Einhorn	
13,4 Lichtjahre		Erdentfernung zum Stern BD 12° 4523 im Sternbild Schlangenträger	
13,8 Lichtjahre		Erdentfernung zum Stern Van Maanens im Sternbild Fische	
14,6 Lichtjahre		Erdentfernung zum Stern Wolf 424 im Sternbild Jungfrau	
14,7 Lichtjahre		Erdentfernung zum Stern Groombridge 1618 im Sternbild Großer Bär	
14,9 Lichtjahre		Erdentfernung zum Stern CD 37° 15492 im Sternbild Bildhauer	
15,3 Lichtjahre		Erdentfernung zum Stern CD 46° 11540 im Sternbild Altar	
15,4 Lichtjahre		Erdentfernung zum Stern BD 20° 2465 im Sternbild Löwe	
15,6 Lichtjahre		Erdentfernung zum Stern CD 44° 11909 im Sternbild Skorpion	
15,6 Lichtjahre		Erdentfernung zum Stern CD 49° 13515 im Sternbild Kranich	
15,8 Lichtjahre		Erdentfernung zum Stern AOe 17415-6 im Sternbild Drache	
15,8 Lichtjahre		Erdentfernung zum Stern Ross 780 im Sternbild Wassermann	
15,9 Lichtjahre		Erdentfernung zum Stern Lalande 25 372 im Sternbild Bootes	
16 Lichtjahre		Erdentfernung zum Stern CC 658 im Sternbild Fliege	
16,3 Lichtjahre		Erdentfernung zum Stern o^2 Eridani im Sternbild Eridanus	
16,4 Lichtjahre		Erdentfernung zum Stern 70 Ophiuchi im Sternbild Schlangenträger	
16,7 Lichtjahre		Erdentfernung zum Stern Atair im Sternbild Adler	
19 Lichtjahre		Erdentfernung zum Stern Gliese 229i im Sternbild des Hasen	
20,5 Lichtjahre		Erdentfernung zum Stern Gliese 581	Ein "Roter Zwerg" mit vier Exoplaneten
25 Lichtjahre		Erdentfernung zum Stern Vega im Sternbild Leier	
25 Lichtjahre		Erdentfernung zum Stern Fomalhaut im Sternbild Südlicher Fisch	
26 Lichtjahre		Erdentfernung zum Stern Gamma Leporis im Sternbild des Hasen	
30 Lichtjahre		Durchmesser des Orionnebels im Sternbild Orion	Er ist ein Emissionsnebel

Ausdehnung		Begriffliche Erfassbarkeit	Erläuterungen
von	bis		
34 Lichtjahre		Erdentfernung zum Stern Pollux im Sternbild Zwillinge	
36 Lichtjahre		Erdentfernung zum Stern Arktur im Sternbild Bärenhüter	
41,8 Lichtjahre		Erdentfernung zum Stern HD 40307 im Sternbild Maler	Sternbild ist nur auf Südhalbkugel zu sehen
42 Lichtjahre		Erdentfernung zum Stern Beta Leonis im Sternbild des Löwen	
42 Lichtjahre		Erdentfernung zum Stern Capella im Sternbild Fuhrmann	
45,68 Lichtjahre		Abstand der Sonne zur galaktischen Ebene der Galaxie Milchstraße	Entspricht 14 Parsec
52 Lichtjahre		Erdentfernung zum Stern Castor im Sternbild Zwillinge	
67 Lichtjahre		Erdentfernung zum Stern Aldebaran im Sternbild Stier	Der Stern ist ein "Roter Riese"
78 Lichtjahre		Erdentfernung zum Stern Mizar bzw. Zeta Ursae Majoris	Teil der Deichsel des Großen Wagens
79 Lichtjahre		Erdentfernung zum Stern Regulus im Sternbild des Löwen	
80 Lichtjahre		Erdentfernung zum Stern Alioth oder Epsilon Ursae Majoris	Teil der Deichsel des Großen Wagens
90 Lichtjahre		Erdentfernung zum Doppelstern Gamma Leonis im Sternbild des Löwen	
100 Lichtjahre		Erdentfernung zum Stern Mizar oder Eta Ursae Majoris	Teil der Deichsel des Großen Wagens
100 Lichtjahre		Erdentfernung zum Stern Sirrah	Er gilt als hellster Stern im Sternbild Andromeda
100 Lichtjahre		Durchmesser des Universums - 1 Minute nach dem Urknall	
100 Lichtjahre		Erdentfernung zum Stern Arctus	Der hellste Stern für die nördliche Hemisphäre
100 Lichtjahre		Erdentfernung zum Stern Ettanin	Er gilt als hellster Stern im Sternbild Drache
10^{18} m		1 Trillion Meter = eine Billiarde Kilometer = 1.000.000.000.000.000 km	10^{15} km = 10^{18} m
10^{18} m		1 Exameter	
144 Lichtjahre		Erdentfernung zum Stern Achernar im Sternbild Eridanus	
159 Lichtjahre		Erdentfernung zum Stern Beta Leporis im Sternbild des Hasen	
200 Lichtjahre		Durchschnittliche Entfernung zweier intelligent-kommunikativer Planeten im Universum	Angelehnt an Gleichung des Physikers F. Drake
200 Lichtjahre		Erdentfernung zum Stern Mü Leporis im Sternbild des Hasen	
200 Lichtjahre	3.500 Lichtjahre	Erdentfernung zum Pulsar PSR B1919+21 im Sternbild Vulpecula bzw. Füchschen	Unterschiedliche Angaben, uneinige Forschung
263 Lichtjahre		Erdentfernung zum Stern Spica im Sternbild Jungfrau	
280 Lichtjahre		Erdentfernung zum Stern Becrux im Sternbild Kreuz des Südens	In Europa wird Kreuz in 12.000 Jahren erblickbar
309 Lichtjahre		Erdentfernung zum Stern Canopus im Sternbild Schiffskiel	
321 Lichtjahre		Erdentfernung zum Stern Acrux	Hellster Stern im Sternbild Kreuz des Südens
380 Lichtjahre		Erdentfernung zum Sternenhaufen der Plejaden im Sternbild Stier	Der Haufen umfasst mehr als 1.200 Sterne

Ausdehnung		Begriffliche Erfassbarkeit	Erläuterungen
von	bis		
470 Lichtjahre		Erdentfernung zum Stern Adhara im Sternbild Großer Hund	
500 Lichtjahre		Erdentfernung zum Stern RX Leporis im Sternbild des Hasen	
500 Lichtjahre		Größe von Gefahrenzonen um Supernova Explosionen im Weltall	Komplettzerstörung im Umkreis von ...
500 Lichtjahre	640 Lichtjahre	Erdentfernung zum Stern Beteigeuze im Sternbild Orion	Distanzangabe erscheint schwer ermittelbar
530 Lichtjahre		Erdentfernung zum Stern Hadar im Sternbild Zentaur	
604 Lichtjahre		Erdentfernung zum Stern Antares im Sternbild Skorpion	
770 Lichtjahre		Erdentfernung zum Stern Rigel im Sternbild Orion	
796 Lichtjahre	1.207 Lichtjahre	Erdentfernung zum Pulsar PSR 0833-45 im Sternbild Segel des Schiffs	Pro Sekunde dreht sich der Pulsar 11.000 Male
800 Lichtjahre		Erdentfernung zum Stern R Leporis im Sternbild des Hasen	
820 Lichtjahre	920 Lichtjahre	Erdentfernung des Doppelsternsystems Beta Camelopardalis im Sternbild Giraffe	
10^{19} m		10 Trillionen Meter = zehn Billiarden Kilometer = 10.000.000.000.000.000 km	10^{16} km = 10^{19} m
1.000 Lichtjahre		Entspricht rund 10 Billiarden km bzw. 10 Exameter	
1.000 Lichtjahre		Dicke der scheibenähnlichen Milchstraße	Rund 200 mal weniger als ihr Durchmesser
1.200 Lichtjahre		Erdentfernung zum Stern Alpha Leporis im Sternbild des Hasen	Hat die 13.000 fache Leuchtkraft unserer Sonne
1.325 Lichtjahre	1.365 Lichtjahre	Erdentfernung des Orionnebels im Sternbild Orion	
> 1.600 Lichtjahre		Erdentfernung zum Stern Deneb im Sternbild des Schwans	Der hellste Stern im Sternbild Schwan
2.200 Lichtjahre	2.400 Lichtjahre	Erdentfernung zum Pulsar PSR 1257+12 oder PSR B1257+12	Sehr unterschiedliche Quellangaben
2.400 Lichtjahre	4.200 Lichtjahre	Erdentfernung des planetarischen Nebels Katzenaugennebel	Gute 1.000 Parsec entfernt
2.500 Lichtjahre	3.000 Lichtjahre	Erdentfernung des planetarischen Nebels Eskimonebel	Sehr unterschiedliche Quellangaben
2.600 Lichtjahre	10.000 Lichtjahre	Erdentfernung des schwarzen Lochs XTE J1650-500 im Sternbild Altar	Das kleinste aller bekannten schwarzen Löcher
2.700 Lichtjahre		Erdentfernung des planetarischen Nebels Konusnebel	
3.000 Lichtjahre	6.000 Lichtjahre	Erdentfernung des jungen planetarischen Nebels Ameisennebel	Sehr unterschiedliche Quellangaben
3.750 Lichtjahre	6.800 Lichtjahre	Erdentfernung des offenen Sternhaufens NGC 1502 im Sternbild Giraffe	Er umfasst 15 Sterne
3.900 Lichtjahre	5.500 Lichtjahre	Erdentfernung des planetarischen Nebels Trifidnebel	Sehr unterschiedliche Quellangaben
4.000 Lichtjahre		Durchmesser der Zwerggalaxie Sextans C	Zum Vergleich: Milchstraße = 200.000 Lichtjahre
4.000 Lichtjahre	7.000 Lichtjahre	Erdentfernung zum Stern Alpha Camelopardalis im Sternbild Giraffe	Sehr unterschiedliche Quellangaben
4.250 Lichtjahre	9.700 Lichtjahre	Durchmesser der Zwerggalaxien NGC 185 und NGC 147	Sehr unterschiedliche Quellangaben
5.000 Lichtjahre	6.000 Lichtjahre	Erdentfernung des planetarischen Nebels Schwanennebel bzw. Omeganebel bzw. M 17	Gigantische Wasserstoffansammlung
5.000 Lichtjahre	6.300 Lichtjahre	Durchmesser der Galaxie Sextans A	Sehr unterschiedliche Quellangaben

Ausdehnung		Begriffliche Erfassbarkeit	Erläuterungen
von	bis		
5.500 Lichtjahre	10.000 Lichtjahre	Erdentfernung des schwarzen Lochs Cygnus X 1	Sehr unterschiedliche Quellangaben
6.000 Lichtjahre	6.300 Lichtjahre	Erdentfernung des Supernovaüberrests Krebsnebel im Sternbild Stier	Sehr unterschiedliche Quellangaben
6.000 Lichtjahre	7.000 Lichtjahre	Durchmesser der Galaxie NGC 6822 bzw. Barnards Galaxie	Zum Vergleich: Milchstraße = 200.000 Lichtjahre
7.000 Lichtjahre		Durchmesser der Zwerggalaxie Leo I	Zum Vergleich: Milchstraße = 200.000 Lichtjahre
7.000 Lichtjahre	60.000 Lichtjahre	Durchmesser der Galaxie Kleine Magellansche Wolke	Sehr unterschiedliche Quellangaben
8.000 Lichtjahre		Durchmesser der Zwerggalaxie M 32	Satellitengalaxie des Andromedanebels
8.000 Lichtjahre		Erdentfernung des planetarischen Nebels Stundenglasnebel	
8.400 Lichtjahre	11.000 Lichtjahre	Durchmesser der Zwerggalaxie IC 1613	Zum Vergleich: Milchstraße = 200.000 Lichtjahre
8.500 Lichtjahre		Durchmesser des Galaxiensystems IC 10 und Wolf Lundmark Melotte	Zum Vergleich: Milchstraße = 200.000 Lichtjahre
10^{20} m		100 Trillionen Meter = einhundert Billiarden Kilometer = 100.000.000.000.000.000 km	10^{17} km = 10^{20} m
10.000 Lichtjahre		Entspricht rund 100 Exameter	
> 10.000 Lichtjahre	∞	Arbeits- bzw. Anwendungsbereich der relativistischen Mechanik Albert Einsteins	Kleinere Bereiche: Die klassische Mechanik
> 10.000 Lichtjahre	∞	Arbeits- bzw. Anwendungsbereich der Kosmologie	
12.400 Lichtjahre		Erdentfernung zum Pulsar PSR B1620-26 im Sternbild Skorpion	
14.000 Lichtjahre	34.000 Lichtjahre	Durchmesser der Galaxie Große Magellansche Wolke	Sehr unterschiedliche Quellangaben
16.000 Lichtjahre		Durchmesser der Galaxie NGC 205 bzw. M 110	Satellitengalaxie des Andromedanebels
21.000 Lichtjahre		Erdentfernung zum Pulsar PSR 1913+16 im Sternbild Adler	
25.000 Lichtjahre		Mittlere Erdentfernung zur Zwerggalaxie Canis Major bzw. Großer Hund	
26.000 Lichtjahre	29.000 Lichtjahre	Abstand unserer Sonne zum turbulenten Zentrum der Milchstraße	Sehr unterschiedliche Quellangaben
40.000 Lichtjahre		Durchmesser der Zigarrengalaxie Messier 82 im Sternbild des Großen Bären	
42.000 Lichtjahre		Erdentfernung des Kugelsternhaufens M 79 im Sternbild des Hasen	
45.000 Lichtjahre		Erdentfernung des Kugelsternhaufens NGC 5897 im Sternbild Waage	
50.000 Lichtjahre	62.000 Lichtjahre	Durchmesser der Galaxie Dreiecksnebel M 33	Sehr unterschiedliche Quellangaben
58.000 Lichtjahre	72.000 Lichtjahre	Erdentfernung zur Zwerggalaxie Sagittarius bzw. SagDEG	Sie ist die zweiterdnächste Galaxie
90.000 Lichtjahre	100.000 Lichtjahre	Durchmesser der Spiralgalaxie Sculptur bzw. NGC 253	Zum Vergleich: Milchstraße = 200.000 Lichtjahre
10^{21} m		1 Trilliarde Meter = eine Trillion Kilometer = 1.000.000.000.000.000.000 km	10^{18} km = 10^{21} m
100.000 Lichtjahre		Entspricht rund 1 Zettameter	
140.000 Lichtjahre		Durchmesser der Galaxie Andromedanebel	Zum Vergleich: Milchstraße = 200.000 Lichtjahre
150.000 Lichtjahre		Durchmesser des instabilen Rings der Wagenrad Galaxie im Sternbild Bildhauer	Zum Vergleich: Milchstraße = 200.000 Lichtjahre

Ausdehnung		Begriffliche Erfassbarkeit	Erläuterungen
von	bis		
163.000 Lichtjahre		Erdentfernung zur Großen Magellanschen Wolke	
200.000 Lichtjahre		Durchmesser der scheibenartigen Galaxie Milchstraße	Rund 200 mal mehr als ihre Dicke
200.000 Lichtjahre		Erdentfernung zur Kleinen Magellanschen Wolke	
240.000 Lichtjahre	290.000 Lichtjahre	Erdentfernung zur Zwerggalaxie Draco	Sehr unterschiedliche Quellangaben
260.000 Lichtjahre	320.000 Lichtjahre	Erdentfernung zur Zwerggalaxie Sextans	Sehr unterschiedliche Quellangaben
400.000 Lichtjahre		Alle Viren der Weltmeere aneinandergereiht ergäbe eine Kette von ...	
10^{22} m		Zehn Trilliarden Meter = zehn Trillionen Kilometer = 10.000.000.000.000.000.000 km	10^{19} km = 10^{22} m
1 Million Lichtjahre		Entspricht rund 10 Zettameter	
1 Million Lichtjahre		Gerundete Länge der Maßeinheit 1 Megalichtjahr	
2 Millionen LJ		Abstand der Galaxien Milchstraße und NGC 6822	Galaxien haben nicht immer schöne Namen
2 Millionen LJ	2,7 Millionen LJ	Erdentfernung des Galaxiensystems Leo III	Sehr unterschiedliche Quellangaben
2 Millionen LJ	3 Millionen LJ	Erdentfernung zur Zwerggalaxie IC 10	Sehr unterschiedliche Quellangaben
2,4 Millionen LJ	2,7 Millionen LJ	Abstand der Galaxien Milchstraße und Andromeda voneinander	Sehr unterschiedliche Quellangaben
2,5 Millionen LJ		Weiteste Sichtweite mit bloßem Auge von der Erde aus	Bis zur Galaxie Andromeda
2,5 Millionen LJ		Durchschnittlicher Abstand zweier Galaxien im Universum	
2,8 Millionen LJ		Abstand der Galaxien Milchstraße und IC 1613 voneinander	
2,9 Millionen LJ		Abstand der Galaxien Milchstraße und NGC 147, NGC 185, NGC 205 sowie M 32	
3 Millionen LJ		Erdentfernung zur Galaxie Dreiecksnebel M 33	
3 Millionen LJ		Erdentfernung des Galaxiensystems Wolf Lundmark Melotte im Sternbild Walfisch	
3,263 Millionen LJ		Länge der Maßeinheit 1 Megaparsec	
3,4 Millionen LJ		Erdentfernung zur irregulären Zwerggalaxie Sagittarius bzw. SagDIG	Irregulär = mit amorph chaotischer Struktur
10^{23} m		Hundert Trilliarden Meter = hundert Trillionen Kilometer = 100.000.000.000.000.000.000 km	10^{20} km = 10^{23} m
10 Millionen LJ		Entspricht rund 100 Zettameter	
10 Millionen LJ		Nachbargalaxien in dieser Erdentfernung scheinen sichtperspektivisch zu verschmelzen	
10 Millionen LJ	30 Millionen LJ	Häufiger Durchmesser von galaktischen Nebelhaufen	Mit Ausnahme des Virgo Galaxienhaufens
11 Millionen LJ		Erdentfernung des Galaxiensystems Sculptur bzw. NGC 253	
12 Millionen LJ		Erdentfernung zur Galaxie NGC 2403 im Sternbild Giraffe	
12 Millionen LJ		Erdentfernung zur Galaxiengruppe M 81	
13 Millionen LJ		Erdentfernung zur Seyfertgalaxie Circinusgalaxie ESO 97-G13	

Ausdehnung		Begriffliche Erfassbarkeit	Erläuterungen
von	bis		
27 Millionen LJ		Erdentfernung zur Spiralgalaxie Messier 101 bzw. NGC 5457 bzw. Feuerrad Galaxie	
31 Millionen LJ		Erdentfernung zur Spiralgalaxie M 104 bzw. Sombrero Galaxie	Das Hubble Teleskop schoss ein tolles Bild von ihr
32 Millionen LJ	41 Millionen LJ	Erdentfernung des Galaxienpaares M 65 und M 66 im Sternbild des Löwen	Mit einem Prismenfernglas erkennbar
38 Millionen LJ		Erdentfernung zur Galaxien M 95, M 96 und M 105 im Sternbild des Löwen	
50 Millionen LJ		Maximale Distanz für Entfernungsbestimmung über pulsierende Cepheiden	Cepheiden sind ein bestimmter Sternentyp
54 Millionen LJ	67 Millionen LJ	Erdentfernung zum Galaxiesuperhaufen Virgo mit 2.500 Galaxie-Nebeln	Sehr unterschiedliche Quellangaben
55 Millionen LJ	70 Millionen LJ	Erdentfernung zur aktiven Galaxie Messier 87	Sie ist eine helle elliptische Riesengalaxie
62 Millionen LJ		Erdentfernung zum Galaxienhaufens Fornax	
10^{24} m		Eine Quadrillion Meter = eine Trilliarde Kilometer = 1.000.000.000.000.000.000.000 km	10^{21} km = 10^{24} m
100 Millionen LJ		Entspricht rund 1 Yottameter	
100 Millionen LJ		Maximale Distanz für Entfernungsbestimmung über die hellsten Sterne im Kugelhaufen	Für Entfernungen von Erde zu Weltallstrukturen
115 Millionen LJ		Erdentfernung zu Spiralgalaxien NGC 2207 und IC 2163	
130 Millionen LJ	150 Millionen LJ	Erdentfernung zur Galaxie NGC 3783	Sehr unterschiedliche Quellangaben
150 Millionen LJ		Durchmesser des Galaxiensuperhaufens Virgo mit 2.500 Galaxien	Die Milchstraße ist 750 mal kleiner
150 Millionen LJ	250 Millionen LJ	Erdentfernung zum Supergalaxienhaufen Großer Attraktor	Eine der massereichsten Strukturen im All
150 Millionen LJ	250 Millionen LJ	Größe von galaktischen Filamenten	Sie sind die größten Strukturen im Universum
175 Millionen LJ	190 Millionen LJ	Erdentfernung zum Galaxiennebel Hydra	Sehr unterschiedliche Quellangaben
210 Millionen LJ		Erdentfernung zum Galaxienhaufen Norma bzw. Abell 3627	
260 Millionen LJ	300 Millionen LJ	Erdentfernung zur Ringgalaxie AM 0644-741 bzw. Lindsay Shapley	Sehr unterschiedliche Quellangaben
300 Millionen LJ	340 Millionen LJ	Erdentfernung zum Galaxienhaufen Coma im Sternbild Coma Berenike	Er umfasst > 1.000 Galaxiennebel
325 Millionen LJ		Erdentfernung zum Galaxienhaufen Abell 400	
500 Millionen LJ		Erdentfernung zur Ringgalaxie Wagenrad im Sternbild Bildhauer	
520 Millionen LJ		Ausdehnung des Supergalaxienhaufens Laniakea	Milchstraße ist nur eine seiner 100.000 Galaxien
560 Millionen LJ		Erdentfernung des Sternendoppelnebels Cygnus A	
750 Millionen LJ		Maximale Ausdehnung des galaktischen Filaments Große Mauer bzw. Coma Mauer	Diverse Angaben
900 Millionen LJ		Erdentfernung zum aktiven Galaxienkern BL Lacertae	
10^{25} m		Zehn Quadrillionen Meter = zehn Trilliarden Kilometer = 10.000.000.000.000.000.000.000 km	10^{22} km = 10^{25} m
1 Milliarde LJ		Entspricht rund 10 Yottameter	
1 Milliarde LJ		1 Gigalichtjahr	

Ausdehnung		Begriffliche Erfassbarkeit	Erläuterungen
von	bis		
1 Milliarde LJ		Durchmesser des Galaxiesuperhaufens Perseus-Pisces-Pegasus	
1,3 Milliarde LJ		Erdentfernung zum Ort an dem ehemals zwei schwarze Löcher verschmolzen	Entdeckung im Jahre 2016, je 30 Sonnenmassen
1,6 Milliarden LJ		Weiteste Sichtweite von der Erde ins Universum	Mit Hilfe von Sichtverstärkern
1,6 Milliarden LJ		Erdentfernung des Quasars SDSS J0013+1523	Er ist der erdnächste Quasar
2 Milliarden LJ		Bisheriger Vermessungshorizont des Weltraums durch das Projekt Sloan Digital Sky Survey	Über 450 Millionen Objekte in > 200.000 Galaxien
3,7 Milliarden LJ	3,9 Milliarden LJ	Erdentfernung zum Galaxienhaufen 1E 0657-56 bzw. Bullet Cluster	
4 Milliarden LJ		Durchmesser der Großen Quasar Gruppe im Sternbild Löwe	Die bislang größte gefundene Weltraumstruktur
5 Milliarden LJ		Maximale Distanz für Entfernungsbestimmung über Supernovae	Für Entfernungen von Erde zu Weltallstrukturen
8 Milliarden LJ		Erdentfernung des Quasars Einsteinkreuz im Sternbild Pegasus	
8,5 Milliarden LJ		Erdentfernung zum Galaxienhaufen XMMU J2235.3-2557	Eine der massivsten Galaxienhaufen im Universum
9,3 Milliarden LJ		Maximale Distanz für Entfernungsbestimmung über hellste Nebel in Sternenhaufen	Für Entfernungen von Erde zu Weltallstrukturen
10^{26} m		Einhundert Trilliarden Kilometer = 100.000.000.000.000.000.000.000 km	10^{23} km = 10^{26} m
10 Milliarden LJ		Entspricht rund 100 Yottameter	
10,5 Milliarden LJ		Erdentfernung des Quasars GB1508+5714	Quelle: European Southern Observatory
12,9 Milliarden LJ		Erdentfernung des Quasars APM 08279+5255 bzw. Wasser Quasars	
13,1 Milliarden LJ		Erdentfernung zur Galaxie Z8 GND 5296	Kein erdfernere Galaxie wurde bislang entdeckt
13,2 Milliarden LJ		Erdentfernung von unbenannten 5.500 Galaxien - gesichtet durch das Hubble-Teleskop	Laut Forschungsinstitut STScI in Jahren 2003/2004
14,4 Milliarden LJ		Erdentfernung des blauen Überriesens MACS J1149 Lensed Star 1	Trotz dieser Distanz als einzelner Stern erkennbar
14,4 Milliarden LJ		Länge der astronomischen Einheit *Hubble-Distanz* gemäß Standardmodell der Kosmologie	Angelehnt an Entdeckungen von Edwin P. Hubble
17,5 Milliarden LJ		Häufig geschätzte Maximalgröße vom Konzept *Hubble Radius* (nach Edwin P. Hubble)	Wert wird in vielen Milliarden Jahren erreicht
28 Milliarden LJ		Erdentfernung zum Stern Earendel bzw. WHL0137-LS im Sternbild Walfisch	Kein erdfernerer Stern wurde bislang entdeckt
> 46 Milliarden LJ		Erdentfernung zu Objekten die seit dem Urknall Licht ausstrahlen	
93 Milliarden LJ		Durchmesser des beobachtbaren Universums (Stand 2022)	465.000 mal größer als die Milchstraße

DEZIMALE RAUMSKALEN

-45 Septilliardstel
-42 Septillionstel
-39 Sextilliardstel
-36 Sextillionstel
-33 Quintilliardstel
-30 Quintillionstel
-27 Quadrilliardstel
-24 Quadrillionstel
-21 Trilliardstel
-18 Trillionstel
-15 Billiardstel
-12 Billionstel
-9 Milliardstel 0,000 000 001
-6 Millionstel 0,000 001
-5 Hunderttausendrstel 0,000 01
-4 Zehntausendrstel 0,0001
-3 Tausendrstel 0,001
-2 Hunderstel 0,01
-1 Zehntel 0,1

10 ³
= 10 hoch 3
= 10 exp 3
= 10 to the power of 3
= 10 à la puissance 3
= 10 a la potencia de 3
= E 3
= 1.000

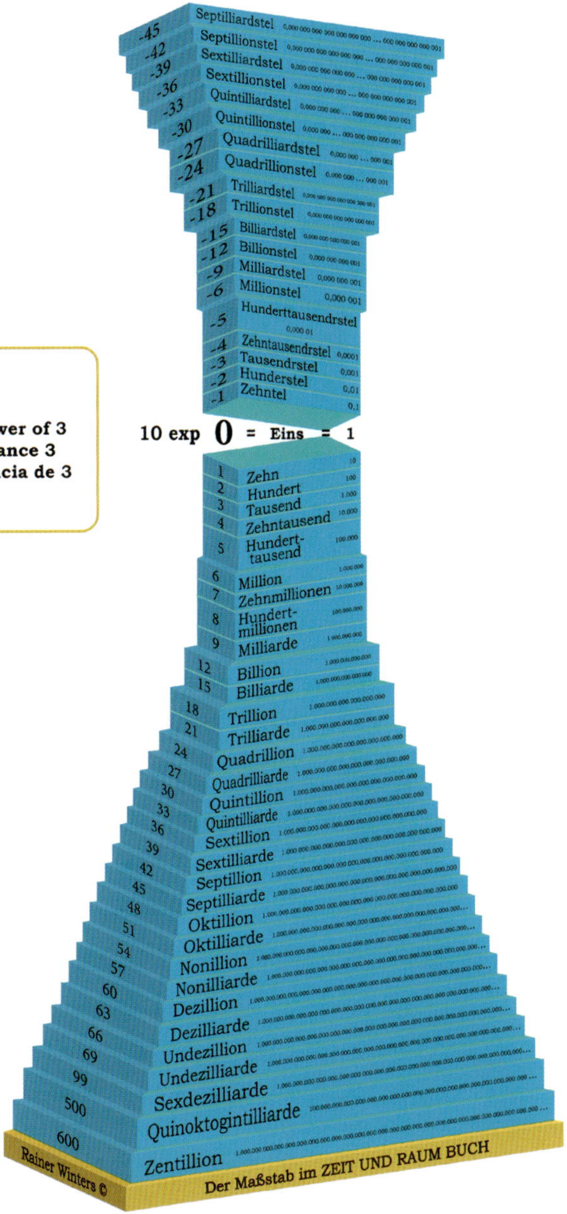

10 exp **0** = Eins = 1

1 Zehn 10
2 Hundert 100
3 Tausend 1.000
4 Zehntausend 10.000
5 Hundert-tausend 100.000
6 Million 1.000.000
7 Zehnmillionen 10.000.000
8 Hundert-millionen 100.000.000
9 Milliarde 1.000.000.000
12 Billion
15 Billiarde
18 Trillion
21 Trilliarde
24 Quadrillion
27 Quadrilliarde
30 Quintillion
33 Quintilliarde
36 Sextillion
39 Sextilliarde
42 Septillion
45 Septilliarde
48 Oktillion
51 Oktilliarde
54 Nonillion
57 Nonilliarde
60 Dezillion
63 Dezilliarde
66 Undezillion
69 Undezilliarde
99 Sexdezilliarde
500 Quinoktogintilliarde
600 Zentillion

Rainer Winters ©
Der Maßstab im ZEIT UND RAUM BUCH

ABKÜRZUNGSVERZEICHNIS

ABC	Begriff/Abkürzung	Bedeutung
123	Ø	Durchschnitt, Durchmesser
	>	mehr/größer als
	°	geographischer Grad, Temperaturgrad
	′	geographische Minute
	″	geographische Sekunde
	%	Prozent
	‰	Promille
	♂	männlich
	·	chemisches Radikal
	<	weniger/kleiner als
	♀	weiblich
A	A	Ampere
	A	Autobahn – wie in Autobahn A 3
	A^2	Ampere mal Ampere
	AAS	Atomabsorptionsspektrometrie
	ABC	American Broadcasting Company
	AC	Alternating current
	AE	Astronomische Einheit
	AF	Afrika
	Ah	Humoser Bodenhorizont Oberboden A
	AIDS	Acquired immune deficiency syndrome
	Al	Aluminium- chemisches Zeichen
	Al	Lessivierter Bodenhorizont des Oberbodens A
	am	Attometer
	ANC	Ammoniumnitrat + Kohlenstoff + Organische Substanz
	AO	Abgabenordnung
	Ar	Argon
	ArbGG	Arbeitsgerichtsgesetz
	ASDEX	Axial Symmetrisches Divertor Experiment
	ATIP	Absolute Time in Pregroove (‚genaue Zeit in Vorrille')
	atm	Physikalische Atmosphäreneinheit
	ATP	Adenosintriphosphat
	AUS	Australien
B	BA	British Airways
	bar	Physikalische Einheit für den Luftdruck
	BDEW	Bundesverband der Energie- und Wasserwirtschaft
	BGR	Bundesanstalt für Geowissenschaften und Rohstoffe
	BND	Bundesnachrichtendienst
	bpm	Beats per minute, Schläge pro Minute
	BRD	Bundesrepublik Deutschland
	BTX	Benzol und Alkylbenzole, auch BTEX
B	Bt1/Bt2	Toneingewaschene Unterhorizonte B
C	C	Kohlenstoff – chemisches Zeichen
	C3H8	Propangas – chemisches Molekülzeichen
	CaCO3	Kalziumkarbonat, kohlensaurer Kalk
	CERN	Conseil Européen pour la Recherche Nucléaire
	CFK	Carbonfaserverstärkter Kunststoff
	CH3CCl3	1,1,1-Trichlorethan
	CH4	Methan – chemische Molekülbezeichnung
	Chr	Christus
	CIA	Central Intellligence Agency
	cm	Zentimeter
	cm^3	Kubikzentimeter
	CO	Kohlenmonoxid – chemisches Molekülzeichen
	CO2	Kohlendioxid – chemisches Molekülzeichen
	CORINE	Coordination of Information on the Environment
	CPU	Central Processor Unit in Computern
	Cu	Kupfer – chemisches Zeichen
D	δ	delta = griechischer Buchstabe
	D.	Deutschland
	DART	Deep Ocean Assessment and Reporting of Tsunamis
	DBG	Deutsche Bodenkundliche Gesellschaft
	DDT	Dichlordiphenyltrichlorethan
	DEDSV	Deutsche Elektronik Dartsport Vereinigung
	DEHP	Diethylhexylphthalat
	Destatis	Statistisches Bundesamt
	DFG	Deutsche Forschungsgemeinschaft
	DIN	Deutsche Industrienorm
	DLR	Deutsches Zentrum für Luft- und Raumfahrt
	DM	Durchmesser
	DNA/DNS	Desoxyribonucleic acid/Desoxyribonukleinsäure – Molekülkürzel für Speicherort der Erbinformationen
	DOC	Dissolved organic carbon
	DOM	Dissolved organic matter = Gelöste organische Substanz
	DR Kongo	Demokratische Republik Kongo, früher: Zaire
	DU	Dobson Unit, Maß für die Dicke der Ozonschicht
	DVD	Digital Video Disc
E	ε	epsilon = griechischer Buchstabe
	η	eta = griechischer Buchstabe
	e	Eulersche Zahl e als mathematischer Faktor für : Geteilt durch oder multipliziert mit dem Faktor 2,718

ABC	Begriff/Abkürzung	Bedeutung
E	EAS	Electronic Article Surveillance
	EGNOS	European Geostationary Navigation Overlay Service
	EM	Elektromagnetisch
	EM-Strahlung	Elektromagnetische Strahlung
	EM-Spektrum	Elektromagnetisches Strahlungsspektrum
	ERS	European Remote Sensing Satellites
	Es	Einsteinium – chemisches Zeichen
	ESA	Europäische Weltraumorganisation
	ESchG	Embryonenschutzgesetz
	et. al	und andere (Forscher) einer Forschergruppe
	EU	Europäische Union
	EUV	Extreme ultraviolet lithography
	EW	Eurowings
F	FCKW	Fluorkohlenwasserstoffe
	Fe	Eisen – chemisches Zeichen
	FeOH	Eisenhydroxid – chemisches Molekülzeichen
	FeV	Fahrerlaubnis-Verordnung
	FFH	Fauna-Flora-Habitat-Richtlinie der EU
	FINO 1	Forschungsplattform in Nordsee und Ostsee Nr. 1
	fm	Femtometer
	fm	Nautische Maßeinheit 1 Fathom = 1,8288 Meter
G	g	Gramm
	GG	Grundgesetz
	GHz	Gigahertz
	giga	Milliarde
	GIS	Geographische Informationssysteme
	GND	ground, deutsch: Masse, Begriff in Elektrik
	GOCE	Gravity field and steady-state ocean circulation explorer
	GPS	Global Positioning System
H	H	Wassertoff – chemisches Zeichen
	H2	Molekularer Wasserstoff
	H2O	Wasser – chemische Molekülbezeichnung
	HERA	Hadron Elektron Ring Anlage in Hamburg
	HF	High Frequency
	Hg	Quecksilber – chemisches Zeichen
	HGÜ	Hochspannungs-Gleichstrom-Übertragung
	HIFI	Heterodyne Instrument for Far Infrared
	HIROS	High Resolution Optical System
	hPa	Hektopascal
	HPLC	Hochleistungsflüssigkeitschromatographie
I	IB	Iberia – Spanische Fluggesellschaft
	ICAO	International Civil Aviation Organization
	ICP-MS	Inductively Coupled Plasma Mass Spectrometry

ABC	Begriff/Abkürzung	Bedeutung
I	IPCC	Intergovernmental Panel on Climate Change, der Weltklimarat der Vereinten Nationen
	IUCN	International Union for Conservation of Nature, die Weltnaturschutzunion
	IR	Infrarot
	ITER	International Thermonuclear Experimental Reactor
K	$Kelvin^4$	Kelvin mal Kelvin mal Kelvin mal Kelvin
	KDP	Kalium Dihydrogen Phosphat, als Formel KH2PO4
	kg	Kilogramm
	km^3	Kubikkilometer
	KW	Kurzwelle
L	λ	lambda, griechischer Buchstabe, Zeichen für Wellenlänge
	L	Liter
	lambda	griechischer Buchstabe λ, Zeichen für Wellenlänge
	LANIS	Landschaftsinformationssystem
	LC-Chromatographie	Liquid chromatography
	LH	Lufthansa
	LHC	Large Hadron Collider, stärkster Teilchenbeschleuniger
	LIGO	Laser Interferometer Gravitational Wave Observatory
	LJ	Lichtjahre
	LMIV	Lebensmittel-Informationsverordnung
	LTE	Long Term Evolution, Mobilfunkstandard
	LW	Langwelle
	LX	Swiss – Schweizer Fluggesellschaft
M	μ	mü, griechischer Buchstabe, Zeichen für „Mikro“
	M	Messier – Kürzel nach dem Astronomen Charles Messier
	M	Zeichen in chemischen Reaktionsglerichungen für einen Stoßpartner
	m^2	Quadratmeter
	m^3	Kubikmeter
	MAHLI	Mars Hand Lens Imager, eine Kamera auf dem Mars
	Maser	Microwave amplification by stimulated emission of radiation, Mikrowellenverstärkung durch stimulierte Emission von Strahlung
	MeV	Megaelektronenvolt = Millionen Elektronenvolt
	Mhz	Megahertz = 1.000.000 Hertz, eine Frequenzangabe
	Mio	Millionen
	MJ	Millionen Jahre
	µm	Mikrometer
	mm	Millimeter
	MRT	Magnetresonanztomograph
	MW	Mittelwelle
N	N	Stickstoff – chemisches Zeichen

ABC	Begriff/Abkürzung	Bedeutung
N	NASA	National Aeronautics and Space Administration
	NBC	National Broadcasting Company in den USA
	NGC	New General Catalogue of Nebulae and Clusters of Stars
	NH3	Ammoniak – chemische Molekülbezeichnung
	NHL	National Hockey League
	NKüFischO	Niedersächsische Küstenfischereiordnung
	nm	Nanometer
	N.N.	Normalnull, Referenzeinheit für „über Meeresspiegel“
	NDIR	Nichtdispersiver Infrarot-Sensor
	NIR/NIRS	Nahinfrarotspektroskopie
	NMR	Nuclear magnetic resonance, Kernspinresonanz
	NO	Stickstoffmonoxid – chemisches Molekülzeichen
	NO2	Stickstoffdioxid – chemisches Molekülzeichen
	NOAA	National Oceanic and Atmospheric Administration
	NRW	Nordrhein-Westfalen, Bundesland in Deutschland
O	O	Sauerstoff - chemisches Zeichen
	O2	Sauerstoff – so liegt Sauerstoff in der Natur vor
	O3	Ozon - chemisches Molekülzeichen
	OECD	Organisation for Economic Cooperation and Development
	OH	Hydroxlgruppe
	OS	Austrian Airlines
P	π	griechischer Buchstabe pi
	PACS	Photodetector Array Camera and Spectrometer
	PAK	Polyzyklische aromatische Kohlenwasserstoffe
	PAR	Photosynthetically active radiation
	POM	Partikelförmige organische Substanz
	pF	Saugspannungsgrad von Bodenwasser (potentia + Freie Energie)
	pH	potentia Hydrogenii für das Potential des Wasserstoffs Maß für den Säuregrad einer wässrigen Lösung
	pm	Pikometer
R	r	Radius
	RFID	Radio Frequency Identification
	RLP	Rheinland-Pfalz, Bundesland in Deutschland
S	s	Sekunde
	s^2	Sekunde mal Sekunde
	s^3	Sekunde mal Sekunde mal Sekunde
	SAK	Spektraler Absorptionskoeffizient
	SDHC	Secure Digital High Capacity, sichere digitale hohe Kapazität
	SHF	Super High Frequency
	Si	Silizium - chemisches Zeichen
	SN	Brussels Airlines
	SO2	Schwefeldioxid – chemisches Molekülzeichen

ABC	Begriff/Abkürzung	Bedeutung
S	sp.	species, biologische Art einer Gattung wird nicht einzeln genannt
	spec.	species, biologische Art einer Gattung wird nicht einzeln genannt
	SPIRE	Spectral and Photometric Image Receiver
	SPOT	Système Probatoire d’Observation de la Terre
	spp.	species pluralis, biologische Arten werden nicht einzeln genannt
	SRTM	Shuttle Radar Topography Mission
	STScI	Space Telescope Science Institute in Baltimore
T	t	Tonne = 1.000 Kilogramm
	TDW	Tons deadweight, Maß für die Tragfähigkeit von Schiffen
	tera	Billion
	TJ	Tausend Jahre
	TNT	Trinitrotoluol – Akronym für Sprenstoffmolekül
U	UHF	Ultra High Frequency = Ultrahochfrequnz
	UKW	Ultrakurzwelle
	u/min	Umdrehungen pro Minute
	UMTS	Universal Mobile Telecommunications System
	UNESCO	United Nations Educational Scientific and Cultural Organization
	UNO	United Nations Organization
	UV	Ultraviolett, kommt vor in Ultraviolett-Strahlung
	UVA-Strahlung	Ultraviolette Sonnenstrahlung mit lambda = 315-380nm
	UVB-Strahlung	Ultraviolette Sonnenstrahlung mit lambda = 280-315nm
	UVC-Strahlung	Ultraviolette Sonnenstrahlung mit lambda = 100-280nm
V	v	physikalisches Zeichen für die Geschwindigkeit
	v. a.	vor allem
	VAE	Vereinigte Arabische Emirate
	VHF	Very high frequency = Ultrakurzwelle
	VIS	Visible Spectrum = das mit dem Auge erfassbar sichtbare Lichtspektrum bzw. Wellenlängen- bzw. Farbbereich
W	WAAS	Wide Area Augmentation System
	WGS	World Geodetic System, Standard zur Erdvermessung
	WLAN	Wireless Local Area Network
Y	ym	Yoctometer
	yotta	Quadrillion
Z	zetta	Trilliarde
	zm	Zeptometer
	Zn	Zink- chemisches Zeichen

BILDQUELLENVERZEICHNIS

Der Autor dankt den Fotografen und Künstlern für die erteilte Reproduktionsgenehmigung bei der Realisierung dieses Buches.

Atomkern	Pixabay User OpenClipart - Vectors 27376
Bakterien	Wikimedia User NIAID, CC BY-SA 2.0, https://creativecommons.org/licenses/by/2.0, ohne Änderungen
Circuit Board	Wikimedia User Raimond Spekking, CC BY-SA 4.0, https://creativecommons.org/licenses/by/4.0, Hintergrund bearbeitet
DNA	Pixabay User PublicDomainPictures 039851365_1280
EM Wellenspektrum	Wikimedia User Horst Frank, Jailbird, CC BY-SA 3.0, https://creativecommons.org/licenses/by-sa/3.0, ohne Änderungen
Erde	NASA, Blick auf die Erde von Apollo 17, via Wikimedia Commons
Flugzeug	Pixabay User Bilaleldaou 2943435_1920
Galaxie	Transparentpng User Yahya White, CC BY-SA 4.0, www.transparentpng.com/details/galaxy-transparent-images_5050.html, ohne Änderungen
Gänse	Pixabay User OpenClipart -Vectors 2030018_1280
Gitter	Pixabay User Maja 7777 4046441_1920
Gräser	Pixabay User kalhh gaf662347a_1920
Greifvogel	Pixabay User anaterate gcdbbc1015_1920
Kaffee	Pexels User Samer Daboul 993537
Kamera	Pixabay User Kopona 1555741023
Matterhorn	Pixabay User Momentmal g8c1cd35ca_1920
Mensch	Vitruvianischer Mensch von Leonardo da Vinci, Wikimedia User Producer, CC BY-SA 3.0, https://creativecommons.org/licenses/by-sa/3.0, ohne Änderungen
Pferd	Pixabay User maja7777 g278d362aa_1920
Schmetterling	Pixabay User blende12 2760966_1920
Schottland	Pixabay User FrankWinkler 540116_1920
Tanninhaufen	Wikimedia User Simon A. Eugster, CC BY-SA 3.0, https://creativecommons.org/licenses/by-sa/3.0, Hintergrund bearbeitet
Tempel	Pixabay User 3623823_1920
Wasser	Wikimedia User Fred the Oyster, CC BY-SA 4.0, https://creativecommons.org/licenses/by/4.0, ohne Änderungen
Weltkarte	Pixabay User Clker Free Vector Images 297446_1280

Die zwei Bände im Überblick

Taschenbuch	ISBN 978-3-9822970-0-2
Hardcover (gebunden)	ISBN 978-3-9822970-1-9
E-Book	ISBN 978-3-9822970-2-6

Taschenbuch	ISBN 978-3-9822970-3-3
Hardcover (gebunden)	ISBN 978-3-9822970-4-0
E-Book	ISBN 978-3-9822970-5-7